国家出版基金项目
NATIONAL PUBLICATION FOUNDATION

现代农业科技专著大系

Animal Ophthalmology

动物眼科学

林立中　　胡崇伟 ◎ 编著

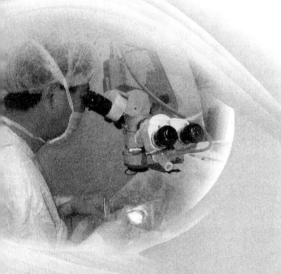

U0311258

中国农业出版社

图书在版编目（CIP）数据

动物眼科学 / 林立中，胡崇伟编著 . —北京：中
国农业出版社，2013.5
ISBN 978 - 7 - 109 - 17575 - 4

Ⅰ.①动…　Ⅱ.①林…②胡…　Ⅲ.①动物疾病-眼
病-诊疗　Ⅳ.①S857.6

中国版本图书馆 CIP 数据核字（2013）第 005872 号

中国农业出版社出版
（北京市朝阳区农展馆北路 2 号）
（邮政编码 100125）
责任编辑　邱利伟　雷春寅
————————
北京通州皇家印刷厂印刷　新华书店北京发行所发行
2013 年 12 月第 1 版　2013 年 12 月北京第 1 次印刷
————————
开本：787mm×1092mm　1/16　印张：18.75　插页：8
字数：420 千字
定价：80.00 元
（凡本版图书出现印刷、装订错误，请向出版社发行部调换）

序 一

  粗读《动物眼科学》，深感这是一本很值得推荐的参考书。动物医学专业历来只有原中国人民解放军兽医大学单独开过动物眼科学课程，许多大学都只是将本课程作为家畜外科学范围内的一章，长期以来未受人们重视。福建农林大学林立中教授历时多年广泛收集国内外资料并通过实践编写了这本50万字的专著。虽然有些眼病还未引起人们的注意，但科学总是不以人们的意志就停滞发展的。从一般的结膜炎、角膜炎、角膜损伤、角膜翳到青光眼、白内障、周期性眼炎等，动物眼科学让我们了解到不少知识，学到一些有创意性的诊疗路子。林教授在退休后仍未脱离兽医临床工作岗位，发挥余热。这种精神也值得广为宣传。

  在科技发展至21世纪的今天，随着人们饲养各种宠物，越来越要求宠物医生能掌握各种眼病的诊断、预防与治疗。以青光眼、白内障、视神经炎等为例，深入了解者实属凤毛麟角，更谈不上进行防治了。本书中引用了不少河南农业大学吴炳樵教授研究结果的彩照。吴教授是国内知名的动物眼病专家，这种无私贡献也很值得敬佩。林教授还请教过北京同仁医院国内著名的眼科专家们，受到他们的大力支持和鼓励。科学在发展，动物医学的前景更为广阔，愿广大的动物医学工作者能从这本专著中得到一些有用的治疗与预防的知识。要学到这些，需要不断地投入力量，克服困难，闯一条路子，为我国科技兴国作出应有的贡献。

中国畜牧兽医学会兽医外科分会顾问

南京农业大学教授 张幼成

2006年10月于南京

序　二

　　林立中教授长期从事兽医临床教学和科研工作，有丰富的临床实践经验，尤其在兽医外科学方面有更深的造诣。尽管国内有不少专家教授开展过动物眼科疾病的研究，一些兽医外科学教材和专著中也有涉及动物眼科疾病的章节，但因篇幅有限，难以系统地描述动物眼科疾病，更难寻觅到动物眼科学专著。

　　林立中教授在近50年的兽医临床工作中积累了大量动物眼科学资料，结合国内外大、小动物眼科学方面的经典著作和相关文献，精心撰写了《动物眼科学》专著。该书的出版问世，填补了国内动物眼科学的空白，也为我国兽医外科学作出了积极的贡献。

　　本书共约50万字，结构严谨，层次分明，图文并茂，内容翔实、丰富，文字精练，语句通俗易懂，是一部科学性、实践性强的好书。不仅对从事兽医临床工作的兽医具有实际指导意义，也为兽医专业师生提供了有价值的参考书。

　　衷心祝贺《动物眼科学》一书的出版，愿这本书为提高我国动物眼科疾病的诊治和研究水平起到有力的推动作用。

中国畜牧兽医学会兽医外科分会　理事长
中国畜牧兽医学会小动物医学分会　副理事长
中国畜牧兽医学会养犬分会　副理事长　　　侯加法
南京农业大学动物医学院　教授

2006 年 10 月于南京

前　　言

　　动物眼科疾病是动物外科临床诊疗中常见的疾病，但国内除原解放军兽医大学邹万荣教授等于1957年翻译的《家畜眼科学》（［苏］A. B. 马卡少夫教授著，1953）一书外，尚无其他专门关于动物眼科方面的论著，广大兽医临床工作者和在校学生在工作和学习过程中都希望能有一本综合性的有关动物眼科的著作作为参考。我在数十年的兽医临床诊疗和兽医外科教学工作中也深有同感。20世纪以来，动物外科学眼科部分在兽医界专家和同行们的共同努力下有了很大的进展，虽然许多兽医界的前辈和专家们在编著各种兽医外科学专著和进行有关科研中对动物的眼病及有关内容都有所贡献，但由于篇幅限制，难以畅所欲言。我在参加《家畜外科学》（汪世昌、陈家璞主编，全国高等院校教材，第三版，1997）及《宠物医生手册》（何英等主编，2003）的眼病部分编写中，由于篇幅限制，也未能全面介绍。因此，拟编写一本包括动物眼的解剖、生理、病理、诊断、治疗全面的综合性的动物眼科参考书，介绍国内在动物眼科方面成就和发展。希望对兽医临床工作者及正在学习有关知识的学员有所帮助。

　　在许多兽医外科界的前辈、老师和专家们的鼓励和支持下，经过几年的资料收集和整理，本书在胡崇伟老师的合作下总算得以完成。其间蒙中国农业大学陈家璞教授大力支持，提供必要数据，河南农业大学吴炳樵教授提供重要科研资料及宝贵的病理照片、材料及数据。更蒙兽医外科界前辈，中国畜牧兽医学会兽医外科分会顾问，南京农业大学张幼成教授大力支持和关怀，并代为审稿和作序。中国畜牧兽医学会兽医外科分会理事长、小动物医学分会副理事长、南京农业大学动物医学院侯加法教授的审稿和作序，为本书增色不少。

　　本书主要是参考国内外各有关动物眼科方面的著作、论述、研究资料及结合个人长期从事动物临床诊疗工作的所得编写而成，并参考和引用了人医有关眼的检查、诊断的资料。在征得原作者同意和支持下引用了《现代白内障治疗》一书中的一些照片及材料，在各章内容中引用了《犬猫临床疾病图谱》《犬眼科学彩色图谱》等有关眼病的精美的彩色照片及内容，在其他章节中也引用了各有关参考资料的一些内容及图片，对于各位前辈、老师、专家的鼓励、支持和帮助，在此深表感谢。

由于个人的水平限制，所收集的资料不够完整，难免挂漏于万一，存在的缺点和错误敬请同行和专家批评、指正。作为抛砖引玉，期望今后能有更多的专家来参与这项工作，有机会再加以补充和修订，以满足广大兽医临床工作者的需求，使动物医学、动物眼科学得到更大发展。

希望本书能为从事动物临床、动物外科、动物眼科诊疗工作及学习有关知识的朋友们提供参考和帮助。

本书完稿于2006年，由于各种因素影响未能出版，现经再次修订，在福建农林大学校方及有关方面支持和帮助下得以出版，谨此向各有关方面的关怀、支持深表感谢。

作者于福建农林大学

2012 年 12 月

目　　录

第二部分　眼的检查

第三部分　眼科用药和治疗技术

第四部分　眼的疾病

第一部分

眼的解剖生理

绪　论

　　眼是视觉器官，是由眼球及其附属组织构成的。眼能感受光的刺激。外界事物反射的光线，通过眼的折光系统到达视网膜，并在视网膜上形成物象，然后兴奋视网膜的感受神经单位产生神经冲动，并沿着视神经传导到大脑皮质视觉中枢，形成视觉（vision）。

　　在动物与外界环境的相互作用中，视觉起着特别重要的作用，动物只有依靠视觉，才能正确地识别物体的形状、光亮、色彩、大小、方向。正常情况下，畜禽从外界接受的信息绝大多数是通过视觉通道输入的，视觉的适宜刺激是波长在400～750 nm的电磁波。这种感受范围是动物在太阳辐射条件下感受外界物体的最理想的适应，也是动物长期进化的结果。波长小于400 nm的紫外线对蛋白质和核酸有损害作用，而且只有在进化过程中获得了修复紫外线损伤能力的动物才能存活下来。这种伤害性刺激显然不可能成为视觉的适宜刺激。视觉不能感受波长较长的红外线（750 nm以上）也是长期适应的结果。因为体温在37～42 ℃的畜禽，全身各部包括眼球内壁在内，都不断发射出红外线。如果视网膜光感受器能感受红外线，眼球内部发生的红外线显然就将成为辨别外界物体的障碍。

　　眼的功能由下列五种结构来完成。

　　感光结构：由视网膜内视锥（又名圆锥）细胞及视杆（又名圆柱）细胞接受外界光刺激，经视神经、视束而达大脑枕叶视觉中枢，产生视觉。

　　屈光结构：包括角膜、眼房液、晶状体及玻璃体，使外界物象集焦在视网膜上。

　　营养结构：包括进入眼内的血管、葡萄膜及眼房液。

　　保护结构：包括眼睑、结膜、泪器、角膜、巩膜和眼眶。

　　运动结构：包括眼球退缩肌、眼球直肌和眼球斜肌。

第一章

眼　球

　　眼球（Bulbus oculi）位于眼眶窝内，借筋膜与眶壁联系，周围有脂肪垫衬，以减少震荡。眼球前方有眼睑保护。眼球由眼球壁和眼内容物两部分组成。

第一节　眼　球　壁

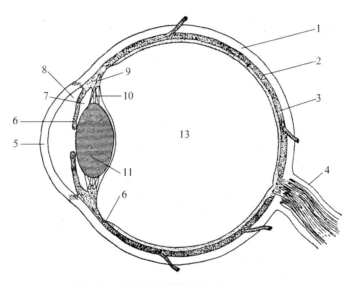

图 1-1-1　眼球构造模式图（自 *Dellmann*）

1. 巩膜　2. 脉络膜　3. 视网膜　4. 视神经　5. 角膜　6. 虹膜　7. 眼后房　8. 眼前房
9. 睫状体　10. 睫状小带　11. 晶状体　12. 锯齿缘　13. 玻璃体

一、纤维膜（外层）

　　纤维膜（Fibrous tunic），由坚韧致密的胶原纤维组织构成，形成眼球的外廓，有保护内部柔软组织、维持眼球形状的作用。前部 1/5 为透明的角膜，后部 4/5 为乳白色不透明的巩膜，角膜、巩膜的移行处叫做角膜缘。

　　1. 角膜（Cornea）　位于眼球前部，是向前方突出质地透明的膜，具有屈折光线的作用，是屈光间质的重要组成部分。对于白昼活动的动物角膜面积为巩膜的 1/5，对于晚间活动动物角膜面积约为巩膜的 1/3～1/2。组织学上，角膜由外向内可分为上皮细胞层、前弹力层、基质层、后弹力层和内皮细胞层 5 层。角膜最表面的上皮细胞层再生力强。马角膜中央的厚度为 0.8 mm，外周为 1.5 mm。牛角膜中央厚度为 1.5～2.0 mm，外周为 1.5～1.8 mm。猪角膜中央厚度为 1.2 mm，外周为 0.8 mm。犬的角膜几乎呈圆形，垂直长度略小于横径，直径为 12.5～17.0 mm，不同品种间差别明显。

上皮细胞层（上皮层，Epithelial layer）是无角化的复层扁平上皮。基部平整而没有乳头，细胞约有 4～12 层。上皮有许多游离神经末梢，这种上皮细胞再生力强，受伤后能很快修复。

前弹力层（上皮下基膜，Subepithelial basement membrane）是由基板和其下的网状纤维层所构成。

基质层（角膜固有层，Substantia propria）最厚，由许多平行排列的胶原纤维板层组成。不同板层纤维排列的方向亦不同。一个板层内的纤维经常是平行排列的，而相邻板层的纤维则是互相交叉成直角。各板层之间有纤维互相交错以维持紧密的联系。扁而长的成纤维细胞主要位于板层之间。这些细胞借突起彼此连接成网。固有层的基质含有多量黏多糖。

后弹力层（后界膜，Caudal limiting membrane）是一层均质的厚的基膜，PAS 呈阳性反应。染色反应与弹性纤维相同。

内皮细胞层（Endothelium）是一层扁平至立方的多角形上层细胞，覆盖在角膜的后面（图 1-1-3）。

角膜的营养：角膜本身无血管，其营养主要来自角膜缘毛细血管网和眼房液。角膜缘毛细血管网是由表面的结膜后动脉和深部的睫状前动脉分枝组成。通过血管网的扩散作用，将营养和抗体输送到角膜组织。代谢

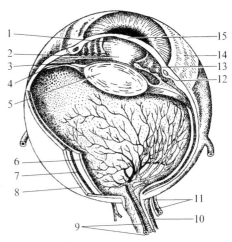

图 1-1-2　眼球立体剖面图

1. 瞳孔　2. 眼前房　3. 眼后房　4. 悬韧带
5. 晶状体　6. 视网膜　7. 脉络膜　8. 巩膜
9. 视网膜中央静脉和动脉　10. 视神经
11. 睫状后短动脉和神经　12. Schlemm 氏管
13. 虹膜　14. 球结膜　15. 角膜

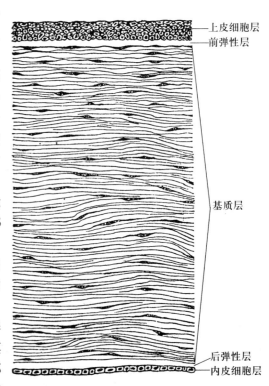

图 1-1-3　角膜的切面图

所需的氧，80％来自空气，15％来自角膜缘毛细血管网，5％来自眼房液。

角膜的神经：来自三叉神经眼枝的分支，由四周进入基质层，穿过前弹力层密布于上皮细胞间。所以角膜知觉特别锐敏，任何微小刺激或损伤皆能引起疼痛、流泪和眼睑痉挛等症状。

角膜的透明性：角膜的透明主要取决于角膜本身无血管，其纤维排列较整齐而有规则，固有层的基质含有多量的透明质酸，角膜内含有一定量的水分，屈折率恒定。同时还有赖于上皮和内皮细胞的结构完整和功能健全。

2. 巩膜（Sclera）　质地坚韧，不透明，呈乳白色。它是由致密相互交错的大量胶原纤维和少量弹性纤维构成，纤维束之间有扁平的成纤维细胞。其表面的巩膜组织则由疏松的结缔组织和弹性组织构成。巩膜的厚度各处不同，视神经周围最厚，各直肌附着处较薄，在视神经通过的出口处最薄。由网状、胶原和弹性纤维组成的多孔膜，称为筛板，以便视神经纤维束通过。巩膜占眼球全部表面的4/5。由于前面巩膜有呈稍椭圆形的（马、牛）或圆形的（犬）孔，角膜恰好能嵌入其中。巩膜与角膜相连接的地方称角巩膜缘，其深面有静脉窦，是眼房水流出的通道。

在眼直肌附着点以后，由睫状后短动脉和睫状后长动脉的分枝供应巩膜的血液；在眼直肌附着点以前则由睫状前动脉供应。表层巩膜组织富有血管，但深层巩膜的血管和神经则较少，代谢缓慢。

3. 角膜缘（Limbus of cornea）　是角膜与巩膜的移行区。角膜缘镶嵌在巩膜上并逐渐过渡到巩膜组织里面，角膜缘毛细血管网即位于此处。

Schlemm 氏管（又名巩膜静脉窦）是围绕前房角的不规则的环管状结构，外侧和后方被巩膜围绕，内侧与梁网邻近。管壁仅由一层内皮细胞所构成，外侧壁有许多集液管与巩膜内的静脉沟通。

小梁（Trabecular meshwork）为前房角周围的网状结构。它以胶原纤维为核心，其外面围以弹力纤维和内皮细胞。小梁相互交错，形成富有间隙的海绵状结构，具有筛网的作用，房水中的微粒多被滞留于此，很少能进入 Schlemm 氏管。

二、葡萄膜（中层）

葡萄膜，又名色素膜（Uvea）或称血管膜（Vascular tunic），具有丰富的血管和色素细胞，有营养视网膜外层、晶状体和玻璃体，以及遮光的作用。

葡萄膜包括三个部分。后部最大，紧附在巩膜内面，为脉络膜（Choroid）。从锯齿缘（Ora serrata）起向前，血管膜变为较厚而形态复杂的睫状体（Ciliary body）。再向前延续则成为一片薄的黑色的环形膜，称为虹膜（Iris）。

1. 虹膜（Iris）　位于葡萄膜最前部，角膜和晶状体之间。虹膜呈圆盘状，可从眼球前面透过角膜看到。虹膜中央有一孔叫做瞳孔（Pupil），光线透过角膜经过瞳孔才进入眼内。草食兽的瞳孔为横卵圆形，猪和犬为圆形，猫的瞳孔为垂直的隙缝状。马瞳孔上缘有2～4个深色乳头，称虹膜粒（Iris-granules），羊也有，但较小。虹膜表面有高低不平的稳窝和辐射状的隆起皱襞，形成清晰的虹膜纹理。发炎时，因有渗出物与细胞浸润，致虹膜组织肿胀和纹理不清。

虹膜富含血管、平滑肌和色素细胞，其表面被覆一层内皮，其细胞间有许多间隙和小孔。内皮下为前界层，特别富于黏多糖，并有大量的色素细胞。由于黑色素细胞的多少及分布情况的不同，使虹膜呈黑、蓝或褐色等不同颜色，一般呈棕色。虹膜内有排列成环状和辐射状的两种平滑肌纤维。环状排列的称瞳孔括约肌（M. sphincter pupillae），受动眼神经的副交感神经纤维支配，收缩时瞳孔缩小；呈辐射状排列的称瞳孔开大肌（M. dilator pupillae），受交感神经纤维支配，收缩时瞳孔散大。在强弱不同的光照下，这两种肌肉能缩小或开大瞳孔，以调节进入眼球的光线。瞳孔受光刺激而收缩的功能称瞳孔反射（Pupil reflex）或对光反应（Response to light），它是互感性的。虹膜组织内密布三叉神经纤维网，故感觉很锐敏。虹膜中含有许多血管，血管之间充满着结缔组织。

组织学上，虹膜由前到后可分为五层，即内皮细胞层、前界膜、基质层、后界膜以及后上皮层。虹膜后面的两层色素上皮细胞为视网膜睫状体部的延续，叫做视网膜虹膜部（Pars iridica retinae）。

虹膜角（Iris angle）在前房的周缘，角膜和巩膜交界处以及睫状体和虹膜基部附着处有复杂的网状结构，这个地区称为虹膜角，其功能是吸收水状液进入血管，以维持水状液连续不断的循环（图 1-1-4）。

2. 睫状体（Ciliary body）　睫状体前接虹膜根部，后移行于脉络膜，是葡萄膜的中间部分，外侧与巩膜邻接，内侧呈环状围于晶状体周围形成睫状环，面向后房及玻璃体。睫状体前厚后薄，横切面呈一尖端向后，底向前的三角形。前 1/3 肥厚部称睫状冠（Corona ciliaris），其内表面有数十个纵形向内面突起并呈放射状排

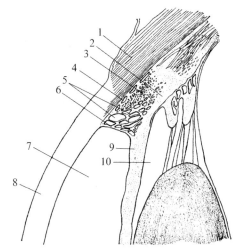

图 1-1-4　虹膜角结构模式图（自 Dellmann）
1. 巩膜　2. 基板　3. 角巩小梁
4. 巩膜外血管丛　5. 方氏间隙
6. 梳状韧带　7. 眼前房　8. 角膜
9. 虹膜　10. 眼后房

列的皱褶称睫状突（Ciliary processes），具有分泌房水的功能，后 2/3 薄而平叫做睫状环（Orbiculus ciliaris），它以锯齿缘（Ora serrata）为界，移行于脉络膜。从睫状体至晶状体赤道部有纤细的晶状体悬韧带（又名睫状小带 Zonula ciliaris 或 Zonule of zinn）与晶状体联系。在睫状体的外部有平滑肌构成的睫状肌，肌纤维起于角膜和巩膜连接处，向后止于睫状环。

睫状肌受睫状短神经的副交感神经纤维支配，收缩时可向前拉睫状体使晶状体韧带松弛，晶状体借其本身的弹性导致凸度增加，从而加强屈光力，起调节视力的作用；同时促进房水流通。睫状突一旦遭受病理性破坏，可引起眼球萎缩。

组织学上，睫状体由外向内分为五层，即睫状肌、血管层、Bruch 氏膜、上皮层与内界膜。睫状肌的方向不同，大部分是经绒纤维。睫状体的内表面覆盖着两层上皮，为视网

膜的延续，叫做视网膜睫状体部。外层的上皮细胞含有色素。这两层上皮能分泌水状液（Aqueous humor）。在内层无色素上皮细胞的表面，有一层睫状体内界膜，为视网膜内界膜的延续。

3. 脉络膜（Choroid） 为葡萄膜的最后部分。前起锯齿缘，与睫状环相接，后止于视神经周围，介于巩膜与视网膜之间，是薄而软的棕色膜，衬在巩膜内面。它的外层由疏松结缔组织构成，含有多量的弹性纤维，内有色素细胞，为上脉络膜（Suprachoroid）。中层由较大的血管所组成，为血管层（Vascular layer）。内层为毛细血管层（Choriocapillaris），有丰富的血管和色素细胞，有营养视网膜外层的功能。在脉络膜与视网膜之间有一层极薄的弹性纤维，透明均质的薄膜，称为玻璃膜。

眼球后壁的脉络膜内面有一片青绿色带有金属光泽的半月状三角区，叫做照膜（Tapetum lucidum），位于视神经乳头的上方，其作用是将进入眼中并已透过视网膜的光线反射回来以加强视网膜的作用，有助于动物在暗光下对外界的感应。猪没有照膜。照膜增加的光的刺激量约为无照膜时的 2 倍。那些折射到视网膜而未被吸收的光线一直向前穿过瞳孔而向眼射出，这就是黑夜中见到动物眼睛炯炯发光的原因。照膜的结构分纤维性和细胞性两种。草食动物的照膜属纤维性，是由胶原纤维束组成，纤维束作波浪形和同心排列，束间含有成纤维细胞。肉食动物、犬、猫的照膜属细胞性，是由若干层扁平的多角形细胞组成，细胞内含有 10～15 层杆状结构。层内的杆状结构首尾相接，与视网膜平行排列。杆状结构含有大量锌，大概与反射光线的作用有密切关系。在照膜的周围有几层扁的黑色素细胞（Melanocyte）。

脉络膜的血液供应，主要来自睫状后短动脉，脉络膜周围边部则由睫状后长动脉的返回支供给。神经纤维来自睫状后短神经，其纤维末端与色素细胞和平滑肌接触，但无感觉神经纤维，故无痛觉。

三、视网膜（内层）

视网膜（Retina），是眼的感光装置，是一种高度分化的感觉上皮，具有感光作用。在眼球壁的最内层，有各种各样的感光成分、神经细胞和支持细胞。其中感光成分是视锥细胞和视杆细胞。在光照亮度很弱时只有视杆细胞有感光作用，是晚间的感光装置；而在光照亮度很强时，视锥细胞却是主要的感光成分，是白昼的感光装置。

视网膜可分为视部、睫状部和虹膜部。视部占视网膜的大部分，位于葡萄膜内面，由色素层和固有视网膜构成。色素层与脉络膜附着较紧，与固有膜易于分开。固有视网膜在活体动物上呈透明淡粉红色，动物死后变成混浊的灰白色。在视网膜中央的腹外侧（视网膜后的稍下方）有一视神经乳头（Papilla optici）。马的视神经乳头呈横卵圆形，宽 4.5～5.5 mm，高约 2 mm。牛的呈卵圆形，长 4～6 mm，宽 5.5 mm。视神经乳头为视网膜的视神经纤维集中成束处，然后向后穿出巩膜筛板再折向后方，转折处略呈低陷，属生理状态凹陷，低于周围作杯状，又称生理杯。视神经乳头处仅有视神经纤维没有感光细胞结构，生理上此处不能感光成像，无视觉能力，称为盲点。视网膜中央动脉由此分支，呈放射状分布于视网膜。

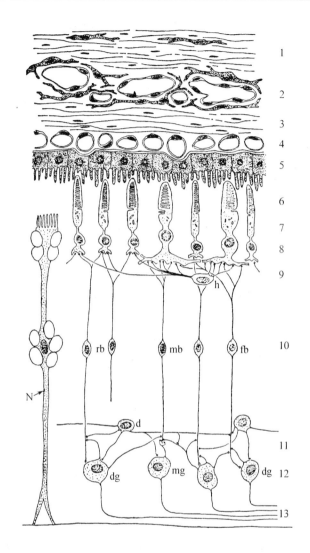

图 1-1-5　视网膜和脉络膜结构模式图（自 Dellmann）

1. 脉络膜上层　2. 血管层　3. 结缔组织　4. 脉络毛细血管层　5. 色素上皮　6. 视杆、视锥细胞层

7. 外界膜　8. 外核层　9. 外丛层　10. 内核层　11. 内丛层　12. 节细胞层

13. 视神经纤维层及内界膜　N. 苗勒氏细胞　rb. 视杆双极细胞　dg. 漫散节细胞

mb. 小型双极细胞　mg. 小型节细胞　fb. 漫散双极细胞　h. 水平细胞　d. 无长突细胞

人的视网膜上有视觉敏锐区称黄斑，其中央部叫做中央凹。家畜的视网膜没有黄斑和中央凹，但有一个类似的地区，叫做视网膜中央区（Area centralis retina）。中央区集中大量圆锥细胞，但视杆细胞甚少或完全缺乏。内丛状加厚，节细胞数目增多，没有视神经纤维层和大血管，是感光最敏锐的地方，相当于人眼视网膜黄斑部。此部位的视功能即为临床上所指的视力。

被覆在睫状体和虹膜的内面为盲部（盲点），没有感光作用，无视觉能力。

视网膜的组织结构可分为十层，这十层由四层细胞构成，由外向内为：色素上皮层

(Pigment epithelium)、视杆细胞和视锥细胞层（Layer of rods and cones）、双极细胞层（Layer of bipolar cells）和节细胞层（Ganglion cell）。此外还有一些神经支持细胞。

1. 色素上皮层 是单层扁平或立方细胞，紧贴于脉络膜。在电镜下可见细胞基部有胞膜内陷形成的深皱襞和许多线粒体；大量的滑面内质网、黑色素颗粒和内含物集中于细胞顶部，细胞顶部发出许多长突起包围视细胞的外节。色素上皮细胞的功能包括输送营养给视杆和视锥细胞，吸收光线保护视细胞以及在视杆外节不断改建的过程中作为吞噬细胞。色素上皮盖在照膜的部分不含色素。动物死后，色素上皮常与视网膜上皮分离，紧贴于脉络膜上。

2. 视杆细胞和视锥细胞 此层为感光细胞，结构很相似，两种细胞的胞体位于外核层，呈球形，内有圆形的胞核，各以一个树突伸向色素上皮层，分别称为视杆或视锥，两者都由内、外两节构成。两者间由联系纤毛、胞体和轴突组成，构成视觉通路的第一级神经元。

（1）视杆细胞（Rob） 视杆细胞的外节由大量有界膜的盘构成，盘内含有视紫红质（Rhodopsin）。内节的外部含有长形的线粒体，内部含有高尔基复合体和内质网，内节与外节之间有联系纤毛。胞体延续为视杆轴突，伸入外丛层，与双极细胞和水平细胞形成突触。外节为感光部分，外节的视紫质在光的照射下很快分解，若回到黑暗中又能再次合成，能感弱光。这种细胞适于夜间活动的动物，故猫、犬、猫头鹰等视网膜的视杆细胞占多数。视杆细胞比视锥细胞多若干倍，在视网膜中央区存在很少或不存在，由此向外周逐渐加多。视感细胞对光的敏感度较高，能在昏暗环境中引起视觉，但只能区别明暗，不能产生色觉，视物只有较粗略的轮廓，精确性差。

（2）视锥细胞（Cone） 视锥细胞的外节呈锥形，比视杆细胞大，有界膜的盘与视杆细胞相似。内节含有极丰富的粒线体、高尔基复合体和内网器。内、外节之间的联系纤毛与视杆的结构相似。轴突终止于外丛层。视锥细胞含视紫蓝质（Iodopsin）和其他色素，这种细胞感光敏锐，能感应强光并有辨别颜色的能力，可能含有三种不同的视色素，能分辨红、绿、蓝三种感光颜色。视锥细胞在视网膜中央区最多，由此向四周逐渐减少。

3. 双极细胞层（Bipolar cell） 构成此层的细胞为双极神经细胞，是联系视锥、视杆细胞和节细胞的联合神经细胞，其胞体集中成内核层。视杆双极细胞（Rod biboalr cell），其杆状型双极细胞的树突与数个视杆细胞联系，轴突与数个漫散节细胞、弥散型神经节细胞构成突触。视锥双极细胞（Cone bipolar cell）有两种，一为小型双极细胞，只连系一个视锥和一个节细胞；另一个漫散双极细胞（Flat bipolar cell），扁平型双极细胞，连系数个视锥和数个漫散节细胞。

此外尚有水平细胞（Horizontal cell）和无长突细胞（Amacrine cell）也都是联合神经细胞。水平细胞位于内核层外区，在高细胞层和双极细胞层之间，将不同地区的视杆和视锥细胞联系起来。无长突细胞（无足细胞）主要位于内核层的内区，在双极细胞层和神经节细胞层之间，将所有节细胞和双极细胞联系起来。它们的胞突在两层细胞间横向联系，在水平方向传递信息，使视网膜的不同区域之间互相影响。

视细胞与双极细胞、水平细胞之间的突触联系与一般突触不同。一般突触都是由突触前细胞的轴突与突触后细胞的树突或胞体连接。视细胞没有轴突，由双极细胞和水平细胞（都是突触后细胞）的树突伸入视细胞体的终末处，形成陷入型突触（Invaginated synapse）。

4. 节细胞层（Ganglion cell）　是视网膜最内面的一层细胞，靠近玻璃体。细胞大小不一，排成一或数层。可分为两种漫散节细胞（弥散型 diffuse，DG 神经节细胞），能联系数个双极细胞。小型节细胞（侏儒型 midget，MG 神经节细胞）只联系一个双极细胞。它们是视觉通路的节三级神经元，树突分布在内丛层，轴突进入视神经纤维层，走向视神经乳头，组成视神经，穿过眼球后壁进入脑内视觉中枢。神经节细胞的动作电位是视网膜的唯一输出。

在视网膜内还有起支持作用的苗勒氏细胞（Muller's cell）和各种神经胶质细胞。

视网膜的十层，是由上述四层细胞组成的，现分述如下：

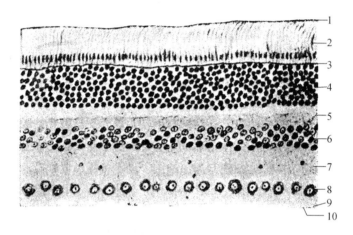

图 1-1-6　羊的视网膜　135×（自 Trautmann）
1. 色素上皮细胞层　2. 视杆、视锥细胞层　3. 外界膜　4. 外核层　5. 外丛状层
6. 内核层　7. 内丛状层　8. 节细胞层　9. 视神经纤维层　10. 内界膜

（1）色素上皮细胞层。

（2）视杆、视锥细胞层，由视杆和视锥的外节和内节所组成。

（3）外界膜（Outer limiting membrane），位于视细胞内节的基部，为苗勒氏细胞外突的膨大部与视细胞的内节构成紧密的联系。

（4）外核层（Outer nuclear layer），由视杆和视锥细胞的胞体所组成，胞核排成若干层。

（5）外丛状层（Outer plexiform layer），为视杆和视锥细胞的轴突末梢与双极细胞的树突所组成。

（6）内核层（Inner nuclear layer），由水平细胞、双极细胞、无长突细胞和苗勒氏细胞等四种细胞组成。

（7）内丛状层（Inner plexiform layer），由双极细胞的轴突和节细胞的树突所组成。

（8）节细胞层，由节细胞组成。

（9）视神经纤维层（Optic nerve fiber layer），由节细胞的轴突所组成。

（10）内界膜（Inner limiting membrane），由苗勒氏细胞内突的膨大末端融合而成。

视网膜三层细胞之间具有复杂的突触联系，甚至视细胞之间也有联系。灵长类视网膜中央凹区的每个视锥细胞都只与一个侏儒型双极细胞（MB）连接，后者又只与一个侏儒型神经节细胞（MG）连接。这种一对一的传入通路叫"专用通路"，能产生极其精细的视觉分辨能力。视网膜其他部位的视锥细胞一般是6～7个，与一个扁平型双极细胞（FB）连接，几个FB再与一个弥散型神经节细胞（DG）连接。视杆细胞一般是10～54个写一个杆状型双极细胞（RB）连接，几个RB再与一个弥散型神经细胞连接。由上述可见，除MG的专用通路外，一个DG能接受视网膜上一定区域内的多个视细胞发出的信息。通常把这个区域称为神经节细胞感受野。接受视锥细胞传入的神经节细胞感受野比较小，因此它们具有较精细的分辨能力。接受视杆细胞传入的神经节细胞感受野较大，即有较多的视杆细胞能协同刺激同一个神经节细胞，因此它们的感觉敏感度很高，但分辨能力却较差。

第二节 眼内容物

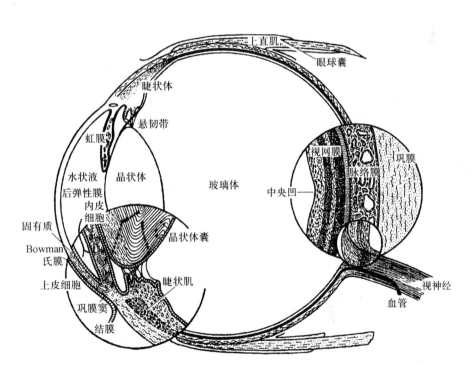

图 1-1-7 灵长类动物眼的切面模式图

（自 J. H. Prince, C. D Diesem, I. Eglitis G. L. Ruskell, Anatomy & Histology of The Eye & Orbit in Domestic Animals, 1960）

一、房水（Aqueous humour）

1. 房水 又叫眼房液，是透明的水状液。从睫状体的细胞分泌，流入眼后房，经瞳孔进入前房，充满眼前房和眼后房，经瞳孔进入前房，充满眼前和眼后房内。房水99％以上是水分，固形部分除含有无机离子钠、钾、氯、磷酸根、氢、钙、镁及硫酸根外，还有许多有机成分。存在少量蛋白质，一些酶类，以及大量抗坏血酸、乳酸、葡萄糖、尿素、多种氨基酸、透明质酸等。它对光的折射率与角膜相同，也是1.336。

房水有营养角膜、晶状体、玻璃体等的功能，并且能将眼内部的废物排除。同时也是维持、调节、影响眼内压的主要因素。房水的排出异常和生成异常可导致眼压过高或过低，都会给眼球带来不同程度的损害。

2. 眼房 晶状体和角膜之间的空隙叫做眼房，分为前房（Anterior chamber）和后房（Posterior chamber）两部分。前房是角膜后面、虹膜和晶状体前面之间的空隙，充满着房水，其周围以前房角为界。后房是虹膜后面，睫状体和晶状体赤道部之间的环形间隙。

3. 前房角（Angle of anterior chamber） 由角膜、虹膜和睫状体的移行部分组成。此处有细致的网状结构，称为小梁网，为房水排出的主要通路（图1-1-8）。当前房角阻塞时，可导致眼内压的升高。

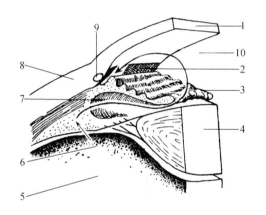
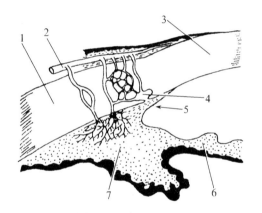

图1-1-8 前房角的解剖与房水循环途径
1. 角膜 2. 小梁网 3. 瞳孔缘 4. 晶状体
5. 玻璃体 6. 睫状体 7. 后房 8. 巩膜
9. Schlemm氏管 10. 前房

图1-1-9 房水出路
1. 巩膜 2. 睫状前静脉 3. 角膜
4. Schlemm氏管 5. 小梁网
6. 虹膜 7. 睫状体

4. 房水的流出 房水进入前房后经前房角由角膜与虹膜角间的小梁网流出，经Schlemm氏管和房水静脉，最后经睫状前静脉进入血液循环（进入巩膜内、外血管丛）（图1-1-9）。

房水流出的情况主要由内皮细胞及其周围组成网的黏多糖的状态而定。该部组织的过度水合作用能使排水的细孔或开口缩小。不同种动物的排水管有不同数目和系统，流出的容量也不相同，但能适应特定动物眼的需要。

小梁网的网孔只允许分子量小的物质的液体通过，所以如果水状液含蛋白质过多，蛋白质就要停留在网孔内，则有可能发生阻塞或使流出减少。液流阻塞也可由于解剖上虹膜压陷或包住部分小梁角而发生，有大量证据支持这一说法，即对小梁网的神经性影响可改变房水的流出。这些因素在眼内压可能的紊乱方面，是非常重要的。

5. 眼内压（或张力 IOP） 眼内压保持眼的外层各部硬挺以及彼此间安置紧密，也保持各组织的液体平衡。眼内压是由水分的内向通量及外向通量决定的，它在低级哺乳动物是有些变化的，虽然或许比在人有时发现的变化小。人类范围内的眼内压生理界限由张力测量法在健康眼所测为 $10\sim20$ mmHg[①]。用测压法证明实验动物眼内压是 $20\sim25$ mmHg。然而动物和人类解剖结构上的不同，不仅表现房水流出机制上，也表现在动物瞬膜对眼球上呈现一些压力上，以及眼球退缩的辅助作用。当张力低时，这种肌肉能提高眼内压到 100 mmHg。

眼内张力有昼夜的（早晨高而晚间低）和其他的生理变异，任何广泛的或严重的张力变异，都可引致病理的变化。人异常高的眼内压可在至少 2% 人口中产生青光眼（其最后结果为视神经萎缩）。此病在某些家畜已逐渐被确认，是一种老龄性疾病，在寒冷气候中更为普遍。眼内的张力过高或张力过低，都属于破坏性状态。

静脉压的任何改变，都能够反映到眼内压上，但静脉压最多只能使眼内压改变 10 mmHg。动脉压对眼内的影响还了解不多，脉搏能使眼内压改变 $1\sim2$ mmHg，而呼吸能使眼内压改变达 5 mmHg。房水流出受阻，也能使眼内压提高到可察觉的高度。

眼内压至少部分地是受某种神经或激素的控制，或者可能受两种因素控制。与睫状突上的毛细血管相邻的产生房水的上皮细胞以及小梁网，都受神经的影响。房水流入和流出之间可产生轻度不平衡，使眼内压起改变。

只允许水分进入，而不许溶解物质进入的水状液渗透压的轻度改变，或者血液内蛋白质浓度的轻度改变，都会影响眼内压，但前者的影响更大些。

二、晶状体（Lens）

晶状体位于虹膜、瞳孔之后，玻璃体碟状凹内，借助晶状体悬韧带与睫状体联系以固定其位置。晶状体为富有弹性的透明体，形如双凸透镜，前面的凸度较小，后面的凸度较大。前面与后面交接处称为赤道部。

晶状体由晶状体囊和晶状体纤维组成。晶状体囊是一层透明而具有高度弹性的薄膜，可分为前囊和后囊。在薄膜（被膜）之下有一层立方或柱状上皮。在赤道部（赤道线），上皮细胞增长，渐成纤维状，称为晶状体纤维。晶状体的后面缺上皮。晶状体纤维呈六面棱柱状，除微管和核蛋白体外，核和大部分细胞均消失。

晶状体悬韧带（Suspensory ligament of the lens）是连接晶状体赤道部和睫状体的组织。一部分起自睫状突，附着于晶状体赤道部后囊上，另一部分起自睫状环，附着于晶状体赤道部前囊上。还有一部分起自锯齿缘，止于后囊上。

晶状体无血管，其营养主要来自房水，通过晶状体囊扩散和渗透作用，吸取营养物质排出代谢产物。

晶状体是屈光间质的重要组成部分，并和睫状体共同完成调节功能。哺乳动物的眼在看不同距离物体时，能改变眼的折光力，使物象恰好落在视网膜上。折光是借改变晶状体

---

① mmHg 为非法定计量单位，1 mmHg＝133.322 Pa。——编者注

的曲率半径来完成的。当看近物时，睫状肌收缩，晶状体的曲率和折光力都增大。当看远物时，晶状体的曲率和折光力都减少。

晶状体在未调节状态下，它前面的曲率半径大于后面的曲率半径。它的折射率从外层到内层为 1.38～1.437，平均 1.420。晶状体内含有较多蛋白质，含量随年龄而增加。动物年老时，水溶性蛋白质和水分含量都减少，弹性减弱，使晶状体硬化，透明度降低，曲率半径难于调节。

三、玻璃体（Vitreous body）

玻璃体为透明的胶质体，充满在晶状体后面的眼球腔内。其前面有一凹面称为碟状凹，以容纳晶状体。玻璃体的外面包一层很薄的透明膜，称为玻璃体膜。玻璃体无血管，其营养来自脉络膜、睫状体和房水，本身代谢作用极低，无再生能力，损失后留下的空间由房水填充。玻璃体是胶原、透明质酸共同组成的透明凝胶结构。它对光的折射率与角膜和房水相同，都是 1.336。玻璃体中的胶原含量随年龄增长而增加，因而透明度降低并使光线易于散射。玻璃体的功能除有屈光作用外，主要是支撑视网膜的内面，使之与色素上皮层紧贴。玻璃体若脱失，其支撑作用大为减弱，从而导致视网膜脱离。

第二章

眼附属器官

第一节 眼　　睑

一、眼睑的形态

眼睑（Palpebrae）为覆盖在眼球前部的能灵活运动的帘状保护组织，分为上眼睑和下眼睑。上眼睑较下眼睑宽大，上界与眶上缘大体一致，下眼睑下界移行于面颊，与眶下缘大体一致。上、下两眼睑相对之游离缘为上、下睑缘，两缘之间的空隙称为睑裂，睑裂的长度和宽度因不同动物的种属、品种和个体而有所差异。上、下眼睑于外侧形成锐角状的外角（外眦），于内侧联合形成近于半圆形的内角（内眦）。眼睑薄而柔软，尤其下眼睑，比身体的其他部位含有更少的被毛，在上、下眼睑的前缘生有若干行不规则的睫毛，在上、下眼睑面上，分布有大触毛。犬的下睑缘无睫毛。猫的上、下睑缘均无睫毛。

二、眼睑的解剖构造

眼睑组织由外表皮层、肌层、纤维层和睑结膜层组成。

1. 皮肤　眼睑外面覆有皮肤，皮下组织为疏松结缔组织，皮肤易滑动或形成皱纹。上、下眼睑皮肤均受三叉神经支配。

2. 肌层（图 1-2-1）

（1）眼轮匝肌：为横纹肌，位于皮下组织与睑板之间。肌纤维的走行是以睑裂为中心，环绕上下睑，形成一个扁环，受第七对脑神经（面神经分支睑神经）支配，起平滑肌作用，使眼睑闭合。分为睑部和眶部，一般反射性瞬目及轻度闭眼动作由睑部司之，眶部收缩时可使眼睑周围皮肤起皱纹，并加重对眼球的压力。

（2）上睑提肌：受动眼神经支配，收缩时提起上睑。起自视神经孔附近的总腱环上部，沿眶上壁向前进行呈扇形散开，附着于上睑板上缘，有一部分通过眼轮匝肌分散于上睑皮肤下，另一部分变成阔肌膜，两侧分别附于眼睑的内、外眦韧带。

（3）米勒氏肌：为平滑肌，受交感神经支配，协助开睑。在惊恐、愤怒或疼痛兴奋时可无意识地发挥作用，使睑裂张开增大。米勒氏肌上下眼睑各有一个。上睑的较强大，起于提上睑肌，达于眼睑后下面的肌纤维之间，薄带状向前下方走行于提上睑肌与睑结膜之间，止于上睑板上缘。下睑的较小，起于下直肌的鞘膜，向前上方走行，止于下睑板下缘。

3. 纤维层　由睑板及眶隔组成（图 1-2-2）。

（1）睑板：上下眼睑各有一个，性状甚似软骨，是一种不太明显的纤维样结缔组织。睑板呈与眼球极相符合的弯曲状，起支撑眼睑，保持其外形的作用。

上下睑板前面与眼轮匝肌之间，隔有疏松结缔组织，眼轮匝肌可以自由伸缩滑动。上睑板附有上睑提肌与米勒氏肌，两肌收缩时，上睑板随同上睑一起被提起，下睑板可被牵拉向下，加大睑裂宽度，上下睑板后面均与睑结膜密切连接。上下睑板的两端各结成宽的结缔组织带，即内外眦韧带。上下睑板内含有高度发达的睑板腺，在睑结膜下方的游离缘附近，与睑缘垂直平行排列，其导管开口于眼睑缘。睑板腺分泌一种富含磷脂的皮脂样液体，形成浅表的脂层泪膜，可防止泪液浸泡皮肤，并防止上下睑长期接触时（如睡眠）的黏着。眼睑闭合时可免泪液蒸发，保持角膜、结膜的湿润。也可保持眼球前部表面与睑结膜之间的滑润作用，防止外界水等进入结膜囊内。

（2）眶隔（睑筋膜）：为弹性结缔组织膜，内缘附于上下睑板前面，向四周展开，止于眶缘的骨膜。眶隔借助于睑板将眶与睑隔开。

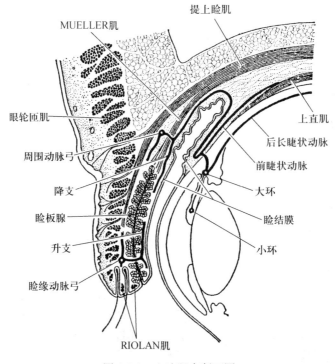

图 1-2-1　上睑肌肉断面图

4. 睑结膜（Conjunctiva palpebralis）　为眼睑的最内面一层。睑结膜折转覆盖于巩膜前部为球结膜（Conjunctiva bulbi）。在睑结膜与球结膜之间的裂隙为结膜囊（Saccus Conjunctiva）。

睑结膜的上皮层随不同的地区和不同的动物而异，在睑的边缘为复层扁平，其他地区则混杂着柱状、立方或多面形细胞不等，结膜上皮常有杯状细胞。

正常的结膜呈淡红色，在某些疾病时常发生变化，可作为诊断的依据。

第三眼睑（Palpebra tertia）又称瞬膜，是位于眼内角与眼球之间的结膜形成的半月形的结膜褶，内含一块弓形的软骨，（反刍动物、犬为透明软骨，马、猪、猫为弹性软骨）。软骨后部在眼球内侧，包埋在第三眼睑腺和脂肪内，其靠眼球面凹，睑面凸，检查马眼结膜时，轻压眼球，第三眼睑则被眶内脂肪推移到眼球的前面。结膜的上皮是含有杯状细胞的假复层柱状上皮（马和肉食动物）或变移上皮（猪和反刍动物）。固有膜为疏松结缔组织，内含丰富的血管和大量的纤维细胞、组织细胞、肥大细胞和浆细胞，并含有许多淋巴小结和腺体。腺体又分为浅层腺和深层腺，马、猫第三眼睑的浅层腺是浆液性的，其他家畜是黏液性的，而猪则以黏液性的分泌为主，第三眼睑的深层腺仅见于猪，并分泌脂性分泌物。

第三眼睑腺与眼眶间为纤维样组织连接，可限制腺体的移动，防止突出，第三眼睑腺也分泌泪液，参与保护角膜和清除异物的作用，可补充泪腺和副泪腺的分泌物。

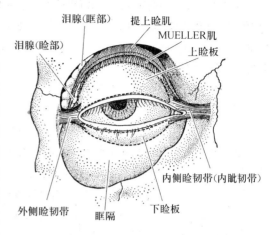

图 1-2-2　眼眶正面观（上睑眶隔已切除）

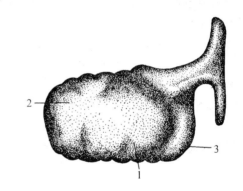

图 1-2-3　马第三眼睑（Sisson）
1. 腺体　2. 包围软骨之脂肪　3. 软骨

第三眼睑内无肌肉，仅在眼球被眼肌牵拉时，压迫眶内组织，被动露出。如闭眼时或向一侧转动其头部时，第 3 眼睑可覆盖至角膜中部。瞬膜的大小，马、牛为 2～3 cm，猪、犬为 0.5～2.0 cm。

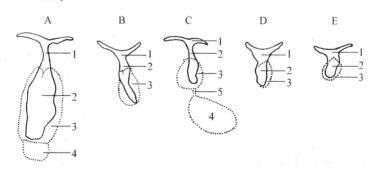

图 1-2-4　各种动物瞬膜的比较（Ellenberger）
A. 牛　B. 羊　C. 猪　D. 犬　E. 猫
1. 软骨　2. 软骨柄　3. 腺体　4. Harder's 腺　5. 腺管

在第三眼睑与眼内眦皮肤之间围绕成的低陷区称为泪湖，泪湖靠第三眼睑处有一隆起的肉样结构称为泪阜，其上有时生有毳毛。泪阜的作用是协助眼睑闭合完全，同时，由于它对上、下小泪点的压迫与解除压迫而形成正压与负压，在瞬目时可以协助泪液进入泪小管。

第二节　泪　　器

泪器按其生理功能分为分泌系统（泪腺和副泪腺）和导管系统两部分。

一、泪腺和副泪腺

（一）泪腺（Lacrimal gland）

1. 泪腺位于眼眶上颞部的泪腺窝内，为扁平椭圆形腺体。有 12～16 条很小的排泄管开口于上眼睑结膜。犬的泪腺长 0.5～2.0 cm，宽 3.0～1.5 cm，厚 0.7～1.5 cm，有 3～5 个或 15～20 个不等肉眼看不到的异管，开口于外上方穹隆结膜处。

泪腺是复管泡状或管泡状腺体，各种动物泪腺类型见表 1-2-1。

表 1-2-1　动物泪腺类型

动物	混合型管泡腺	浆液型管泡腺	黏液型管泡腺
犬	×		
猫		×	
家兔	?	×	
猪		×	
绵羊	×		
山羊	?		×
马		×	
阉牛		×	

注：×为所属类型，? 为所属类型不明

腺泡细胞常含有脂类内含物，细胞外面有许多肌上皮细胞包围着。结缔组织间质的主要成分是网状纤维和一些胶原纤维，并含有淋巴细胞、浆细胞和组织细胞。闰管和分泌管分别衬以单层立方和复层立方上皮，泪小管衬以复层立方上皮。猪的泪小管（大排泄管）起始部尚有软骨围绕。

每种哺乳动物都有一个泪腺，家畜的泪腺是双叶的，变形的大皮肤腺，它比人泪腺的活动性差。有瞬膜存在时，往往有瞬膜腺，但是只有少数家畜有副泪腺（Harder 氏腺）。有些动物的副泪腺和瞬膜腺是合在一起的，有睫毛动物和无睫毛动物，如两栖类、爬行类、鸟类、单孔类及除去灵长类外的所有哺乳类动物，都能够发现这一情况，一些残迹有时可在灵长类中发现。

在各种动物的泪腺中，浆液性管泡腺占很大优势。虽然山羊的泪腺是属于黏液型管泡腺，但也稍具有浆液性的成分，与那些具有混合型泡腺泪腺的动物一样，都表现出一些浆液性的特性。

泪腺分泌泪液，湿润眼球表面，大量的泪液有冲除细小异物的作用。泪液内含有1：40 000的溶菌酶。泪液为透明稍带乳白色的液体，呈弱酸性，通常含有大量的蛋白质，即清蛋白及球蛋白，还有氮、尿素、葡萄糖以及钠、钾、氯和其他离子。氢离子浓度在影响溶菌酶作用上是重要的，这种酶能溶解空气传播的腐生物，有杀菌作用。当饲料内缺乏维生素 A 时溶菌酶消失，因而可能发生角膜溃疡和角膜软化病。

2. 泪腺、副泪腺和瞬膜腺的机能是相似的和相互补充的，它们都是在于排除脱落的细胞组织，润滑位于眼睑腔内和瞬膜后面的眼球，而副泪腺及瞬膜腺则都流入瞬膜球状面的穹隆内。副泪腺和瞬膜腺的类型见表 1-2-2。

表 1-2-2　副泪腺和瞬膜腺的类型

动物	副泪腺				瞬膜腺		
	浆液黏液型	黏液型	浆液型	脂肪型	黏液型	浆液型	浆液黏液型
犬						＋*	×
猫						＋	×
家兔			×				×*
猪			×		＋	＋	＋
绵羊					＋	×	＋
山羊					＋	×	＋
马					＋	×	
阉牛	（前×叶）	（后×叶）					

＊　也存在这种类型的腺泡

＋　也可能含有清蛋白

三种腺体的分泌方式合并，结果产生含有浆液和黏液液一定比例的混合液体，这种比例最适合于特定动物的祖先的习惯，并使在黏度、湿度及光透明度上得到更好的调节。

泪腺的丧失或作用减弱，不像在人那样产生严重后果，但会造成一些角膜损伤。这种角膜损伤，在腺体再生或机能恢复时，是可以恢复的。

三叉神经切断后，会发生泪腺的机能丧失。相反，刺激三叉神经、泪腺神经或面神经后，泪腺分泌会过多。所有动物的泪腺分泌物中含有高浓度蛋白质，而家兔含有异常高浓度的清蛋白。通常在泪液内含有不可测量出的溶菌酶，但当受刺激或感染时，就可明显地测量出来。

（二）副泪腺（Harder's glands）

副泪腺不是所有动物都具有的，副泪腺和瞬膜腺似乎总是有着共同的机能，它们甚至是从一个共同腺体衍化来的。因此，对于仅有瞬膜腺的动物，副泪腺不是很重要的。这两种腺体都存在时，因它们机能上的结合，而产生一种混合性的分泌物，这两种腺体或两腺体之一的分泌物，加入到来自泪腺的分泌物中，往往成为混合性或浆液黏液性眼睑和角膜滑润剂的赋形剂。在少数动物，泪腺与副泪腺容积上存在有相反的关系，即一个腺体容积较大时，另一个即小些，但也有一些例外。

有时，副泪腺有两叶，每叶分泌是不同的，如果副泪腺像在家兔一样，是脂类分泌型，那么两叶的分泌细胞大小和所分泌的脂肪小滴的大小，常常表现出不同，而大小一致的脂肪小滴则被保留在每个叶内及每个终末部分内。

家兔副泪腺的分泌是复杂的。两叶的腺细胞及其分泌物中，含有嗜苏丹物质、中性脂肪、费氏（Fischler）阳性物质、磷脂碱性磷酸酶及一种中性糖蛋白。在白叶内只有酸性磷酸酶，在导管和血管内含有少量缩醛脂类（Schneir 和 Hayes，1951）。有报道，副泪腺有全浆分泌的征象，也有顶浆分泌的征象，但细胞的变性及其所产生的碎屑，似乎不符合皮脂腺全浆分泌的情况。同样，用电子显微镜也没有观察出全浆分泌的情况。

（三）瞬膜腺

瞬膜腺位于第三眼睑内，呈心形，尖部朝下，分泌的泪腺液供给角膜，有 2～4 个导管开口于眼球和第三眼睑间的凹隙下部。

瞬膜腺与副泪腺时常被研究者混淆在一起，以致其本身的特性研究较少。其重要特点是它的分泌补充泪腺的分泌物，有副泪腺存在时，也补充泪腺的分泌物。

（四）其他腺体

补充三大腺体的分泌物的是另外一些不显著的，但并非不重要的分泌腺，包括睑板腺和杯状细胞等。

睑板腺位于眼睑的睑板内，均匀、垂直排列，其腺体开口于睑缘，肉眼可见，是变态的皮脂腺。犬上眼睑有 40 个开口，下眼睑有 28～34 个开口，管口直径约 0.08 mm。其从睑缘的开口排出乳油色的皮脂分泌物，这种分泌物性质胶黏，故在眼睑边缘形成一道精细的屏障，借以阻止泪液和其他分泌物流出眼睑边缘。防止外界液体进入结膜囊。猫的睑板腺最发达，猪最不发达。

杯状细胞位于睑结膜内，其分泌物是泪液中黏液成分的主要来源。

除以上腺体外，还有变形的汗腺（Moll 氏腺）及发育不全的皮脂腺（Zeis 氏腺）。这些腺体开口于睫毛毛囊或接近于睫毛的眼睑边缘上。结膜内的副泪腺（Krause 氏腺），其分泌物进入上下穹隆内。所有这些补充腺体，对浸润着角膜及内眼睑表面的分泌物的平衡上，起着某种作用。

负责生产眼液成分的分泌组织的解剖位置见图1-2-5。

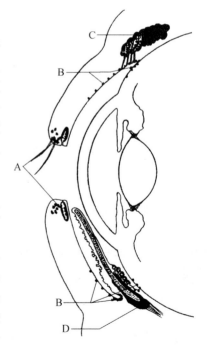

图 1-2-5 泪液分泌组织解剖位置图

A. 睑板内部的 Meibomian 腺（睑板腺）

B. 组织杯细胞 C. 眼窝泪腺 D. 瞬膜泪腺

二、导管系统

导管系统包括泪点、泪小管、泪囊和鼻泪管（图 1-2-6）。

（一）泪点（Lacrimal puncta）

为泪小管的起始部，位于上、下睑缘较厚的内眦后唇部泪乳头上，管口为斜卵圆形或略作椭圆形的小孔状结构，上下各有一个，分别称为上泪点和下泪点。距眼内眦 2～5 mm，泪点长 0.5～1.0 mm，宽 0.2～0.5 mm。泪点生理状态下，开口恰与球结膜结合，利于泪液的吸取。若泪点外翻或因炎症、结瘢等原因而闭锁，会引起经常流泪（泪溢症）。泪点均绕以致密的结缔组织环，富有弹性，外围有轮状纤维环绕，具有括约肌作用。

（二）泪小管（Lacrimal canaliculi）

为泪点与泪囊之间的通道。起始于泪点，长 4～7.0 mm，管径 0.5～1.0 mm，上下泪小管汇入泪囊。上下泪小管之垂直部与水平部大致直角，交接处略膨大，称为壶腹。泪小管管壁极薄，富有弹性，管径虽小但探查时可扩张 3 倍，壶腹可被拉直。

泪小管的纵横两部均有眼轮匝肌纤维围绕，这些纤维的伸张与收缩，有助于泪液自上部吸入并排出于下部，此部若有狭窄或闭锁，也可致流泪。

（三）泪囊（Lacrimalsac）

位于眼内眦下方，泪嵴后方的泪骨和额骨构成的泪囊窝内。呈漏斗状，其顶端闭合成一盲端，下端与鼻泪管相通。小动物的泪囊不是十分明显，大动物可达到 1 cm³。泪囊壁是由外骨膜层、黏膜下和黏膜密复圆管状上皮构成。猪无泪囊。

（四）鼻泪管（Naso-Lacrimalduct）

起始于壶腹状的加宽部——泪囊，位于鼻腔外侧壁的额窦内，由泪囊向前进入上颌泪骨泪沟（此处是鼻泪管最狭窄部，易发生泪液阻塞）。向下走，出骨性鼻泪管入鼻腔，开口于鼻道前端腹外侧壁的下鼻道，离外鼻孔约 1 cm。大动物的鼻泪管有 25～28 cm 长，猪衬以具杯状细胞的复层柱状上皮或变移上皮。猪的鼻泪孔开张于鼻甲后端的下鼻道。小动物的鼻泪管自泪囊向前进入上颌泪骨泪沟，是鼻泪管最狭窄部，易发生泪液阻塞。然后出骨性鼻泪管入鼻腔，开口于鼻道前端腹外侧壁，离外鼻孔约 1 cm。大约 50% 犬的上齿根部有一副泪管出口。马的鼻泪孔位于鼻腔下壁和内侧壁，其起始部泪囊固有层含有大量的淋巴网状组织或海绵静脉丛。反刍动物的鼻泪孔位于下鼻甲翼皱褶的内面，向外不可能找到。马和乳牛的鼻泪管是相似的，主要的差异是远端径路和鼻泪管口。两个泪点的直径约 2 mm，位于离内眼角为 8～10 mm 的上下眼睑里。马泪点直接在睑缘球，而乳牛泪管位于睑结膜起始处稍微深些的地方。离开该泪点，泪小管延伸并集中形成泪管囊。马的鼻泪管比乳牛要大些，鼻泪管从鼻泪囊延伸到鼻通道。和马比较，牛更短且近乎于垂直。马鼻泪管于第一前臼齿水平面有一明显扩大，它是导致鼻泪管阻塞发生率较大的原因。马的远端鼻泪管口位于鼻底面上。

过剩的泪液积蓄于泪湖（Lacrimal lake），位于眼内侧的结膜腔加宽部，覆盖以复层扁平和复层柱状上皮。泪液经泪点进入衬有复层扁平上皮的泪管而到达泪囊及鼻泪管。

泪的分泌机能与眼睑的瞬运动紧密相关，这个过程的主要作用是泪小管的吸收。在纵肌层紧张的影响下，眼睑开张时其内腔扩张，因此泪管腔被泪湖的泪充盈。眼睑闭合时泪小管紧闭，泪流入泪囊。泪囊的吸收作用起着一定的辅助作用，在瞬运动，眼睑闭合时，泪囊也扩张，其前壁在眼睑内韧带的作用下向前伸延，与眼睑内韧带相结合。

泪器导管系统构造见图 1-2-6。

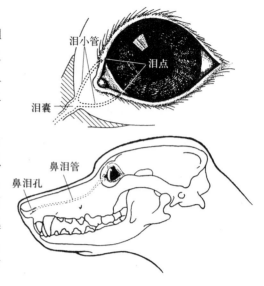

图 1-2-6　泪器导管系统构造图

第三节　眼 外 肌

眼外肌是使眼球运动的肌肉，附着在眼球周围，位于眶骨膜内，眼球的后部，属横纹肌。包括 4 块眼球直肌、2 块眼球斜肌、1 块眼球退缩肌。

1. 眼球直肌（Recti）　眼球直肌起始于视神经孔周围，包围在眼球退缩肌的外周的背侧、腹侧、内侧和外侧，向前以腱质抵于巩膜，分为上直肌、下直肌、内直肌和外直肌，均呈带状。眼球直肌的作用是使眼球作向上、向下、向内和向外的运动。

2. 眼球斜肌（Obliqui）　分为上斜肌和下斜肌。上斜肌细而长，起始于筛孔附近，沿眼球内直肌的内侧向前伸延，然后向外侧弯转并横过眼球背侧止于巩膜，收缩时可使眼球作向外上方的转动。下斜肌短而宽，起始于泪骨眶面、泪囊窝后方的小凹陷内，向外斜走，靠近眼球外直肌抵于巩膜上。收缩时可使眼球作向外下方的转动。

3. 眼球退缩肌（Retractor bulbi）略呈喇叭形，包围于眼球后部和视神经

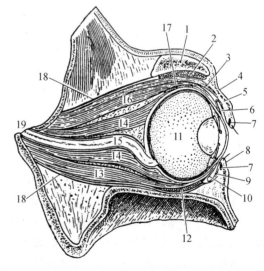

图 1-2-7　眼的辅助装置

1. 额骨眶上突　2. 泪腺　3. 上眼睑提肌　4. 上眼睑
5. 眼轮匝肌　6. 结膜囊　7. 睑板腺　8. 下眼睑　9. 睑结膜
10. 球结膜　11. 眼球　12. 眼球下斜肌　13. 眼球下直肌
14. 眼球退缩肌　15. 视神经　16. 眼球上直肌
17. 眼球上斜肌　18. 眶骨膜　19. 视神经孔

孔周缘，向前固着于巩膜周围，收缩时可牵引眼球后退。

眼球外直肌受外展神经支配，眼球上斜肌受滑车神经支配，其余受动眼神经支配。

第四节　眼　　眶

一、眼眶（orbit）

眼眶系一空腔，由上、下、内、外四壁构成，底向前，尖朝后。眼眶四壁除外侧壁较坚固外，其他三壁骨质菲薄，并与副鼻窦相邻，故一侧副鼻窦有病变时，可累及同侧的眶内组织。眶内除眼球、肌肉、血管和神经外，其余空隙为脂肪组织所填充，从而对眼球有保护作用。

二、眶骨膜（periorbit）

眶骨膜又称眼鞘，为一致密坚韧的纤维膜，略呈圆锥形，位于骨性眼眶内，包围眼球、眼球肌以及眼的血管、神经和泪腺等。圆锥基附着于眶缘，锥顶附着于视神经附近和视神经孔周围。在眶骨膜内、外填充着许多脂肪，与眼眶和眶骨膜一起构成眼的保护器官，起着保护眼的作用。

马的眼球约 52 mm×45 mm，牛的眼球约 36 mm×40 mm，但牛的眶比马更大，这对于眼眶手术操作来说有更大的活动余地。

第三章

眼的血管及淋巴、神经系统

第一节　眼的血液供应

一、眼的血管系统

　　眼球及其附属器的血液供应，除眼睑浅组织和泪囊一部分是来自颈外动脉系统的面动脉外，几乎全是由颈内动脉系统的眼动脉供应。

　　眼球血管隶属于两个系统，在眼神经入口处相互结合，分为视网膜血管系统和睫状血管系统。

　　1. 视网膜血管系统　由视网膜中央动脉和静脉干以及其分支所组成。动脉起始于眼眶分支或后睫状动脉的分支，进入神经和在分支的筛状层部分离，这些分支然后汇成中央静脉。在眼的后壁用检眼镜能很好地观察到血管的分布情形。马的视网膜中央动脉在眼神经出口前 2～3 cm 处分成 30～40 个小血管。这些小血管通向视神经乳头四周，而后通向视网膜，在视网膜内仅向比较小的间隙分散。视网膜前部分的营养借助于脉络膜毛细血管层的血管来实现。血管四周有位于与玻璃体的淋巴系统相连的周围血管间隙。

　　牛、猪和犬的中央血管于视觉神经出口处直接分为三个分支，很少分为伴有同名静脉的第四个大的分支。

　　2. 睫状血管系统　是由：①走进脉络膜的睫状后短动脉；②通向虹膜和睫状体的短前和长前睫状后长动脉组成。前睫状动脉始于肌肉的分支，后睫状动脉始于眼眶动脉。

二、静脉的回流途径

　　1. 视网膜中央静脉（Central retinal vein）　和同名动脉伴行，或经眼上静脉或直接回流至海绵窦（Cavernous venous sinus）。

　　2. 涡静脉（Vortex vein）　共 4～6 条，收集虹膜和睫状体的部分血液以及全部脉络膜的血液，均在眼球赤道部后方四条直肌之间，穿出巩膜，经眼上静脉，眼下静脉进入海绵窦。

　　3. 睫状前静脉（Anterior ciliary vein）　收集虹膜、睫状体和巩膜的血液，经眼上、下静脉而进入海绵窦。眼下静脉通过眶下裂与翼状静脉丛（Pterygoid venous plexus）相交通。

第二节　淋巴系统和眼内液体循环

眼球内没有固有的淋巴管，而有淋巴间隙。

一、前淋巴间隙系统

经瞳孔而毗连的前眼房和后眼房包括于前系统。眼房充满着液体和水，应将其视为淋巴液，但按其成分来看，多少区别于机体其他部分的淋巴，有特别少的蛋白内容物。这个无色的透明液体比重为 1.007 0，其成分含有水，蛋白（0.02%）和像血清一样浓缩的矿物盐。此外，虹膜有属于运行道的周围血管间隙，经隐沟而与前房内的房水相通。

二、后淋巴间隙系统

属于后淋巴间隙系统的通路有：①视网膜和玻璃体道，②脉络膜与巩膜道。所有这些道与希来莫氏管（Schlemm）粗比较则具有次要的意义。

睫状体和一小部分虹膜是充盈两房液体形成的主要部位。

由睫状体进入后房的液体经瞳孔渗出入前房。内皮层保护着角膜免受液体的作用，当内皮完整性被破坏时角膜迅速混浊。液体经位于房角内的冯达氏间隙过滤到 Schlemm 氏管内，这是由于较窄间隙的压力而发生于后者中间的。液体由此进入睫状前静脉，管开口于该静脉内。

除与眼前房连接外，眼后房以鞍裂间隙与帕斯托夫氏管连接。

三、视网膜淋巴道

分布于血管周围，并与玻璃体道连接。后者有中央管（克劳克托夫氏管）和两侧孔，中央管以此孔与白蒂氏管连通。脉络膜和巩膜之间有脉络膜周围间隙。液体（主要涡漩静脉的液体）由此经血管周围裂流入切诺诺夫氏间隙，由此流入视觉神经鞘，后者也与脑硬膜下和蛛网膜下的间隙沟通。淋巴前间隙系统对淋巴形成具有很大的意义，因为大部分淋巴液由眼内流出。淋巴形成的间隙能引起眼内严重的变化——高眼压或低眼压。

四、眼其他部分的淋巴

1. 眼睑的淋巴　有深、浅两个系统。浅部输送皮肤与眼轮匝肌的淋巴，形成睑板前淋巴丛；深部输送睑板与结膜的淋巴，形成睑板后淋巴丛。内侧淋巴干输送下睑内半部、上睑内 1/4 部及内眦部的淋巴至浅层颌下淋巴结；内侧深淋巴干输送下睑结膜内 2/3 部及泪阜的淋巴至深层颌下淋巴结。

外侧浅淋巴干输送上睑外 3/4 部及下睑外半部的淋巴，注入耳前方浅层腮腺淋巴结内；外侧深淋巴干输送全部上睑结膜和下睑外 1/3 部的淋巴，注入耳前方深层腮腺淋巴结内。

颌下淋巴结与腮腺淋巴结均注入颈深淋巴结。

2. 结膜的淋巴　球结膜的淋巴发育良好，位于结膜下组织内，有深浅两个系统。深层淋巴接受浅层淋巴之后，形成角膜周围淋巴丛，与眼睑的淋巴管会合，又分两支，分别回流于耳前的腮腺淋巴结与颌下淋巴结。

3. 泪腺的淋巴　泪腺的淋巴与结膜淋巴、睑淋巴相连，注入位于耳前方的腮腺淋巴结内。

4. 泪道的淋巴　由泪囊而来的淋巴管随同面静脉到达颌下淋巴结。从鼻泪管而来的淋巴管与鼻淋巴管连接，随口唇淋巴系统向前行走，也达于颌下淋巴结。

5. 角膜的淋巴　角膜只在具有血管处才有淋巴管，而血管所形成的小血管网只进入角膜内 1 mm 以内，所以角膜内缺少带有内皮的淋巴管，其营养是由淋巴浸入薄板间隙得以供应。巩膜内无淋巴管。

第三节　眼的神经支配

眼的生理功能完全为神经系统所控制，无论视觉本身的完成还是为完成良好视觉所必需的与眼有关的感觉和运动，都与中枢神经有关。

一、视　路

视路为传递视觉的整个通路，与之有关的有视神经、视交叉、视束、外侧膝状体、四叠体上丘、丘脑枕、视放射、纹状区以及纹状旁区与纹状周围区等部分（图 1-3-1）。有的并不参与视觉。

1. 视神经　视神经是视网膜的第三神经元（神经节细胞）所发出的轴索集聚而成。因为每一种神经纤维表面没有神经膜，因此损伤后不能再生。

本段是视路的起始部分，包括自视神经乳头起到视交叉之间的部分，全长约 50 mm（人类），可分为球内、眶内、管内和颅内四段。

（1）球内段：由视神经乳头起到巩膜脉络膜管为止，长仅 0.7 mm，其前表面（即巩膜筛板）是整个视路中唯一可用肉眼直接见到的部分，在穿过脉络膜神经纤维处无髓鞘，筛板后神经纤维已有髓鞘包围。

视网膜神经纤维层的纤维在进入视神经乳头移行为视神经时，其排列有一定的规律性。视网膜的纤维可分黄斑部纤维与周围部纤维，两者又各分交叉与不交叉两种。交叉与不交叉纤维是以黄斑的垂直线为分界线。在垂直线鼻侧的纤维，在本段尚不交叉，即仍在视神经乳头的鼻侧部分移行于视神经；在垂直线颞侧的纤维是不交叉的，由视神经乳头颞侧部分移行于视神经。

黄斑乳头纤维量较多，占视网膜纤维总数的 65%，但所占面积却仅为视网膜总面积的 1/20，所以排列极密。此部纤维在视神经乳头颞侧移行于视神经，在视神经乳头的切

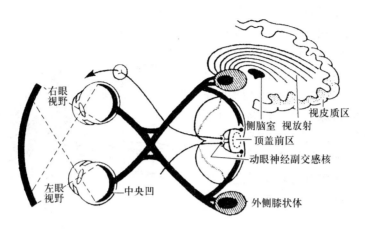

图 1-3-1 视觉传导路示意图

面上占约 1/3 的面积，作尖向轴心的楔形，上下纤维间有明显的水平缝分开。

视网膜周边部纤维，根据发自不同的象限，可以分为：①发自视网膜颞上象限的上弓状纤维，由视神经乳头上区进入视神经；②发自视网膜颞下象限的下弓状纤维，由视神经乳头下区进入视神经；③发自视网膜鼻上象限的上辐射状纤维，由视神经乳头鼻上区进入视神经；④发自视网膜鼻下象限的下辐射状纤维，由视神经乳头鼻下区进入视神经。

俄尔夫（Walff）氏认为自视网膜最周边部发出的纤维行于视网膜神经纤维层的最外层（即接近脉络膜的最深层），进入视神经乳头时位于最边缘部；自视网膜中央区（除外黄斑乳头纤维）发出的周围纤维行于视网膜纤维层的最内层（即接近玻璃状体的最浅层），进入视神经乳头时，处于轴心部。

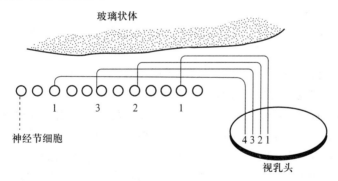

图 1-3-2 视神经纤维在视网膜及视神经乳头内排列示意图

球内段的视神经由脉络膜血管所供养。

（2）眶内段：本段由巩膜后孔到骨性视神经管的前口，全长约 30 mm，因它在走行过程中作 S 形的弯曲，故较其直测距离长，这对完成生理性的眼球转动以避免某些损伤至关重要。此段的前部有视网膜动静脉穿入、穿出；后部有由四直肌、上斜肌和提上睑肌的肌腱围绕而成的总腱环将之固定在视神经孔之前。本段的全过程均受这些肌肉的围裹、保护。

眶内段的视神经其外膜有相当于脑膜的三层，即软脑膜、蛛网膜和硬脑膜。

软脑膜贴近视神经，与神经干之间充满脑脊髓液，由软脑膜分成多数网格状连同血管进入神经干内，将之分成多数之束。最外层为硬脑膜。软、硬脑膜之间有一间隙，间隙内有极为细致的蛛网膜，因其形似蜘蛛之网而得名。内外两膜有多处即借此蛛网膜而连接在一起。

蛛网膜与其外的硬脑膜之间为硬脑膜下腔；蛛网膜与其内的软脑膜之间为蛛网膜下腔，两腔中也均充满脑脊髓液（图1-3-3）。

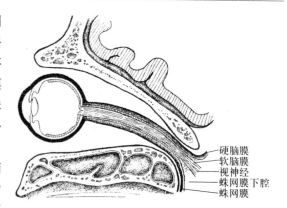

图1-3-3 视神经的三层鞘膜（与脑膜相当）

蛛网膜在前面筛板部位，外层与巩膜相合，内层与脉络膜相合，均形成盲端。当脑压增高时，脑脊液的压力波及视神经纤维，使视神经乳头水肿。同时，视网膜中央静脉血液回流受阻，加剧水肿，并使静脉高度充盈纡曲。

（3）管内段：本段走形于骨性视神经管中，自管前面的眶口到后面的颅腔入口长约6 mm，有眼动脉伴行围绕，二者关系密切。管的内侧有蝶窦与后筛窦，且相隔的骨质极薄。有时额窦伸至此管的骨壁上方，因此，这些窦的疾患常引起球后视神经炎。此外，本段神经因处于骨质紧密围裹中，该管外伤、骨折等都可致严重的视神经挫伤损害。

本段的硬脑膜形成骨衣，并与蛛网膜、软脑膜黏合密切，以固定视神经，其黏合在上方较显著，因此脑脊髓液只能由下方较窄的空隙中通过。若脑瘤直接压迫视神经的入颅段时，则本已极少的流通量被压挤断绝，以致视神经乳头水肿，只能出现于对侧眼（如果对侧没有相应的病变时）。

视觉纤维在此段中的排列与前段相同。神经干的横断面，自内段的后部开始即稍呈垂直的椭圆形，在本段仍保持此形。

本段的营养来自颈内动脉直接发生的软脑膜动脉。

（4）颅内段：本段自颅腔入口到视交叉，长约10 mm。本段的视神经只有软脑膜，因为另两层膜已移为脑膜。两侧视神经愈向后愈向中央接近，最后进入视交叉前部的左右两侧角。本段的纤维排列关系不变，只是由于处在脑组织的压迫下，横切面更近横椭圆形。

本段的营养来自颈内动脉、大脑前动脉及前交通支分别发出的分支。

2. 视交叉 本部是两侧视神经交叉接合膨大部，呈扁四角形。视交叉与周围组织的关系较为复杂，前面稍上为左右大脑前动脉，并有连接此二动脉的前交通支。若视交叉位置偏前，则此前交通支可恰在其上方。后方主要有脑垂体的漏斗。两侧为颈内动脉，在两侧稍下方有海绵窦。上方为第三脑室的底部，在视交叉的前后各形成一个隐窝，前部为视隐窝，后部为漏斗隐窝。下方为脑垂体，二者被颅底硬脑膜覆盖于蝶鞍上面形成的鞍膈所分隔，但视交叉与鞍膈之间还有脚间池将其分开。视交叉下面距此池之底深度颇不一致，如果较深则垂体肿物每在晚期才出现视交叉压迫现象。且鞍膈的厚度也不一样，如果坚厚，可阻挡瘤体向上推举，迫使其向前方或侧方扩展。

视交叉在蝶鞍上的位置也不一致，可分四个类型：①位于蝶鞍前上部视交叉沟内，这类约占 5%；②位于蝶鞍正上方，约占 12%；③位于鞍膈后部及鞍背，占 79%；④全部位于鞍背或鞍背后部，占 4%。①与②类称前置位，③类称正常位，④类称后置位。

视觉纤维的鼻侧部分，由视神经进入视交叉后呈扇形散开，鼻下象限的纤维立即沿视交叉前缘下方交叉到对侧，在对侧视神经与视交叉接界处向前作弓形弯曲，特称视交叉前膝，然后沿视交叉外缘向后进入视束。鼻上象限的纤维进入视交叉后，先在同侧后行，于同侧视束的起始处向视束内作向后的弓形弯曲，特称视交叉后膝，然后沿视交叉后缘的上方交叉到对侧，进入视束。

颞下象限的纤维走行于视交叉同侧的下外方，沿外侧缘，向后进入同侧视束。颞上象限的纤维走行于视交叉同侧的上内方，向后进入同侧视束。所以颞侧的上下两个象限的纤维在视交叉内并不交叉。这和鼻侧纤维在视交叉内交叉到对侧者不同。

黄斑乳头束的纤维也分为交叉与不交叉两种。来自黄斑鼻侧的纤维，进入视交叉后向内、后、上方走行，至接近后缘上方时交叉到对侧视束；黄斑颞侧的纤维在同侧，直接向后进入视束。

当这些纤维发生病变或受到损伤时，因其走行部位有一定的规律，因而产生一定的视野缺损，临床上常可根据视野缺损的情况推断病变的部位。

本段的营养主要由颈内动脉与前交通动脉供给，也接受前脉络动脉、后交通动脉以及大脑中动脉发出分支的血液供养。

3. 视束　视束自视交叉的后部两侧角发出，绕过大脑脚底时，分为较小的内根与较大的外根。内根为两侧视束的联络纤维，名为桔顿（Gudden）氏联络纤维，止于内侧膝状体，与视觉无关而与听觉有关。与视觉有关的纤维，作为外根到达外侧膝状体。另有司光反射的传入纤维，也通过外根，但经四叠体上丘而止于中脑。

视束的视觉纤维包括来自同侧视网膜不交叉纤维和对侧视网膜交叉纤维。其中来自同侧颞下象限及对侧鼻下象限的纤维居于腹外侧，来自同侧颞上象限及对侧鼻上象限的纤维居于腹内侧，来自对侧视网膜鼻侧周边部的不成对的纤维居于腹面狭窄区，来自同侧黄斑部不交叉和对侧黄斑交叉的纤维同居背侧，其中来自上象限者居背内侧，来自下象限者居背外侧。视束内交叉与不交叉纤维的汇集，仅发生在开始阶段，而且两眼视网膜对应点纤维的汇集并不精确，因此视束的病变产生两眼的视野缺损并不完全对称。

本段营养来自前脉络膜动脉类。前端除前脉络膜动脉外，另有内颈动脉、大脑前动脉以及后交通动脉的分支参与供给。

4. 外侧膝状体　外侧膝状体内视分析器的第一级视中枢，位于大脑脚的外侧及视丘枕的下外方，为椭圆形的小隆起，是间脑的一部分。视束的大部分纤维——视觉纤维——作为周围性神经元终止于此体的节细胞，并由节细胞的另一端发生中枢性神经元，称为视放射，并全部投射到同侧的视觉中枢纹状区，产生视觉。

外侧膝状体内的视觉纤维也有一定的排列，来自同侧视网膜的周围性不交叉及对侧交叉的纤维终止于外侧膝状体的腹侧，其中上象限纤维居于腹内侧，下象限纤维居于腹外侧。黄斑部纤维终止于背侧，切面呈楔形，其中上象限黄斑纤维居于楔形区的内侧，下象限黄斑纤维居于楔状区的外侧。

外侧膝状体的旋转加重，由前段的水平状态转为中段的斜位，至此，其水平线已成垂直线（即内旋 90°）；故自视神经后段开始，视交叉、视束中的视觉纤维处于渐变的内旋过程中。

外侧膝状体的外侧及前部由前脉络膜动脉供养，其后部、内侧部及中央部由大脑后动脉及后脉络膜动脉供养。

5. 视放射 为视路中的中枢神经原。视觉纤维再起始于外侧膝状体的节细胞，其后即向上、下作扇形散开，形成视放射。其腹侧（下部）的纤维先向前、外侧进入颞叶，在视交叉的平面，形成弯曲，称为麦伊尔（Meyer）氏袢（或环），也称颞袢，然后再转向后方，经侧脑室外侧，止于枕叶皮质的纹状区。背侧（上部）的纤维直接在颞叶及顶叶的髓质内向后进行，也达到枕叶皮质的纹状区。以上走行说明视放射在大脑半球占有较大的范围，因此，邻近部位的疾病，都可引起视野缺损。

视觉纤维在外侧膝状体内转位，在此部已不复存在，相当于视网膜上象限的纤维丛位于视放射的上方，最终止于距后裂的上唇；相当于视网膜下象限的纤维，先向前走行，形成所谓麦伊尔氏袢（或环）然后向外向后，走行于视放射的下方，最后终止于距后裂的下唇；黄斑乳头纤维走行于视放射的中央部；对侧视网膜鼻上象限周边部的不成对纤维位于视放射的最上部；鼻下象限周边部纤维位于视放射的最下部。

视放射大部由大脑后动脉（主要是由此发出的矩状动脉）所供养。前部由前脉络膜动脉所供养，最后部分由大脑中动脉的小分支所供养。

二、眼的神经支配

眼球是受睫状神经支配，该神经含有感觉、交感和副交感纤维。眼球的运动由六条眼外肌来完成，受动眼神经、滑车神经与外展神经的支配。

（一）运动神经

1. 动眼神经（Ocular motor nerve） 为第Ⅲ脑神经，支配上睑提肌、上直肌、下直肌、内直肌、下斜肌、瞳孔括约肌和睫状肌（图 1-3-4）。

动眼神经核位于中脑被盖部、大脑导水管腹面灰质内，相当于四叠体上丘的部分。前端为第三脑室底的后部，后端与滑车神经核相连。

马或草食兽的动眼神经经眼下裂进入眼眶，反刍兽和猪的动眼神经经眶圆孔进入眼眶，并分成背侧支和腹侧支以支配所有眼的肌肉。背侧支结束于眼上直肌，眼球退缩肌（背侧的）和上睑提肌；第二支结束于内直肌，下直肌和下斜肌。同时下直肌与睫神经结，三叉神经支及交感神经连接。

由睫结节运行的支与眼运动神经支，眼眶上颌睫神经及蝶腭神经节一起形成睫神经丛，随后变成睫神经。

动眼神经的副交感纤维向睫神经结运行，而分支曲向于虹膜括约肌和睫状肌。动眼神经是交感神经系的对抗肌，其分布于两种眼肌的分支能引起瞳孔的收缩和扩张。

第Ⅲ脑神经与大脑基底动脉环，即伟力（Willis）氏环关系密切，尤其环后部的大脑后动脉、后交通动脉及小脑上动脉与动眼神经邻近或交叉。故此处的动脉瘤，可致动眼神经的压迫性损害。

动眼神经的上外方与大脑颞叶邻近，当颅内病变将大脑颞叶推向中线时，也可压迫动眼神经。

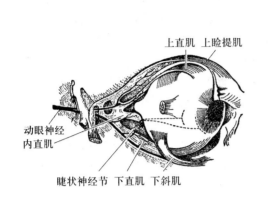

图 1-3-4　动眼神经在眶内的分布情况

（……示通过睫状神经节进入眼内）

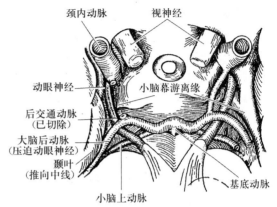

图 1-3-5　动眼神经与大脑基底动脉环的关系

（主示与大脑后动脉及小脑上动脉的关系）

2. 滑车神经（Trochlear nerve）　是第Ⅳ脑神经，支配上斜肌的运动，除运动纤维外，可能还有本位感觉神经。

神经核位于中脑和大脑导水管外侧灰质内，相当于四叠体下丘处，在内侧纵束的背内侧面，动眼神经核的后端。滑车神经穿出中脑，环绕大脑脚，经过大脑后动脉与小脑上动脉之间，在小脑幕切迹处穿过硬脑膜，由颅后凹进入颅中凹海绵窦内，沿窦之外侧壁前行，位于动眼神经之下，其内为外展神经和颈内动脉，其下为三叉神经的第一、二支。

滑车神经在海绵窦经过眶上裂入眶，在眼静脉之下，提上睑肌和上直肌之上，向前到达上斜肌，支配其运动。

本神经为 12 对脑神经中最细、最长的神经，走行全过程为 40～70 mm（人）。它受颅内病变损害的机会较多，但因有小脑幕的保护，故症状并不如外展神经显著。

3. 外展神经（Abducent nerve）　为第Ⅵ对脑神经，是支配外直肌的运动神经，可能还有此肌的本位感觉纤维。

神经核位于脑桥上方，相当于第四脑室底部面神经丘处，内侧纵束在其内侧。并通过内侧纵束与对侧外展神经核及对侧内直肌相连系。

神经纤维自核发出后，在上橄榄核的内侧及锥体束的外侧向前下方走行，于脑桥锥体隆起和延髓交界的沟中离开桥，在颅底沿枕骨斜坡向上前方进行，在鞍背两侧穿出硬脑膜，进入颅中凹的海绵窦，居于颈内动脉的下外侧，经眶上裂进入眶内，在第Ⅲ对脑神经上、下支之间，自外直肌之下方进入该肌。其中的一个分支结束在眼球退缩肌的背侧脚和外侧脚。

在枕骨斜坡之前与小脑下前动脉相交，在穿出硬脑膜之前，左右外展神经之间有基底动脉，且本神经接近颞骨岩部尖端，因此颅压增高时或颅底骨折时易造成本神经的损害，发生麻痹。但若单独发生本神经的麻痹，往往较难定位。

4. 面神经（Facial nerve） 为第Ⅶ对脑神经，支配睑轮匝肌，除司面部表情肌的运动外，还司眼睑的闭合运动。除运动神经纤维外，还含有感觉神经纤维及副交感神经纤维，故为混合性神经。

面神经的核位于脑桥下部，处于三叉神经脊核的腹侧网状结构内。纤维由核的背侧发出，绕第Ⅵ脑神经核，在第Ⅷ脑神经（听神经）核的内侧离开脑桥，并与听神经的一分支——中间神经一同进入内听道，由茎乳孔出颅，分成许多终末支。其中的颞支分布于上睑，颧支分布下睑，支配眼轮匝肌，以完成闭睑动作。

属于副交感神经系统的泪腺核和上涎核位于运动核的下方，自泪腺核发出的节前纤维，经中间神经、岩大浅神经、翼管神经达蝶腭神经节，自此再发出节后纤维，通过颧神经与泪腺神经的交通支，到达泪腺，司泪液分泌。自上涎核发出的节前纤维进入下颌神经节，发出节后纤维，支配颌下腺及舌下腺，司涎液分泌。面神经核的上部接受两侧大脑中央前面下部皮质运动细胞的控制，由此发出的周围纤维分布到眼轮匝肌和额肌、皱眉肌以完成闭睑、皱额、皱眉动作。当只有一侧大脑半球运动区受到损害时，这些肌肉并不发生明显的临床症状。

（二）感觉神经

1. 眼神经（Ophthalmic nerve） 是第Ⅴ对脑神经——三叉神经的第Ⅰ分支，支配眼睑、结膜、泪腺和泪囊。该分支又称三叉神经眼眶支。

眼神经自半月状神经节发出后，进入海绵窦，沿其外侧壁前行，其上方有第Ⅲ和第Ⅳ脑神经，内方有第Ⅵ脑神经和颈内动脉，下方有上颌神经。在此接受交感神经颈丛的纤维。

眼神经在马、反刍兽和猪上分为泪神经、额神经、鼻睫神经，在草食兽上也分为额神经、睫状长神经、筛神经和滑车下神经。

泪腺神经位于眼眶内，分支于泪腺、上眼睑，并与耳睑神经、面神经、额神经支相吻合。额神经起始于眼眶内，与泪腺神经、耳睑神经结合，并先分支于上眼睑，而后分支于额皮肤和上眼眶。鼻睫神经沿眼眶内侧通过，并分为滑车下神经和筛神经。

第Ⅰ分支位于眼内侧角（皮肤、结合膜、泪结节、泪管、泪囊、瞬膜）。在分为这些支以前，鼻睫神经于上颌腔内离开睫状神经。睫短神经脱离睫状神经运行，与睫交感神经相吻合。反刍兽的分支由鼻睫神经向眼肌运行。

2. 上颌神经（Maxillary nerve） 为三叉神经第Ⅱ支，支配下睑、泪囊、鼻泪管。

上颌神经自半月状神经节前缘发出，沿颅内凹向前，经海绵窦下缘，由圆孔出颅，自眶下裂入眶，自此以后改称眶下神经，沿眶下壁向前，经过眶下沟、眶下管达于面部，发出下睑支、鼻外支与上唇支，分布于下睑、上颞部、鼻外侧、面颊及上唇皮肤，并分布于硬腭、上颌窦与鼻黏膜。

上颌神经的另一分支称为颧神经，发自翼腭窝的入口，穿透眶骨膜，并于下眼睑内被末梢分支分开。另一分支（蝶腭神经）与泪腺神经和上颌骨支干共同形成蝶腭神经丛。借助于由此而运行的神经丛、翼管神经及其分支——岩深神经，蝶腭神经与交感神经联合，这样一来使后者与睫状丛相连。于草食兽上颌神经开始便离开泪腺神经。

第四章

眼 的 视 觉

　　眼球内视觉物像的产生，与照相机和其他仪器的光学物像的产生，多少有些不同。这些仪器有时能用来演示眼机能的一定原理，光的感受、光的转变成像以及物象传递也确实都能机械地产生。但是动物视觉系统生理的调节，适应体内外的变化情况和应付高度进化的脑的需要，则是仪器所不能完成的。

第一节　光的折射和眼内成像原理

　　外界射入眼球的光线在到达视网膜以前，必须先后经过角膜、房水、晶状体和玻璃体四种介质的折射，同时又要通过四个曲率不同的折射面，即角膜的前、后表面和晶状体的前、后表面。

　　眼内物像形成的原理与物理学中的凸透镜成像原理基本相同，但对光的折射情况要比简单的凸透镜复杂得多。为了理解方便，通常用"简约眼"来说明。简约眼假定空气与眼内容物之间只有一个简单的界面，眼内容物又像水一样对光具有均匀的折射率。这样，眼内成像过程就与凸透镜成像完全相同。当平行光线落到凸透镜表面时，它们就会在透镜后面聚成一个焦点。对平行光线来说，这个点称为主焦点。透镜与主焦点的距离，称为透镜的焦距。焦距由透镜的曲率和折光率决定。通过透镜球面中心的一条线叫光轴。光轴上一个位于晶状体内的点叫节点。通过节点的光线可不经折射，直线地投到视网膜上。如果一个物体位于眼的前方远处，它发射出来的光线将平行地到达透镜。如图 1-4-1 那样，焦点落在视网膜上，并

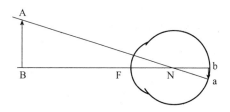

图 1-4-1　简约眼的视网膜成像模式图

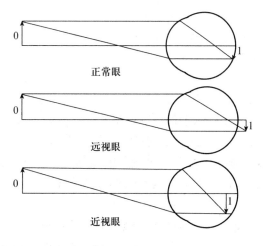

正常眼

远视眼

近视眼

图 1-4-2　正常眼、远视眼、近视眼对远处一物体在眼内形成影像的光线通路

形成一个缩小和倒置的实像。

如果物像不是形成在视网膜感受器的平面上，那就出现了"视觉错误"或"折射错误"，并可根据物像落在视网膜的前方或后方而命名。这种视觉错误，动物和人一样是存在的，已经成熟的马就是很易见到的例证。大多数家畜比野生动物易于发生，而野生动物发生这种情况就会减少生存的机会。

无论物像在视网膜哪一边形成，视网膜上获得的只是模糊不清的印象。这样了解物像的形成，还是方便的，但是实际上并不如此简单。因为光线的射入会受到各种折射因素的影响。角膜及晶状体都有许多折射面，具有不同折光指数的组织，或彼此邻接或与折光指数较低的体液邻接。

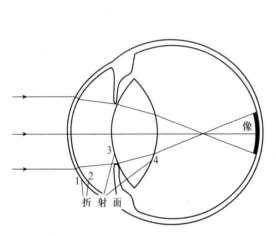

图 1-4-3 不同角膜面和晶状体面均按照它们与和它们邻接的液体之间的折光指数差别而曲折光线

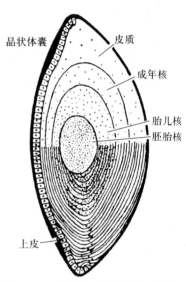

图 1-4-4 晶状体内的各种密度带
（自 J. H. Brince 等，Anatomy & Histology of The Eye & Orbit in Domestic Animals，1960）

第二节 屈 光[①]

投入眼内的光线经屈折的环境改变了自己原来的方向而变为屈光，而于正常条件下在视网膜上结合。因此物体清楚的形象投影于视网膜的感光层——视杆和视锥系统。一般来说，眼睛可以与球状的屈折面相比，球状屈折面的聚光点位于视网膜。

眼睛在静止状态时的这种屈折能力称之为反折。这是因眼特殊的解剖构造产生的。眼

---

① 动物的眼按其生理结构的特点应当和人的眼具有同样的屈光现象，也存在正视、近视、远视、不等视、散光等生理现象。但由于动物不能主动表示，往往很难加以测定，尤其对犬、猫等小动物，能否也反映出这些眼的生理性变化，在动物临床诊疗上有多少实际参考价值，历来从事动物外科的专家们都有不同的看法和意见，对这些真知灼见，我们很为理解，也能接受。但为了让广大从事动物外科临床工作的医生能全面地了解这些动物眼的生理上应该具有的现象，本书还是加以全面的介绍，以供参考。

屈光的强度与视网膜感光层的关系是以眼聚光点的位置决定的。根据这一点分为正常的屈光——正视眼和不正常的屈光——非正视眼。非正视眼也分为近视和远视。

一、正 视 眼

在静止状态时将平行线（即由远方物体所发出的形象的平行线）集聚于视网膜的眼睛称为正视眼。光线由该眼的视网膜成平行方向射出，而以后显明视觉（远点）的远点位于它无限的空间中。

然而对所有种类的屈光均有一定的范围，受眼显视觉的远近点的限制，在这个点外，眼不能清楚地看到物体。在正视眼时只能从物体获得确切的缩小的倒像，这些物体位于不到 6 m 的距离。在物体的位置较近时，从网膜后获得形象，因而形象成为不明显。

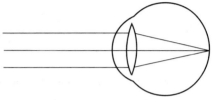

图 1-4-5　正视眼的屈光线

二、近 视 眼

是不正常的屈光。在不正常的屈光时静止状态的眼睛能将平行线集聚于视网膜前。在这种情况下由视网膜感光层上物体的每一点所得的不是点，而是斑点，并且显明的视觉条件缺如。发自视网膜的光线在一定距离上于点上交叉，此点是显明视觉的远点。其位置决定着近视的程度。这种眼睛只在这种距离时才能看见物体，而根据平行的关系可用双凹透光镜进行修正。

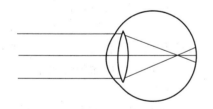

图 1-4-6　近视眼的屈光线

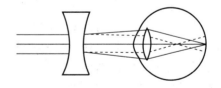

图 1-4-7　双凹透光镜对近视眼的修正

恢复显明视觉的透光镜作用称为修正。这个投向眼睛的光线经过透光镜的修正使光线集中于视网膜。

近视眼的原因多种多样，可能由于眼轴的延长（人部分的轴近视），或者是角膜或晶体屈光力强，或晶体位置太前。前房浅而导致平行光线聚焦于视网膜前面。在动物中近视眼很少见。近视的程度通常波动于 0.5 到 2 屈光度（马）。

三、远　视

由于眼轴过短或屈光力不足而使平行光线聚焦于视网膜之后称为远视。在这种情况下由物体的光点所获得的不是点而是斑点。可用双凸透光镜对远视进行修正。

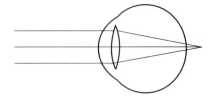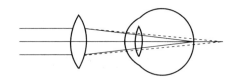

图 1-4-8　远视眼的屈光线　　　　　图 1-4-9　双凸透镜对远视的修正

四、不等视眼

是两眼的不等屈光，此时能够遇到各种光线。屈光内不大的差别对于双眼的视觉不是障碍。动物中，部分马匹的不等视眼特别多见，但健康眼中不等视眼的屈光指数不高。

据苏联沃龙涅什兽医大学报道，在 366 匹受检的马匹中有 33.6％ 是不等视眼，53.5％ 是正视眼，12.6％ 是不同程度的近视眼，0.3％ 是远视眼。

不等视眼分为两类。第一类包括具有同种屈光的各种不同程度的近视和远视；第二类包括具有各种屈光和各种程度联合的不等视眼：正视眼和近视眼（17％），正视眼和远视眼（2.2％）及近视眼和远视眼（0.3％）。在第一类中两眼不同程度（13.2％）的近视眼占首位。各类不等视眼的程度不超过 1 个屈光度（野夫切也夫）。

五、散　　光

散光是不正常屈光的特殊形状，它本身从属于近视或远视，即近视性散光或远视性散光。当光线于眼的环境内屈折时，不是结合于一个焦点。这是由于眼睛在各种经线内有不同的屈光或一个屈光有不同程度。散光往往是取决于各种或一种和另一种经线内的角膜是否弯曲。这种现象可能是固有的解剖特性（例如在创伤时由于角膜瘢痕性集结。散光很少是晶状体面不正常弯曲的结果）。

带有轴状瞳孔的动物有散光眼，但其程度不大；例如马的散光波动于 0.5 屈光度的范围（生理散光）。轴状瞳孔到一定程度可以矫正。随着年龄在各种屈光的种类和程度的变化的意义来说不能确定任何规律性。

第三节　视觉的调节

正常眼看远方的物体时，物体发出的平行光线入眼后，不需要作任何调节，经折射后就能恰好聚焦在视网膜上，并形成清晰的物像。看近眼物体时，进入眼内的不是平行光线而是分散光线，经折射后将聚焦在视网膜后面，而在视网膜上形成的将是模糊不清的物像。这时眼的折射情况必须进行调节，才能聚焦在视网膜上。这种功能叫视觉调节（Accommodation）。

各类动物的视觉调节方式和能力不尽相同。例如，鸟类是改变角膜的曲率；鱼类是通过晶状体后退；而哺乳动物则是通过晶状体变凸的方式进行（图1-4-10）。此外，瞳孔缩小和双眼会聚也起着辅助性的调节作用。在大多数情况下，视觉调节是靠晶体曲度的改变来完成的。

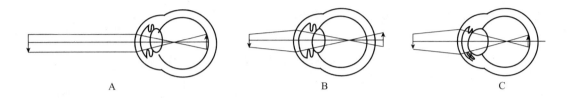

A   B   C

图1-4-10 哺乳类视觉调节示意图

A. 正常眼看远物时，平行光线被聚焦在视网膜上   B. 未调节眼看近物时，非平行光线被聚焦在视网膜后面

C. 看近物时，通过调节，平行非光线被聚焦在视网膜上，注意晶状体形状改变

一、晶状体的调节

晶状体曲率的改变是通过由睫状肌完成的。睫状肌由辐射状和环状两种平滑肌组成，位于睫状体内而环绕眼的周围。辐射状肌收缩时悬韧带被拉紧，晶状体受到牵拉而变得较为扁平。当看远物或眼处于静息状态时，辐射状肌就保持这种紧张性收缩状态。环状肌收缩时，悬韧带放松，晶状体借助本身的弹性而回位，使前后径的厚度增大。由于晶状体囊的前面中央部分特别薄，所以其向前突出最显著，因而能更有效地增大对光的折射率（图1-4-11）。

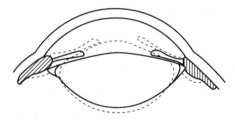

图1-4-11 视觉调节时晶状体形状的改变
虚线表示看近物的情况，注意晶状体
的前突比较明显

家畜调节晶状体曲率的能力较小。牛、绵羊、山羊、猪、兔的睫状肌，特别是环状肌都不发达。马和犬的睫状体调节能力比前面几种家畜强些。猫是家畜中晶状体调节能力最强的动物，但仍远不如人和其他灵长类动物。有些家畜能通过某些辅助方式来增强视觉调节。例如，马的眼球呈扁椭圆形能使不同焦距的物像落在视网膜的不同部位，只要适当地调节光线进入眼的角度，不同距离的物像就能同时聚焦在视网膜的不同部位（图1-4-12）。

又如兔能通过充血的方式使悬韧带拉紧，从而稍微改变晶状体的曲率和位置，而缩短其与眼的距离，使物体成像。

晶状体随动物年龄增长而逐渐变成致密，它的弹性以及继发的曲度变化最后消除，并伴随视觉调节的丧失。晶状体曲度可能变化的范围，没有一种家畜可以与人相比。事实上，以调节晶状体曲度变化为目的的睫状肌纤维，通常发育极差。当晶状体自身发生年龄性变化时，睫状肌纤维也丧失很多能力。

可能在活到 50 岁以前的所有阶段中，人的视觉调节能力可以是相对身体年龄的较低级哺乳动物的 10～15 倍。较低级动物常常很少有对它们可以利用的视觉调节能力。犬甚至各品种中的发达情况也是不规律的。这种动物可能利用鼻子审查行动观察，以探索小的近的物体。

其他家畜也有类似兔的视觉调节方式。实验表明：切除前颈交感神经后，随着血流的改变而使视觉调节发生变化。当刺激施于联系长睫状神经的交感神经时，表现出睫状肌舒张及晶状体曲度减低。一些动物的视觉调节也包括这两种机制。

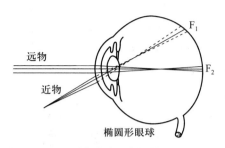

图 1-4-12　马椭圆形眼球提供的多个焦距
注意向下看的焦距（F1）比沿眼球光轴看的焦距（F2）长，这表示在一定限度内看较近物体可不经调节就聚焦在视网膜上

二、瞳孔的调节

各种不同形状的瞳孔（圆的、水平椭圆的或裂缝状的、垂直椭圆的或裂缝状的），它们的散大或缩小活动被称为瞳孔调节反射或瞳孔近反射。

正常时，瞳孔出现对光反射，在强光照射时瞳孔立即缩小，这是一种保护性反射。它的生理意义是防止强光引起感光色素的过多漂白。但又是一种适应性的，在光线减弱时，瞳孔常适应性地散大，使光线能充分进入眼内，借以激发感觉阈最低的视细胞能兴奋而引起视觉。瞳孔充分散大时，进入眼内的光量可增大几十倍。

瞳孔的缩小和散大主要是由虹膜肌的活动实现。虹膜有辐射状和环状两种肌纤维，环状肌收缩使瞳孔缩小，它受来自动眼神经的副交感神经纤维支配；开张肌收缩时，瞳孔散大，它受来自颈前神经节的交感神经纤维支配。某些动物通过虹膜中血管网的舒张和收缩在一定程度上也能改变瞳孔大小。光线作用于视网膜是引起瞳孔反射的主要刺激。此外，瞳孔还起"光圈"的作用。正常时，瞳孔保持一定程度的收缩，限制散射光进入眼内，减少晶状体折射时产生的球面像差和色像差，从而加强视网膜上物像的鲜明程度。

瞳孔反射是互感性的。当光线作用于一只眼睛时，另一只眼也同时出现瞳孔反射。马由于视神经完全交叉，只能改变一侧瞳孔的口径。

除光线外，疼痛、激怒、惊恐等刺激引起中枢神经系统的强烈兴奋，交感神经系统兴奋，从而引起瞳孔散大。窒息时，动物眼神经中枢麻痹，瞳孔极度散大。所以临床上常检查瞳孔反射，作为麻醉深浅和中枢功能状态的判断指标之一。

第四节　光觉与色觉

一、光　　觉

1. 光觉敏感度　光觉是区别明与暗或辨别不同强度的光的能力。它是视觉最基本的功能。光觉的特征是只感觉光的强度，这取决于光波的能量和振幅。为了产生光觉，进入眼内的光必须具有引起光感受器兴奋的足够量和足够长的作用时间。能引起光觉的最小光能叫光觉的绝对阈。绝对阈越小就表示光觉敏感度越大。哺乳动物，特别是夜行性肉食动物的光觉绝对阈非常小，一般只相当于几十个光子的能量。其灵敏度几乎能超过现有的精密化学仪器。

眼不但能辨别是否有光，即区别明与暗，而且还能根据光强区别不同亮度的光。这个特征叫光觉的分辨敏感度或光觉的差别阈。例如，条件反射分化试验证明，犬能正确地区别从白到黑的 50 个不同亮度。

2. 光觉的适应 眼对光的敏感度能随着光照强度不同而发生适应性变化。在强光照明下，视网膜的光敏感度降低，这种变化过程叫光适应（Light adaptation）。停留在暗处时，视网膜的光敏感度升高，这种变化过程叫暗适应（Dark adaptation）。光觉的适应是视觉的一个十分重要的生理特性。它能保证动物在不同光照强度下看清外界物体。在昼夜变化中，光的照度可相差 $10^8 \sim 10^9$ 倍。视网膜的光觉适应能力可以保证视觉系统在极其宽广的范围内（$>10^{10}$ 倍）作出反应。

当机体从明亮地区进入黑暗环境时，会有较短时间完全失去视觉。如果环境中有微弱光线，过几分钟后才开始逐渐恢复视觉。这就是暗适应。在暗适应过程中，视杆细胞和视锥细胞对光的敏感度都增大。视觉敏感度与视细胞中视色素的多少直接有关。视锥细胞在黑暗中再合成视紫蓝质的速度比视杆细胞再合成视紫红质的速度要大 500 倍，所以暗适应一般由视锥细胞的快适应和视杆细胞的慢适应两种过程组成。前者只需几分钟就可完成，但视敏度只提高几十倍；后者需几十分钟才能完成，而视敏度可增大几十万倍。许多哺乳动物在完全达到暗适应后，视敏度比明视状态增大几千万倍。

在强光连续作用下，视网膜对光的敏感度下降，视觉阈上升，这种变化过程叫明适应。明适应的过程比暗适应快得多，一般只要 1～2 分钟就可完成。产生明适应的原因是由于强光作用下视色素，特别是视紫蓝质的光漂白作用加速，视锥细胞中视色素含量下降。如果受到亮度极大的闪光照射，视网膜就将处在极高的明适应状态中。这时在一般光照条件下视觉功能将大大降低，甚至暂时丧失视觉而出现闪光盲。

二、色　觉

视网膜除能感受光波的强度引起光觉外，还能感受光波的波长引起色觉。

1. 色觉敏感度 视杆细胞含视紫红质，对光的敏感性强，可感受弱光，只有光暗与黑白的感觉，不能辨别颜色。视锥细胞含有视紫蓝质，可感受较强的光和不同波长的光。

因此，只有视锥细胞才能引起色觉。作用于视锥细胞的光量必须达到一定的强度，这种强度的最低阈限叫色觉的绝对阈，它比光觉绝对阈要大得多。所以，无论具有哪种波长的光波，当它的强度还没有达到色觉绝对阈时，总是先引起无色的光觉。只有光波强度增大到色觉绝对阈时，才产生与波长相对应的色觉。光觉绝对阈与色觉绝对阈之间的强度间隔叫无色间隔。光波越短，无色间隔越大。光照度过大时，也不能产生色觉。

除人之外，哺乳动物的色觉感受能够达到什么程度仍是争论不决的问题。某些哺乳动物如大鼠、蝙蝠，视网膜中全部是视杆细胞，没有视锥细胞，这类动物可能没有色觉，只有明与暗的黑白感觉。猫的视网膜中到目前为止只发现一种视锥细胞，可能也没有色觉。兔、犬和夜行性哺乳动物是否有色觉，还不能肯定，但至少区别颜色的能力很差。哺乳动物被毛的颜色远不如鸟类、爬行类、两栖类和鱼类那样鲜明，利用颜色求偶在哺乳类中也极为少见。这在一定程度上也反映大多数哺乳类缺乏色觉，或者色觉分辨能力很差。有些报道认为马能区别红、黄、青、紫和绿；牛能区别红、黄、绿和青。但这些观点并没有得到普遍认可。

所有白天活动的禽类、鸟类都有色觉。已证明鸽的色觉能力与人的相似。

2. 色觉学说　产生色觉的机理主要有两种学说。一种是 Young 和 Helmholtz 提出的三色学说（Trichromatic theory）；另一种是 Hering 提出的色拮抗学说（Opponent process theory）。根据大量电生理研究结果，现在一般认为三色学说可以说明视细胞水平上的颜色感觉机理；而色拮抗学说可以说明视细胞以后各级神经原进行信息处理的过程。

三色学说认为具有完整色觉的动物，视网膜中有三种视锥细胞，它们分别含有对红、绿、蓝三种原色敏感的视紫蓝质色素。如果视网膜中只有一种视锥细胞（如猫），一般没有色觉。如果视网膜中有两种视锥细胞，就能分辨颜色，但色觉不完全。当三种原色中的任何一种光谱作用于视网膜时，一种视锥细胞的兴奋比其他两种视锥细胞表现出显著优势，结果就产生纯原色（红、绿、蓝）的色觉。其他任何一种有色光线作用于视网膜时，都能不同程度地分别引起三种视锥细胞兴奋。色觉所引起的呈色感觉，实际上是不同有色光线对三种不同视锥细胞产生不同程度刺激的联合效应。例如，当光波引起三种视锥细胞同等程度兴奋时，就产生白色感觉；如果以同等程度引起红、绿两种视锥细胞兴奋而对蓝视锥细胞作用较弱时，就产生黄色感觉；如果对红、蓝两种视锥细胞的刺激较强时，就产生紫色感觉；其他可以类推。

色颉颃学说认为，视网膜中的三种视锥细胞可以呈现六种基本色觉；它们分别以红—绿、黄—蓝、黑—白成对颉颃的方式出现。当用红光刺激对红—绿颉颃反应的视锥细胞时，引起红色兴奋反应和绿色抑制反应，结果引起红色感觉。但在撤去红光刺激后，原来受到抑制的绿色反应就解除抑制而产生兴奋反应。这时虽然没有给予绿光刺激，却产生绿色感觉。其他两种视锥细胞也有类似的反应。色颉颃学说能较好地解释色对比或残像等现象。在视细胞以后的色觉信息处理和加工，有较多实验支持色颉颃学说。而在视细胞水平上，则大多数实验支持三原色学说。

第五节　视网膜的电活动和信息处理

视网膜是由多种神经细胞构成的复杂感受器。当视细胞受到光刺激后，在细胞内部引起一系列物理、化学变化，并产生感受器电位。这种信息经过双极细胞等的传递和加工处理，最后经神经节细胞整合，发放冲动传进视觉中枢，产生视觉。

一、视网膜中各种细胞的电活动

1. 感受器电位　在暗处，脊椎动物的视细胞（视杆和视锥）内可记录到 $-40 \sim -20$ mV

膜电位。用闪光照射时，视细胞出现波幅为 5 mV 左右的超极化反应。每个视色素分子接受一个光量子后所引起的超极化电位变化大约是 $50 \mu V$（视杆）和 $25 \mu V$（视锥）。这种超极化的持续性电位变化已证明是视细胞的感受器电位。脊椎动物的视杆和视锥都有这种特性，与无脊椎动物的去极化视细胞电位形成明显的对照。

2. 双极细胞的电反应　双极细胞对光刺激也不产生动作电位，而是产生超极化或去极化的局部电位。双极细胞的感受野呈同心圆状，可分为中央部分和外周部分。视网膜中有两种双极细胞：一种是当光作用于它的感受野中央部分时出现超极化电反应，称超极化型双极细胞（Hyperpolarization bipolar cell，HPBC），也称撤光中心型（Off center）双极细胞；另一种是当光作用于它的感受野中央部分时出现去极化的电反应，称为去极化型双极细胞（Depolarization bipolar cell，DPBC），也称给光中心型（On - center）双极细胞。

双极细胞感受野中央部分的大小，与它的树突扩展的范围一致。刺激与这个双极细胞直接发生突触联系的视细胞，都能使它产生超极化或去极化反应。双极细胞感受野外周部分的大小大大超过该细胞树突所覆盖的范围。因此，光刺激双极细胞感受野外周部分的视细胞时，必须通过水平细胞这种中间神经元的传递才能引起双极细胞的电反应。水平细胞对视细胞一般起负反馈作用。所以双极细胞感受野的中央部分和外周部分有互相颉颃的作用。

3. 水平细胞的电反应　水平细胞从多个视细胞接受输入信息。从视杆接受输入信息的水平细胞受到刺激后都产生超级化反应；而从不同视锥接受输入信息的水平细胞受到刺激后，对不同波长的光波产生超级化或去极化反应。水平细胞电位变化的特点是有广泛的空间叠加效应，所以波幅比感受器电位要大得多。

4. 无足细胞的电反应　无足细胞的感受野不能区分中央部分和外周部分。大部分无足细胞在给光和撤光的瞬间都产生瞬时的去极化电位。这种瞬时电反应能检测光强度的时间变化和光点的移动，具有运动检测器的作用。蛙和鸟类的视网膜中，无足细胞特别发达，数量也较多。这类动物对运动目标的视觉反应也特别灵敏。另外有一类无足细胞在受刺激时能激发产生动作电位。

5. 神经节细胞的电反应　神经节细胞的感受野也呈同心圆状，可分为互相颉颃的中央和外周两部分。根据它们对光刺激的反应，也可分为给光中心和撤光中心两类神经节细胞。它们对刺激的反应都是产生动作电位，并沿着视神经纤维传进中枢。同时用光刺激感受野的中心和周边部位时，兴奋和抑制发生总和，但中心部位的反应占优势。

二、视网膜中的突触传递和信息处理

1. 视网膜中的突触传递　视网膜中细胞之间的突触过去认为主要是电突触。现在肯定视细胞与二级神经元（水平细胞和双极细胞）之间的突触传递是化学传递。视细胞与水平细胞之间的突触传递大致通过下列过程：在暗处，视细胞处在去极化状态，不断地释放出递质。这种递质作用于水平细胞的突触下膜，使它对 Na^+ 的通透性增大，水平细胞处在去极化状态。光照时，视细胞产生超极化反应，停止释放递质，水平细胞对 Na^+ 的通透性下降，水平细胞超极化，膜电位接近 K^+ 的平衡电位。

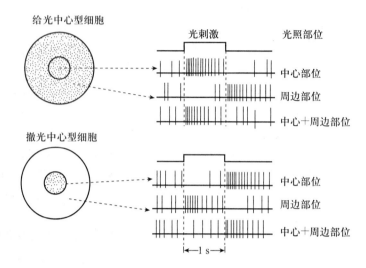

图 1-4-13　给光和撤光中心型神经节细胞的电活动

视细胞与超极化型双极细胞之间的突触传递机理与上述引起水平细胞超极化反应的过程相同。去极化型双极细胞（DPBC）在受到视细胞释出的递质刺激后，对 Na^+ 的通透性下降，因而在暗处维持超级化状态。光照时，视细胞停止释放递质，DPBC 恢复对 Na^+ 的通透性，产生去极化反应。视细胞释放的递质可能是谷氨酰胺和天门冬酰胺。

关于第二级神经元对第三级神经元之间的突触传递以及神经元之间的逆向反馈性突触传递，目前还研究得较少。

2. 视网膜中的信息处理　视网膜中视细胞输出的是一些平行的信号阵列，每类感受器对应一个阵列。每一个视细胞的信号形式是慢电位变化。它的幅度反映光刺激的强度和波长。视觉信号在视网膜中作纵向传递时，有逐级聚合现象。事实上神经节细胞的总数只有视细胞的 $1\%\sim2\%$。这一简单事实就说明，每一个神经节细胞都是通过对初级视觉信号进行了一定程度的分解和特征抽提，并重新编码成为含有较多信息量的信息而输入中枢。

双极细胞和神经节细胞感受野由于侧抑制作用所产生的中央—外周结构的互相颉颃，显然对于对比度检测和突出物像轮廓起着重要的信息处理作用。猫、猴和人视网膜中 X、Y、W 型神经节细胞的发现，对推测视网膜中信息的复杂处理提供了新的证据。X 型细胞的给光和撤光中心型感受野分别对给光和撤光刺激产生连续性的冲动发放。它们可能与空间信息的检测和传递有关。Y 型细胞的给光和撤光中心型感受野对给光和撤光刺激分别产生瞬间的冲动发放。它们可能与时间信息的检测和传递有关。X 型和 Y 型细胞的轴突都通过外侧膝状投射到皮层视觉区。W 型细胞的冲动发放还了解得很少。它们的轴突主要到达中脑前丘。此外，用有色光照射视网膜时，发现不同神经节细胞中的冲动发放有极其多样的变化。水平细胞和无足细胞的横向联系和反馈控制，对于视网膜中的信息处理肯定也有复杂影响。总之，视觉信息在视网膜中的处理过程极其复杂，视觉信息传进中枢后还要进一步处理。有关这方面的活动目前只知道一些概况，尚待继续探索。

第六节　视觉生理

一、光　吸　收

当光线进入眼内时，即被折射在视网膜上形成物像。大多数的光线在通过许多透明膜、组织及液体时还被吸收（表 1-4-1 和图 1-4-14）特别是光谱的蓝色端在达到视网膜前得到大量吸收，这大概是动物天生的一种保护办法，以避免一些伤害性光线到达视网膜。对具有较大吸收性的眼，还明显地影响视网膜的色反应。由于视网膜也是透明的，到达视网膜的光线只有一部分被吸收。其余的光线可被脉络膜组织及血液吸收，对视网膜无刺激作用。

表 1-4-1　光线到达眼内各介质时的平均吸收率（％）

波长（μm）	角膜	水状液	晶状体	玻璃体
320	22.0	5.0	99.5	23.7
330	20.0	4.25	99.3	13.5
350	14.0	4.07	99.78	11.0
360	12.0	4.0	95.03	9.5
370	10.0	3.33	86.1	9.1
380	8.8	3.29	68.03	8.55
390	7.2	1.53	46.94	8.04
400	6.0	1.07	26.34	7.3
450	4.0		12.5	4.17
500	4.0		8.86	1.74

超过 500 nm 的光线很少被吸收。虽然一些低波长光线可到达视网膜，但怀疑由低于 380 nm 的波长使大部分视网膜发生实际的刺激。

某些动物具有一种解剖装置（照膜）来折射这种多余光线返回到视网膜感受器。因此这些感受器所得到的刺激量至少为无照膜时的 2 倍。第二次射到视网膜而未被吸收的光线通过各透明组织向前穿过瞳孔，向眼外射出去。这种回光就是人所熟知的黑夜有光明，动物的眼睛炯炯发光。

以猎食为生的肉食动物，照膜是由反射细胞的脉络膜组成。这种情况下，在感受器及脉络膜之间缺乏有色的色素上皮，因此阻碍光线射到照膜上以及回光的射出。

二、双眼视觉

两眼同时看同一物体时的视觉叫双眼视觉（Binocular vision）。鸟类的两眼完全处于侧面，两眼的视域完全不同。这类动物只有单眼视觉。在所有家畜中，不论两眼的位置如何，两眼的视域总有一个区域在中央部位重叠，因而都具有不同程度的双眼视觉。双眼视

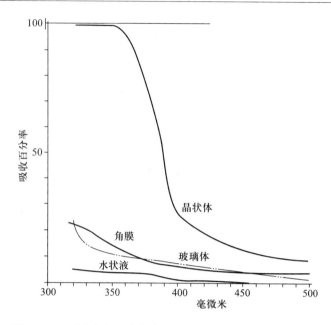

图 1-4-14　到达家兔眼内各介质前面的光线的吸收百分率曲线

觉有很多优点：视敏度较高，能弥补视野中盲点的缺陷，扩大视野，对物体的大小和距离判断比较准确，能形成立体视觉。

（一）视野和双眼视野

眼在完全不动时能够辨别物体的空间区域叫视野（Visual field）。每只眼能够单独辨别物体的空间区域叫单眼视野。双眼能够共同辨别物体的空间区域叫双眼视野。视野的界限主要取决于眼球的位置、视网膜周边部位的视觉能力等条件。猫、犬等视轴向前的动物有较大的双眼视野，它们能准确捕捉快速活动的猎物，但眼的全景视野较小。牛、马、羊等草食家畜有极其广阔的全景视野，稍微移动头部就能看到它周围的全部区域，但双眼视野很小（图 1-4-15 至图 1-4-17）。

表 1-4-2　家畜的视野

动物	双眼视轴的夹角	全景视野	双眼视野
猫	5°～20°	250°～280°	100°～130°
犬	20°～50°	250°～290°	80°～110°
兔	150°～170°	360°	10°～35°（背后 9°）
马	直到 130°	330°～350°	30°～70°
牛	90°～115°	330°～360°	25°～50°
绵羊	90°～110°	330°～360°	25°～50°
山羊	100°～120°	320°～340°	20°～60°
猪	±70°	310°	30°～50°
豚鼠	100°以上	—	直到 70°

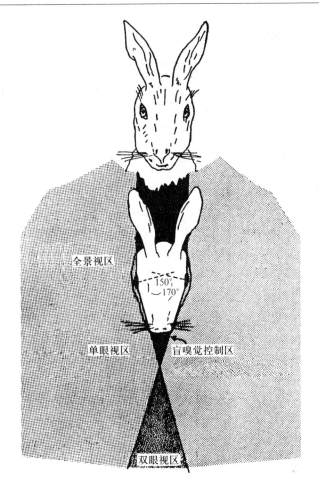

图 1-4-15 家兔的视野

表明一个很小的双眼视区，但是由于眼位于头部侧方而产生一个宽广的全景视域

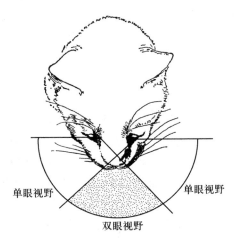

图 1-4-16 猫的视野

显示眼前位，有较大的双眼视野和较小的全景视野

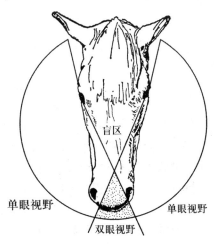

图 1-4-17 马的视野

显示眼侧位，有较大的全景视野和较小的双眼视野

（二）视网膜的相称点

用两眼看物时，每个物体在两眼的视网膜上都同时形成物像。为了使两侧视网膜的信息传进视觉皮层后能融合成为单一的物像，必须依靠眼外肌的精细运动，使双眼视网膜上的一对物像恰好落在相称点（Corresponding point）上。两个视网膜上的中央凹是相称点。两个视网膜上所有与中央凹距离相等、方向相同的各点也都为相称点。如果两个物像不能落在相称点上，视觉皮层就不能把两个物像融合为一体，从而发生复视（Double vision）。

（三）立体视觉

用单眼看物时，一般只能辨识物体的长度和宽度，即看清物体的平面。当用双眼视物时，不但能看清物体的长度和宽度，还能判断物体的深度，从而获得立体视觉。

立体视觉是由于同一物体在两个视网膜上形成的物像有微小的不相称（Disparity）而产生的。因为两眼之间有一定距离，而且左右两眼总是分别较多地看到物体的左或右侧面，所以两个视网膜上的物像总会有微小的不相称，但又都在相称点的附近。这种微小不相称的信息经过视觉皮层的综合，就产生立体视觉。

单眼视觉有时也能产生一定的立体视觉。这是因为：①既往生活经验形成的条件反射；②眼球和头部运动引起物像的相对移动；③不同距离的物体的光线亮度差别；④眼球肌调节性收缩产生的张力。

（四）视敏度

确定被视物体的空间关系如大小、形状、距离等，是视觉的重要功能之一。确定物体空间关系的最基本形式是辨别物体的轮廓和界限。它是辨别物体大小和形状的基础。视觉的这种能力称为视敏度（Visual activity），或者叫视力。通常把两个发光点能被识别为两点所需的最小距离称为视敏度。能否辨别为两个物体，与视网膜像的大小有关。如果视网膜像小到一定程度，以致光线只作用于视网膜上的两个相邻的视细胞，形成的物像就在视网膜上融合为一，不能分辨为两个物体。因此要识辨出两点，至少要有两个视细胞分别被两个光点所刺激，而且在两个被刺激点之间至少要隔开一个未被刺激的视细胞。

三、视觉传导

视网膜的感光细胞将光线的刺激，经过光化学反应转变成神经冲动，经双极细胞传至节细胞，通过节细胞轴突构成的视神经、视交叉和视束经丘脑下部至间脑的外侧膝状体，更换神经元后，由外侧膝状体发出纤维经内囊投射到大脑皮质视觉区产生视觉。小部分纤维止于前丘和顶盖前区（顶盖前核）。前丘为视觉的反射中枢，发出纤维至脑干的眼球肌运动神经核和颈部脊髓腹侧柱的运动神经元（顶盖脊髓束），产生头颈和眼球对光的反射。顶盖前核为瞳孔反射中枢，发出节前纤维至睫状神经节，由睫状神经节再发出节后纤维至瞳孔括约肌，产生瞳孔缩小的反射。

单眼视觉动物的视神经纤维绝大部分在视交叉区交叉，右眼的视觉神经冲动传至左侧脑，左眼的视神经冲动传至右侧脑。眼位于头部前面的动物，物像则为全景视觉。

第五章

家禽和鸟的视觉器官

第一节 眼 球

鸟类的视觉器官极其重要。鸟从高空俯视，视觉敏锐，明察秋毫。从比例看，眼球占头部的很大位置。但由于从外界只能见到它的角膜部分，所以从外观很难看出整个眼球的体积。成体鸡的双眼平均重量均2.34 g，它与脑的重量比例约为1∶1。禽类视器官的组成与哺乳动物相似，由眼球和辅助装置两部分组成。

家禽等白昼鸟的眼球是扁形的，其径性直径（经过眼球前极和后极所连接的线）是14.2 mm，纬性直径（即中纬线，距离前后极相等各点的连线，将眼球分为前后两半）是18.0 mm，两者比例约为4∶5。家禽整个眼球可分前、后两个

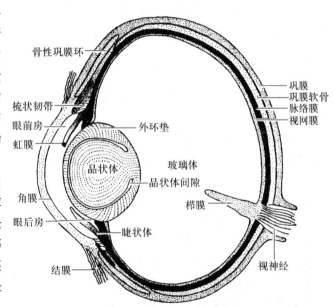

图 1-5-1 鸟类眼球纵切面半模式图

不同曲度的半球，前半球相当于角膜部，后半球相当于巩膜的绝大部分。

一、眼 球 壁

眼球壁由纤维膜、血管膜和视网膜三层组成。

（一）纤维膜（Tunica fibrosa）

位于眼球最外层，由坚韧的纤维结缔组织构成，分前、后两部。前1/4为凸曲面，是透明的角膜，后3/4是白色不透明的巩膜。角膜与巩膜之间的连接区是骨性巩膜环

（Osseous Sclera ring），是巩膜软骨板近角膜处的小圈骨片，起着保持巩膜外形的作用。角膜与巩膜连接区衬有许多内皮血腔，彼此连接形成巩膜静脉窦。

1. 角膜（Cornea）　在活体呈水样透明板，厚约 450 μm，无血管分布，前微凸，后微凹，形如玻璃薄片。其组织结构由前向后排列是：①角膜上皮。复层扁平上皮，细胞约有4 层。深层细胞呈立方形，核呈球形，小而致密。胞质嗜碱性。表层细胞是不角化的扁平细胞。角膜上皮再生能力很强，受伤后极易修复。②前基膜。在禽类为不显著的均质透明薄膜。③角膜固有层。角膜的立体，由致密平行排列的透明胶质纤维和少量弹性纤维构成。在结缔组织纤维之间散在分布有细长形的细胞和均匀的纤维物质。④后基膜。位于角膜固有层与角膜内皮之间的细致、均质的玻璃膜。⑤角膜内皮。一层排列整齐的扁平细胞。

2. 巩膜（Sclera）　巩膜是由致密结缔组织构成的外层与由透明软骨构成的内层结合而成的。它质地坚固，呈乳白色，不透明，后方围绕视神经，前方的软骨与小的骨性巩膜环部分重叠。骨性巩膜环是由一圈小骨片围成，其数目不尽相同，鸡有 11～15 块，多数是 14块。左、右两眼的骨性巩膜环小骨的数目也不完全一致，成鸡骨性巩膜环小骨的平均长度是4.34 mm，平均宽度是 2.62 mm。骨性巩膜环能维持巩膜形状，并提供眼肌的止点。

（二）血管膜（Tunica vasculosa）

位于纤维膜内面，是富含血管和色素的一层薄膜，从后向前分为脉络膜、睫状体和虹膜三部分。

1. 脉络膜（Chorioidea）　衬于巩膜内表面，其内面与视网膜互贴。禽类的脉络膜比哺乳动物厚，主要由疏松结缔组织构成，色暗，内含丰富的血管和色素细胞，为视网膜提供营养。

2. 睫状体（Corpus cillare）　为脉络膜前方变厚的部分，具辐射状皱襞，与由横纹肌构成的睫状肌（哺乳动物睫状肌是平滑肌）相连。睫状肌分两层，外层称 Crampton 氏睫状肌，内层称 Brucke 氏睫状肌，均呈辐射状排列。睫状肌不仅对晶状体起调节作用，而且还能调节角膜的曲度，故称"双重调节"。这样精巧而迅速的调节机制，可在一瞬间把扁形的"远视眼"调节为"近视眼"，从而能敏捷地观察远、近物体。睫状肌接受由睫状神经节发出的运动神经支配。（见图 1-5-2）

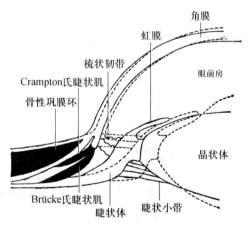

图 1-5-2　睫状体对晶状体和角膜的调节

3. 虹膜（Iris）　是位于角膜后方的环状膜，其中央为圆形的瞳孔（Pupilla）。虹膜是一层与脉络膜相接连的、含有色素的隔膜。鸡的虹膜可能是由于其细胞内含有脂肪滴，故呈黄色。虹膜分三层，最前一层是薄的扁平内皮构成的前内皮层；中间层含有结缔组织、血管和虹膜肌；最后一层是含色素多的后上皮细胞层。禽类虹膜肌也是横纹肌，肌纤维有两种排列：较厚的瞳孔括约肌，肌纤维呈环状排列；较薄的瞳孔开大肌的肌纤维呈放射状排列。瞳孔括约肌受睫状神经节发出的副交感神经节后孔括约肌受睫状神经节发出的副交感神经节后纤维的支配。鸡的神经节内的运动神经元，与大量呈杯状的突触前膜形成突触。这些突触除了以神经递质作媒介进行信息传递的化学性突触外，还能进行直接的电传递，即电性突触。由于存在两种突触，所以鸟类瞳孔对光的反射动作是迅速的。

（三）视网膜（Retina）

位于眼球壁最内层，厚约 $300~\mu m$，与哺乳动物一样排列成层，界限分明。与哺乳动物视网膜最大不同点是缺血管，即无中央动脉。

1. 视网膜的分层结构（由外向内）

（1）色素上皮层：很厚，由色素上皮细胞组成。

（2）视杆视锥层：由视杆细胞和视锥细胞的树突，即视杆和视锥部分组成。

（3）外界膜：由支持细胞（Muller 苗勒氏细胞），即神经胶质细胞的外侧端融合而成。它质地均匀，极薄。苗勒氏支持细胞分散在从外界膜到内界膜的视网膜内。

（4）外核层：由视杆细胞和视锥细胞的胞体组成。

（5）外丛层：由视杆细胞和视锥细胞的轴突、双极细胞树突、水平细胞突起（长约 $80~\mu m$ 的水平突起）组成。可分三个亚层，视杆细胞轴突位于外亚层，单视锥细胞轴突位于中间亚层和内亚层，双视锥细胞的两种轴突似乎是分别位于外亚层和内亚层。

（6）内核层：由双极细胞、水平细胞和苗勒氏支持细胞等胞体组成。

（7）内丛层：由双极细胞轴突及节细胞树突组成，也可分三个亚层。由于禽类的内核层和内丛层很厚，所以视网膜较厚。

（8）节细胞层：由节细胞的胞体组成，发出广泛树突分布至内丛层的三个亚层内。

（9）视神经纤维层：由节细胞的轴突形成。

（10）内界膜：由苗勒氏支持细胞的内侧端融合而成。

2. 视细胞的结构

（1）视杆细胞（Rod cell）　外节即感光部分，电镜下可见由细胞膜一侧内陷叠折，有许多平行排列的小盘。内节含有丰富的长形线粒体，这些线粒体聚集在一起，在光学显微镜下称椭圆体（Ellipsoid）。鸟类视杆细胞的内节具有收缩性。在亮光下，内节变长，推使外节深入色素上皮内；在暗光中，内节收缩，外节移向外界膜，使外节多暴露于光处。在内节后部，油微滴相状的、具有较高折射指数的物质，称抛物状体（Paraboloid）。它有较高的折射指数，可能起着将光线集中于外节内的光敏色素区内的作用。视杆细胞轴突基部，即与双极细胞和水平细胞相接触的部分，充满直径约 500Å 的突触小泡。形态与视锥细胞轴突基部有所不同。

（2）视锥细胞（Cone cell）　视锥细胞引人注意的特点，是在外节与内节连接处含有油微滴。据研究，禽类有多种颜色的油微滴，如红色、黄色等。油微滴的作用是帮助观察远方物体，与色觉有重要联系。在电子显微镜下，视锥细胞可分为双视锥细胞和单视锥细胞。根据其中所含不同颜色的油微滴，单视锥细胞再分为Ⅰ型单视锥细胞和Ⅱ型单视锥细胞。许多单视锥细胞的轴突基部发出5 μm长的突起。双视锥细胞是由紧密相靠的主视锥细胞和副视锥细胞组成。主视锥细胞外节亦具有许多平行排列的小盘，但主视锥细胞的内节含有大黄色油微滴，而副视锥细胞内节是含小的黄色油微滴，同时也存在与视杆细胞相同的抛物状体。

3. 栉膜（Pecten）　禽类眼的特殊结构，在视神经入口处，由视网膜长出，伸向玻璃体内。栉膜基部宽约 8 mm，远端游离部宽约 5 mm。它是血管很丰富的色素膜，黑色，具有许多扇形的叶状皱襞，一般是16～18个皱襞。栉膜的横切面边缘呈锯齿状，游离端膨大，其中含色素细胞的突起，扩展并黏附于玻璃体。包围栉膜表面的膜，可能是视网膜内界膜的延续。栉膜是由弯曲的毛细血管和散布其间的色素细胞（内含褐色颗粒）以及从视神经来的神经纤维所组成的。

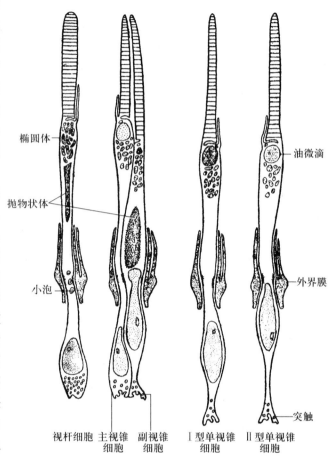

图 1-5-3　鸡视网膜的视杆细胞和视锥细胞结构模式图

栉膜的主要动脉和静脉位于基部，有分支到达每个皱襞。禽类视网膜无中央动脉，故认为栉膜与营养供应有关，亦有认为它与排泄、保护、调节等有关系。

据测定，禽类视细胞数量，在单位面积内比其他动物多。鸡可能不存在视网膜中央凹（在鸭、火鸡见有浅的视网膜中央凹），但在紧靠视网膜中央区密集有大量视锥细胞，被认为用于单眼观察；视网膜上另一小凹是颞小窝，该处视锥细胞也较多，被认为用于双眼观察。

二、屈光装置

屈光装置包括角膜、房水、晶状体和玻璃体。这些结构均透明，故有屈光作用。

1. 晶状体（Lens crystallina）　柔软的双凸透明体，前凸即角膜面的曲度较小，后凸曲度较大，深陷于玻璃体内。成体的晶状体平均直径约 6.57 mm，平均厚度约 4.05 mm，借睫状突纤维悬吊于虹膜的后面，前方是眼前房的水状液。鸡晶状体有一很发达的外环垫（Ring wulst），晶状体纤维由黏合质连接一起。

2. 玻璃体（Corpus vitreum）　相对较小，新鲜时为无色透明的胶状体，充填于晶状体与视网膜之间。

第二节　眼的辅助装置

眼的辅助装置包括眼肌、眼睑、眶腺等，均对眼球起保护、运动和支持作用。

一、眼　肌

鸡虽有多条眼肌控制眼的运动，但由于眼球紧密地埋藏在眼眶内，视神经又较短，因此从外观看，眼球运动的范围很小。禽类以头部和颈部大的运动范围，弥补了眼球本身运动范围小的不足。禽类的眼球有 6 块小而薄的眼外肌，包括 2 块斜肌，4 块直肌，没有眼球退缩肌。

1. 背斜肌：起于眶间前背侧，止于巩膜背侧。

2. 腹斜肌：起于眶间隔前背侧，止于巩膜腹侧。

3. 内直肌：起于眼眶后部，止于巩膜前。

4. 外直肌：起于眼眶后部，止于巩膜后部。

5. 背直肌：起于眼眶后部，止于背斜肌后背侧的巩膜背侧部。

6. 腹直肌：起于眼眶后部，止于腹斜肌后背侧的巩膜侧部。

腹斜肌、内直肌、背直肌和腹直肌均受动眼神经支配；背斜肌受滑车神经支配；外直肌受外展神经支配。

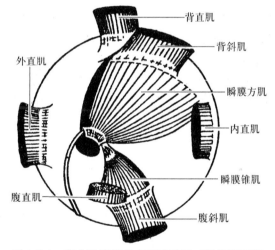

图 1-5-4　家禽眼肌附着点及瞬膜肌（眼球腹面观）

二、眼睑（Palpebrae）

禽类眼睑缺睫毛、睑极腺等结构。上眼睑、下眼睑和第三眼睑（即瞬膜 Nictitating membrane）位于眼球前方，起保护作用。下眼睑较上眼睑大而薄，有较发达的下睑降肌起自眶间隔。眼睑是由皮肤和黏膜构成的皱襞，其内表面和眼球前表面均覆盖有一层精细、感觉敏锐的结膜，内外两个表面由于泪水的不断分泌而保持湿润。上下眼睑受三叉神经分支支配。禽类第三眼睑发达，为半透明薄膜，起自眼内角，受两块平滑肌，即瞬膜方肌和瞬膜锥肌的控制。这两块瞬膜肌受外展神经分支支配。瞬膜活动时，能将眼球前方完全遮住，使结膜和眼睑保持清晰。

三、眶　　腺

禽眶腺包括鼻腺（即盐腺，水禽较发达）、泪腺和副泪腺。

1. 泪腺（Glandula lacrimalis）　比副泪腺小，位于下眼睑后内侧，8 周龄鸡的泪腺体积约 3 mm×2 mm×1 mm。泪腺有多条直径约 3 mm 的大导管，起自眼内角背侧的结膜囊。腹泪管直径约 1 mm，开口于背泪管腹侧。背泪管和腹泪管连接后形成鼻泪管，向前弯曲延伸，越过眶下窦背顶部后，转向后腹侧，进入眶下窦内侧壁。鼻泪管开口呈裂隙状，位于鼻中隔底壁，有明显较厚的垂片守卫于鼻后孔前背侧处。泪腺由三叉神经的分支支配，其副交感运动纤维来自面神经。鸭的鼻泪管也是由背泪管和腹泪管连接形成的。

2. 副泪腺（Glandula accessorius lacrimalis）　即瞬膜腺，亦称哈德氏腺（Harderian gland），较发达，在鸡呈淡红色至褐红色。副泪腺通常呈带状，位于眶内眼球腹侧和后内侧，疏松地附着于眶周筋膜上。成体鸡副泪腺平均体积为 17.3 mm×7.4 mm×2.2 mm，平均重量为 82.4 mg。副泪腺是复管泡状腺，外包结缔组织被膜，被膜伸入腺内，把腺体分隔成不同大小的小叶。腺泡汇集成三级和次级收集管后，通入单一的主导管。腺泡和收集管外均有毛细血管网。主导管纵行延伸于腺体全长，从腺体最前部离开，开口于第三眼睑穹隆的内角。眼外动脉的眼颞支供应血液至副泪腺，静脉血汇入眼静脉。眼神经的分支支配副泪腺。副泪腺分泌黏液，用以清洁和湿润角膜，并协助第三眼睑的活动。最近一些研究认为，以副泪腺为主的鼻旁和眼旁淋巴组织，可能是禽体非依赖腔上囊 B 淋巴细胞分化、繁殖的场所。

第二部分

眼 的 检 查

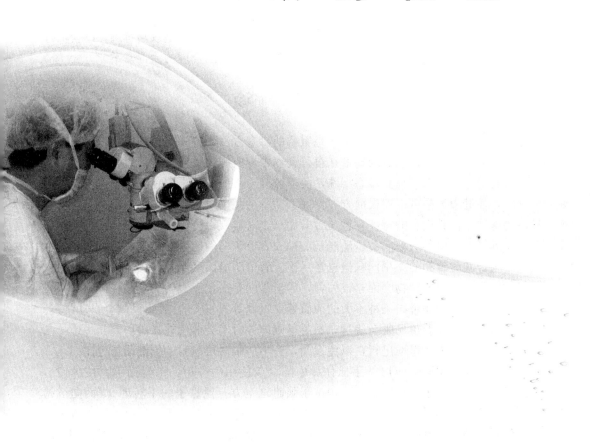

第一章

眼的一般检查

第一节 问 诊

问诊主要是询问了解病史，了解病因、时间和病程，是单侧还是双侧有病，已否治疗过，治疗的效果，结合各种有关的检查、通过分析诊断，提出合理的治疗方案。

第二节 视 诊

兽医人员用眼直接仔细观察动物眼病是重要的检查方法。盲马或独眼马的行动是很特殊的。失明的动物，特别是急躁的幼畜在自行动物中变成胆怯或较小心的，以听觉代替视觉，以保持其警觉性。失明马其步态特殊，两前肢高举，向前伸出。独眼马则保持稍弯向侧面的方向，使健康的眼可以注视前方。抑郁型动物中几乎缺乏这一特征，而在失明的初期能较清楚地看出。其步态的特性在跑步时会比慢步时显现得更清楚。为便于正确检查可将马牵至安静场所，使其头部向着自然光线，检查者位于马的侧方，与臀平行，从马的另一侧检查眼睛，此时动物的头稍回顾检查者。检查者可明显而又无声的挥动鞭子或挥手做欲打姿势，此眼未失明的动物会回避或弓背，尽量躲闪打击，而失明的动物在试验时很安静。也可用长缰绳将动物牵向某种不大的障碍处（板凳等），若动物看得见则会自动绕过。也可交替将眼盖起，如看得见则会绕过，看不见则前进时不会停留在障碍物前。

对眼的观察应由表及里地进行，以免遗漏，查出病眼时再与另一侧健眼作对比。

检查牛眼表面组织时，应以一手抓住鼻中隔（或使用牛鼻钳，术者用手牵住鼻钳），耕牛可拉紧鼻绳，另一手放在眼眶处，稍位于眼睑之上方。抓鼻子的手转动90°面向欲检查的一侧，这样可见到巩膜、眼睑与球结膜以及第三眼睑。手的位置再反过来以检查另一眼的同样位置。若眼有疼痛，病畜拒绝睁开眼睑。角膜和结膜则应首先加以麻醉。用一小片棉花吸足局部麻醉药，如2%利多卡因液滴入结膜囊内后30～60 s可达到麻醉角膜与结膜的效果。若麻醉不确实，还可对眼轮匝肌取面神经的耳睑分支作麻醉，以便使其松弛，注射部位在颧弓的后方背侧，耳肌的前方，用18号2.5 cm长针头，浸润局部麻醉药5～10 ml。若神经阻滞确实，则眼睑将保持部分张开，可以较容易地检查眼睛。神经阻滞同样适用于检眼镜的检查，但对角膜的敏感或第三眼睑的制动并无作用。封闭耳睑神经与局部麻醉角膜对移去眼区表面的异物带来很大的方便。

一、眼睑的视诊

应检查眼球与眼睑、眼眶的关系。检查眼睑皮肤有无外伤、肿胀、蜂窝织炎和新生物。有时可发现创伤、湿疹、疥疮及以上的病变。在蜂窝织炎、实质性结膜炎及泪腺化脓炎时眼睑具有某些特征。蜂窝织炎时一个或两眼睑或多或少呈显著增大，但不外翻。在实质性结合膜炎时（由于结合膜和结合膜下层的重剧疾病）所有肿胀的眼睑向外扭转。在眼睑有化脓性炎时，肿胀主要局限于上眼睑的外半部。

眼裂大小和眼睑开闭情况也应注意。眼裂常见缩小，且通常伴有急性炎症和羞明，这在一定程度上是病程重剧和急性的标志。眼裂缩小本身仅是由于上眼睑的弛缓，在运动神经和面神经麻痹时眼睑下垂，而温度不增高，疼痛感觉不显。可以适当的大声呼喊或轻轻击打其背部促使动物张开眼睛以便于观察。面神经麻醉时呈现的兔眼不能开合，在眼突出肿胀或球后蜂窝织炎也会有此现象。这种不正常现象也可能是先天性的。

观察眼睑的位置及其边缘，睫毛的方向和确定边缘是否被分泌物和被皮覆盖也是很重要的。在眼睑本身病理过程不明显时，上眼睑位置的变化是一种特殊的特征。很多眼病发生时眼球萎缩和皱缩改变上眼睑的轮廓，并在其覆盖的皮肤层上形成皱缩，使弧形的上眼睑缘变成曲折。这种曲折接近于眼内角，称之为第三眼角。眼睑外翻（Ectropion）和内翻（Entrotion）时睫毛出现外翻或独立内翻（倒生睫毛 Trichiasis）。睫毛数量的不足是由外伤、睫毛球的化脓性炎或者先天（睫毛脱落 Madarosis）引起的。

眼睑肿胀并伴有羞明流泪，是眼炎或结膜炎的特征。马若有反复的，周期性的发作病史，多提示为周期性眼炎（月盲症）。轻度的结合膜炎，伴有大量的浆液性分泌物，可见于流行性感冒。黄色黏稠性眼腻是化脓性结合膜炎的标志，常见于某些发热性传染病。猪的大量流泪，可见于流行性感冒。于眼窝下方见有流泪的痕迹，往往提示可能有传染性萎缩性鼻炎。脓性眼腻是化脓性结膜炎的特征，可见于某些热性传染病，如猪瘟。仔猪的眼睑水肿，应注意有无水肿病。

二、眼结膜的视诊

应检查结膜的色彩，有无肿胀、溃疡、异物、创伤和分泌物。

1. 眼结膜检查方法　将眼睑拨开，检查时一手握住笼头，另一只手的拇指放于下眼睑中央的边缘处，食指放于上眼睑中央的边缘处，分别将眼睑向上、下拨开并向内眼角处稍加压，如此则结合膜及瞬膜可充分露出。为检查牛的结合膜颜色，通常可用双手握住牛角，并将牛头扭向一侧，即可观察到巩膜的情况。眼结膜是可视黏膜的一部分，结膜的颜色变化除可反映其局部的病变外，还可据以推断全身的循环状态及血液某些成分的改变，在诊断和预后的判定上都有一定的意义，尤其是皮肤含有较多色素的家畜（如马、牛等），由于皮肤颜色的变化不易辨认，所以更应注意可视黏膜颜色的改变。

健康的马、骡的眼结膜呈淡红色，黄牛及乳牛的颜色较淡，水牛则成鲜红色，猪的眼结合膜呈粉红色。正常犬猫的眼结膜为淡红色。

结膜的颜色决定于黏膜下毛细血管中的血液数量及其性质以及血液和淋巴液中胆色素的含量。在病理状况下结膜的颜色发生改变，可表现为潮红、苍白、发绀或黄疸色。

2. 结膜颜色的病理变化

（1）潮红　结膜下毛细血管充血的征兆。单眼的潮红，可能是局部的结膜炎所致；若双侧均潮红，多标志全身的循环状态。

弥漫性潮红常见于各种热性病及某些器官、系统的广泛性炎症过程。若小血管充盈特别明显而呈树枝状，则称树枝状充血，多为血液循环或心机能障碍的结果。

（2）苍白　结膜色淡，甚至呈灰白色，是各型贫血特征。若病程发展迅速而伴有急性失血的全身及其他器官、系统的相应症状变化，可考虑内脏破裂（如肝、脾破裂）。若慢性经过的逐渐苍白并有全身营养衰竭的体征，则多为慢性营养不良或消耗性疾病（如衰竭症、慢性传染性病或寄生虫病，尤多见于马的慢性传染性贫血或鼻疽，牛的结核，仔猪贫血或蛔虫症等）。如果红细胞的大量破坏而形成的溶血性贫血（如血孢子虫症时），则在苍白的同时常带不同程度的黄染。胃、肠道急性出血，吐血、便血，则眼结膜苍白。急性休克或病危的犬猫除了有相应的症状外，眼结膜也会突然变为苍白。

（3）发绀　即可视黏膜呈蓝紫色。系血液中还原血红蛋白增多或大量变性血红蛋白形成的结果。一般引起发绀的常见病因是：

高度吸入性呼吸困难（如当上呼吸道的高度狭窄时）或肺呼吸面积的显著减少（如当各型肺炎、胸膜炎时）而引起动脉血的氧未饱和度增加，即肺部氧合作用的不足。

血流过缓（淤血）或过少（缺血），血液经过体循环的毛细血管时，过量的血红蛋白被还原，称外周性发绀。多见于全身性淤血，特别是心脏机能障碍（如心脏衰弱与心力衰竭）。

血红蛋白的化学性质改变。常见于某些毒物中毒、饲料中毒（如亚硝酸盐中毒等）或药物中毒，形成变性血红蛋白或硫血红蛋白。不同的病因引起的发绀，在结膜呈蓝紫色的同时，还具有不同的其他临床症状，可借以检查和分析。

（4）黄疸　结膜黄染在巩膜（球结膜）处较为明显易于发现。黏膜黄疸是胆色素代谢障碍的结果。引起黄疸的常见病因：

肝实质病变，致使肝细胞发炎、变性或坏死。毛细胆管的淤滞与破坏，造成胆汁色素混入血液或血液中的胆红素增多。这种症状称为实质性黄疸，可见于实质性肝炎，肝变性以及引起肝实质发炎、变性的某些传染病（如马流行性脑脊髓炎等），营养、代谢病（如猪的维生素 E 与硒缺乏病等）与中毒病。

胆管被结石、异物、寄生虫阻塞或被其周围的肿物压迫，引起胆汁淤滞，胆管破裂，造成胆汁色素混入血液而发生黏膜黄染，称为阻塞性黄疸。可见于胆结石、肝片吸虫病、胆道蛔虫病等。此外，当小肠黏膜发炎、肿胀时，由于胆管开口被阻，可有轻度的黏膜黄染现象。

红细胞被大量破坏，使胆色素蓄积形成黄疸，称溶血性黄疸，如当马焦虫病，牛的血红蛋白尿症。此时，由于红细胞被大量破坏而造成机体贫血，所以在可视黏膜黄染的同时伴有苍白现象。结膜的重度苍白与黄疸色，乃溶血性疾病的特征。

某些疾病的黄疸现象，可能是多种因素综合作用的结果。如马传染性贫血时，既有溶血的因素，又有肝实质的损害。

检查结膜颜色变化时，应特别注意黏膜上是否有出血点或出血斑。结膜上有点状或斑点状出血，是出血性素质的特征，在马多见于血斑病、焦虫症，尤其是急性或亚急性传染性贫血时更为明显。

3. 眼内角、泪点、第三眼睑和泪囊的检查　在视诊眼结膜的同时要观察眼内角、泪点、第三眼睑和泪囊的变化情况。结膜发红时可能在第三眼睑的内面出现有小泡性结合膜炎，在犬有第三眼睑腺体增生（眼结膜腺瘤）时可见瞬膜下方有粉红色增生物突出在内眼眦。应特别注意眼内角的分泌物，眼内角的分泌可能引起泪器官输出管的栓塞，此外也伴有眼各部分的炎症过程。分泌物可能是浆液性、黏液性的（特别是在慢性结合膜炎时），白色的浓稠液体状，有时带有较致密的小块，或化脓性的、化脓——腐败性液体、黄色、黄绿色、较稠浓的液体。在结膜、巩膜的完整性被破坏时可见到混有血液或出血。

由于经常的湿润通常于眼角下方发生皮炎，该部位的毛可能脱落。

如果不用人工方法开张眼裂则不可能观察到眼睑的结膜部位。

三、角膜的视诊

角膜的视诊应检查角膜的感觉、弯曲度、表面状态、透明度、血管存在情况。

1. 角膜的感觉　在角膜感觉非常正常时可用一块蘸湿的过滤纸或棉花笔以轻轻接触的方法进行检查。正常的很快就发生眼睑反射性的闭合和流泪（角膜反射）。感觉降低见于三叉神经麻痹、青光眼、陈旧的瘢痕部，角膜有溃疡及浸润时。

2. 角膜的变曲度　角膜有一定的隆凸度。病理状态时可见角膜异常隆突（球形角膜 Keratoglobus）或局限性的隆突（圆锥形角膜 Keratoconus，角膜膨出 Keratocele，角膜葡萄肿 Staphyloma），或者相反，在眼球萎缩时，具有瘢痕时，能见到角膜扁化，还能见到轴不对称（见于某种形状的散光）。隆突变化不大时若没有辅助器械（角膜镜、聚光照射）很难确定。

3. 角膜的表面状态　角膜的前面是绝对平滑如镜一般的光亮，一般用强光从一侧照射，在侧方观察可以证实。当角膜由于上皮的完整性受到破坏（前角膜炎 Keratitis anterior，深在的弥散性角膜炎时）而变成有微弱的颗粒时，一般视诊难以确定表面微弱的变化，用角膜镜和侧面照射检查可以查出其变化。较深在性的缺损、创伤、溃疡、剧烈的实质性炎症可以改变角膜面，甚至使角膜面成为很不光滑的、天鹅绒样的、不透明的具有很大缺损的组织。严重的可见到角膜穿孔，房水流出。确定不明显缺损的另一种方法是将角膜用荧光红或七叶树绿质染色，此时缺损部位呈绿色或红色。

4. 透明度　角膜透明度的破坏取决于角膜透明质表层或深层或者两层同时混浊。根据其内部的形状，混浊的厚薄往往可以确定引起混浊过程的环境及性质。角膜轻度炎症时呈淡蓝色的模糊不清，渐则呈带半透明的云雾状，而严重的炎症则呈厚的混浊或白色完全不透明。这两种均为角膜无菌过程的特征。新发生的混浊常有炎症症状，境界不明，且表面粗糙而稍有隆起，陈旧的混浊则无炎症症状，境界明显，表面光滑。在角膜有化脓性炎症时成微黄色。翳性角膜炎时则成红色，发生溢血时则成黑色的混浊。

混浊的界限其性质也有一定诊断意义：局限性的、腔状的、光亮的混浊于创伤后因瘢痕而形成；溃疡后的瘢痕呈圆形或椭圆形，边缘不显著。白色或微黄色的，非常局限性的，不透明的混浊不伴发急性炎症现象，是由于为了治疗角膜的溃疡和创伤使用银盐和铅盐而产生的。若混浊分布得深，用简单的视诊和侧面的光照射也可能确定之一。

5. 血管的存在　角膜在正常情况下本身没有明显的血管，如果可见部分血管存在往往说明有炎症的过程。在角膜上出现树枝状新生血管说明有浅层炎症，若呈现毛刷状新生血管则为深层角膜炎症。在角膜四周与巩膜交界处出现向中心呈辐射状的血管则说明多半有慢性角膜炎的可能。

在角膜上很少见到结合膜从边缘增殖，所谓翳状薄膜，皮样囊肿。严重的角膜溃疡中心会出现很小的孔状的角膜瘘管，轻压时可由孔内流出水状液，溃疡处有的堆集透明的胶体状物。

四、巩膜的视诊

检查时应注意巩膜的颜色。贫血、休克、病危时巩膜苍白，有黄疸时巩膜黄染较为明显。

在角膜缘外的巩膜有睫状前血管环状围绕，正常时血管细而不易查见。但当角膜或眼内有炎症时，巩膜表面血管呈充血状态，说明眼球深部组织发炎，常为角膜的炎症或脉络膜炎、睫状体炎等。

在眼球有外伤时应注意巩膜上有无异物嵌顿或巩膜破裂，创伤。

五、眼前房的视诊

在观察眼前房时，应注意其面积，透明度与深度，水样液及各种内容物的存在。

眼前房的深度，一般在临床上很难加以测定，幼龄和老龄动物略浅，青壮年动物略深。正常人在眼球中央部约为 3 mm。当眼的血管道疾病和虹膜发生变化时，虹膜的瞳孔缘突入前房，此外由于瘢痕形成的角膜扁化，整个眼球萎缩时均可使眼前房的深度减小。而当晶状体脱位、水肿眼、虹膜后粘连时可见眼前房深度增大。

眼前房内所含的水状液可能含有各种内容物：炎性渗出物、血液、寄生虫。肉眼观察时与水状液相似的浆液性渗出物的混合液很难直接断定，只有在前房增大以及呈现虹膜炎的症状时才能推测浆液性渗出物的存在。眼房液混浊并混有灰白色絮状物的说明有纤维蛋白渗出。眼房底有黄绿色或黄白色沉淀时，多半是化脓性渗出物。有时可见灰色或白黄色绒球状纤维素出血性渗出物游离于前房内，位于前房的底部或部分地固定于虹膜上。绿黄色的化脓渗出物通常占据房底。眼房内有出血时纤维素性出血性渗出物带有红色，严重时会出现血丝或血凝块。眼外伤时可见有不同程度的出血积聚于眼前房的下方，形成前房积血。出血较多，满附于角膜后壁的是角膜血染。前房积血亦可随体位不同而改变位置。若眼房内有白色丝状虫则为混睛虫寄生。

六、虹膜的视诊

虹膜的视诊要注意虹膜的颜色、前表面的状态、位置和运动性。

虹膜的颜色对不同动物具有不同的特性。在急性炎症时颜色通常改变，由褐色转为黄灰褐色或红砖色，好像失去光泽一样，虹膜变为其他颜色。

虹膜前面的纹理在虹膜炎时变得模糊，有时可能见到透露出血管。小丘陵状的结节附着物是牛的特征。在急性虹膜炎时虹膜面膨胀，成为不平滑的，常常被覆有渗出物。在慢性过程时虹膜面皱缩和呈弛缓状。

虹膜有时可能前倾，甚至与角膜粘连（前粘连），或后倾，即与晶状体表面粘连（后粘连）。如在周期性眼炎时所发生的症状。

马虹膜炎时，因炎性产物的存在，所以色彩由原来褐色变为灰黄褐色，线纹模糊不清，有时虹膜与晶状体粘连，影响对光反应。

若瞳孔与其后晶状体有环状粘连，阻断了房水的正常循环，后房压力增高，推动虹膜向前突起，称为虹膜膨隆（图 2-1-1）。

虹膜混浊，有时在血斑病（出血性紫癜）、牛蕨类中毒、传染性胸膜肺炎、腺疫、犬瘟热等病见之。虹膜脱色为鸡马立克氏病（眼型）的特征之一。

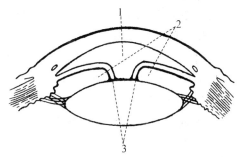

图 2-1-1　虹膜膨隆切面图

1. 前房　2. 后房　3. 后粘连

七、瞳孔的视诊

瞳孔的视诊时，应注意瞳孔的大小、形状、颜色和对光的反应。

1. 反应 眼在正常状态时在各种因素的影响下反射性的进行瞳孔的收缩和扩张。一方面发生瞳孔对光的反应，另一方面发生对集合和调节的反应。检查瞳孔反射应在半暗的室内进行，一般可用手电筒照射。在黑暗时瞳孔应扩张，在照射时收缩。当受到光的作用瞳孔收缩时，对光的反应可能是直接的，而于另一侧非照射的瞳孔反应时是感觉的反应。反应障碍伴发反应弧任何部位的疾患。当虹膜炎时瞳孔运动转为弛缓或者停止。

作为马正常的差异来说可能遇到不足的反应，这种反应可能是因纯机械性的粘连和麻痹（瞳孔扩张肌 Dilatator pupillae 麻痹）本身的各种原因所引起的。虹膜的炎症现象和视网膜感光层的疾患也伴发瞳孔对光反应的不足。瞳孔对光反射的向心神经为视神经，远心神经为动眼神经，反射中枢位于脑干（中脑的四叠体）。故这一反射弧受损伤时，则产生瞳孔对光反射障碍。此外，副交感神经使瞳孔括约肌收缩，而交感神经则支配瞳孔舒张肌。

检查瞳孔对光反射，可先遮住动物眼睛片刻，使瞳孔散大，然后开张其眼，并利用电筒或反射镜等立即照射。健康动物由于光线照射瞳孔很快缩小，移去强光可随即恢复。检查时应两眼分别观察，以利对照比较。检查时也可用散瞳药和缩瞳药交替滴眼，来观察瞳孔反应的变化。

2. 大小　正常的瞳孔是左右大小相等，协调匀称。假如瞳孔的大小不是因粘连或药物所引起的话，那么瞳孔不同的大小则表明脑髓疾患或交感神经麻痹。当脑疾病、大失血或病畜临死时，因动眼神经失去对光反射的调节机能常出现瞳孔散大。

瞳孔扩大为动物高度兴奋、恐怖、剧痛或反射性兴奋增高时的经常现象，但仍保持对光反应。当脑膜炎、传染性脑脊髓炎，或脑内血肿、脓肿、肿瘤、多头蚴病等占位性病变压迫动眼神经使其麻痹时，同侧瞳孔扩大，对光反射消失，眼球固定不动，上眼睑下垂。阿托品中毒、东莨菪碱中毒时，也可使瞳孔扩大。当眼感光力消失或减弱时（如黑内障时）瞳孔常是扩张的。

瞳孔缩小，常同时对光反射迟缓或消失。提示脑内压中等程度升高或交感神经传导路径受损伤。见于慢性脑室积水，脑出血，脑炎，多头蚴病等过程中，或有机磷、毛果芸香碱、毒扁豆碱、槟榔碱等中毒时。瞳孔缩小、眼睑下垂、眼球陷凹三个症状同时出现，乃交感神经及其中枢受损害的特征。

在脉络膜，视网膜和视觉神经的急性炎症时，以及在某些慢性眼病时（例如周期性眼炎的慢性期），瞳孔缩小是后粘连的结果。当晶状体缺失时瞳孔缘引起摇摆运动。

两侧瞳孔不等，变化无常，时而一侧稍大，时而另一侧稍大，并伴有对光反射迟钝或消失，出现昏睡或昏迷时，为脑干受损伤的特征。若发展到两侧瞳孔放大，对光反应消失，深度昏迷，指压刺激眼球无反应时，表示进入病危期。

猫眼的瞳孔较大，其瞳孔括约肌和开大肌非常发达，收缩力特别强。瞳孔大小在一昼夜中可随着光线强弱的周期性变化而变化。在白天强烈的阳光下，它的瞳孔可以缩小如一根线；而在夜晚昏暗的条件下，瞳孔可开放如满月一样圆大（如图 2-1-2）。猫这种借助于强大的瞳孔张缩力来调节进入眼睛内的光照量的能力使它始终保持着视神经的兴奋水平，有利于猫在白天和黑夜都能清楚地看到外界的各种物体。

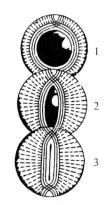

图 2-1-2　猫的瞳孔变化图
1. 黑暗时　2. 弱光时　3. 强光时

3. 形状　瞳孔形状在马、牛是扁椭圆形，猪和犬为圆形，猫为垂直的隙缝状。扩张和收缩的瞳孔的形状是每一种动物的特征。当虹膜发炎时则瞳孔不正。不正确的，有齿的，破裂的形状见于后粘连时。如果这些粘连而后破裂，那么在瞳孔部分晶状体剩有各种大小和形状的（虹膜色素残渣）黑色素斑。在虹膜不正确的缺损（缺损病）时瞳孔呈不正确的形状。

4. 颜色　瞳孔的正常颜色是灰黑色到蓝黑色和黑色，白化病者例外。白化病的瞳孔颜色是红色的。然而严格地说，小瞳孔和小眼睛的动物才是这样的颜色。对于大瞳孔的动物，特别是以散瞳剂使瞳孔扩张时，瞳孔具有与眼底相一致的颜色。对于马有时用肉眼可以看到眼底和视觉神经乳头，视神经乳头比在用检眼镜检查的面积要小。

当白内障及玻璃状体、脉络膜和视网膜出现某些疾病时，瞳孔呈烟灰色到白色。

在某些情况下，使用散瞳剂来确定瞳孔收缩的原因具有很大的作用。例如为了确定由于完全后粘连和扩张瞳孔的肌肉麻痹与瞳孔收缩的鉴别诊断时注射 0.5% 的阿托品溶液。在两种情况下不能发生瞳孔扩张，但是后粘连时所见到的是减弱的，像虹膜及其边缘原纤维性痉挛一样，此时在麻痹时他们成为不能运动的。

为了确定被括约肌的痉挛或扩张器的麻痹所引起的瞳孔收缩，可向眼内注射阿托品、可卡因或依色林。

表 2-1-1　不同药品对瞳孔的反应作用

作用	阿托品	依色林	可卡因
生理作用	括约肌麻痹	括约肌痉挛	刺激扩张器
痉挛性的瞳孔缩小	一般的扩张	无作用	无作用
麻痹性的瞳孔缩小	适度的扩张	极度的收缩	扩张

八、眼后房的检查

眼后房的状态对于睫状体炎的诊断有很大的意义。简单的检查效果不大，在用阿托品点眼扩瞳后可见到有纤维素性或化脓性渗出物出现于眼后房。当部分渗出物经瞳孔渗入眼前房或瞳孔部分时能观察到。

九、晶状体的视诊

晶状体的视诊只能通过瞳孔进行，可用阿托品来扩大视野，视诊时应注意晶状体的位置和是否混浊。

晶状体可能因脱位而转至后房或前房，在其转位时常伴发晶状体的混浊。弥散性的晶状体内的混浊可根据整个瞳孔颜色的变化而可确诊。局限性混浊可根据内容物的存在而确诊。其颜色主要呈白色，由烟色到纯白色。当晶状体完全混浊（白内障）时，通过瞳孔向内看，可见到呈白色或灰白色的晶状体。很少见到棕色或黑色的混浊，这种混浊是由于虹膜后面的色素附着形成的。混浊的局部分布仅在侧面照射下才可能确诊。

眼的深部检查必须借助于检眼镜，简单的视诊无法检查出。

第三节　触　　诊

主要了解眼睑的肿胀情况，温热程度和眼的敏感性，并检查眼内压的增减情况。

一、眼　　睑

在触诊前，必须检查眼睑是否肥厚及疼痛。为此可将眼睑提起使呈皱襞，再行轻度压迫，如果没有回答性反应和增温，则以后所得到的触诊结果可以判为眼球和眼结合膜本身。

触诊时，必须比较两眼，但在两侧眼均有损伤时，应与同种其他健康动物的眼进行比较。触诊时，检查者可站于动物之前方，用一只手，交换地触诊两眼，检查温度、敏感性及眼压。

用手掌的掌背面检查温度。在眼内有急性炎症过程时，可发现增温。

临床可用拇指固定在上或下眼睑的上方或下方，用食指轻轻压迫眼睑，感觉眼球的敏感性、硬度以及大小。有些动物在眼正常状态时，躲避触诊。但在反复抚摸时，动物通常会安静下来停止反抗。在眼的急性炎症过程中，特别在睫状体疾病时，敏感性会增高。

用食指压迫眼睑时可以感觉眼球是充满或比较软。凡是眼球臌得较满的，轻轻压之好像弹性很大时，多半说明眼内压增高，必要时可以眼压计来测定眼压的高低。

表 2-1-2　灵长类及动物眼内压正常值（mmHg）

动物	眼内压	参考资料	眼内压①	备注
人	13.2～27.1 平均 21.1	眼的解剖生理和临床检查 （中国正常人眼压）	15±2.5	
非人灵长类				
猫	14～26	Severin　1976	17～19	
	20～25(30)	Magrane　1971	20～25	
	15～22	Vainisi　1970	21.4±2.1	
犬	14～28	Severin　1976		
	16～30	Startup　1969		
	10～31	Heywood　1971		
兔			20	
马	14～22	Severin　1976	（全麻）17～33	
	16.5～32.5	Cohen&Reinke　1970	（局麻）29±5	
牛	14～22	Severin　1976	（犊）20±5.5 （成牛）29±5	（以上为陈家璞供稿）
绵羊	19.25		吴炳樵供稿	

① 引自不同资料数据，供参考。

眼内压可以用拉开上眼睑直接压迫眼球的方法进行检查，检查前必须先进行局部麻醉。

经常发现眼内压降低，出现眼球软化。这种现象取决于玻璃体是否液化或前后房内房水量及眼血管内血量是否减少。

家畜眼内压增高现象较稀少，在眼水肿、青光眼以及在周期性眼炎急性期开始时（不经常、发生时间短促），可以遇到比较轻度的眼内压增高。

触诊时可以正确检查出眼球是否缩小。

二、结 合 膜

在下眼睑部检查结合膜，可以同时向下方牵拉眼睑开张眼裂。检查上眼睑的结合膜时必须翻开眼睑。

眼裂的扩张方法：将小指及无名指置于眼附近，通常置于上眼窝弓，以食指末端把住接近的与边缘平行的上睑皮肤皱襞并将它向上推至眼窝弓之下缘，应防压迫眼球。用拇指将下眼睑往下方牵引，使能见到结合膜。

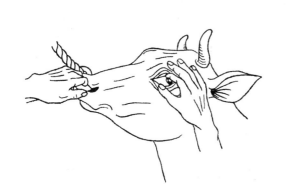

图 2-1-3　牛眼结膜检查　　　　　　　　图 2-1-4　马眼结膜检查

外翻上眼睑方法：用右手食指及拇指在中央部与睫毛一起捏住眼睑缘，将其稍往下和外方拉下。左手拇指放于眼睑上，将其卷于指上，再抽出手指。牵引至软骨就能看见眼睑结合膜。在具有肥厚眼睑的动物这样外翻比较困难。对于小动物，以玻璃棒代替手指放于其上。为了检查第三眼睑的内面，在预先实行麻醉后用解剖镊子夹住第三眼睑，将其翻出。

为了防止于检查眼睑及结合膜时感染，并将软膏涂进眼睑边缘，可使用末端卷以棉花球的小棒。

为了诊断需要，可应用开睑器和持睑器。在眼部有炎症处于高度敏感时，也可经结合膜囊内注射局部麻醉液。

结合膜的检查要注意外表、色彩、分泌物、肿胀、损伤及结合膜囊内的异物。

结合膜上非常明显地反映着血液的各种变化，尤其在机体许多全身性内科疾病时，其颜色变化有一定的意义。正常的结合膜是淡蔷薇色的，湿润，外观稍呈天鹅绒状。

牛的正常结合膜轻度苍白，暗淡或无光泽。由于淋巴泸泡增大结合膜微成小丘状，而当各种强剧的肿胀（蜂窝织炎，实质性结合膜炎）时，结合膜的表面具有玻璃样光泽。在慢性过程时，结合膜经常变为有皱纹的，皱襞样。结合膜颜色可能变成潮红色，这种情况不仅出现在局部急性疾患时，同时在眼的较深在部分损伤，（全眼球脓炎、虹膜炎、睫状体炎）时也经常出现。

结合膜苍白分为原发性和继发性。原发性的苍白见于某些慢性卡他性结合膜炎。继发性的苍白常发生于各种贫血，大出血（发生得比较快）时。也见于锥虫病、血胞子虫症、瘦弱及牛发生结核、副结核等病时。

根据炎症种类结合膜上的分泌可能是浆液性、浆液黏液性、纤维素性、化脓性或腐败性等。

龟、鳖类动物有半水栖习性，每年有五个月左右冬眠。因接触水及泥地较多，其眼结膜常因感染而致炎症肿胀，眼结膜囊内常有乳酪样或钙化沉积物，严重时眼不能张开眼球被挤压萎缩而导致全身症状出现。

当有突发性疾病如眼创伤时，必须详细检查结合膜有无异物及损伤。

三、瞬膜（第三眼睑）

主要是检查内面的小堆淋巴滤泡的状态（滤泡性结合膜炎）以及眼睑的完整性。在犬的瞬膜腺增生（结膜腺瘤）时常可见有粉红色大小不一的增生物。双眼有先后发生的，也有同时出现的。

四、巩膜及角膜

巩膜及角膜的检查大都是在张开眼裂后才能进行。牛的巩膜及结合膜检查时可以一手牵住牛鼻，另一手握住牛角，稍仰其头，并使其偏于一侧，则可检查露出的巩膜上的球结膜（图 2-1-5）。

必须注意巩膜的颜色及血管的分布。巩膜的充血不仅取决于局部疾患，而且眼球深部的炎症，特别是睫状体的炎症（巩膜血管与睫状体血管具有直接的联系）也伴发充血。

眼球外部血管的炎性充血有不同种类。在巩膜结合膜表层血管扩张时，它们能被显明地看出，甚至突出于表面，呈现与结合膜一起变位的弯曲木纹样小管状（血管之结合膜性充血）。巩膜结合膜靠近穿部呈深鲜红色。当前部睫状体及深层巩膜表面血管充血

图 2-1-5　牛巩膜（球结膜）检查

时，可能看不见血管，但整个巩膜颜色呈百合色或紫色，特别是在角膜周围呈现小圆圈状（角膜周围充血）。在结合膜转位时，血管不移动自己的位置。因为通过这里的血管是前睫状动脉的延长部，与脉络膜相联系着。角膜充血是此途径中炎症过程的忠实伴随者。但是要注意由其他过程特别是化脓性角膜炎能够引起角膜周围充血。这两种现象经常同时发生。

第二章

眼的器械检查

第一节　光源检查

可应用凹面反光镜进行检查。检查时，检查者手握反光镜站在被检动物眼的前方，收集照射光源再反射到被检动物眼内，然后由反光镜的中央孔观察眼前部。

用电筒光源从侧方直接照射，也可进行眼前部的检查。

第二节　角膜镜检查法

角膜镜（Placido 氏角膜盘）是一个直径25 cm 的带有手柄的圆板，板面绘有黑白相间的同心圆，中心有一小圆孔（图 2-2-1）。

检查时让被检动物背光站立，打开眼睑并将角膜盘放在眼前活动，通过小圆孔，观察角膜所映照的同心圆影像。同心圆规则，表示角膜平整透明，弯曲度正常，角膜无异常；同心圆为椭圆形，表示角膜不平；同心圆呈梨状，为圆锥角膜。若角膜表面有溃疡或不平滑时所反映的图像则成波纹样、锯齿状，不是同心圆形，甚至呈现间断残缺图像，这是角膜浑浊或有伤痕的特征。

图 2-2-1　角膜镜

| 1 | 2 | 3 | 4 |

图 2-2-2　角膜镜在各种角膜病变时在角膜表面的投影形象

1. 正常角膜　2. 角膜不平　3. 圆锥角膜　4. 角膜溃疡、损伤

第三节　烛光映象检查（Purkinje – Sanson 氏映象检查）

在暗室或夜里进行。在被检眼的侧面放置一支点燃的蜡烛，将烛光前后移动，并同时进行观察。在眼正常动物的眼内可看到 3 个深浅不同的烛光映象：即角膜面映象，它是大而明亮的正像，晶状体前囊上最大最暗淡的正像，以及晶状体后囊上最小的倒像（图 2-2-3）。若移动烛光，第一和第二个映象随烛光同向移动，第三个映象则反向移动。若三个映象全部不清或无映象，表示角膜浑浊严重，不透明不能反光。若第一个映象清晰，第二和第三个映象不清或无象，表示角膜正常，晶状体反光不良，房水或晶状体透光不良或缺晶状体。若仅第三个映象不清或无象，表示角膜、房水和晶状体前囊正常，但晶状体透光和反光不良。

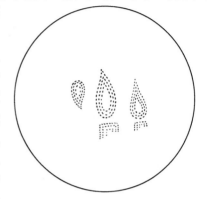

图 2-2-3　烛光映象检查

第四节　检眼镜法（眼底观察方法）

检眼镜法是应用具有照明系统和观测系统的检眼镜通过瞳孔直接观察眼内及眼底的情况。视神经是全身唯一不经外科手术而借检眼镜就能在活体上看到的神经组织，它与大脑直接相连。眼与脑部血液循环紧密联系，脑部血液循环障碍常常可以在眼底血管观察到。视网膜血管在一定程度上也可反映全身毛细血管的循环状况。因此通过观察眼底的血管变化可以推测全身的血液循环的状况。

常用的 May 氏检眼镜（图 2-2-4）是由反射镜和回转圆板组成。圆板上装有一些小透光镜，若旋转该圆板，则各透光镜交换对向反射镜镜孔。各小透光镜均记有正（＋）、负（－）符号，正号多用于检查晶状体和玻璃体，负号用于检查眼底。

检眼镜分直接检眼镜和间接检眼镜。直接检眼镜的回转圆板（转盘）上配有 24 种不同屈光度的镜片，平面镜片用黑〇表示；远视镜片用黑字表示从＋1 到＋20；

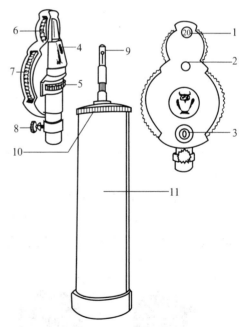

图 2-2-4　直接检眼镜

1. 屈光度副盘镜片读数观察孔　2. 窥视孔
3. 屈光度镜片读数观察孔　4. 平面反射镜
5. 光斑转换盘　6. 屈光镜片副盘　7. 屈光镜片主盘
8. 固定螺丝　9. 光源　10. 开关　11. 镜柄

近视镜片用红字表示，从-1到-30。使用时术者可根据自己的视力选择适当的屈光度，一般观察眼底视网膜常用-1至-3。

检查玻璃体和眼底之前30～60 min，应当向被检眼滴入1％硫酸阿托品2～3次，以便散瞳。检查者接近动物，左手执笼头，右手持检眼镜靠近动物右眼1～2 cm，使光源对准瞳孔，打开开关让光线射入患眼，调整好转盘。检查者眼由镜孔通过瞳孔观察眼内及眼底情况。一般很难一次查清，应上、下、左、右移动检眼镜比较观察。

2.5 V笔式便携检眼镜是目前较为新式、小巧、轻便且高效的检眼镜（彩图1）。其采用伟伦专利光源，比普通卤素灯亮度提高8倍，其性能类似于3.5 V检眼镜，但重量轻。其照明光可调节亮度，使用者能够看到真实的组织颜色，有5种孔径选择，能兼顾一般和特殊用途。有48种透镜选择，其偏光过滤器可使眩光大幅度降低。笔式、便携型的设计可方便地装入口袋中，进行临床诊疗使用[①]。

一、晶状体及玻璃体的透光检查

术者靠近动物眼40～50 cm或更近的地方，以带有光源的普通平面或凹面检眼镜观察瞳孔，正常眼的瞳孔视野应为完全透明的，其颜色应符合眼底颜色。

如果晶状体发生混浊（障碍光线通过）可呈现淡烟雾状、暗淡的或黑色的斑点。角膜及房水的混浊与内容物也可呈现类似症状。为了观察角膜和晶状体的变化可以用屈光度大的镜片观察瞳孔。

玻璃体是一种透明的胶质样物质，位于晶状体后面，其容量为眼总容量的4/5，是眼屈光结构之一。玻璃体的异常包括出血、细胞浸润和出现不规则的线条。大多数的纤维性线条的出现与老龄动物玻璃体的退行性变化有关。玻璃体内出现的细胞浸润是马周期性眼炎的特征。

二、眼底检查

1. 健康马的眼底　检查马的眼底时可观察视神经乳头，视网膜血管，绿毡和黑毡（彩图4，彩图5）。

绿毡（Tapetum Iucidum）：占眼底的较大面积，呈鲜明光辉样外观。其颜色各种各样，倾向于黄色、微黄绿色、微黄蓝色。有时在同一匹马的左右两眼底的绿毡颜色也不相同。有许多红色、绿色或蓝色的星状斑点（即Winslow氏星）散在于绿毡上，这些小点是脉络膜的小血管穿入绿毡纤维层形成的阴影。

黑毡（Tapetum nigrum）：位于眼底绿毡的下方，呈暗紫色至黑褐色。在绿毡与黑毡的交接处由于色泽的不同，就像有一条近乎水平的直线将两毡分开似的。

视神经乳头（Papilla of optic nerve）：视神经乳头位于黑毡中，一般多在眼轴的外下方，少数马匹的视神经乳头上缘可达绿毡的下界。视神经乳头呈圆形到横向的椭圆形（约

---

① 该检眼镜由北京仁和宝诚生物科技有限公司生产。

6 mm×4 mm），有外、中、内三层结构。外层呈
淡白色环状结构，围绕视神经乳头；中层呈赤色，
接近内层处的色彩稍淡，富有很多的毛细血管，
比内层稍凸起；内层呈微黄白色，星芒状收缩。
马的视乳头边缘约比其周围视网膜高出 1 屈光度。

约 30 根小动脉和 30 根小静脉经视神经乳头呈
放射状向四周延伸，但长度只有 1～2 个视乳头直
径，两侧的较长，上下较短。由于这些小血管都
很微细，颜色又很接近，通常不能辨别出小动脉
还是小静脉。

2. 牛和绵羊的眼底　牛和绵羊的眼底很相似，
可见到视神经乳头，视网膜血管、绿毡、黑毡以
及玻璃体动脉残留物等（彩图 6，彩图 7）。

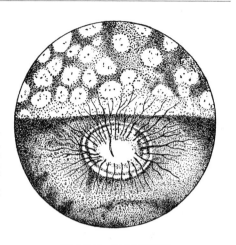

图 2-2-5　马的眼底图

有 3 或 4 条颇为明显的小静脉自视盘的中央走向锯齿缘，并与平行的小动脉伴行着。
在牛上行的小动脉和小静脉常相互扭缠，动脉由视乳头穿出后呈十字状分布四方，按
其行走部位分额、鼻、颞和颌支。额支较大，延伸较远，分布也广。该支在视乳头上
方约 2 个视乳头直径处开始向两侧分出 5～6 个分支，前几个分支很细且成直角，以后
则是粗的锐角的分支，鼻支和颞支较细，分支也较少，颌支最小，有些如牛缺。除了
这些主要分支以外，还从视乳头呈放射状分出 15～20 支小血管，包括动脉和静脉，这
些小血管越过视乳头缘在距视乳头 0.5～1 个直径处消失，这些小血管一般都可分辨出
动脉及静脉。

静脉常与同名动脉伴行，额动静脉常有缠绕现象。除细小血管外，一般动脉色鲜
红，较细，静脉色较暗且比动脉粗，通常额支动静脉之比为 2∶3。

牛的视乳头，位于黑毡内，仅上缘与绿毡相
接，为一横向的椭圆形（约 4.2 mm×2.9 mm），
在检眼镜下视乳头的大小约 30 mm×25 mm。大多
数成年牛视乳头中心呈橙色，周围呈灰褐色，视
乳头周边为一深灰色环，再向外则是颜色较淡的
巩膜环。在视乳头中央可见到一条灰白色半透明
向前突入玻璃体的索状物，称为玻璃体动脉残
留物。

正常的犬、牛、羊存在永久性玻璃体动脉残
留物，但在其他家畜则认为是异常。几乎所有的
成年牛都可见到玻璃体动脉残留物，此属生理现
象，应与病理性的索状，膜状机化物相区别。

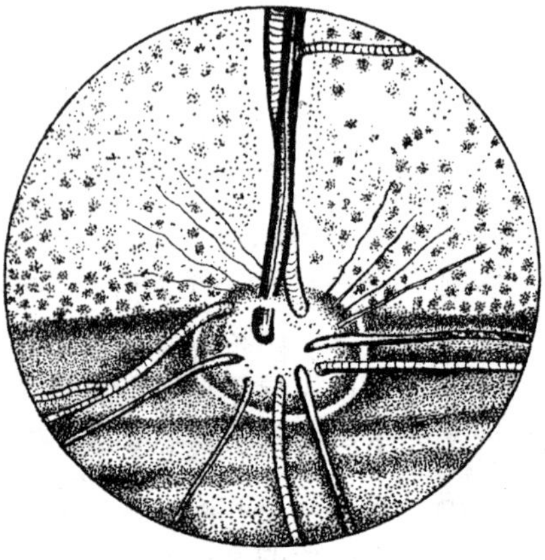

视网膜可分为绿毡和黑毡。绿毡是附着于脉

图 2-2-6　牛的眼底

络膜照膜层部分，位于黑毡及视乳头上方，占所见眼底的大部。绿毡的颜色比马浅，呈黄
绿色、淡青色或微蓝紫色。整个绿毡密布均匀的褐色小点，称为 Winslow 氏星。黑毡位

于绿毡下方，包围着视乳头，其颜色由深层脉络膜色素的量和颜色所决定，一般呈深红色、黑色或灰褐色，下方的颜色比两侧深。

绵羊的眼底在形态颜色和视乳头位置以及绿毡和黑毡的特点方面与牛极相似，仅在血管排列上有些区别。例如，静脉血管的起始部有时呈半圆之连接，而大血管单个地在视乳头中心与边缘中间通过。绿毡可能为绿或天蓝色。黑毛动物的血管间，视乳头上经常发现有显著的色素沉着。

3. 山羊的眼底　其与马牛的眼底的区别较大（彩图 8）。

视神经乳头通常是位于绿毡上，大约位于与黑毡连接界线的一条垂直线上，并被浅黄色环带所包围。其形状约为圆形，没有巩膜环。圆圈的一半部分没有构成轮廓，另外的半部分由于色素集聚而明显地出现。视乳头呈蔷薇色至淡红色。

视网膜血管由视乳头中部成对的分离（动脉及静脉），而且静脉的颜色较暗、较粗。血管走向多少与牛不同，血管向上、向下和向鼻方向走行，但不走向颞方向。

在绿毡颜色中蓝紫色占优势，在视乳头周围部变化为浅黄色，渐渐转移至黑毡。黑毡也呈同样颜色，但比较深暗。它在血管的周围比较色浅，为浅黄色。

4. 骆驼的眼底　其视乳头呈圆形，位于绿毡的下部。视乳头边缘为波浪状，有时带有隆起，在鼻的方向稀少。视乳头为浅柠檬黄色，有时带浅绿色，有高度发达的血管时，增加浅粉色。视乳头周围巩膜坏不经常为同一宽度的，并呈现浅蓝色。当有两个环带时，其中一个为白色，另一个为浅蓝色。

绿毡占据眼底的上与中间部分，其主要颜色为浅蓝绿色，有时带天蓝色。由视乳头开始在各个方向露出分布于绿毡的血管。最主要的血管走向上方。黑毡具有基本的蓝紫色，在某些情况下，紫色或褐色占优势。

血管高度的发达，由视乳头的中心部、边缘或周围部分露出，并构成分支。位于视乳头上的血管形成许多环结（彩图 9）。

5. 北方鹿的眼底　其视神经乳头位于黑毡之上，在眼后端的外下方，并呈豆粒状，下面带有凹陷。豆粒为不正形，在边缘部有凸起及凹陷。乳头的颞颅缘较为伸长，中心缘较广圆。颜色由柠檬黄色至浅金黄色。颜色的分布不均匀，视乳头中心染色微弱，视网膜的中枢血管位于此处，在血管漏斗底部显明地看出筛孔状小板。

后侧血管在视乳头间分成许多大小血管支，这些血管支经其边缘转入视网膜，在此处继续分支，在其间可区分出动脉和静脉。第一组血管在视乳头边缘直出，呈浅红色主干，见不到分支，但从其大小、弯曲的状态，深暗的颜色可以识别出静脉。黑毡的血管比绿毡的血管发达程度较差。

绿毡在解剖上观察比用检眼镜看到的伸展的更远些，颜色为浅天蓝色。

黑毡为深蓝色，占据眼底的下部。

6. 猪的眼底　猪没有照膜，因此其眼底呈深红或红褐色。视神经乳头多数为圆形，仅有时稍呈有角状，视乳头周围没有巩膜环带，位于眼后端外下方。在其上，能看见短的延长玻璃状体的管状和玻璃状体的动脉残存部分。

血管通常由中枢动脉及静脉单个或多个在一起伸展出，经常分成 3～4 对动脉或静脉，走向上方、鼻下及颞颅下方去，位置有时会有不同的现象存在。

7. 犬的眼底　检查犬的眼底时，应事先将犬的嘴绑住，正像应放大 12 倍，倒像时用 20 屈光度凸面透光镜放大 4 倍。

其视神经乳头位于眼后端之外方及下方，有时在黑毡上部，有时在绿毡的下部或在这些环带的分区处，其形状不同，常呈圆形或三角形的带有钝圆边缘的形状，但也有椭圆形或横位椭圆形，不整轮廓。视乳头的颜色也有不同，可呈白色、黄白色、灰浅红色、深灰色、蓝黑色（黑视乳头 Papilla nigra）或深红色。在中央部有较深色的斑点，这是因生理的陷凹所致。边缘被红色的线条不甚明显地分平。可以清楚地看到视网膜的血管系统，并不全面分布于其上，血管清楚地分为动脉及静脉。动脉较光亮地、微细地弛度弯曲，并多半由视乳头边缘单个走去，而并非由中央部走出。静脉颜色较深，粗并伸延在视乳头上不完全形成闭锁的静脉环，由此环分出三支，向上，在中部及颞颅方向中形成倒"y"字形状。有时具有 4 个支，另有一个下支。在它们中间有二叉分支状分开的和走向眼底周围的微细血管。

在同一只眼内绿毡的颜色是各种各样的并带有许多不同的颜色。有的犬缺乏毡部，也有的犬毡部色彩鲜明，在周围为绿色、绿天蓝色、紫色和深红色。在中心部呈金黄色或银色。在整个毡部，特别是在周围，具有微小的绿色小斑点。

黑毡由浅褐色至深褐色，转变为绿毡的情况比马较为稀少。眼底经常部分地或全部地没有颜色（彩图 10，彩图 11）。

8. 猫的眼底　检查猫的眼底时，需先以 0.5％～3％阿托品溶液点眼散瞳，以防止瞳孔收缩，直像检查时放大 14 倍，倒像时利用 20 屈光度凸透镜可以放大 5 倍（彩图 12）。

猫的视神经乳头位于后端下方 1～3 mm 向外处，呈圆形和稍圆形，有明显的凹陷。视神经乳头呈灰红色，中心部比周围部深暗，视神经缘以黑色的色素环，并被窄的绿天蓝色，紫色或蓝色的线条所包围，在视乳头上方横向地露出窄亮的线条。

视网膜动脉及静脉在整个表面上分离开。静脉颜色较深并较粗。大血管并非以视乳头中心部之主干为起点，而是以边缘为起点。在进入视网膜以前它们多数形成弯曲或环结。最常遇到的有三对主要的血管，动脉及静脉；最大的向上方，其他血管向下方、侧方、向鼻方向和颞颅方向。在它们中间仅仅能见到视乳头周围视网膜部的细支。

视乳头周围的绿毡为绿色、金黄色带有微光，在边缘部呈现绿色，浅天蓝绿色或紫色，并有极其鲜艳的色彩变化，逐渐改变为红褐色，并转为深红褐色，几乎呈黑色。在绿毡的中心呈现微弱斑点面，此表面在红褐色部分变成比较深的颜色。绿毡的形状是不同的，大部分呈半圆形，有不清楚的边缘和小的凹陷。

在猫还可能发现色素部分缺乏或完全缺乏。

9. 家兔眼底　家兔的视乳头具有横位的椭圆形，带有清楚的中心部凹陷，由视乳头走出的细小动脉及静脉支外，分出两对血管，它们按一支动脉和一支静脉成对的取横行方向走向侧方。视网膜上没有毡的变化。黑色家兔眼底为浓深颜色，白色兔为浅黄白色。色素缺乏症动物可以极明显地看到脉络膜的血管系统，涡状血管，长和短睫状血管。

第五节　裂隙灯生物学显微镜（活体显微镜、裂隙灯显微镜 Slit－lamp biomicroscope）**检查法**

这是裂隙灯与显微镜合并装置的一种仪器。强烈的聚焦光线将透明的眼组织作成"光学切面"，从而可以像观察病理组织学切片那样，在显微镜下比较精确地观察病变的深浅和组织的厚薄。用它能检查角膜、前房、虹膜及晶体。眼睑、泪器、结膜等组织的病变也可用活体显微镜检查。

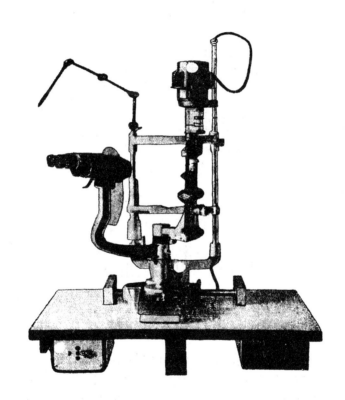

图 2-2-7　YZ－5B 型裂隙灯显微镜

由于台式裂隙灯显微镜要进行固定检查，给使用带来不便。目前已有手持式裂隙灯显微镜（苏州医疗器械厂设计生产的 YZ－10 型轻便裂隙灯），为台式与手持两用，头架可折合，便于携带。平时可放桌上当作一架台式裂隙灯。但手持检查时焦点甚易移动，转移被检查的部位也不十分方便，其检查效果不及台式，但在动物的检查使用上有其可取之处。带有拍照附件的台式裂隙灯活组织显微镜见彩图 13，手提式裂隙灯活组织显微镜见彩图 14。

1954 年以来，欧洲已有人应用裂隙灯生物学显微镜诊断马眼病，能揭示微小病变，准确的定位，并确定病变的范围。

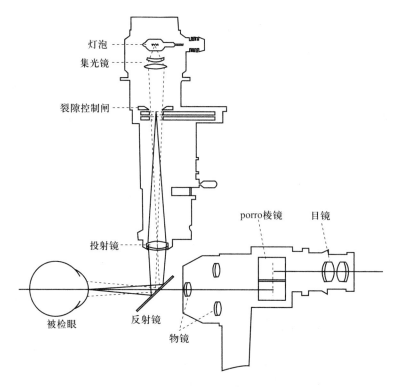

图 2-2-8 活体显微镜的光路简图

第六节 眼底照相技术

一、眼底照相技术的进展

Friedrich Dimmer 于 1899 年在第九届国际眼科学会议上首次展示人的眼底照片。Leonardi 在 1930 年首次报道了动物的眼底照片。但在 20 世纪 50 年代以前所使用的机器几乎都是固定的座式眼底照相机，一般只限于猫、犬等小动物。60 年代以后眼底照相技术才得以较快的发展。手提式眼底照相机的问世，为马、牛等大动物的眼底照相技术的发展提供了有利的条件。1983 年河南农业大学吴炳樵教授等在国内首先应用眼底照相技术对牛、马等大动物进行眼底照相和观察、研究。

眼底照相机包括固定座式和手提式两种。用前者给动物尤其是大家畜进行眼底照相时，需要充分保定，但大多数全身麻醉剂能使动物瞳孔缩小因而影响眼底照相工作的进行。手提式眼底照相机携带及使用都很方便，适用于包括马牛在内的各种家畜。

目前不少国家能生产优质的眼底照相机。国内使用日本 Kowa 公司生产的手提式眼底照相机用于各种家畜的眼底照相，这种相机除用于观察眼底的照明光源外，还附有照相用的闪光灯，这两种光源根据需要均可调节强弱。这种相机操作也较方便，易于掌握。

二、眼底照相的方法

在眼底照相之前要进行眼底观察，最好采用柱栏内保定或在饲养室内由助手保定头部，马还可用手握笼头，牛可用绳子保定头部或使用鼻钳。有的动物由于胆小在开始时可能略有不安，但很快就能安静下来，往往不需要用鼻钳或鼻捻子就可进行眼底观察，需要拍照时，一般大动物需要注射镇静剂，同时还需用1％阿托品或2％后马托品溶液点眼扩瞳。

在进行眼底照相时，术者用左手的食指和拇指分别将上、下眼睑撑开并固定之，右手持眼底照相机并将相机的前端停靠在撑开下眼睑的左手拇指上，像使用检眼镜一样随时拨动相机上不同屈光度的镜片，直到看清眼底某一部位为止。值得注意的是马牛眼底都具有反光很强的绿毡，故在拍摄绿毡部时应把闪光灯光源强度调到最低位，而相反在拍摄黑毡时则要求用强光，至于视乳头则以中等强度为最佳。

要拍摄质量好的马牛眼底照片，应该考虑到眼底照相机的位置，动物的保定及扩瞳，闪光强度，眼中间质的透明度以及胶卷的感光速度等。其中最重要的是眼底照相机的位置及动物的确实保定。

上述眼底照相机的握法既可防止碰及动物的角膜，也可保持相机距角膜在1 cm之内，相机如果离角膜太远，在照片上就会出现闪光时角膜反光所产生的亮点。有时，角膜上由于过度湿润或有泪珠时就可能出现大的反光点，不但影响观察也影响照片的质量，这时应注意调节相机的距离或角度，避开反光点的干扰，才能获得质优的眼底照片。

动物的眼底照相对于正确判断眼底病变，以及通过观察眼底病变来诊断动物疾病起着很重要的作用。

三、动物常见眼底病变

1. 视乳头病变　视乳头最常见的病变是发红、模糊、界限不清及有渗出物覆盖等，多见于视乳头水肿和视神经炎（彩图15至彩图18）。

视神经乳头水肿（郁血乳头 Chocked disk）和视神经炎在眼底镜下很相似，有时在临床上难以明确区分。视乳头水肿时，视神经乳头除肿胀外尚且发红，但一般无炎症变化，历时长的还有渗出，出血和血管新生等现象，甚至发生视神经萎缩和失明。视乳头水肿一般不影响视力，但由于颅内压增高引起的如牛脑多头蚴会出现视力障碍，即所谓视而不见症状。而视神经炎则明显影响视力。在人类常可通过检查视力来加以鉴别，在家畜就难以区分。因为动物的视神经炎发展到丧失相当一部分视力时尚无其他临床症状。家畜视神经炎远较视乳头水肿多见，因为家畜一般不至于因进行性颅内压增高而发展为视乳头水肿。

在大多数情况下，动物的视乳头水肿是由于局部因素，如由于神经本身障碍，维生素A缺乏以及某些毒物作用。视神经炎除由邻近组织炎症的直接蔓延外，也可由于某些传染病和其他某些全身性疾病，包括中毒等引起。而由于颅内压的增加如牛、羊的脑多头蚴常可引起单侧或双侧的视乳头水肿。

家畜患视神经炎时，视神经纤维所受的破坏是不可逆的，故当牛出现突然双瞎，瞳孔散大，对光无反应时，视力就难以挽回。

2. 血管的病变　眼底血管常见病变是炎性渗出，血管扩张或缩小、迂曲、新生以及动静脉管径比例改变等。

（1）炎性渗出　眼底血管炎性渗出是一种重要的眼底变化，它与许多疾病有着密切关系，在临床诊断等方面有着重要意义。

眼底血管炎性渗出的主要表现是：急性炎性渗出呈云雾状或絮状物，围绕着血管，这时血管就像是套上一个袖套似的（图 2-2-9）。这时视乳头也被粉红色云雾状物所覆盖，见不到视乳头中央部凹陷和视网膜中央血管各分支的基部（图 2-2-10）。有时渗出物由于机化而形成灰白色半透明的膜状或絮状物附着在血管壁上，有的还能长期存留下来。当在血管壁上尤其在粗大血管的基部见到这种陈旧性机化物时，表明该牛患过眼底病或全身性严重疾病。如在患严重子宫内膜炎的牛眼底可观察到各主要血管的基部有白色棉絮状斑块。在额窦窦道患牛经手术治预后月余还可看到额支静脉管壁上附有一灰白色膜状物并随脉搏而飘动。有时可见渗出物呈微细绒毛状附在血管壁上，犹如一根红柱上面撒了一层白粉。

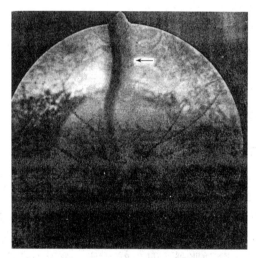

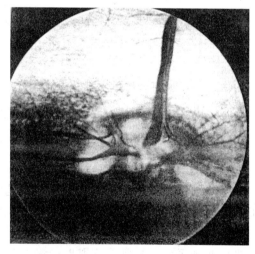

图 2-2-9　急性炎症时炎性渗出　　　　图 2-2-10　子宫内膜炎时牛眼底的白色棉絮状斑块

（2）血管新生　新生的血管都较细小，包括小动脉和小静脉。有的新生血管是由视网膜中央血管的分支直接发出的，有的是原有血管的延长，这些新生血管都是沿着与视网膜同一平面延伸。临床上还可见到有的新生血管由视乳头边缘向前伸入玻璃体中，看起来就像刚破土而出的幼芽。也有的新生血管从额支静脉多处直接新生出微细的静脉并缠绕在小动脉上，就像瓜藤缠绕在竹杆上似的。这种现象主要见于某些严重的细菌性心血管疾病。有一患细菌性心血管的病牛，额支静脉多处出现血管新生。在该处进行组织学检查，可见到血管内白细胞密集积聚，血管外也有大量弥漫性炎性细胞浸润，从组织切片中，可看到多处血管新生现象。

（3）血管纡曲　血管纡曲是由于血管长时间充血，血管内压力增高使血管径增大，长度延伸，在有限的视网膜范围内，增长的血管就出现纡曲。根据临床观察，动脉纡曲现象多见于长期饲喂棉籽饼的牛，而维生素 A 缺乏所引起的血管纡曲则见于静脉（彩图 19，彩图 20）。

（4）血管痉挛　人类心血管疾患时可见眼底血管痉挛。动物临床上可见到有的牛在使用某些药物之后出现眼底血管痉挛（彩图 21，彩图 22）。

（5）视网膜病变　常见的视网膜病变有渗出、水肿、出血以及色素层脱落（Retinal detachment）等。

视网膜渗出：病程长的渗出性视网膜炎，绿毡由原来像晴朗天空似的变得阴沉和乌云密布。视网膜颜色也由原来的黄绿色变成灰橘黄色。

视网膜出血：牛饲料中毒以及严重的视乳头水肿等可见。这时在血管附近可见到或多或少的红色或橘红色斑。界限明显，形状不一。新鲜出血呈鲜红色，以后由边缘处光吸收，逐渐变为黄褐色以至淡黄色，于 1～2 周内完全消失，但也有吸收不完全而留下灰白色痕迹。

视乳头水肿：严重水肿可扩展到视乳头以外，在视乳头周围可能出现发亮的小白点。当水肿消退时，白点可完全消失。

视网膜脱落、多见于马、牛，也见于病程较长的中毒病。国外有报道认为牛视网膜脱落说明曾经历过败血症阶段（彩图 23）。犬也多见（彩图 24）。

3. 马的眼底病变　马视网膜血管很细小，在检眼镜下难以分辨动脉还是静脉，其眼底血管病变不及牛的明显。马较常见的眼底病变包括视网膜脱落，视网膜脱离，视乳头水肿，渗出性视神经炎及视神经萎缩等。

马视网膜脱落主要见于周期性眼炎，由于视网膜色素层性渗出导致脱落（彩图 25）。

视网膜脱离也是马周期性眼炎较常见的病变。该病常发生在视网膜色素层出现炎性渗出时。由于视网膜色素层与脉络膜结合要比与视网膜其他层次的结合更为牢固，故当视网膜脱离时，其色素层常常留在脉络膜上。这样脱离的视网膜常呈半透明膜状物。

第七节　眼内压测定法

眼内压的测定对诊断青光眼有重要意义。但家畜眼内压增高的现象较少，在眼水肿、青光眼、周期性眼炎急性期开始时会有轻度的眼内压增高。常用眼压计测定眼内压。

使用方法：测量时被检动物仰卧，先在结膜囊滴表面麻醉剂（1% 的卡因）。因可卡因（Cocain）可使角膜上皮软化，眼压计易擦伤角膜，也能轻微影响眼内压，故忌用。表面麻醉约一分钟后，可进行测量。

测时被检眼球尽量保持垂直向上，医师一手执眼压计，另一手拇食指轻轻撑开眼睑，充分暴露角膜，将眼压计脚板垂直放于角膜中央，压针会将指针由右端迅速地移向某一刻度（图 2-2-12），将此刻度的读数换算成眼内压（表 2-2-1）。尽可能使指针在 3～7 刻度之间，因在这个范围内，各种砝码所测的眼内压较为准确。眼压计未另加砝码时，压针、锤弓及指针的装配重量为 5.5 g。如用 5.5 g 测定时指针指在 2、1、0、−1 等处，则需另加一个标有 7.5 g 的砝码（砝码净重 2 g，连同原来的 5.5 g，故压针总重为 7.5 g）测定。如果 7.5 g 砝码测定时指针也指在 ＜3 的刻度上时，将 7.5 g 砝码取下，另换一个标有 10 g 的砝码（此砝码净重 4.5 g，但是连同 5.5 g 基本重量、总重为 10 g）。

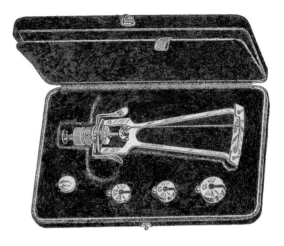

图 2-2-11　Schiötzs tonometer 眼压计

　　良好的眼压计，在正常情况下允许误差±2 mmHg，在高眼压时允许误差±4 mmHg。考虑到巩膜硬度，5.5 g 法码与 7.5 g 法码测得的眼内压差别可能为±5 mmHg。

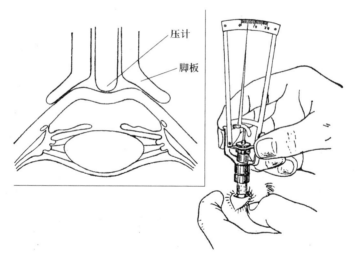

压计

脚板

图 2-2-12　眼压计测量法

表 2-2-1　Schiötz 眼压计眼内压（关闭压 Po）换算表（mmHg）（Friedenwald，1955）

刻度 \ 重量/g	5.5	7.5	10
0.0	41.4	59.1	81.7
0.5	37.8	54.2	75.1
1.0	34.5	49.8	69.3
1.5	31.6	45.8	64
2.0	29	42.1	59.1

（续）

重量/g 刻度	5.5	7.5	10
2.5	26.6	38.8	54.7
3.0	24.4	35.8	50.6
3.5	22.4	33	46.9
4.0	20.6	30.4	43.4
4.5	18.9	28	40.2
5.0	17.3	25.8	37.2
5.5	15.9	23.8	34.4
6.0	14.6	21.9	31.8
6.5	13.4	20.1	29.4
7.0	12.2	18.5	27.2
7.5	11.2	17	25.1
8.0	10.2	15.6	23.1
8.5	9.4	14.3	21.3
9.0	8.5	13.1	19.6
9.5	7.8	12	18
10.0	7.1	11	16.5
10.5	6.5	10	15.1
11.0	5.9	9.1	13.8
11.5	5.3	8.3	12.6
12.0	4.9	7.5	11.5
12.5	4.4	6.8	10.5
13.0	4	6.2	9.5
13.5		5.6	8.6
14.0		5	7.8

注：角膜曲率半径＝7.8 mm。

第八节　荧光素法

荧光素是兽医眼科上最常用的染料，它的水溶液能滞留在角膜溃疡部，能在溃疡处出现着色的荧光素，因而可测出角膜溃疡的所在。也可用于检查鼻泪管系统的畅通性能。静脉内注射荧光素钠 10 ml 就可检验血液——眼房液屏障状态。前部葡萄膜炎时，荧光素迅速地进入眼房并在瞳孔缘周围出现一弥漫的强荧光或荧光素晕（fluorescenthalo）。在注射后 5 s，用眼底照相机进行摄影，可用以检查视网膜血管的病变。

荧光素（fluorescein）为酞（phthalein）染料的一种，为赤褐色粉末，不溶于水，但溶于酒精及稀碱。能放出绿色荧光，即使 2.5×10^{-8} g 的微量也可被辨认。

临床应用的荧光素钠为水溶性，溶液呈红色，略带绿色荧光。注入体内被吸收、排泄，并发挥光学活性。实践证明荧光素对人体及动物是无害物质。

以 5％荧光素钠溶液 5 ml，注入静脉，很快自尿中排出。最初数小时尿色鲜黄，其后 24～36 h 尿中仍可发现有轻度荧光。皮肤也可被黄染，约于 12 h 后消退。

人医用于眼科，以房水荧光素含量的变化来观测血管的通透性。19 世纪 50 年代用以鉴别脉络膜血管瘤及恶性黑色素瘤。1960 年阿利维（Alvis）氏等正式提出眼底荧光摄影法，进而发展成为荧光眼底影片摄影法，从而动态地了解视网膜循环情况及各种视网膜血管性病变情况，给眼底血循环情况提供了直接的素材，以供临床分析视网膜，脉络膜血管改变，为眼底病的研究开拓了一个新的领域。

第九节　鼻泪管造影

鼻泪管造影有助于诊断先天性和后天性鼻泪管阻塞。

鼻泪管造影术通常使用的造影剂为碘油。先将泪囊中内容物挤掉，用泪道冲洗器将 0.5 ml 碘油注入泪囊中，4 min 后拍片（鼻泪管外测和斜外侧，后前位）。正常泪道内的碘油大部分排入鼻腔，仅于泪囊及鼻泪管中留下少许残迹。泪道阻塞，泪囊扩张，狭窄，粘连或附近肿瘤压迫等均可于造影形态上推测出来。

第三部分

眼科用药和治疗技术

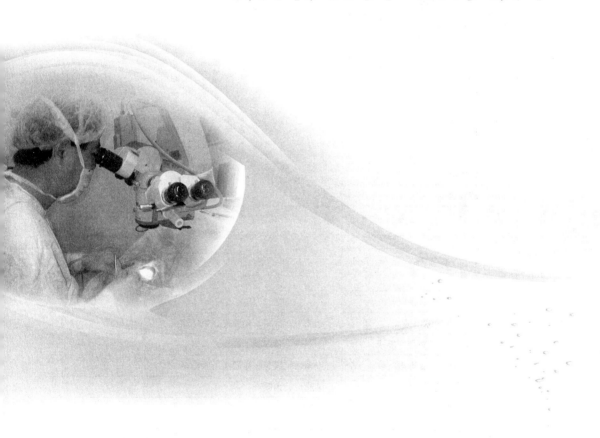

第一章

眼 科 用 药

表 3-1-1 眼科常用药

分类	药品	用法与作用
洗 眼 液 (eye's lotions) 收敛药和腐蚀药（antrin- gents and cor- rosives）	0.9%生理盐水	外用
	0.5%～1%明矾溶液	
	0.5%～2%硫酸锌溶液	
	0.5%～2%硝酸银溶液	
	2%～10%蛋白银溶液	
	1%～2%硫酸铜溶液	
	1%～2%黄降汞眼膏	
	硝酸银棒	
	硫酸铜棒	
磺胺与抗生素 等（sulfa drugs and anti- biotics）	10%～30%乙酰胺钠溶液 (sodium sultacetamide)	
	4%磺胺异噁唑溶液（sul- fisoxazole）	
	10%乙酰磺胺钠眼膏	
	0.5%氯霉素溶液	结膜炎、沙眼、角膜炎、眼睑缘炎
	0.5%～1%新霉素溶液	结膜炎、角膜炎、虹膜炎、巩膜炎
	0.5%～1%金霉素溶液	细菌性结膜炎、角膜炎、眼睑炎
	3%庆大霉素溶液	结膜炎、角膜炎
	1%卡那霉素溶液	结膜炎、角膜炎
	地塞米松磷酸钠滴眼液	虹膜炎、角膜炎、过敏性结膜炎、眼睑炎、泪囊炎
	氧氟沙星滴眼液	细菌性结膜炎、角膜炎、角膜溃疡、泪囊炎、术后外眼感染
	利巴韦林滴眼液	单纯疱疹病毒性角膜炎
	甲哌利福霉素（利福平）眼药水	沙眼、结膜炎、角膜炎
	色甘酸钠滴眼液	春季过敏性结膜炎
	熊胆眼药水	流行性角膜炎、急性卡他性结膜类

（续）

分类	药品	用法与作用
磺胺与抗生素等（sulfa drugs and antibiotics）	硫酸锌软骨素滴眼液	角膜炎、角膜溃疡、角膜损伤
	硫酸锌尿囊素滴眼液	沙眼、慢性结膜炎、眼睑炎、结膜炎
	金霉素眼膏	细菌性结膜炎、麦粒肿及细菌性眼睑炎
	红霉素眼膏	沙眼、结膜炎、角膜炎、眼缘炎及眼的外部感染
	氯霉素—多黏菌素眼膏（chloromycetin - polymyxin）	
	新霉素—多黏菌素眼膏	
	1%～2%四环素眼膏	
	乐克沙（酞丁安）滴眼膏	沙眼、疱疹性角膜炎
	牛磺酸滴眼液	急性结膜炎、疱疹性结膜炎
	阿昔洛韦滴眼液（无环鸟苷滴眼液）	单纯性疱疹角膜炎
皮质类固醇类（corticosteroids）	0.1%氟甲龙液（fluorometholone）	
	0.1%～0.2%氢化可的松液	
	0.1%～1%强的松龙液（prednisolone）	
	地塞米松液 4 mg/ml	结膜下注射
	甲强龙（methylprednisolone）液	20～80 mg/ml 结膜下注射
	强的松龙液	25 mg/ml 结膜下注射
	去炎松（triamcinolone）液	10 mg/ml 结膜下注射
皮质类固醇与抗生素的联合使用	新霉素、多黏素与0.1%二氟美松（flumethasone）	
	10%乙酰磺胺钠与 25 mg 氢化可的松	
	氯霉素与0.2%强的松龙	
	12.5 mg 氯霉素与 25 mg 氢化可的松	
	1.5%新霉素与 0.5%氢化可的松	
	新霉素、多黏菌素、杆菌肽（bacitracin）和氢化可的松	
	青霉素和氟美松磷酸钠（地塞米松 Dexame - thasonum）合用	

（续）

分类	药品	用法与作用
其他药	吡诺克辛钠（白内停）	老年性白内障、糖尿性白内障、并发性白内障
	马来酸噻吗洛尔	治疗青光眼、可降低眼压
散瞳药（mydriatics）	0.5%～3%硫酸阿托品溶液	
	1%硫酸阿托品眼膏	
	2%后马托品溶液	
	0.5%～2%盐酸环戊通溶液（cyclopentolate hydrohloride）	
	0.25%东莨菪碱溶液（scopolamine）	
	托吡卡胺	散瞳和调节麻痹
缩瞳药（miotics）	1%～6%毛果芸香碱溶液（pilocarpine）	
	1%～3%毛果芸香碱眼膏	
	0.25%～0.5%毒扁豆碱溶液（physostigmine）或眼膏	
	1%乙酰胆碱溶液	
	1%肾上腺素溶液	
麻醉药	全身麻醉药	马做角膜和眼内手术时，普遍采用全身麻醉，犬猫及野生动物做眼手术时，也应采用全身麻醉
	0.25%～2%盐酸可卡因溶液	表面麻醉药
	0.5%盐酸丁卡因溶液（tetracaine HCl)	
	0.5%盐酸丙对卡因溶液（proparacaine HCl)	
	0.4%丁氧普鲁卡因（benoxinate)	

第二章

治 疗 技 术

第一节 洗 眼

给动物的患眼治疗前，必须用2‰硼酸溶液或生理盐水洗眼，以便随后的用药能渗透眼组织内，加强疗效。可以利用人用的洗眼壶将上述溶液盛入壶内，冲洗患眼。也可以利用不带针头的注射器冲洗患眼，或经鼻泪管冲洗更充分。

第二节 点 眼

冲洗患眼后，立即选用恰当的眼药水或眼膏点眼。为此，可用点眼管（或不带针头的注射器）吸取眼药水滴于患眼的结膜囊内，再用手轻轻按摩患眼。锌管装的眼软膏可直接挤于患眼的结膜囊内，亦可用眼科专用的细玻璃棒蘸上眼软膏，涂于结膜囊内。用眼软膏后给患眼按摩的时间应稍延长。

第三节 眼睑皮下注射（睑结膜下注射）

确实保定病畜头部，局部以碘酊消毒，针头由眼外眦眼睑皮下刺入并使之与眼球方向平行，将药液注入眼睑皮下与眼睑结膜的间隙。注射后稍压迫鼓起的注射点。

第四节 结膜下注射

确实保定病畜的头部，将药液注射于结膜下。针头由眼外眦眼睑结膜处刺入并使之与眼球方向平行，注完药液后应压迫注射点。

对牛，亦可将药液注射于第三眼睑（瞬膜）内。

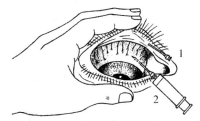

图 3-2-1 结膜下注射法

1. 睑结膜下注射 2. 球结膜下注射

第五节 球后麻醉（眼神经传导麻醉）

多用于眼球摘除等眼球手术。操作时应注意不要误伤眼球。注射正确时，眼球由于药液的压迫会出现突出的症状。

马：先用5%盐酸普鲁卡因溶液点眼，经5～10 min后，将灭菌针头由眼外眦结膜囊处向对侧颌关节的方向刺入，并直抵骨组织，将针头稍后退，回抽活塞，无血液进入注射器后，注射2%～3%盐酸普鲁卡因液15～20 ml。

牛：于颞窝口腹侧角、颧突背侧1.5～2 cm处刺入，针头应朝向对侧的角突。为此，应将针头由水平面稍向下倾斜，并使针头抵达蝶骨，深6～10 cm，注射3%盐酸普鲁卡因液20 ml。

第六节 眼睑下灌流法（subpalpebral irrigation method）

国外有马和小动物用的眼睑下灌流装置出售。也可自行制作：将一根聚乙烯管（外径为1.7～2 mm）放在小火焰上加热，使管头向外卷曲成一凸缘，然后，将其浸在冷消毒液内。用一个14号针头插入眼眶上外侧皮下4～8 cm并伸到结膜穹隆部。将上述的聚乙烯管涂以眼膏（氯霉素——多黏菌素眼膏）便于通过并减少皮下感染。管子经针头到达结膜穹隆后，拔去针头，并将管子固定。马用的聚乙烯管应当有足够的长度，以便能固定在肩部。应将马头固定，并利用市售的微滴静脉注射装置（a microdrip intravenous unit）或以小电池为动力的滚轴泵（a small battery-powered roller pump）持续供药（图3-2-2）。

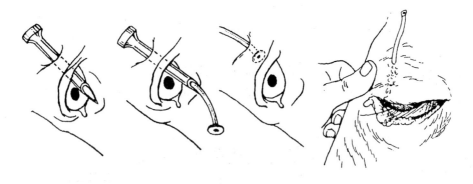

图3-2-2 眼睑下灌流法

第七节 眼角膜穿刺术

眼角膜穿刺术用以治疗牛、马的眼丝状虫病。将动物保定，固定头部，并进行眼球表面麻醉。用注射器吸取0.1%毛果云香碱或肾上腺素1 ml，再吸取1%地卡因1 ml，在虫体游动到眼前房时，将麻醉剂轻轻滴入结膜囊内，2～5 min后眼部开始进入麻醉（此时瞳孔缩小，可防止虫体游进眼后房）。

术者用左手将病眼的上下眼睑分开，右手持12号注射针头或大号缝衣针（在离针尖0.4～0.5 cm处缠上线圈，以控制进针深度），在角膜下缘紧靠巩膜处，或在角膜最突起的地方（如图），轻手急针刺破角膜，然后立即拔出针头，此时由于病眼的眼内压很高虫体可随着眼前房液一起喷射而出。穿刺毕，用青霉素普鲁卡因加上牲畜自身血液（或用氨苄青霉素加地塞米松磷酸盐注射液）作眼睑皮下注射，最后敷以眼绷带。

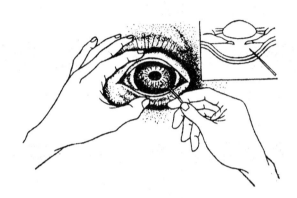

图 3-2-3 眼角膜穿刺部位

附：常用的眼科手术器械

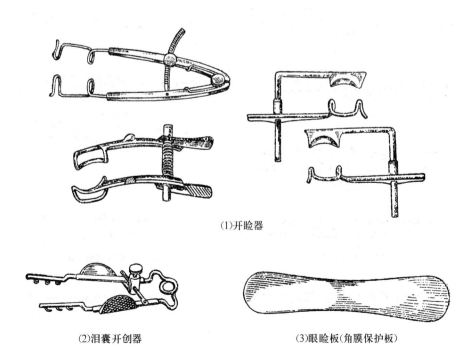

(1)开睑器

(2)泪囊开创器

(3)眼睑板(角膜保护板)

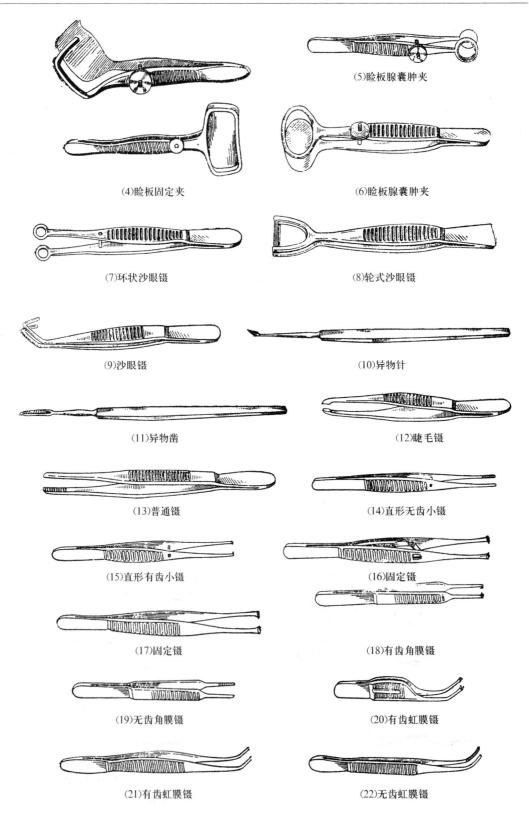

(5)睑板腺囊肿夹

(4)睑板固定夹

(6)睑板腺囊肿夹

(7)环状沙眼镊

(8)轮式沙眼镊

(9)沙眼镊

(10)异物针

(11)异物凿

(12)睫毛镊

(13)普通镊

(14)直形无齿小镊

(15)直形有齿小镊

(16)固定镊

(17)固定镊

(18)有齿角膜镊

(19)无齿角膜镊

(20)有齿虹膜镊

(21)有齿虹膜镊

(22)无齿虹膜镊

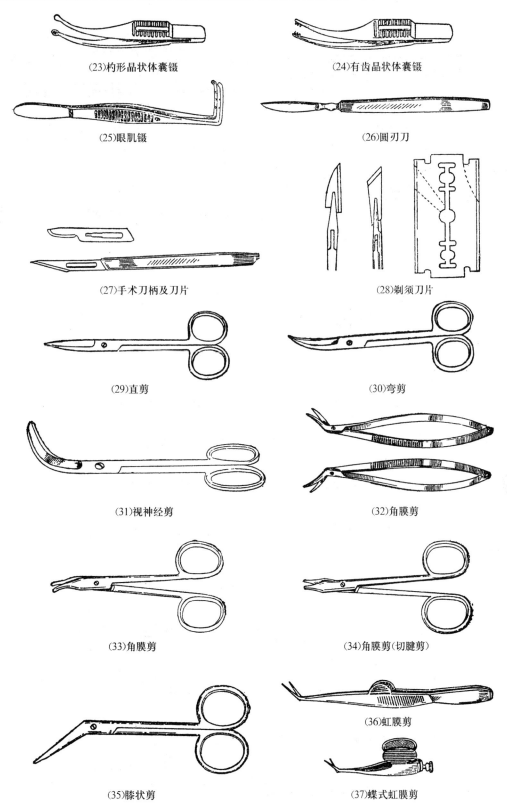

(23)杓形晶状体囊镊 　　　　　　　　(24)有齿晶状体囊镊

(25)眼肌镊 　　　　　　　　　　　　(26)圆刃刀

(27)手术刀柄及刀片 　　　　　　　　(28)剃须刀片

(29)直剪 　　　　　　　　　　　　　(30)弯剪

(31)视神经剪 　　　　　　　　　　　(32)角膜剪

(33)角膜剪 　　　　　　　　　　(34)角膜剪(切腱剪)

(36)虹膜剪

(35)膝状剪 　　　　　　　　　　　(37)蝶式虹膜剪

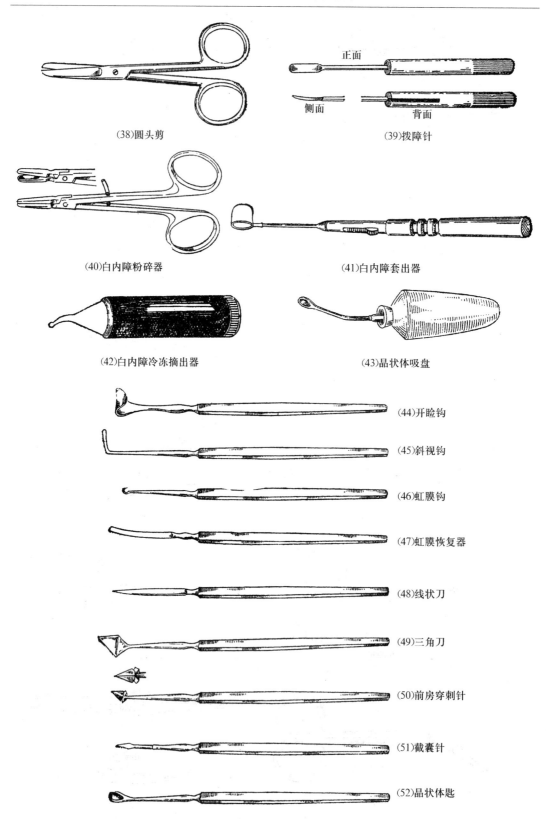

(38)圆头剪

正面

侧面　　背面

(39)拨障针

(40)白内障粉碎器

(41)白内障套出器

(42)白内障冷冻摘出器

(43)晶状体吸盘

(44)开睑钩

(45)斜视钩

(46)虹膜钩

(47)虹膜恢复器

(48)线状刀

(49)三角刀

(50)前房穿刺针

(51)截囊针

(52)晶状体匙

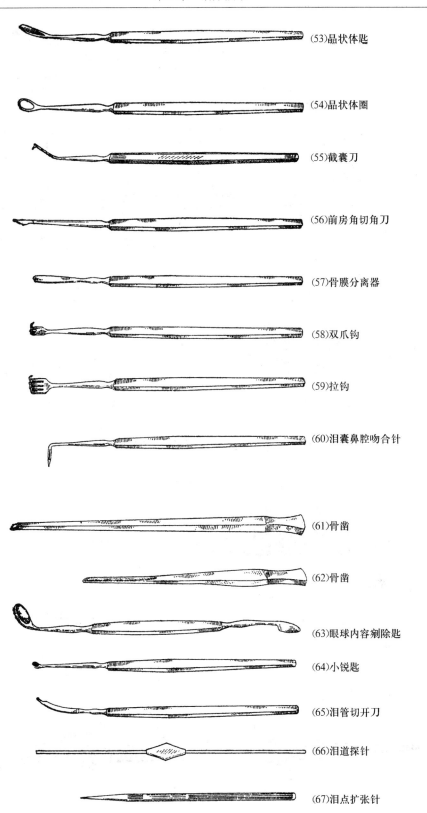

(53)晶状体匙

(54)晶状体圈

(55)截囊刀

(56)前房角切角刀

(57)骨膜分离器

(58)双爪钩

(59)拉钩

(60)泪囊鼻腔吻合针

(61)骨凿

(62)骨凿

(63)眼球内容剜除匙

(64)小锐匙

(65)泪管切开刀

(66)泪道探针

(67)泪点扩张针

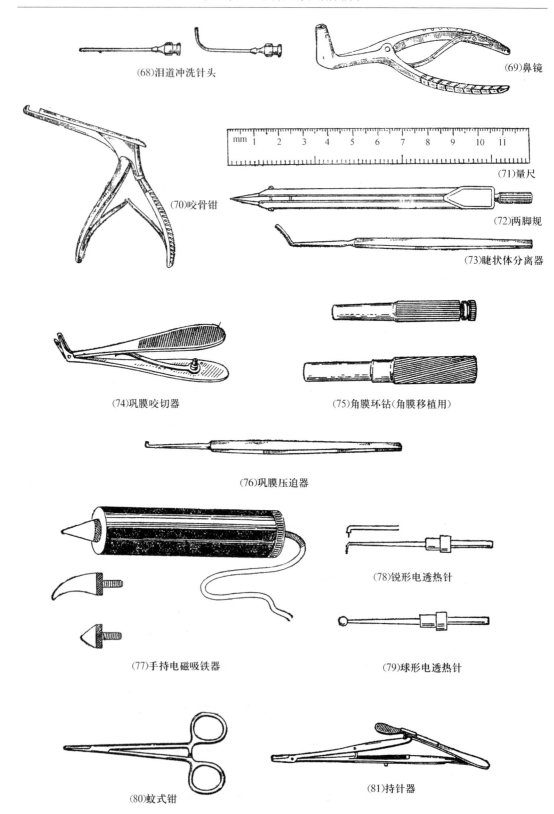

(68)泪道冲洗针头

(69)鼻镜

(70)咬骨钳

(71)量尺

(72)两脚规

(73)睫状体分离器

(74)巩膜咬切器

(75)角膜环钻(角膜移植用)

(76)巩膜压迫器

(77)手持电磁吸铁器

(78)锐形电透热针

(79)球形电透热针

(80)蚊式钳

(81)持针器

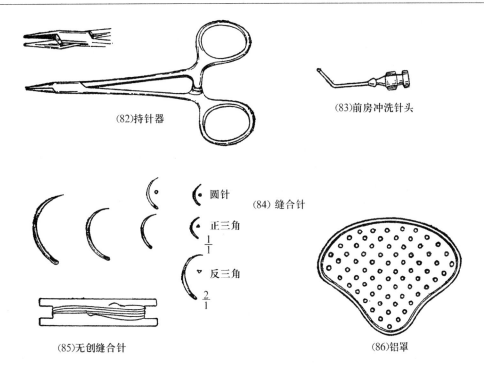

(82)持针器

(83)前房冲洗针头

圆针

正三角 $\frac{1}{1}$

反三角 $\frac{2}{1}$

(84) 缝合针

(85)无创缝合针

(86)铝罩

第四部分

眼 的 疾 病

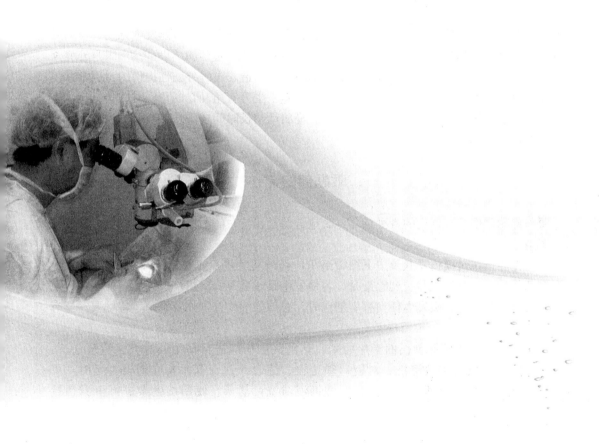

第一章

眼 眶 疾 病

第一节 眼眶的外伤性损伤

眼眶骨和被覆于眼眶的皮肤与皮下结缔组织的损伤最常发生，可能发生创伤、挫伤或褥疮。皮下血管破裂时可形成血肿，由于局部被感染，炎症蔓延的结果可发生眼眶外蜂窝织炎，当蜂窝织炎持续蔓延时，可以转移到眼球后面。造成眼眶外伤性损伤的原因常常因为打斗、跌倒、堕落，外来异物打击等引起。如鹿、牛等有角动物的角斗时被角抵伤，被车辆撞击引起损伤，小动物的争斗、撕咬等。马属动物长时间横卧在无垫草的硬地上时常常发生褥疮。

一、眼眶部的创伤

眼眶部的创伤具有创伤的各种特征，其愈合的过程与时间取决于创伤的部位、深度和有无感染。

表在性的创伤仅损伤皮肤及皮下结缔组织，若未发生并发症并经合理的治疗可痊愈。当深部的创伤达到眼眶缘并受到感染时，容易发生眼球炎及蜂窝织炎。病灶可能转移至视神经及眼球。因此，当眼发生任何感染创伤时，必须仔细检查创伤及眼球，特别要注意有无眼底的病变。

治疗的方法可以按照创伤的治疗原则。新鲜的创伤应进行仔细的修整、清理创口，去除异物，以雷伏诺尔液清洗，对创口须止血、缝合。创伤有污染或感染蔓延时，可采取开放性的治疗，清理创口，以高锰酸钾液清洗，消毒，使用抗生素进行全身性抗感染治疗。

二、眼眶部挫伤

眼眶的挫伤常由于皮下血管的破裂形成溢血斑，严重时可伴发皮下结缔组织或骨膜下形成血肿。由于血液和淋巴液的浸润，挫伤的局部及周围可发生肿胀，伴有疼痛。若发生感染则可形成脓肿或蜂窝织炎。

必须立即对创伤进行修整，消毒皮肤，用药液进行冷敷，二天后改用热敷。使用樟脑酒精或 5％鱼石脂软膏或复方醋酸铅散涂布，使用抗生素控制感染。治疗并发症和继发症。

三、眼眶部的褥疮

眼眶部的褥疮常发生局部小范围的干性坏疽，被毛脱落，局部水肿、发红，由于局部的循环障碍引起的组织缺血和坏死，病变组织干燥、发硬、麻木、变冷。皮肤由于坏死过程产生硫化氢并和血红蛋白中的铁结合成硫化铁使之呈黑褐色，与正常组织界限分明，往往可自行脱落，一般无全身反应。痂皮下有时因感染出现化脓，痂皮脱落后出现肉芽组织，形成瘢痕组织被覆上皮而愈合。若未能消除病因，局部仍经常受压或感染发展，可变成湿性坏疽，深部组织广泛坏死、分解。

对于长时期不能站立的牛、马等大家畜，应加厚垫草或吊起，防止继续局部受压。创伤处应除去坏死组织，损伤轻的可涂布樟脑酒精或碘酊；形成褥疮的可用 3％龙胆紫酒精涂布或用碘仿鞣酸软膏涂布；出现化脓、坏死时可按感染创进行治疗处理，或用紫外线照射以减轻疼痛，加速坏死组织的脱离，促进肉芽生长和上皮的形成。

四、眼眶部的骨折、骨裂及火器创

大动物由于打扑、摔倒、意外事故可发生眼弓及相邻的额骨、颧骨和泪骨的骨折、骨裂。

一般可分为闭锁性、开放性，单纯的和复杂的骨折。

骨折后，由于血管受到不同程度的损伤，常常使眼眶周围组织或眼球内发生出血。如果复杂的骨折变位，可能损伤眼球、视神经以及眼弓与附近组织，导致感染，有时可继发脑膜炎。

(一) 骨折的临床症状

眼眶骨骨罅裂很少发生。额骨颧骨突然发生骨折时由于运动折断部有些变形，故易于触诊，颧骨骨折的特征与颧骨颞颧突和颞颧骨颧骨突骨折相同。泪骨骨折判定比较困难。

骨折部渗出物蔓延经常遮盖骨折部，当迅速形成肿胀并有波动时，则已形成出血性血肿。炎性肿胀逐渐蔓延而成为捏粉样或坚实样。当肿胀减轻或消炎时则看不到异常的活动，及肿胀处的捻发音症状。

骨罅裂的诊断比较困难，必须应用 X 线透视。发生大的骨变位时，血肿会压迫眼球脱出或突出，结合膜充血，肿胀。角膜常常出现混浊。

(二) 经过和预后

取决于损伤的轻重，有无感染，以及眼球和视神经的损伤程度。若视神经有损伤则视觉可能消失。若与邻近的窦腔及脑髓腔相通则危险性较大。若发生感染，则发生蜂窝织炎以至全眼球化脓性炎症。

若为单纯性骨折而没有骨变位时，可能获得痊愈。若为开放性复杂的骨折，继发感染时则预后不良。

（三）治疗

开放性骨折需要清创、洗涤创伤，除去小骨片，然后进行防腐治疗。

闭锁性骨折没有骨变位及骨罅裂时，可令动物保持安静，皮肤涂布碘酊。使用热敷绷带以促进局部炎性肿胀的吸收。

发生骨变位时必须进行整复。若在颅腔壁发生骨罅裂，罅裂部应被覆灭菌纱布或碘仿纱布，并在其上装湿性绷带。若眼眶发生化脓性感染，为了防止病程的蔓延，可进行扩创术或作眼球摘除术。

（四）眼部火器创

由于爆炸、弹片、子弹或其他异物引起的火器创，常常伴发较大的眼眶骨、眼球及软组织的破坏。如子弹或弹片或其爆炸后的异物直接落入于眼眶中，经常造成动物直接死亡。若仅损伤到眼球也可能不至于死亡，但常造成该眼失明。最终导致眼球摘除。

第二节　眼眶蜂窝织炎（眼球后蜂窝织炎）
（Phlegmona retrobulbaris）

眼眶蜂窝织炎又称弥漫性化脓性眼眶结缔组织炎。

【病因】　无论在眼结膜面或在眼部的皮肤上，尤其是眼眶周围或颞颥窝受到器械性因素引起的损伤都可导致眼眶蜂窝织炎。一般说眼眶蜂窝织炎很少转移到邻近的部位，引起头窦化脓性炎症，化脓性骨膜炎、眼眶周围蜂窝织炎、全眼球炎。

但在眼眶蜂窝织炎受到严重感染而呈现脓毒症、脓毒败血症、血斑病及其他疾病时，可能沿血液循环途径而引起转移。

【病理机制】　眼眶蜂窝织炎常常引起眼肌间的感染。组织坏死后可不同程度形成脓肿，脓液可能沿血管周围的间隙渗入到眼球的巩膜内，引起化脓性脉络膜炎以至全眼球化脓性炎，或同时蔓延到视神经鞘发炎而引起萎缩。严重的脓液可能经过视神经鞘途径蔓延至脑腔，引起化脓性脑膜炎及脑炎。

【症状】　眼部检查有显著的疼痛、肿胀、增温，并蔓延至两眼及周围的皮下结缔组织。上眼窝丰隆，眼睑闭锁，结合膜显著充血肿胀。一般出现较大的肿胀时，结合膜呈蓝紫色向外翻出。表面被覆有脓性渗出物，呈黏稠状并向下流淌，然后呈脓样性质，以致形成化脓性纤维素薄膜。由于显著的疼痛及结合膜肿胀，眼球检查时相当困难，眼球的运动受到影响。因为眼球后的间隙肿胀，经常呈现眼球突出。角膜稍混浊，角膜上皮层会出现剥脱甚至形成溃疡。

动物精神沉郁，食欲减少或缺乏，体温升高至 $40\sim40.5$ ℃，视觉消失，血液检查一般没有任何显著的变化。但是按照病程的发展，血象中嗜中性粒细胞呈现移动，这常为转入外科败血性疾病的特征。

【诊断】　某些表在性蜂窝组织炎的症状能够转为初期的全眼球炎，化脓性全眼球炎发生时脓液可进入到眼前房。

少数病情在经过中完全被吸收。大多数形成眼球后的脓肿以后，脓肿在结合膜囊及眼睑皮肤上破溃。马的脓肿破溃可能发生于上眼窝部。当无继发症并在切开后施行合理的治疗时，脓肿消失比较迅速，同时可以恢复眼的视觉机能。继发症可以按一定的症状加以确诊（如脑膜脑炎、脑炎、前头窦炎等）。当化脓性炎症转移到骨膜上时，脓肿的破溃经常遗留瘘管于骨上并促进骨发生溃疡。

【预后】 取决于病性及病情蔓延的程度。初期应慎重。虽然蜂窝组织炎脓肿常常自然破溃而完全治愈，还必须尽可能的消除继发症。而继发症仅在某一个时期经过中呈现，因此在病程经过中应使用检眼镜检查两眼情况。

【治疗】 初期为促进脓肿成熟，可应用2％硼酸液热敷。脓肿早期应切开充分引流。可使用1：1 000雷佛诺尔，3％过氧化氢溶液等进行防腐。为了使肿胀迅速吸收可涂布10％鱼石脂软膏，10％樟脑软膏等，同时应用物理疗法。

眼结膜炎和角膜炎的治疗方法应分开处理，可使用磺胺类抗菌素或激素进行治疗。

第三节　眼眶肿瘤

无论恶性或良性肿瘤在眼眶内均可发生。它与假性肿瘤、囊肿不易区分，不同的肿瘤表现的症状相近似，因此临床上必须结合细胞学、病理学加以诊断，同时了解肿瘤与附近组织的关系及它的部位，最终才能确定属于良性、恶性还是假性。

一、眶内肿瘤

（一）原发性肿瘤

起源于眶内任何组织，以中胚叶组织最常见。

1. 良性中胚叶瘤 血管瘤、淋巴管瘤、脂肪瘤、纤维瘤，骨瘤。

2. 恶性中胚叶瘤 各种类型的肉瘤，大多数是肌肉瘤（横纹肌及平滑肌）。纤维肉瘤、脂肪肉瘤、软骨肉瘤、骨肉瘤和类型不明的肉瘤。以未分化的肉瘤最为常见。

3. 外胚叶瘤 ①原发性表面外胚叶瘤，眶内唯一的外胚叶组织是泪腺，最常见的是所谓混合瘤。②原发性神经外胚叶瘤，较为多见，包括视神经的神经胶质瘤和周围神经瘤（神经纤维瘤、神经鞘瘤、恶性Schwann许旺细胞瘤、神经鞘细胞、神经膜细胞），残肢神经瘤。

（二）继发性肿瘤

这种肿瘤不是在眶内开始，而是从周围部分蔓延过来。可以从颅内，副鼻窦或眼睑、结膜或眼球蔓延过来。如从颅内出发而侵入眶内的脑膜瘤，从视神经出发的原发性肿瘤。从鼻腔、咽喉和副鼻窦蔓延到眶内的上皮细胞癌，以上颌窦癌最为常见。

眼睑的基底细胞癌可以向后浸润到眶内，此外鳞状上皮癌和腺癌也是如此。

眼球内的视网膜细胞瘤或恶性黑瘤通过视神经或巩膜导血管也可以侵入眶内。

（三）转移性肿瘤

如神经细胞瘤、乳房癌、肺癌也有转移到眶内的可能。

（四）全身性肿瘤

动物的白血病、淋巴肉瘤等在发生过程中也可在眶部发生相应病变。

二、眼眶肿瘤的特点

恶性肿瘤有特别重要的实际意义。其生长的部位可能不一致，生长在眼球后间隙或眼球侧面，发育相当地缓慢，大多数发生初期对眼无显著的影响。以后增长到一定的程度开始压迫眼球并与眼一起向外突出使眼斜向一侧，最后导致眼和视神经萎缩，发生视力障碍。此外，恶性肿瘤能引起眼周围软部组织以及骨壁的损伤，结果肿瘤有时会蔓延到邻近的腔。

目前常见的恶性肿瘤（Carcinoma）有：多发于牛、猫眼部的鳞状细胞癌，老龄马和牛眼眶的腺癌，猫眼部的基底细胞瘤（Basal tumors），牛及犬的乳头状瘤（Papilloma），马及牛发生的肉瘤（Sarcoma），马的黑色肉瘤及纤维瘤（Fibroma）。犬的脑肿瘤（Bram tumor）如脑膜肿瘤、星形细胞瘤、未分化的细胞肉瘤、原发性网状细胞增生症、垂体腺瘤、脉络丛乳头瘤、胶质细胞瘤等也可发生于眼球后方视神经鞘的空隙中。

三、常见的发生及影响眼眶部的肿瘤

（一）血管瘤（Hemangioma）

包括毛细血管瘤（Capillary hemangioma）、海绵状血管瘤（Cavernous hemangioma）及混合性血管瘤（Mixed hemangioma）等。

血管瘤是一种良性肿瘤，也是常见的眼眶肿瘤。血管瘤由扩张的血窦构成，表面并无完整包膜，可呈浸润性生长。瘤体组织为海绵状结构的大小不等的血窦，窦腔中充满血液。

一般分为毛细血管瘤，海绵状血管瘤及混合性血管瘤。由于生长缓慢病程较长，在静脉充盈状态，眼球突出度增加。可在眶缘触到边缘清楚、表面光滑、稍有弹性的包块。若因血栓形成导致纤维化和钙化，可使包块质地变硬。X线检查，可见眼眶扩大，偶尔可见淡淡的钙化斑块。动脉造影在毛细血管及静脉相对肌锥内出现"静脉池"。断层扫描显示一个边界清楚，密度均匀的圆形包块。超声波检查为实质性肿块。

（二）眼眶癌

由副鼻窦蔓延而来，眶内唯一的表面外胚叶组织是泪腺。癌可起自泪腺，眼睑或结膜的鳞状上皮癌侵入眼眶。如由鳞状上皮癌引起的副鼻窦上皮癌，鳞状上皮癌及基底细胞癌引起的眼睑癌，以及由乳腺癌及肺癌等转移性癌移行入眼眶或泪腺腺癌导致的癌症。

通常生长急剧，迅速压迫或破坏眼球使之突出或脱出，自眼的间隙以隆突柔软的肿胀不规则的形式出现，并蔓延至结合膜或眼睑。容易出血，经常在表面被覆有坏死组织及痂皮。也可在眼部皮肤上生长并增长。

（三）眼眶肉瘤

眶内中胚叶组织多，故由中胚叶发生的恶性肿瘤——肉瘤比较多见。肉瘤常起源于肌肉，骨膜或筋膜。眶内肉瘤也可为继发性或转移性的。包括淋巴肉瘤，横纹肌肉瘤，纤维肉瘤等。

一般在眼球突出之前即有疼痛，持续不散的眼睑及球结膜水肿，出现运动障碍，与眶缘粘连而有压痛，在眶缘常可摸到肿块。其具有类似肉样柔软的肿胀（局限性肿胀、局限性光滑）。逐渐增加肿胀的面积，肉瘤突出越过眼间隙或生长于眼睑及附近的组织时，形成一个或数个肿瘤。它所呈现的大的隆突肿胀常常引起眼球突出或斜视，并蔓延至眼的后间隙（彩图26，彩图27）。

（四）眼眶囊肿

囊肿是圆形或椭圆形，柔软无痛或微有波动性的肿胀，此肿胀大多蔓延到眼的前缘，背面或颞颥处。由于局限于眼球侧面，可致使眼球突出，在眼球附近可触知囊肿。

眼眶囊肿据资料记载可占人类眼眶肿瘤的 15.1%，分为先天性囊肿（皮样囊肿、脑膨出、先天性囊状眼球）、黏液囊肿、牙囊肿、眶内器官囊肿、寄生虫囊肿、植入性囊肿（外伤后结膜囊肿向深部扩展而成）、血性囊肿（由血肿形成）。

1. 皮样囊肿　是皮肤在胚胎发育过程中向内陷入而成，好发于颅骨缝合处，但一般都在眼眶边缘部，尤其是外上方及内上方眶缘。囊肿与皮肤不粘连，固定在骨缝上，大小不一、光滑、坚实而微有弹性，圆形，生长缓慢。

皮样囊肿与表皮样囊肿不同，后者与皮肤粘连，为实体包块，中有脱落细胞及角质透明蛋白。

眼眶皮样囊肿应与脑膨出区别。囊肿的特点为坚实而略有弹性，无压缩性，压迫时无脑症状，咳嗽时无冲动感，无搏动性。

与黏液囊肿的鉴别：黏液囊肿与副鼻窦有联系，黏液囊肿通过 X 线照片可以判定。对囊肿作诊断性穿刺有一定鉴别意义，皮样囊肿内容物为牛奶咖啡色，有角化物质、胆固醇、皮脂腺及汗腺的分泌物。黏液囊肿的内容物呈清水样，黏液性或脓性。

2. 脑膨出　缺损颅骨的一部分颅内容突入眼眶，称为脑膨出，不常见，可分为脑膨出（Cephalocele）、脑膜膨出（Meningocele），大部分都有脑组织脱出。

最常见部位为眼眶内上角鼻根处，即由额骨、筛骨、泪骨、上颌骨之缝连合间脱出。单侧或双侧均可。有波动感，触之有与脉搏一致之搏动感，压之可退缩，压迫时可产生脑症状。如慢脉、抽搐、昏迷、屏气及咳嗽时硬度增加。脑膨出处在 X 线片上可见大块骨质缺损。

3. 黏液囊肿　副鼻窦慢性卡他性炎症时，鼻窦内黏液分泌不能排出而积聚扩张，即成黏液囊肿。该囊肿往往引起单侧眼球突出，由于其生长缓慢，一般无疼痛。眼球移位的方向与囊肿的部位有关。额窦囊肿使眼球向外下方移位，前筛窦囊肿使眼球前突及外侧移位，后筛窦及蝶窦囊肿使眼球向正前方突出，并有神经麻痹。额窦及前筛窦之黏液囊肿可用手摸到质硬的菲薄骨壁。若囊肿穿破骨板，则可摸到有弹性的软质囊肿。以额窦及筛窦之黏液囊肿较多见。X线片显示副鼻窦扩大，窦内透光度减退，而且骨板变薄，形成泡样隆起。黏液囊肿常伴有外生骨疣。眼眶内侧的包块必须首先想到黏液囊肿，必要时可穿刺以确诊之。

黏液囊肿与脑膨出及血管瘤应有所鉴别。黏液囊肿缺乏与脉搏一致的搏动感，压迫之，不出现脑症状。X线片表现也不同，黏液囊肿为骨壁变薄隆而断裂，脑膨出为一大块骨质缺损。血管瘤在X线平片上几乎无异常，偶尔有静脉石或淡薄的钙化斑块。血管瘤质软，与骨壁没有联系，多在肌锥内，穿刺时可抽出新鲜血液。

4. 牙囊肿　龋齿根部感染后可形成囊肿，或由齿滤泡发育异常而成。先向上颌窦扩张，而后侵犯眼眶，眼球前突及向上移位。囊肿有似乒乓球感，其内有牙冠及含胆固醇结晶的液体。X线平片呈圆形边界清楚的透亮区，其内有牙。

5. 寄生虫囊肿　猪囊尾蚴病（Cysticercus cellulosae）的病原体是寄生在人体内的有钩绦虫（猪带绦虫 Taenia solium）的幼虫，其主要寄生在猪（中间宿主）的肌肉组中，其他实质器官中比较少见，有时发现于脑。有钩绦虫的唯一终宿主是人类，成虫寄生于人的小肠中。中间宿主是猪。其他如犬、骆驼、野猪和猫等也可以作为有钩绦虫的中间宿主。犬绦虫、猪绦虫、牛绦虫的成虫或囊虫皆能侵入人的眼眶内。在绦虫流行地区凡是发展迅速的疼痛性眼球突出及眼外有炎症反应，应怀疑为寄生虫病囊肿。绦虫病引起的眼球突出，有时与肉瘤及囊肿难以鉴别，需将囊壁作病理组织检查以找到头节或小勾以诊断之。

肺吸虫、裂头蚴侵入人的眼眶也见于报道及文献。

动物由于寄生虫引起的眼眶囊肿病例虽有可能性，但少见于报道。

第二章

眼睑疾病

第一节　眼的先天性异常

眼的先天性异常（Congenital deformation of the eye）是动物发生较多的眼异常现象，包括眼的各个部分的病理现象，在本书中暂时归纳入本章节中加以描述。

【病因】　动物眼的先天性异常发生较多。主要是由于遗传缺陷或胚胎发育不良，或由于母体的全身性疾病所引起。

犬类眼的先天性异常发生较多。除以上原因外，近亲繁殖也可能是发生原因。

【病征】

1. 潜在眼球及无眼　眼球小，呈囊肿状。眼睑或瞬膜闭合。无眼（Anophthalmos）即眼球的完全缺失，非常少见。明显的无眼通常表现为严重的小眼畸形，只能看到未发育的小色素残留囊（彩图 28）。

2. 小眼球　眼球小，呈囊肿状，可能与维生素 A 缺乏有关。

3. 眼睑闭合　上、下眼睑闭合，经过数日到数周后可能睁开。

4. 水眼　眼前房液潴留过多。有遗传性。

5. 巨大眼　又称牛眼（Buphthalmos）指伴随球体扩大的先天性青光眼。多与先天性水眼合并发生，有遗传性（彩图 29）。

6. 眼球突出　眼球向外突出。

7. 斜视　双眼注视同一目标，其中一眼的视轴表现不同程度的偏斜现象。常见为单眼或双眼，多为内斜视或外斜视（彩图 30）。

8. 泪管闭塞　泪小点模糊不清，眼球干燥无光。

9. 眼睑内翻　眼睑缘向眼球方向内卷，有遗传性。

10. 眼睑外翻　眼睑缘离开眼球，向外翻转，有遗传性。

11. 睫毛乱生　睫毛向异常方向生长。

12. 睫毛重生　睫毛两列生长。

13. 内眦赘皮　睑鼻皱襞有增生物。

14. 晶状体脱位　晶状体移向一侧，或流窜于球结膜下、眼前房、玻璃体内。

15. 白内障　晶状体混浊。有遗传性（彩图 31）。

16. 虹膜缺损　虹膜缺损，瞳孔呈楔形。

17. **瞳孔残膜**　瞳孔区存在膜状，网状或丝状的残留组织。
18. **虹膜震颤**　虹膜摆动。
19. **虹膜断离**　虹膜根部断离，瞳孔变形。
20. **皮样肿**　结膜和角膜表面有皮肤样的囊肿形成。
21. **翼状片**　眼内眦或外眦结膜呈楔状侵入角膜表面。

第二节　眼睑损伤

眼睑损伤以创伤、挫伤、撕裂等较为多见。

一、眼睑创伤及挫伤

【发生及症状】　大动物眼睑创伤及挫伤的原因大多数为尖锐的物体所导致。如马厩墙壁上的钉子、饲槽边缘的铁皮。圈舍中的铁件，折断的铁栏，铁条。在此种创伤发生中往往有切断或撕裂的特征。若为撞击或跌倒引起的可以出现挫创；若为人为或意外损伤引起的则可能有明显的创伤的特征。在小动物常常发生咬创。

表面性的创伤，有时仅只有皮肤层的破坏。若创伤较深，则可穿透眼睑全层甚至结合膜被分开。创伤严重时可造成眼睑皮肤撕裂，眼睑边缘沿睑肌纤维的方向横断。严重时可以有各种机能的变化，不断地流泪、眼睑闭锁不全、眼睑外翻、结膜、角膜炎症、角膜溃疡。轻微的挫伤仅仅呈现郁血。当重力作用于眼睑时，眼睑出现破裂或粉碎，粉碎部常出现坏死及脱落。最终形成大的瘢痕。

【治疗】　表面性创伤一般按外科原则处理。处理中应避免应用强烈的刺激性药物，以免损伤角膜。可应用加有抗生素的生理盐水清洗，或用 0.1％雷伏诺尔溶液清洗，消毒创口。清创后使用抗生素药膏或片仔癀软膏等创伤用药膏剂。

皮肤有裂开的，大的创伤需要进行缝合。在清理创伤时应尽量保护和保留健康组织，减少组织缺损，以免因眼睑创伤瘢痕的收缩造成眼睑内翻或外翻。如果原有眼睑形态上的不正常状态存在，则在处理过程应同时加以纠正。

保护创伤可以使用 10％碘仿火棉胶封闭，也可应用防腐绷带或眼网，以防止动物搔抓。

二、眼睑部分或全部撕裂

眼睑严重创伤时可造成部分或全部撕裂，引起眼睑闭合不全，即兔眼。结果易引起暴露性角膜炎，角膜混浊。

眼睑撕裂较小的可以缝合皮肤及结合膜，同时进行创伤处理。撕裂较大的，缝合手术后易形成眼睑外翻，必须在局部创伤愈合后再次进行眼睑外翻的整容手术。

动物受到外伤或进行眼睑部位手术不当时也可引起眼睑的后天性缺损，缺损的边缘有疤痕组织。可以采取皮肤移植片修补眼睑的缺陷（图 4-2-1）。

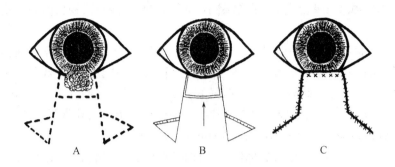

图 4-2-1　用皮肤移植片修补眼睑缺陷

A、B. 用薄的手术刀片全厚度切除眼睑的赘生物或疤痕组织，然后提起毗连的皮肤作为蒂，再切去蒂下端两旁皮肤的三角形皮肤创伤，从而让带蒂的皮瓣可以进入到手术（缺陷）区　C. 将蒂游离成可覆盖的皮肤片，以高出其相邻边缘 1 mm 的位置，将蒂缝合到手术区并使创口充分吻合

第三节　眼睑炎（Blepharitis）

眼睑皮肤的疾病可以由动物脸部或其他部位皮肤疾病蔓延而来，而眼睑炎症也可转移为眼结合膜以至眼角膜的疾病。

动物的眼睑炎经常发生，由各种不同的原因引起。如笼头的摩擦，器械性因素，受温热或化学的作用。或由于寄生虫、传染病以及其他消化道疾病、肾脏疾病等的作用引起。炎症疾患可向周围蔓延。

眼睑炎一般分为表在性的，即仅限于眼睑皮肤，尤其是在眼睑缘处。深在性的眼睑炎则波及眼睑皮下结缔组织及深部组织。

此外，有的表现为特殊的局限性如急性化脓性眼睑炎和毛囊炎（眼睑腺炎）。

一、表在性眼睑炎及睑缘炎（Blepharitis marginalis，S. ciliaris）

睑缘充血是睑缘炎的基本症状，有的具有鳞屑或痂皮。这一类炎症表现为亚急性或慢性过程。睑缘有皮肤及黏膜，有睑板腺开口、毛囊皮脂腺及汗腺开口，因此睑缘炎症的临床表现也比较多。有时是由结膜炎症发展来的，也有自皮肤病变蔓延而来。病原也是多种多样。有的可以发现的如致敏物、有害气体刺激、细菌感染等；有的不易证实，如由于体质不良或新陈代谢障碍等引起；也有的甚至完全找不出原因。

1. 鳞屑性睑缘炎（Blepharitis marginalis squamosa）

【症状】　睑缘皮肤充血，轻度水肿，表皮增生及落屑改变。特征是大部分的睑缘形成似脂肪样的鳞片或痂皮小块，位于睫毛和睑缘之间。睑的鳞屑片除去时呈现充血，睑缘灰线不清，以后睑缘的黏膜面也充血。由于充血，表皮细胞增生较多，发生脱屑现象。脱落的鳞屑可与分泌物混合结成黄色痂皮堆集于睫毛根部，此痂皮除去后并无溃疡面，只有一些皮肤充血现象。这一点不同于溃疡性睑缘炎。睫毛在疾病的初期有显著的毛囊炎（Madarosis）而且消失缓慢。大多数病例的睑结合膜充血，动物眼睑有痒的感觉。慢性经过中由于睑缘增大、肥厚、流泪，眼裂缩小，可形成眼睑内翻及视力障碍，引起轻度睫毛脱落。

【预后】　眼睑虽然受到一些损害，一般预后良好，睫毛常可重新生长而治愈。

【治疗】　必须保证动物的厩舍清洁，空气新鲜，给动物套上眼网或颈枷，防止擦痒时抓伤。治疗可使用1％～2％黄降汞或白降汞油膏，或使用磺胺鱼肝油（鱼肝油10.0 g，磺胺噻唑5.0～15.0 g）及各种抗生素油膏，10％～30％蛋白银软膏等。

2. 溃疡性睑缘炎（Blepharitis marginalis Ulcerousa）

这是一种睫毛毛囊和眼睑缘腺体的广泛性化脓性炎症。化脓性的细菌尤其是葡萄球菌属细菌是主要病原菌，可能在痂皮下脓汁中大量存在。

【症状】　轻度的睑缘肥厚，充血，睫毛被黄色痂皮黏合成簇，痂皮贮积于睫毛根部，在睫毛周围或睫毛之间出现很少的脓肿，除去痂皮时底部为化脓的溃疡病变，流出少量的脓汁。

重剧的可呈现于整个睑缘，睑缘肥厚，水肿处被覆黄色的痂皮，在痂皮上可见到粘连的睫毛，睑缘处结合膜肿胀、充血。除去被覆的痂皮则显露出潮湿而易出血的溃疡面。病情较长的由于毛囊被破坏，睫毛甚至完全脱落，最终引起睑缘变形、粗大、下垂，流泪和呈现眼睑外翻。

【治疗】　初期应用3％硼酸溶液洗涤睑缘除去脂肪块，然后在溃疡及潮湿部位涂擦2％～5％硝酸银溶液或硝酸银棒，连续应用1～2天。眼睑可涂擦1％～2％白降汞或黄降汞软膏，碘仿软膏或鱼石脂软膏，也可使用20％氨苯磺胺软膏及各种抗生素软膏。

二、深在性眼睑炎（Blepharitis phlegmonosa diffusa）

深在性眼睑炎是弥漫性蜂窝织炎的疾病，病程中常常形成脓肿，眼睑全部肿胀。

【病因】　大多数由于外伤及感染化脓性细菌引起，但也可以由附近组织的炎症转移而来，如眼球后蜂窝织炎，眼眶骨组织病变等。有些传染病经过中，眼睑也可发生蜂窝织炎，如牛的恶性卡他热时，经常两侧眼睑均可发生。

【症状】　眼睑蜂窝织炎可能为局限性或弥漫性。眼睑显著肿胀、紧张、疼痛、温热，坚实样硬固，皮肤紧张而不能形成皱襞。结合膜显著肿胀充血，甚至为蓝紫色，被覆有脓性渗出物。当结合膜肿胀达到相当大面积时，由眼裂处翻出，排出脓性黏液。体温有时升高，炎性肿胀出血时，可蔓延到眼眶及皮肤上。

【诊断】　眼睑脓肿可能为化脓性泪腺炎，在化脓性泪腺炎时常常形成泪囊脓肿，但其主要发生于上眼睑的外侧面。

【治疗】　为了加速脓肿的成熟可应用2％～3％硼酸溶液温敷。若肿胀呈现波动则为脓肿成熟，可沿眼睑轮匝肌切开排脓和进行治疗。有结合膜炎时，可应用磺胺类制剂和抗生素。大动物可带上眼网，防止再次擦伤和保护创口。

三、睑板腺囊肿（Chalazion）

睑板腺囊肿又称霰粒肿。睑板腺分泌过盛，排泄管狭窄阻塞，内容物蓄积，形成慢性睑板腺炎性肉芽肿，本病犬多发。

　　【症状】　在睑缘或睑结膜可见小的圆形肿胀（4～6 mm）边界清楚，大小不等，触之厚实，黄白色，无压痛。

　　本病应与睑板痛和睑腺炎相区别。前者更有侵蚀性，后者含脓样物质。

　　【治疗】　小的或无症状的睑板腺囊肿无需治疗，较大的需手术切除。用睑板腺囊肿钳钳住囊肿，使其固定在钳环中，翻转眼睑。用尖刀刺入囊中隆起处，作与睑缘垂直方向的切开（图 4-2-2A）。从切口伸入小锐匙，彻底刮净囊腔内的胶状物和部分囊壁（图 4-2-2B）。切不可用手挤压，否则腺体破溃，释放浓缩物质，可使周围组织形成脂样肉芽肿。用沾有 2％碘酊的细棉签伸入囊腔，腐蚀其内壁，防止复发。然后用生理盐水冲洗结膜囊。除去睑板腺囊肿钳，并立即压迫眼睑数分钟，防止出血。涂抗菌素眼膏，包扎 1 d（图 4-2-2C）。如果囊壁较厚，切开后用有齿镊夹住切口缘的囊壁，用尖头剪沿切口将囊壁与周围睑板组织分离，并拉出切口外剪除之（图 4-2-2D）。切口较大者，术后可缝合一针（图 4-2-2E）。对泪点附近的睑板腺囊肿，应先把探针从泪点插入泪小管，然后安置睑板腺囊肿钳，切开睑板腺囊肿时，切口应避开泪小管，以免损伤泪道（图 4-2-2F）。

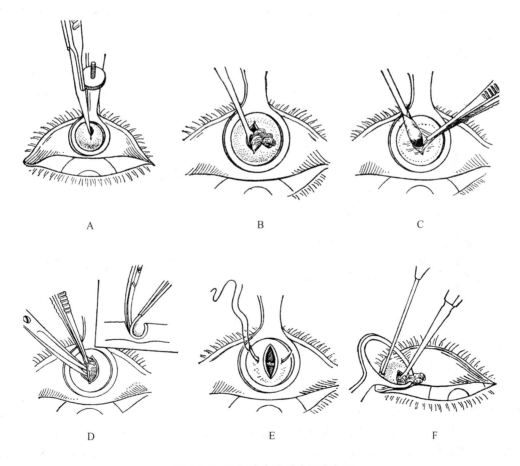

图 4-2-2　睑板腺囊肿手术切除方法

四、睑腺炎（Hordeolum）

睑腺炎又称麦粒肿，是由细菌侵入睫毛囊，睑缘腺和睑板腺引起的急性化脓性炎症。由睫毛囊所属的皮脂腺发生感染的称为外麦粒肿（外睑腺炎），由睑板腺发生急性化脓性炎症称为内麦粒肿（内睑腺炎）。

【病因】 多由金黄色葡萄球菌所致。睑缘腺和睑板腺炎也可引起本病。

【症状】 临床表现眼睑急性炎症症状，眼睑缘的皮肤或睑结膜呈局限性红肿，触之有硬结及压痛。外麦粒肿时，外睑缘一般有隆起疼痛性脓疱；内麦粒肿隆起比前者小，在睑极腺基部出现小的白色脓疱，疼痛更明显。一般在 4～7 d 后脓肿成熟，出现黄白色脓头，可自溃流脓，严重者可引起眼睑蜂窝织炎。

幼犬整个眼睑可见多发性肿胀，可能是一种变形的"幼犬腺疫"（Puppy strangles）。

【治疗】 病初期可用热湿敷疗法，每次 15 min，每日 2～3 次。脓肿明显时，可用粗静脉注射针头或刀尖将其刺破，轻轻挤压，排出脓汁和进行冲洗。术后用抗生素眼药水滴眼，并全身配合应用抗生素。

但在脓肿尚未形成之前，切不可过早切开或任意用力挤压，以免感染扩散导致眶蜂窝织炎或败血症。

麦粒肿与眼睑脓肿切开方法

外麦粒肿切开：用尖刃刀片与睑缘平行，迅速挑开脓点，切口长度一般应大于脓点的直径，便于排脓（图 4-2-3A）。当脓液黏稠不易排出时，可用小镊夹取脓头排出之（图 4-2-3B）。

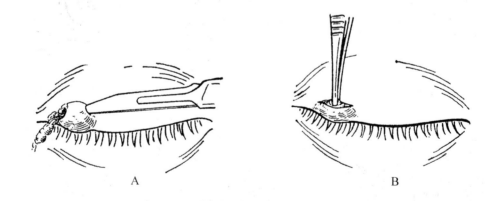

图 4-2-3 外麦粒肿切开

内麦粒肿切开：翻转眼睑，在睑结膜面，用尖刃刀片刀刃向上与睑缘垂直方向挑开脓点。排脓后冲洗结膜囊，涂抗菌素眼膏，包扎 1 d（图 4-2-4）。

眼睑脓肿切开：切开方向与睑缘平行，切口不宜过小，切开后可用剪刀的尖端撑开扩大切口便于排脓。手术毕可放置橡皮引流条，结膜囊涂抗菌素眼膏，每日换药，至无脓汁后除去引流条（图 4-2-5）。

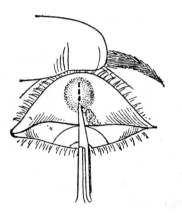

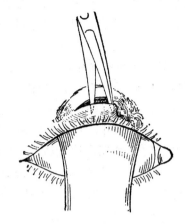

图 4-2-4 内麦粒肿切开   图 4-2-5 眼睑脓肿切开

第四节 眼睑位置异常

一、睑缘粘连 （Ankyloblepharon）

【病因】 睑缘粘连有全部粘连或部分粘连。

（1）先天性：是由于微细的皮肤纹显著的延长，是一种生理的现象，在犬和猫出生后第1天或8~12天可消失。有时还要延长或完全不能开张。先天性的在其他家畜很少发生。

（2）后天性的：在眼睑损伤后发生，特别是睑缘，当外伤、热伤、化学伤、脓肿时产生的瘢痕组织所形成，同时常发生睑球粘连。

【治疗】 可施行手术分离粘连处。当完全粘连时，用镊子固定眼睑，沿着粘连部用外科刀作小切口，然后小剪刀由一侧剪开至另一侧。手术时可在切开时应用1%普鲁卡因或可卡因1~2 ml作结合膜囊内注射以局部麻醉。

为了眼睑不再粘连，睑缘每日数次涂擦硼酸凡士林或在切开部用硝酸银棒腐蚀。须注意不要损伤角膜。

二、睑球粘连 （Symblepharon）

睑球粘连症是指睑结膜与球结膜甚至与角膜粘连的一种异常现象，犬猫均可发生。

【病因】 先天性少见，多为各种眼病所致的一种后遗症。在眼外伤、眼手术、严重急性角膜结膜炎或慢性复发性角膜结膜炎（如猫疱疹病毒性角膜结膜炎）时均可引起睑球粘连。眼病愈严重或病程愈长，愈易发生睑球粘连。

结合膜炎时的睑缘粘连是睑内面与眼球粘连的原因。而小部的或大的瘢痕可能形成完全粘连（彩图32）。

眼球前粘连是睑结合膜与眼球粘连。眼球后粘连是结合膜穹隆部粘连。由于睑球粘连明显地与结膜囊接触，严重时可限制眼球和眼睑的活动。睑结合膜与巩膜粘连时视力被破坏。眼球运动困难，特别是眼的上下运动。而结合膜与角膜的粘连则视力完全消失。

【治疗】　多采用手术治疗，将粘连部分切除分离。若仅部分睑球粘连，未累及角膜或不影响眼球和眼睑活动及泪液排泄者，可不予手术治疗。如粘连较严重，但范围不大，可从眼球表面将粘连组织分离掉，其球结膜缺损让其一期愈合。如结合膜缘粘连很少时，可用外科刀切开，并用硝酸银棒腐蚀，然后应用1％氯化钠液洗涤。并在结合膜囊内涂擦硼酸软膏或配合应用抗生素和考的松眼药水或眼药膏治疗，每日数次。同时每日用玻璃棒或不锈钢棒分离睑、球结膜数次，以防再发生粘连，直到上皮再生为止。当睑结合膜与巩膜完全粘连时，应用外科刀切开。但是容易损伤眼球结合膜，所以切开时应十分慎重。如粘连范围大，分离后其结膜缺损难愈合，可施行结膜瓣或游离瓣移植术，以修补缺损的结膜。其部分结膜遮盖术见图4-2-6。其全部结膜瓣遮盖术见图4-2-7。角膜粘连的疗法，

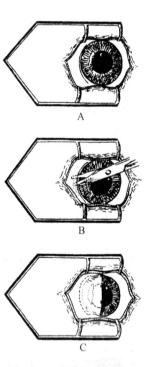

图4-2-6　部分结膜遮盖术
A. 结膜瓣切口位置　B. 钝性分离结膜
C. 结膜瓣缝合到角膜上

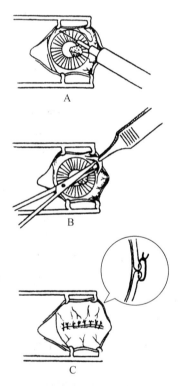

图4-2-7　全部结膜瓣遮盖术
A. 角膜缘周围结膜下注射，使结膜隆起
B. 钝性分离结膜　C. 上下结膜瓣合拢缝合

决定于角膜粘连的多少及经过，若完全粘连，则无法治疗。因为遗留于角膜上的瘢痕，以后无法除去。仅只在角膜缘粘连时，可以做手术切开。但须注意勿损伤角膜组织，最好角膜上的结合膜层不剥离，此后，该部位反复用硝酸银棒腐蚀之。

附：结膜瓣遮盖术

该手术适用于治疗角膜突出、角膜基质性溃疡、胶原酶性溃疡和广泛的角膜外伤等。有部分、全部、桥状和蒂状结膜瓣遮盖术。

下面重点讨论部分结膜瓣遮盖术和全部结膜瓣遮盖术。

(一) 部分角膜遮盖术

适用于靠近角膜缘角膜损伤。用开睑器将上、下眼睑撑开或施行外眼眦切开术。靠近角膜缘结膜上作一弧形 (180°) 的切口 (图 4-2-6A)，并用钝头剪向穹隆结膜方向分离结膜宽 1～1.5 cm (图 4-2-6B)。分离的结膜瓣轻轻向眼中央牵拉，使其完全覆盖在角膜病变部。然后，用 7-0 或 8-0 缝线分别缝合到角膜缘和角膜上。前者缝线应穿过巩膜，后者缝线穿过角膜基质 1/2 或更深些，否则角膜缝线难固定 (图 4-2-6C)

(二) 全部结膜瓣遮盖术

适用于角膜中央损害或大的角膜溃疡。于角膜缘的结膜上作一环形 (360°) 切口或用一细注射针头围绕角膜缘后界注入 1：1 000 肾上腺素溶液于球结膜下 (图 4-2-7A)，形成一连串的水泡，使结膜与巩膜分离开。然后用剪刀沿此水泡圈剪开结膜 (图 4-2-7B)，并环形钝性分离结膜下组织直至上、下结膜瓣能松弛地对合遮住角膜为止。一般结膜分离距角膜缘 1.0～1.5 cm 即可。最后用 5-0 丝线结节缝合合拢的结膜瓣 (图 4-2-7C)。

术后护理：术后患眼涂抗生素和皮质类固醇类眼药膏，应用颈枷，防止自我损伤结膜瓣。有多量分泌物或疼痛明显时，可拆除缝线。一般术后 2～3 周拆线。结膜瓣可逐渐退缩，亦有部分结膜黏附在角膜或角膜缘上，拆线后 7～10 d 可自行脱离。如结膜不能分离，可将其切除。

三、睑闭不全 (Lagophthalmus)

动物眼睑完全不能闭合或闭合不全称为兔眼。

【病因】　①先天性上睑过短；②眼睑皮肤瘢痕收缩及眼睑外翻；③眼球突出，如眼眶内肿瘤，水肿眼；④分布于眼睑轮匝肌的颜面神经麻痹及其他神经运动障碍引起的，称为麻痹性兔眼。

【症状】　由于眼睑闭合不全或完全不能闭合，发生流泪、结合膜炎、溃疡性眼睑炎、角膜干燥、角膜炎、角膜溃疡以及角膜穿孔而流出水样液，可引起下眼睑外翻。

【治疗】　首先除去病因。预防角膜干燥，也可采用姑息的手术疗法。由眼外眦上下缘切去宽 1.5 mm，长 3～6 mm 的眼睑。然后缝合创缘，缩小眼裂。

为防止角膜干燥，可以在结合膜囊内涂布 3% 硼酸软膏或使用抗生素软膏。

四、眼裂缩小（Blepharophimosis）

【病因】　先天性的眼裂缩小很少发生，有时由于慢性睑结合膜炎和溃疡性睑炎引起。由于睑裂横径及纵径均小，睑缘也相应显著缩短。先天性畸形的眼裂狭小多合并有眼睑下垂及内眦赘皮，先天性的多具有遗传性。

眼裂缩小时由于眼外缘的分泌物存在的刺激，局部潮湿，睑缘表面粘连。由于眼裂缩小，易使分泌物贮存于结合膜囊内。

【治疗】　可采用手术疗法，扩大眼裂，切开粘连部，并由眼外角开始将皮肤创缘及结合膜施行结节缝合。当结合膜迅速愈合时，再由角膜缘向后平行于结合膜切开长 3～6 mm。

手术方法见图 4-2-8、图 4-2-9。

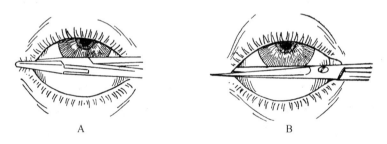

图 4-2-8　切开外眦，扩大眼裂方法

1. 用蚊式钳夹住外眦部约 1 min，压迫止血（图 4-2-9A）。

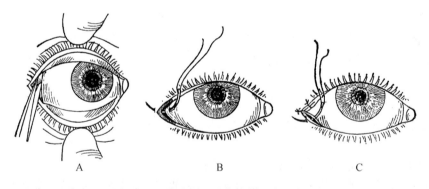

图 4-2-9　单纯切开缝合使外眦成形方法

2. 用直剪尖端伸入外眦角结膜囊，至触及眶骨外缘为止，另一半尖端在外眦角的皮肤面上，与睑裂平行剪开外眦角，长 5～10 mm，一般术毕不必缝合。欲使其愈合较快时，也可在外眦角缝合一针（图 4-2-9B）。

3. 也可以单纯切开缝合方法以使外眦成形。在外眦切开后用钝剪剖开邻近的球结膜，找出外眦韧带并剪断之（图 4-2-9A）。

4. 缝合外眦角，缝针由结膜面穿入，央外眦角皮肤面穿出，结扎缝线（图 4-2-9B）。

5. 上、下创缘各补缝 1～2 针。术后每天换药，5 d 拆线（图 4-2-9C）。

附：睑缘粘连（Ankyloblepharon）

先天性上下睑缘粘连比较少见。胚胎发育时上下睑原是相互粘连的，到胚胎中期以后彼此分离形成睑缘。先天性上下睑缘粘连可能由于分离不全或分离以后由胚胎中的炎症反应而重新粘连。

粘连可以发生于内眦或外眦，也可发生于中部一处或几处呈桥瓣状（图 4-2-10）。后者常为治疗目的而作的睑缘缝合，也有先天性的。前者应与睑裂狭小加以区分。在眦角部的睑缘粘连虽也造成睑裂缩小，但在粘连处可以见到睑缘的组织构造如睫毛等，有的在粘连处隐约可见到水平的融合线。有时伴有小眼球等畸形。

睑缘粘连可以由手术形成。在神经麻痹性角膜炎，麻痹性兔眼做手术缩小睑裂或封闭睑裂以保护眼球时，可造成人为的睑缘粘连。

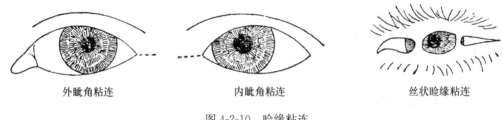

外眦角粘连　　　　　内眦角粘连　　　　　丝状睑缘粘连

图 4-2-10　睑缘粘连

五、上睑下垂（Ptosis Blepharoptosis）

上睑下垂仅是其他疾病的一种症状，或是眼睑有缺损时表现出来，其特征是眼睑全部或部分的下垂。由于动物不能开张眼睑，使视力出现障碍。

【原因】　主要原因是分布于上眼肌的动眼神经麻痹和皱眉肌的面神经麻痹（麻痹性眼睑下垂）。这种眼睑下垂发生于一眼或两眼，并且能伴发耳的麻痹。这种情形常常是中枢神经系统被侵害的症状。因此，当产后不全麻痹，生殖器疾病，犬肉毒杆菌病以及败血症时，可出现眼睑下垂。在颈部交感神经疾患时，也可见到眼睑下垂症状。在甲状腺肿、腰椎骨折及脱位时也有眼睑下垂的报道。

眼睑下垂也可能是由于眼睑轮匝肌痉挛，异物进入眼内刺激结合膜和角膜，以及眼睑炎或眼内部疾病而引起，如由于挛缩性麻痹引起的痉挛性眼睑下垂。

除了上述的真性眼睑下垂外，还有所谓假性眼睑下垂。这是由于各种眼睑疾病的蔓延而引起的，如肿瘤、水肿眼、蜂窝织炎等。先天性的眼睑下垂，由于发育不充分或肌肉缺乏导致上眼睑延长而引起。

【症状】　上睑下垂的临床症状决定于下垂的种类和眼睑下垂的程度。轻度的麻痹型的上睑下垂如面神经麻痹，眼裂常常为半闭锁状态，上眼睑不能运动，流泪，上眼睑显著延长而下垂。结合膜和角膜由于缺乏瞬膜及下垂的眼睑对其的压迫而呈现慢性的刺激。当交感神经疾患时，除呈现上眼睑下垂外，还可以见到某些程度的眼球突出和瞳孔缩小。反之，败血型的特征是眼睑紧张，上眼睑的提举失去作用而下垂。

【治疗】　应当彻底的除去原因。当面神经或动眼神经麻痹时，可以应用针灸或电针治疗。

眼可应用 3% 硼酸溶液每日数次洗涤。

当交感神经麻痹时，需针对主要的病症进行治疗。对由于结合膜炎、角膜炎、虹膜炎引起的痉挛性下垂除应用主要的症状的治疗外，还应当进行对症疗法。可用可卡因 0.5 g，蒸馏水 10.0 ml 混合，每日 4 次点眼每次 1～3 滴。

当痉挛性下垂无局部特征时，可皮下注射吗啡（马、犬）或内服泻剂，有良好的效果。由于各种眼睑疾病形成的假性眼睑下垂可作手术治疗。当麻痹性下垂未消失或为先天性时，可于上眼睑处施行手术。若完全下垂时则仅施行手术其效果不佳。

上眼睑下垂手术治疗方法（方形吊线术）

此法是利用缝线将上睑与额肌连接，利用额肌的收缩力量提起上睑，该方法适用于先天性上睑下垂的动物。

麻醉：表面麻醉，滑车上神经、眶上神经与泪腺神经的传导阻滞麻醉。

手术方法（上睑下垂矫正术）：

（1）将眼睑板的一端置入上睑穹隆部，距睑缘 3 mm 处，于中央和自内外眦向内 7 mm 的部位各作长 2 mm，深至睑板的三个皮肤切口。再在眉弓的颞鼻两端向内各 5 mm，眉弓上方 1 cm 处的前额皮肤各作一个长约 3 mm 的皮肤切口，两切口相距约为 3 cm。在两切口中央处，再作一相同的皮肤切口（图 4-2-11A）。

（2）用大号三角针，3 号白丝线，双股等长，自眼睑中央切口（1）穿入，向上穿过睑板与眼轮匝肌，直达眉弓上中央切口（2）并穿出，然后在缝针处剪断缝线，使之成为两条（图 4-2-11B）。

（3）缝线穿过上眼睑的断面（图 4-2-11C）。

（4）将鼻侧的一条缝线下端穿一小三角针，垂直刺入切口（1），向内侧与眼睑缘平行穿过睑板浅层至切口（3）穿出，再换大号三角针由（3）处向上穿过眼轮匝肌与睑板，在（4）处出针。再以同样方法完成颞侧由（1）～（5）～（6）的缝线（图 4-2-11D）。

（5）术者用手分别提起鼻、颞侧缝线的两头，并向上提起，使上睑在平视下，睑缘达到角膜上 1 mm 高度，并注意观察有无睑内翻和外翻（图 4-2-11E）。

（6）达到满意的效果后，将切口（2）的鼻侧线穿一大号针，自原口刺入，穿过骨膜下由切口（4）穿出。再以同样方法将颞侧线头自（6）至（4）穿出，完成两个方形缝线（图 4-2-11F）。

（7）术者与助手各持一缝线的两头，向上提拉，使上睑缘在平视下位于角膜缘上方 1 mm。术者先结扎一条缝线，此时助手所提的缝线仍不放松，然后再结扎另一条缝线。接近线结处剪断缝线，将线结推入切口深部肌肉下。眉弓上的切口各缝合一针（图 4-2-11G）。

（8）在下睑中央作一牵引缝线，向上牵拉，使睑裂闭合，然后用胶布固定于前额皮肤上（图 4-2-11H）。

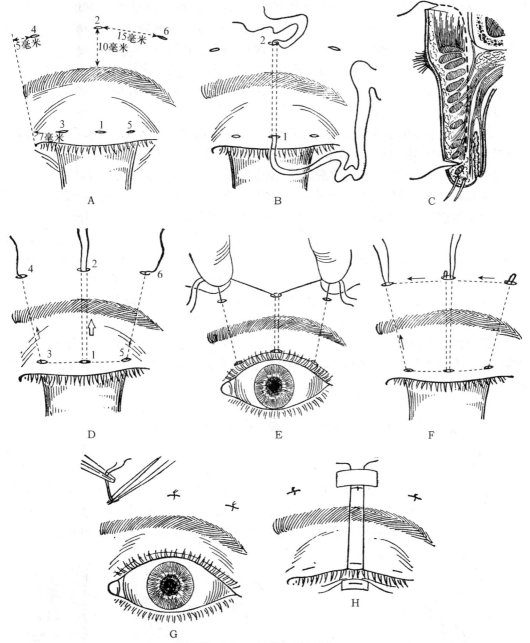

图 4-2-11 上睑下垂矫正术

【手术并发症】

（1）暴露性角膜炎 对于有上直肌功能障碍，眼球上转运动受限者，上睑下垂手术矫正应适度不可过分，以免术后眼睑闭合不全，引起暴露性角膜炎。为了保护角膜，手术应作下睑牵引缝线，多涂眼膏，包扎术眼。如果拆除下睑牵引缝线后，闭眼时上睑仍不能覆盖角膜，发生暴露性角膜炎，可拆除方形缝线。

（2）矫正不足 眼睑皮组织松弛，如果眼睑缝线固定位置不够深，仅穿过皮下组织，则结扎后缝线逐渐向上移位,造成矫正不足。因此,手术时睑缝的缝线必须穿过睑板浅层,而且必须在睑板与肌肉之间穿过。缝线穿过眉弓的位置应该高些,使缝线穿过额肌并固定在前额之骨膜上,否则也可以引起缝线松弛,导致矫正不足。

(3)睑缘畸形 多数由于缝线固定在睑板上的位置不对称及牵拉力量不均所致。在穿过睑板时两条缝线应在一个水平线上,牵拉力量应当相等,结扎前应检查眼缘的位置和形状,以便及时调整。

(4)睑内翻 多由于缝线穿过睑板组织过深或穿过睑缘过近所致。正确的缝线方法是在睑缘上3~4 mm处,穿过睑板浅层。术中第一次牵拉缝线时,应观察有无睑内翻,以便及时调整。如果术后发现有睑内翻,应立即拆除方形缝线,两周后重新手术。

(5)化脓感染 术后五天内出现的上睑水肿,乃是术后反应,以后将逐渐消退,不必处理。真正的感染,主要来源于手术。但缝线过粗亦可引起无菌性脓肿。因此,术中一定要注意眼睑皮肤及眉弓处的清洁消毒,术毕缝合皮肤切口,防止细菌侵入。缝线选用仅经过一次高压消毒的3号白色新线,其张力强,反应小。一旦出现红、肿、热、痛等急性炎症反应,应立刻应用大量抗生素药物。如已化脓,应及时拆除缝线。晚期化脓感染患者,拆除缝线后往往还留有部分效果,可能由于沿缝线周围已形成条状瘢痕之故。

(6)其他 结扎缝线后,额部的切口出现局部皮肤隆起,可用尖头剪伸入切口下,轻轻分离即可消失,如果因缝线过浅可重新穿入缝线。若眼睑至额部的缝线穿过组织太浅,仅在皮下,炎症消退后,沿缝线途径可出现一条线状隆起,遇外伤易折断,眼睑又下垂。此种情况,需重行手术。

六、睫毛位置改变(倒睫 Trichiasis)

睫毛的位置及方向改变,常发生于犬的眼球。若睫毛方向和位置发生变化,称睫毛生长异常。猫无睫毛,故睫毛的位置及方向的改变仅发生于犬。睫毛生长异常包括倒睫(Trichiasis)、双行睫(Distichiasis)、双毛症(Districhiasis)和睫毛异位(Ectopic cilia)。呈全部的或部分的倒向眼球状,睫毛有的向里有的向外,方向不一致的称为睫毛乱生。

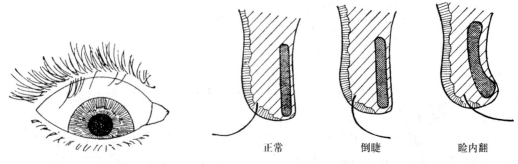

图 4-2-12 倒睫　　　　　　图 4-2-13 睑缘位置(切面示意图)

正常　　　倒睫　　　睑内翻

【病因】 倒睫大部分为先天性,多数由于小眼球(眼球陷凹)及眼睑内翻。先天性的倒睫常发生于犬。另外在睫毛根部组织患病亦可发生。瘢痕收缩及短睫毛的形成,改变了睫毛根的方向和位置，如溃疡性睑缘炎。

发生在两眦角的症状较轻，因为睫毛不触及角膜，发生于眼睑中部的睫毛乱生可以引起明显刺激症状。

先天性睫毛生长异常多发生于美国可卡犬（American spaniel cockers）、西施犬（Shih Tzhs）、圣伯纳犬（St. Bernards）、金毛寻猎犬（Golder retrievers）等，而有些品种犬可卡犬，常见双行睫和双毛症（一个毛囊长出两根毛）。

先天性双行睫（Distichiasis）是一种比较少见的先天异常，为常染色体显性遗传。睑缘除有一排正常向外的睫毛外还有一排生长于睑板腺开口处的睫毛（图 4-2-14），这排睫毛刺激眼球造成眼睑内翻的各种症状。睑板腺缺如或发育不全，而代之以毛囊的发育。

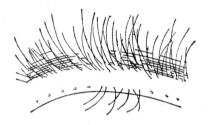

图 4-2-14　双行睫（上睑）

【治疗】　许多犬有睫毛生长异常现象，但未表现临床症状，无需治疗。若发生慢性角膜炎或角膜溃疡时，适宜于手术治疗。

对倒向内侧的少量睫毛、单根或几根倒睫或双行睫者，可用镊子拔除，但会再生长。超过 5 根以上睫毛者可施行睫毛电解术（Electrolysis of eye lashes），永久破坏睫毛囊。其方法是将睫毛电解器的阳极板用生理盐水纱布包裹，放在犬的事先已剪毛的额部，再将阴极连接细针，刺入毛囊 2～3 mm，通电 20～30 s，待毛囊周围皮肤发白，出现气泡时拔出针，然后用镊子很容易将睫毛拔掉，术后局部涂少许眼膏。

睫毛异生超过电解术拔毛数时，可采用手术切除。常用的结膜切除术，可用睑板腺囊钳夹持眼睑，使其外翻，经睑结膜将生长睫毛的睑板腺整块切除。此法可以消除瘢痕性睑内翻的可能。另一种方法为电烧烙切除睫毛和破坏睫毛囊。不用缝合，也不用植皮术，闭合结膜的缺损，疗效极佳。术后，患眼涂布抗生素眼膏，每日 3 次。

有时倒睫发生于全眼睑或大部分眼睑，仅移植外睑缘处能得到治愈。

轻度的倒睫，眼睑皮肤结构作圆形切除，其效果良好。手术方法同于眼内翻。

七、眼睑内翻（Entropion）

眼睑内翻是指眼睑缘向眼球方向内卷翻转，睫毛和睑毛刺激眼球表面的异常状态。此病有一边或二边眼睑缘内翻，可一侧或两侧眼发病，下眼睑最常发病。内翻后，睑缘的睫毛对角膜和结膜有很大的刺激性，可引起流泪与结膜炎，如不去除刺激则可发生角膜炎和角膜溃疡。面部皮肤皱褶多的犬种如沙皮犬、巴哥犬、松狮犬等易发生。

【病因】　有先天性，痉挛性和后天性 3 种。

先天性：可能是一种遗传缺陷，见于小眼球或睑板异常。多见于下眼睑外侧、上眼睑内侧和下眼睑内侧。常见于羔羊和犬，以松狮犬（Chow - Chow）、拉布拉多拾猎犬（Labrador retriever）、英国斗牛犬（English bulldog）、贵宾犬（Poodle）和爱尔兰蹲猎犬（Irish setter）等品种犬易发，偶见于幼驹。

痉挛性：见于某些急性或疼痛性眼病，如眼睑的撕裂创和愈合不良以及结膜炎与角膜炎刺激、角膜擦伤、眼内异物、结膜炎、角膜炎、倒睫及睫毛异生等继发眼轮匝肌痉挛性收缩时可发生痉挛性眼睑内翻，常发生于一侧眼睑。

后天性：因眼眶脂肪丧失或颞肌萎缩所致内眼（Endophthalmos）常是睑内翻的后遗症。老年动物皮肤松弛、眶脂肪减少、眼球陷没、眼睑失去正常支撑作用时也可发生。慢性结膜炎或结膜手术后，因睑结膜瘢痕收缩可以引起。眼球异常变小也会发生本病。瘢痕性内翻主要发生于马，结合膜瘢痕收缩，以及慢性结合膜瘢痕形成的经过中发生。

常见一侧或两侧睑内翻（图 4-2-15，彩图 33）睫毛排列不整齐，向内、向外歪斜，向内倾斜的睫毛刺激结膜及角膜，致使眼睑痉挛、羞明、流泪、结膜充血、潮红、角膜浅层形成新生血管，角膜表层发生浑浊甚至溃疡，发生结膜炎、角膜炎。如不及时治疗，可出现角膜血管增生、色素沉着及角膜溃疡。

【诊断】　根据病史和临床表现可确诊。为区别痉挛性和先天性睑内翻，可在患眼滴数局麻药阻滞耳睑神经。如内翻解除，提示为痉挛性内翻，如睑内翻未解除，则为先天性睑内翻。

【治疗】　急性痉挛性眼睑内翻，有时于结合膜囊内点可卡因液（可卡因 0.5 g，蒸馏水 100 ml）一日 3～4 次，每次 3～5 滴，效果很好。

图 4-2-15　下眼睑内卷

滤泡性结合膜炎及其他型结合膜炎，必须适当的治疗，但仅在疾病的初期愈合良好。为恢复眼睑内翻，注射灭菌的液状石蜡亦可获得效果。可将针头平行于睑缘慢慢刺入，石蜡注射量决定于内翻的程度。一般只注射三次，注射后使眼睑肿胀，而将眼睑拉至正常位置，在肿胀逐渐消失后，眼睑将恢复正常。

羔羊的眼睑内翻可采取简单的治疗方法。用镊子夹起眼睑的皮肤皱襞，使眼睑边缘能保持正常位置，并在皮肤皱襞处缝合 1～2 针。也可用金属的创伤夹来保持皮肤皱襞，夹子保持数日后除去，使该组织产生足够的刺激来保持眼睑处于正常位置。

先天性的：以手术矫正为主。犬类以 4～6 月龄手术最为理想。

（1）圆形或椭圆形皮片切除法。术部剃毛消毒，在局部麻醉后，在离眼睑边缘 0.6～0.8 cm处作切口，切去圆形或椭圆形皮片，然后作水平纽扣状缝合，矫正眼睑至正常位置。严重的应施行与眼睑患部同长的横长椭圆形皮肤切片，剪除一条眼轮匝肌，以肠线做结节缝合或水平纽扣状缝合，使创缘紧密靠拢，7 天后拆线。手术中不应损伤结膜（图 4-2-16，彩图 34）。

（2）改良霍尔茨——塞勒斯氏（Holtz - Celus）成形术。用镊子距睑缘 2～4 mm 提起皮肤，并用直止血钳或弯止血钳将其夹住（图 4-2-17B）。钳夹的长度与内翻的睑缘相等，钳夹的宽度依内翻矫正

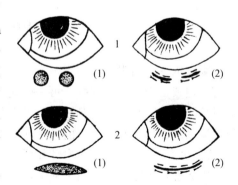

图 4-2-16　眼睑内翻矫正手术
1. 圆形皮片切除法　2. 椭圆形皮片切除法
（1）切除皮片　（2）水平纽扣状缝合皮片

的程度而定（钳夹时眼睑应有一定的外翻状态）。用力钳夹皮肤或用持针钳钳压止血钳30～60 s。这样在却除止血钳后仍可使皮肤皱起（图 4-2-17C），便于切除，也可减少出血。用镊子镊住皱褶的皮肤，沿压痕将其剪除（图 4-2-17D），使皮肤切口呈月牙形或椭圆形（图 4-2-17E）。最后用 4♯ 或 7♯ 丝线结节缝合皮肤创缘（图 4-2-17F）。缝合要紧密，保持针距 2～3 mm。术后前几天因肿胀，眼睑有轻度外翻，患眼可应用抗生素眼药膏或药水，每日 3～4 次，颈部套上颈枷，防止抓伤。术后 10～14 d 拆线。

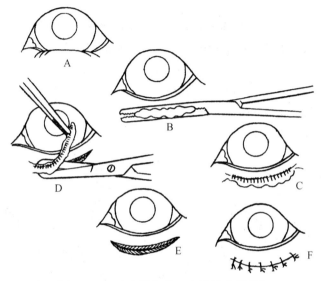

图 4-2-17　改良霍尔茨—塞勒斯氏成形术

痉挛性：应先确定和清除引起眼睑内翻的痉挛性因素，为此可对患眼表面麻醉或阻滞耳睑神经，观察眼睑是否能恢复到正常位置。若确定为痉挛性眼睑内翻，应治疗引起内翻的原发性眼病，病因去除后，病性有所好转。为减轻眼缘内翻程度和消除睫毛对眼球的持续刺激，可临时施第三眼睑瓣遮盖术，或将睑裂外 1/3 处做暂时缝合，以减轻睑缘的内翻程度，2～3 周拆除缝线。如无效，需行内翻成形术。

后天性：可采用眼外眦固定术缩短睑裂，以矫正眼内翻。根据眼内翻矫正程度，在眼外眦上、下眼睑切开同等大小的皮瓣。上眼睑皮瓣切除掉，保留下眼睑皮瓣，并将其缝合到上眼睑皮肤缺损部（彩图 34）。

八、眼睑外翻（Ectropion）

眼睑外翻是眼睑缘离开眼球向外翻转显露的异常状态，以下眼睑外翻多见。主要发生于犬，常见于圣伯纳犬（St. Bernards）、寻血猎犬（bloodhounds）、美国可卡犬（American cocker spaniels）、纽芬兰犬（Newfoundlands）、巴西特猎犬（basset hounds）和哈巴犬。马在个别的情下亦可发生。

【病因】　先天性的多与遗传性缺陷有关。继发性的继发于眼睑的损伤，慢性眼睑炎，眼睑溃疡，或眼睑手术时切去皮肤过多，皮肤形成瘢痕收缩。生理性的由于疲劳、老年犬肌肉紧张力丧失，眼睑皮肤松弛、麻痹均可引起。在眼睑皮肤紧张而眶内容物又充盈情况下，眶部眼轮匝肌痉挛可发生痉挛性眼睑外翻。结膜、眼眶及眼睑皮肤上的肿瘤也能使眼睑外翻。

【症状】　眼睑缘离开眼球表面，呈不同程度的向外翻转，结膜因暴露而充血、潮红、肿胀、流泪，结膜内有渗出液积聚，病程长的结膜变为粗糙及肥厚，也可因眼睑闭合不全而发生色素性结膜炎、角膜炎。角膜干燥、粗糙，影响视力。角膜由于眼睑接着不充分以及受刺激的结果而发生溃疡。最后睑肌萎缩，使睑软骨亦外翻。

【治疗】　多数眼睑外翻的犬无需手术治疗，仅那些已患有角膜炎或结膜炎，且药物治疗无效的可施行手术疗法。治疗过程中可使用各种眼药膏以保护角膜。

（1）沃顿—琼斯氏（Warton-Jones）睑成形术，即 V-Y 形成形术　在距睑外翻下缘 2～3 mm 处切一 V 形切口从其尖端向上分离皮瓣，用镊子将皮瓣提起（图 4-2-18A、B），再用剪刀钝性分离 V 形皮肤切口周围皮下组织（图 4-2-18C），然后从尖端向上作 Y 形缝合。边缘合边向上移动皮瓣，直至外翻矫正为止（图 4-2-18D）。

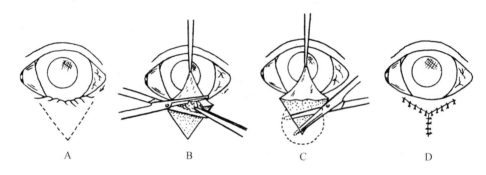

A　　　　　　　B　　　　　　　C　　　　　　　D

图 4-2-18　沃顿——琼斯氏睑成形术

（2）外眼眦成形手术　先用两把镊子折叠下睑，估计需要切除多少下睑皮肤组织，然后在外眦将睑板及睑结膜做一三角形切除，尖端朝向穹隆部，分离欲牵引的皮肤瓣，再将三角形的两边对齐口缝合（缝前应剪去皮肤瓣上带睫毛的睑缘），然后缝合三角形创口，使外翻的眼睑复位（图 4-2-19）。

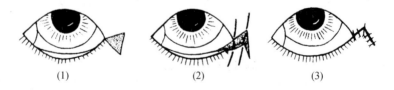

（1）　　　　　　　（2）　　　　　　　（3）

图 4-2-19　睑外翻外眼眦成形术
（1）三角形切口，分离皮肤瓣　（2）剪去下方皮肤瓣上带睫毛的睑缘，对齐切口
（3）缝合切口，矫正外翻眼睑

（3）眼睑结膜切口成形术（林氏睑结膜切口成形术）　眼睑部分外翻，虽经以上介绍手术仍不能矫正的，可施行本手术矫正（彩图 36 至彩图 38）。

手术方法：麻醉后先以雷伏诺尔液冲洗眼睑及结膜囊，再在外翻最明显的局部下眼睑结膜上作月牙形切口，切除部分眼睑结膜，再以 0/4 肠线作结节缝合，使创缘形成内翻，纠正外翻缺陷（彩图 36 至彩图 38）。

本术式使用于眼睑结膜部分外翻的病例。

注：本成形术由林立中首创应用于眼睑部分外翻成形手术。

第五节　眼睑肿瘤

眼睑肿瘤（Tumors palpebrarum）在眼睑上最常发生之良性肿瘤有疣、乳头瘤、纤维瘤、上皮瘤及囊肿。恶性肿瘤有肉瘤、黑色素瘤及癌瘤。

一、疣（Warts Verruca）

疣是一种小的上皮乳头状赘生物，由病毒感染引起，具有传染性。潜伏期比较长，感染后 1～5 月方发病。开始皮肤出现灰色半透明上皮增厚，以后表面变为不规则灰黄色角化颗粒。疣在马、牛及犬以数个或单个发生，逐渐变为黑色，而且表现有裂隙。疣也可能数个融合成一个。皮肤上的疣，圆球状的称异常疣，扁平无蒂的称扁平疣，分叶状或指头状有几个突起合在一个蒂上的为指状疣，细长呈线状或丝状，表面皮肤几乎正常

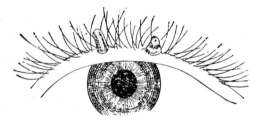

图 4-2-20　丝状疣

的为丝状疣（Verruca filiformis）。眼睑上以丝状疣最为多见（图 4-2-20）。

丝状疣应与乳头状瘤鉴别。乳头状瘤表面粗糙，有角化及鳞屑，呈菜花状或桑葚状突起。发生于眼睑皮肤者大多由四肢上的疣接触而自家感染而来，它的表面与一般的疣相同。发生在睑缘者，可处在睫毛之间也可向黏膜处发展而扩展到结膜面。疣的表面类似触染性软疣，在结膜上的反应不同于皮肤，因为没有角化层的保护，潜伏期比较短，表面也比较易于脱落。

在睑缘处反复刺激可以发生疣性结膜炎。呈亚急性过程，结膜表面光滑，偶尔有少许滤泡。此外睑缘疣也可引起疣性角膜炎，主要是侵犯角膜上皮，发生表层点状角膜炎，有时也可引起溃疡或侵犯较深层，引起类似酒渣性角膜炎的变化。

二、乳头状瘤（Papilloma）

是一种原发的上皮赘生物，不同于疣类的炎症性上皮乳头增生。乳头状瘤发生于睑缘黏膜、泪阜、结膜等处，其表面潮红，粗糙不平，有如桑葚或菜花。

发生于眼睑皮肤的乳头状瘤，表现干燥，有角化及鳞屑。乳头状瘤一般形态如乳头状，有基底较小的甚至如带茎状的，也有基底较宽的如半球状隆起。通常如半粒米大至黄豆大，并不过分长大，可多年不变。一个或数个，即孤立的或多发的。

本瘤应与丝状疣相鉴别。丝状疣表面皮肤近乎正常，呈丝状。迅速增大的乳头状瘤在临床上易误诊为乳头状癌，病理上有时难以区分良性恶性。故凡突然生长加速，流出液体或出血甚至溃烂的，应怀疑为恶变，应严密注意。但在瘤体长大后易因受损伤破溃、出血，应加以区别。

牛的乳头状瘤发病率较高，属良性。病原为牛乳头状瘤病毒（BPV），具有严格的种属特异性，不易传播给其他动物。传染媒介是吸血昆虫或接触传染。易感性不分年龄，品系和性别，以冬季为中心散发。2 岁以下，特别是 1 岁龄的短角牛最多发。该病感染后，潜伏期约为 3～4 个月之后出现疣状病灶，散布于面部、颈部、肩部和下唇，尤以眼、耳周围多发。瘤体小的呈疣状坚实突出体表，从小肉柱状、毛片状小结节到椰菜花大肿块。瘤体表面凹凸不平，呈鳞片状或棘刺状。瘤的茎蒂粗为 1～5 cm。瘤损伤易出血，持续多处出血可引起贫血（彩图 39，彩图 40）。

三、纤维瘤（Fibroma）

纤维瘤是由结缔组织组成的良性肿瘤，各种家畜均可发生，以马最为多见，凡有纤维性结缔组织的部位均可发生。皮肤纤维瘤（Skin fibroma）可发生于皮肤的任何部位，犬猫常发生。纤维瘤界限很清楚，紧连于被覆表皮，其上的被毛通常脱落。纤维瘤不易形成溃疡，可在深部组织内移动。质地可能坚硬或柔软，其切面呈白色或黄色，为纤维性表面。良性肿瘤生长十分迅速，有各种不同的大小，表面光滑。生长的位置宽大，为皮肤所被覆。

四、囊　肿

1. 眼睑皮样囊肿　眼睑及其附近的皮样囊肿。在犬常常以其或腺囊肿而发生，临床表现为皮下可触及光滑而有弹性的肿块，与皮肤不粘连，但与深部骨膜有粘连，可动性差。其大小不定，由绿豆大以至榛果样大，囊肿没有疼痛及波动。囊肿内除含油脂样分泌物以外还有毛发，这是与表皮囊肿不同之处。

与皮脂腺囊肿及表皮囊肿的区别为，它与皮肤不粘连，部位较深，内容物中有毛发。与脂肪瘤的区别为，它质地较硬而有弹性，境界清楚。纤维瘤质地硬，有时不易鉴别，可根据皮样囊肿好发在近骨缝的位置以及与骨膜的粘连等加以区分。

2. Moll 腺囊肿　这是一种变态汗腺的潴留囊肿，发生在睑缘，称为 Moll 腺囊肿。生长虽较慢，但不易自行消退。大小 2～10 mm 不等。通常出现于睑缘睫毛根之间，呈半透明粉红色，囊肿内为透明液体，囊肿初起时表面皮肤呈正常色泽，不能透视见内容物，夹破后有透明液体流出。

3. Zeis 腺囊肿　是睑缘皮脂腺小囊肿。来自于睫毛毛囊。在睫毛之间可见一个小圆形的白色肿瘤。含有角蛋白及皮脂物质。它与 Moll 腺囊肿都是发生在睫毛根部的小囊肿。Zeis 腺囊肿呈白色，内容物为皮脂物质，而 Moll 腺囊肿呈半透明粉红色或呈正常皮肤色调，内含物为透明液体。

4. 白痱及粟粒疹　白痱为白色半透明针头大的小囊肿，常在下睑成群地出现，为汗腺阻塞扩张而成。粟粒疹较常见于眼睑，往往成群出现，为境界清楚，针头大小的黄白色小点。其表面略为隆起，毫无炎症反应，也无自觉症状。这是眼睑皮肤的皮脂腺小囊肿，含有成层角化的上皮细胞及皮脂物质。

5. 皮脂腺囊肿及表皮囊肿　这是两种很难区分的囊肿，较为常见，也称粉瘤。发生在眼睑者，其特征与身体其他部位者相同，为一隆起的硬块，黄豆大至蚕豆大，在浅层皮下，与皮肤紧密粘连，有时在中央有一黑点。囊肿的内容物为一种如豆渣样皮脂变质物质，常可发生继发感染而呈急性炎症症状。有时也可自发性破溃排出内容物。但如囊壁不作手术切除则往往会复发。

五、肉瘤（Sarcoma）

肉瘤在犬及马以各种不同的大小呈现。其生长的部位宽大，具有不平的红色肉样面，肿胀而柔软，有时表面被覆一层溶解的组织。肉样瘤病（Sarcoidosis）在皮肤出现多发性结节状肿块，预后较佳。结节的病理变化类似结核，但没有干酪样坏死。皮肤肿块可以自行吸收，留下不明显的瘢痕。在眼睑皮肤也可以出现这一类病变。诊断可以根据活组织病理检查以及临床过程而确定。

六、黑色素瘤（Melanomas）

黑色素瘤是产生黑变的恶性瘤。最常发生于老龄灰色或白色马，骝毛或青毛马也常常发生，也可见于皮肤红色的猪，爱尔夏牛也偶有发生。犬的发病率占犬皮肤肿瘤的 6%～8%，猫占皮肤肿瘤的 2%。常见于 7～14 岁的公犬，尤其肤色很重的犬种如可卡犬、波士顿犬、苏格兰犬等品种犬更常见。猫则无品种和性别的差异。主要发生于皮肤、黏膜和眼。

良性黑色瘤按其起源可分为表皮下和真皮黑色素瘤。良性的起初为一黑色素斑块，渐易发展成硬实小结节。真皮黑色素瘤表面平滑、无毛、突起、周界明显和有色素沉着。良性的往往增长较缓慢，并且维持局限性。

恶性黑色素瘤一般瘤体较大，棕黑色到灰色，如肿块破溃，可浸润邻近组织。因细胞不组合成正常黑色素蛋白质使黑色素退色，故需经特殊染色方可辨别。黑色素瘤恶性变化称为黑色素肉瘤。其具有恶性肿瘤特点，生长快，瘤体大小和形状不一。有迁移至身体各部的趋向，有淋巴系统及血行性转移特点。

诊断可根据黑色素的特征。怀疑内脏有病灶时可穿刺腹腔，采集腹腔液检查有无黑色，或按 Tapahob 法在试管中加入病马血清 10 ml，另一试管用健康马作对照，各加入 1% 没食子酚溶液 2 ml（这种溶液在血液的酚氧化酶和酪氨酸酶的作用下可变为黑色素），将试管垂直静置，病马比对照马的黑色沉淀快一倍（彩图 41）。

七、癌（Carcinoma）

癌是上皮组织的恶性肿瘤，其特征为迅速性破坏和浸润性生长，能转移，手术后常复发，甚至导致全身性症状和恶病质。多发于老龄动物。与眼睑有关的为鳞状细胞癌及腺癌。

1. 鳞状细胞癌（鳞状上皮癌）（Squamous cell carcinoma）　起源于皮肤的上皮或表皮，黏膜的扁平上皮，能形成角蛋白，沉着在上皮细胞巢的中心，称为"癌珍珠"，有转移性，生长迅速，无定型增长，大小不等。最初是一个结节或一片浸润，而后变成溃疡，病灶高出皮肤表面，触诊有坚实感。晚期发生淋巴转移。头部鳞状上皮癌为多数结节样增生，表面破溃、腐烂。侵害鼻腔则引起严重的呼吸困难。

眼部鳞状细胞癌多发生在牛，海伏特牛种易感性强。病程先在角膜和巩膜表面呈癌前期色斑，略白色且突出，继而呈疣状物被覆于结膜面，进一步形成乳头状瘤，最后在角膜或巩膜上形成癌瘤。有的侵害眼睑及瞬膜。

2. 腺癌（Adenocarcinoma）　发生于皮肤腺或腺器官。大家畜以老龄马和牛多见。马常发部位是眼眶、口、窦和齿槽，牛常见部位是角膜，其次眼眶、眼球、第三眼睑和下眼睑。主要发生在成年或老年牛，尤其海福特种肉牛眼眶周围无色素沉着处。病因可能与遗传、环境和病毒感染有关。若干动物的"角质瘤"是眼睑皮和泪池的鳞状细胞癌先驱病变，常见于睫毛腺附近，呈暗黑色，发生在眼球，第三眼睑和小阜。表面呈颗粒状、出血和溃疡或乳头状。病变在角膜巩膜处，可能扩展到全眼。眼鳞状细胞癌应与瞬膜炎、囊肿、淋巴肉瘤和牛传染性角膜结膜炎鉴别。瞬膜炎引起瞬膜肿大时能出现相似的斑和乳头状瘤，此肿物并不变为恶性，且对有效抗菌、消炎药物有反应。囊肿见于青年动物且外形特殊。淋巴肉瘤常浸润眼球后组织，但能根据临床征候、白细胞分类或活组织检查鉴别。牛传染性角膜结膜炎可根据年龄、发病率、发病的急缓程度和呈现的征候与本病相区别。

八、肿瘤的治疗

肿瘤的治疗有手术、放射线、激光、化学冷冻、高热、免疫疗法等方法。

1. 良性肿瘤　治疗原则是手术切除。但手术时间的选择，应根据肿瘤的种类、大小、位置、症状和有无并发症来决定。

易恶变的，已有恶变倾向的，难以排除恶性的良性肿瘤应尽早手术，并连同部分正常组织彻底切除。如疣、乳头状瘤、纤维瘤、囊肿、良性肉瘤、良性黑色素瘤均可手术治疗。

当良性肿瘤出现危及生命的并发症时，应作紧急手术。肿块大或已并发感染的可择期手术。生长慢、无症状、不影响使役的可暂不手术。使用液氮等冷冻疗法可使瘤体直接被破坏，短时间内阻塞血管而破坏细胞，可使瘤体日益缩小，乃至消失。

2. 恶性肿瘤　在肿瘤尚未扩散或转移时及早发现与诊断从而进行手术治疗切除病灶，并连同部分周围的健康组织。应注意切除附近的淋巴结。有条件的可使用高频电刀，或激光刀减少出血及扩散。

有条件的可使用放射疗法（Radiation therapy）。如对眼鳞状细胞癌如深度不超过几个毫米，用60锶的β粒子照射，一次剂量为8 000~10 000 Gy，证实有效。由于90锶的吸收对眼病变特别有用，它每穿透1 mm，照射强度降低50%，因此眼球表面可得到高剂量而深部如晶状体则得到保护。

光动力治疗（PDT）是一种新的治疗措施，光生物学原理可用于各种肿瘤和疾病的治疗。1976年美国学者姆逊发现某些光敏染料可被癌细胞选择性地吸收，然后在特定波长激光照射下发生强烈的激活反应，将癌细胞杀灭。目前以血卟啉衍生物（HPD）制剂研究最广泛。其对癌细胞的脱氧核糖核酸分子具有特殊的亲和力，注入体内后可自动浓集和潴留在癌细胞内。注射后24～48 h大多数血卟啉衍生物（HPD）从正常细胞和器官被代谢排出，经用药72 h（清除期）以后用相应波长的光激活感光剂，可直接照射到肿瘤，癌灶呈红色荧光，可以确定病区。可发生某些轻微的热反应，而感光剂可诱发靶细胞的化学反应，除造成荧光，还可形成单供氧的释放和选择性的损伤肿瘤细胞。临床实践方面激光治疗的进展较快，用于眼球肿瘤的光敏治疗。

化学疗法（Chemotherapy）是指应用化学药物治疗恶性肿瘤。近40年来，肿瘤化疗研究进展迅速，抗癌药物甚多，但至今仍没有理想的药物。兽医临床上采用化学疗法治疗恶性肿瘤远没有人医那样多，专门适用于兽医抗肿瘤药物亦较少。这与动物化疗是否有效及其经济价值有关，但目前对于些名贵种畜及伴侣动物化学疗法应用于肿瘤的治疗仍有其实用价值。

兽医常用的化学药物如环磷酰胺（Cyclophosphamide）用以治疗肉瘤，三乙烯磷酰胺（Triethylen－thiophosphoramide）治疗各种癌及肉瘤，氮烯咪胺（Dacarbazine）治疗恶性黑色素瘤及各种肉瘤，氨甲喋呤（Methotrexate）治疗肉瘤和癌，5－氟脲嘧啶（5－fluorouracil）治各种癌和肉瘤，长春花碱（Vinblastine）治疗肉瘤及各种癌，羟柔毛霉素（Doxorubicin）、放线菌素（Dactinomycin）治疗各种癌和肉瘤，争光霉素（Bleomycin）治疗鳞状细胞癌及其他癌等等。

免疫疗法（Immunotherapy）是利用动物的免疫系统的任何或所有的组成部分（Components）以控制、损伤（Damage）或毁坏（Destroy）恶性肿瘤细胞，是一种最新肿瘤疗法。从理论上讲，免疫疗法应该是有效的治疗方法，但还仅处于发展的初期。现已作为对肿瘤手术，放射或化学疗法后消灭残癌的综合治疗方法。

许多事实证明，机体免疫功能的存在，使绝大多数的动物可免于肿瘤的侵害，而少数个体由于先天的或后天的原因，致使免疫力缺陷，才易于发生癌瘤。因此调动机体内因的免疫疗法是对付肿瘤的一种方法，目前多采取主动免疫法（特异性或非特异性）。特异性主动免疫法是用杀死的或致弱的肿瘤细胞疫苗进行免疫，采用自身疫苗治疗及交叉接种和交叉输血治疗方法。很多疫苗是用射线照射或更为经常的是用化学药物处理过的。非特异性主动法是用细菌菌苗，化学化合物或它们的产物进行免疫，使用灭活病毒或疫苗以增强机体的抗病力，激活患体的免疫活性细胞，给予网状内皮系统以非特异性刺激，增加和提高对外来有害因子如微生物，化学物质与异物的杀伤与破坏能力，增强其对无关抗原的体液性或细胞性应答。另一种被动免疫法，是采用免疫血清进行免疫，但如果重复注射会发生交叉反应和过敏反应。非特异性被动法是应用诸如反应素（Reagen）或备解素（Properdin）之类的体液。应用这些疗法的一些病例，证明其瘤体出现退化。

近些年来国内外应用免疫法治疗家畜肿瘤已有不少成功的报道。如用经过酚或福尔马林灭活的自体肿瘤细胞苗治疗牛的鳞状细胞癌。用经福尔马林灭活的肿瘤组织疫苗治疗乳牛乳头状瘤，效果良好。也有采用 BCG 治疗犬的黑色素瘤和马肉瘤的非特异性免疫疗法，证实效果明显。

第六节　眼睑弥漫性肿胀

眼睑弥漫性肿胀原因较多，眼睑本身的疾病或邻近组织的严重炎症，或眼睑组织引流障碍均可引起眼睑肿胀。血管渗透性异常亦可导致眼睑水肿。

发现动物眼睑肿胀后，应先检查眼睑本身以及眼球和其他组织。若肿胀严重，眼睛其他组织紧张并有压痛，必须用眼睑拉勾拉起眼睑，观察结膜、角膜、眼房水、虹膜、眼球突出度等有无异常。若加以排除则应考虑为眼睑本身的问题，同时也应考虑邻近组织及有无全身性疾病影响的可能。

一、眼睑出血

最常见的眼睑出血多由于眼睑钝性伤所致，应加以详细检查以排除眼球受伤或眼眶骨折的可能性。在严重的外伤（挫伤、跌伤、撞击、咬斗）后即刻出血的应推测有头颅骨折的可能。若出血在受伤后数天才出现，则骨折可能在颅骨的后方部位。出血可以局限于眼睑，也可散布到邻近区域。第 2 天瘀血可以流至对侧眼睑。出血的散布是由出血量决定，与骨折位置无关。

眼睑出血后可形成皮下瘀血，外观皮下发青，一般无不良后果。但应考虑骨折的影响及全身性疾病的影响。眼睑偶而也会出现毛细血管瘤（Capillay hemangioma），属于一种血管畸形的发育性疾病，为良性肿瘤。通常皮肤出现扁平或隆起的深红色斑或小红点，位置深的呈紫色，用玻璃片压之大多可褪色。一般边界清楚，无痛，应与出血斑及炎症性出血相区别。

二、眼睑水肿

眼睑水肿是一种常见的症状，不是一种疾病。眼睑皮肤菲薄，皮下组织疏松是眼睑容易发生水肿的原因。眼睑水肿不易扩散，一般发生在眶缘周围一圈，眼睑皮肤有筋膜与深部组织相连，因此水肿向上不超过眉毛向下不达颊部。因鼻根部筋膜稀疏，所以水肿可以蔓延至对侧眼睑，造成双睑水肿现象。眼睑高度水肿时无法睁开，水肿可扩展至球结膜，引起球结膜水肿。

（一）炎性水肿

炎性水肿时眼睑充血、紧张、热感、常有痛感。

1. 单纯眼睑炎症　凡是其他组织正常，则眼睑炎症纯粹是眼睑本身的病变。检查时应视眼睑的充血及肿胀是否与整个眼睑一致。如发现某个部分充血及肿胀较为显著，在该处常可摸到硬结，硬块处常有压痛，则该部位常为麦粒肿，化脓性霰粒肿，急性泪囊炎，急性泪腺炎，骨膜炎，疖等。这一类有压痛性硬结多为局限性肿块，炎症剧烈时整个眼睑可红肿，而硬结处红肿较剧烈。

弥漫性红肿而无硬结者常为外伤性的眼睑蜂窝织炎及脓肿。急性红肿可能是荨麻疹，昆虫咬伤，接触性皮炎或湿疹，血管神经性水肿（Quincke 浮肿）。

2. 深层组织病变伴有眼睑水肿　这种眼睑红肿仅为深层组织病变的次要的体征，包括急性结膜炎、角膜炎、虹睫炎、眼内炎、全眼炎、闭角型青光眼急性期、眼球筋膜炎、眼眶蜂窝织炎、海绵窦血栓、耳源性脑膜炎、鼻副窦急性炎症等。

（二）非炎性水肿

非炎性水肿是由于静脉或淋巴管阻滞，或血液状态改变所致，不充血、无热感、无痛。

1. 肾病引起眼睑浮肿　为暂时性水肿，突然发生，数小时或数日后消退。

2. 心脏病　多数先发生下肢浮肿，然后才有眼睑浮肿。

3. 眶内占位性病变　恶性肿瘤等占位性病变压迫静脉，因其回流障碍而引起眼睑及结膜水肿。结膜静脉常变得迂曲扩张。

4. 重症内分泌性眼球突出　因内分泌失调及眶内压增高造成回流障碍，常伴有眼肌麻痹。

5. 长期眼睑痉挛　眼轮匝肌压迫静脉，因回流障碍引起。以上眼睑为主。

6. 疤痕收缩　眼睑深层的广泛疤痕造成局部静脉郁滞而引起水肿。

7. 血管神经性水肿　由于变态反应而引起局部血管神经反应。

8. 黏液性水肿　由于甲状腺功能不足而引起，呈两侧性上下睑丰满肿胀，压之无凹陷，皮肤干燥。睑板皮脂腺由肿胀而变性。

9. 寄生虫　尤其肌旋毛虫，此外，裂头绦虫幼虫，丝虫，疟原虫均可引起。

三、眼睑气肿

大多数为眼眶气肿的一部分，也可因泪骨骨折、泪囊破裂而发生。动物在头及眼部钝性外伤后，因筛骨破裂，鼻腔空气进入眼眶及眼睑皮下。在打喷嚏或鼻腔胀气时，肿胀愈益剧烈。肿胀的眼睑不充血，触之有弹性，用手捻眼睑皮肤，可闻捻发音。如眶内有气肿，可伴有眼球突出。

第三章

结合膜及第三眼睑疾病

第一节　结合膜及第三眼睑损伤

一、结合膜外伤

【病因】　当全眼睑损伤或由于异物进入结合膜囊时，结合膜发生创伤及挫伤，同时也经常损伤到附近的组织——角膜和巩膜。如果异物（小粒饲料、小的砂粒，异物碎屑）落入结合膜囊时，常会停滞在内而引起炎症过程。

【病征】　异物进入结合膜囊时，会突然影响眼的活动，发生流泪，眼睑痉挛。动物不安，眼睑紧闭，不愿睁开。很快结膜，角膜迅速发生炎性反应。当眼球结合膜挫伤时，损伤巩膜上的小血管，常常形成结合膜下出血。初期为鲜红色，逐渐变成黄色，最后消失。

当意外情况造成结膜创伤，或在眼部手术中造成结膜创伤时，可见眼部有明显出血，创伤部位可见创口移开，创口内有明显出血，结膜囊内有鲜血或有凝血块。严重的球结膜下也有出血，整个眼部鲜血涌出，出血不止，甚至眼睑肿胀。严重的切创及撕裂创会造成组织的缺损。

【预后】　取决于损伤的范围及大小，深度和炎症经过的性质。小的创伤如无其他继发或其他组织的损伤，不给予任何治疗也可能愈合，但较大及深在性创伤，可继发实质性化脓性结合膜炎。

【治疗】　去除病因。当怀疑有异物存在时，必须仔细检查结合膜囊及第三眼睑。应用3％硼酸溶液冲洗，为减轻刺激可先用2％～3％奴佛卡因液数滴点眼，使用抗生素眼药水或眼膏。

如发现小的创伤或有明显创口伴有出血的，可用肾上腺素棉球压迫止血，并以0♯丝线或0/3肠线对结膜创伤作连续或结节缝合。用0.1％雷伏诺尔液清洗创口，有必要时可在眼睑上作几针水平纽扣状结节假缝合，三天后拆除，或装上眼绷带（彩图42）。

二、其他原因引起的损伤

1. 热伤　因物理性原因引起的热伤（如烧伤、烫伤）时，眼结膜充血，流出浆液性或脓性分泌物，甚至眼裂不能闭锁，似兔眼。

初期可大量滴入 2％～3％可卡因液，然后以 3％硼酸水洗涤结合膜囊，再涂擦 3％硼酸软膏，5％碘仿软膏或 5％塞洛仿软膏，并装上绷带。绷带每三小时交换一次，以后每日 2 次。为了减轻疼痛，应用 2％～5％狄奥林软膏。若为眼睑烧伤，可涂擦硼酸凡士林软膏（碳酸钙 10.0 g，氧化锌 5.0 g，石灰水、淀粉各 10.0 g，鱼石脂磺酸铵 2.0 g）。为防止感染可使用各种抗菌素软膏。

2. 化学性热伤 当石灰或浓酸、碱溶液沾落到眼上时，常常发生热伤。结合膜损伤的程度，取决于物质的量和浓度。由石灰发生的热伤，可用奴佛卡因点眼，然后用镊子或湿棉花棒取出石灰块。假使石灰块黏到结合膜，用刮匙尖端除去，最后仔细用水洗涤。

当酸性热伤时，多数形成局限性干性的痂皮。在碱性热伤时可逐渐向深部蔓延。

热伤的治疗：初期必须大量的应用清水或中性物质洗涤结合膜。酸性热伤时用弱碱性液（如苏打等）洗涤。对碱性热伤，最好用牛奶洗涤而不用清水洗涤。最后装上防腐软膏绷带（5％碘仿软膏或西洛仿软膏，硼酸凡士林等）。

有建议，在结合膜及角膜热伤（物理性或化学性热伤）初期，大量用清水或 0.6％食盐液洗涤效果最好，但是不能用中性液。结合膜热伤，包括毒气物质在内，应用磺胺制剂，尤其是食盐蛋白效果最好。可以用撒布剂或 20％～30％液应用，初期每 3 h 1 次。对石灰热伤，应用 3％甘油或 8％枸橼酸钠有一定效果。

第二节 结膜炎

结膜炎（Conjunctivitis）是指眼结膜受外界刺激和感染而引起的炎症，是最常见的一种眼病。各种家畜，动物都可发生，马、牛、犬更为常见。有卡他性、化脓性、滤泡性、伪膜性及水泡性结膜炎等类型。

【病因】 结膜对各种刺激有敏感性，常由于外来的或内在的轻微刺激而引起发炎。其原因如下。

1. 机械的 结膜外伤、各种异物（如灰尘、谷物芒刺、干草碎末、植物种子、花粉、烟灰、被毛、昆虫等）落入结膜囊内或粘在结膜面上。牛泪管吸吮线虫（Thelazia lacrymalis）多现于结膜囊或第三眼睑内（不但呈机械性刺激，而且还呈化学作用）眼睑位置改变（如内翻、外翻、睫毛倒生等）以及笼头不合适。

2. 化学的 石灰粉、熏烟、厩舍空气内的大量氨存在，以及各种化学药品（包括已分解或过期的眼科药）或农药误入眼内。

3. 温热 烫伤、烧伤等热伤。

4. 光学的 眼睛未加保护，遭受夏季日光的长期直射，紫外线或 X 线照射等。

5. 传染的 多种微生物经常潜伏在结膜囊内。正常情况下，由于结膜面无损伤，泪液溶菌酶的作用以及泪液的冲洗作用，不可能在结膜囊内发育。但当结膜的完整性遭到破坏时，易引起感染而发病。牛传染性鼻气管炎病毒可引起犊牛群发生结膜炎。衣原体（Chlamydia）可引起绵羊滤泡性结膜炎。给放线菌病牛以碘化钾治疗时，由于碘中毒，常出现结膜炎。

6. 战争的 发生战争时各种毒剂的作用。

7. 继发的 本病常继发于邻近组织的疾病（如上颌窦炎、泪囊炎、角膜炎等），重剧的消化器官疾病及多种传染病经过中（如流行性感冒、腺疫、牛恶性卡他热、牛瘟、牛炭疽、犬瘟热、禽白喉等）常并发所谓症候性结膜炎。结膜在个别情况下，可以由霉菌引起，如麹菌属、白霉属（霉菌性结膜炎），脑中毒，锈霉菌（中毒性结合膜炎）。

结膜炎在发生经过中，经常蔓延到邻近部位，如泪器、眼眶、眼睑、角膜及眼内部。结膜炎也可以引起组织及器官的慢性炎症。

8. 变态反应性因素 入侵的过敏原，花粉、药品、食物以及动物毛皮屑、发屑部都能引起一种急性的、季节性的或持久性的过敏性的结膜反应（彩图43）。

【症状】 结膜炎的共同症状是羞明、流泪、结膜充血、结膜浮肿、眼睑痉挛、渗出物及白细胞浸润。在某些眼病及机体全身性疾病时，结膜的炎性变化为局限性或蔓延性的，如全身性疾患是传染性的，则结膜炎会广泛的蔓延。在多数情况下症状性结膜炎可以两眼同时发生。

（一）卡他性结膜炎（Conjunctivitis catarhalis）

临床上最常见的病型，结膜潮红、肿胀、充血、流浆液、黏液或黏液脓性分泌物。一般可分为急性和慢性两种，是由炎性肿胀的程度及经过的长短而决定的。本病常继于发全身疾病，特别在传染病的经过中经常两眼同时发生（彩图44）。

1. 急性型 轻度的结膜及穹隆部稍肿胀，呈鲜红色，分泌物少，初似水，继则变为黏液性。重度时，眼睑肿胀、带热痛、羞明、充血明显，甚至见出血斑。炎症可波及球结膜。分泌物量多，初稀薄，渐次变为黏液脓性，并积蓄在结膜囊内或附于内眼角。有时角膜面也见轻微浑浊。若炎症侵及结膜下，则结膜高度肿胀，疼痛剧烈（彩图45）。

牛的急性卡他性结膜炎还可波及球结膜，此时结膜潮红、水肿明显，表面凹凸不平，并突出外翻，甚至遮住整个眼球。

2. 慢性型 常由急性转来，症状往往不明显，羞明很轻或见不到。充血轻微，结膜呈暗赤色、黄红色或黄色。经久病例，结膜变厚呈丝绒状，有少量分泌物。

水牛由于结膜外翻，长时间受到外界的刺激和暴露，致结膜干燥，患眼发痒，故患牛常试图摩擦患眼，引起球结膜下的结缔组织增生，结膜进一步突出，出现紫红色的溃烂斑块。导致角膜发炎，视力高度减退。

（二）化脓性结膜炎（Conjunctivitis purulenta）

一般为感染化脓菌所引起。在家畜经常发生。结膜囊内几乎经常有细菌存在，但是很少在结膜囊内呈现作用，仅在结膜囊的正常状态被破坏时，才发生化脓性结膜炎。

化脓性结膜炎，常常为卡他性结膜炎的继发症，由于化学性及机械性的刺激，或在某种传染病（特别是犬瘟热）时而引起。当结膜显著露出最易感染。当有异物侵入时，由于上皮被破坏，细菌经造血器官及淋巴系统进入。化脓性结合膜炎，有时也见于结核及鼻疽（结膜反应）的接种诊断中。

化脓性结膜炎的经过中，可能为急性型或慢性型。一般症状都较重，常由眼内流出多量纯脓性分泌物，时间越久则越浓，因而上、下眼睑常被粘在一起。眼睑上皮柔软，大部分被毛脱落，当急性经过时，被毛脱落特别显著。白细胞集聚于结膜组织，最后形成糜烂及溃疡。化脓性结膜炎常波及角膜而形成溃疡，且常带传染性。

化脓性结膜炎常取慢性经过。结膜水肿症候减轻，但还带有青紫色的阴影。有时结膜及角膜表层形成糜烂及溃疡，结果可见眼睑与眼球愈着。分泌物减少，并具有十分黏稠污秽的黄色（彩图 46）。

诊断时应当与继发性角膜炎，传染性及非传染性角膜结膜炎相区别。

（三）蜂窝组织炎性结膜炎（实质性结膜炎）(Conjunctivitis phlegmonasa. S. parenchymatosa)

蜂窝组织炎性结膜炎，是重创的发炎病程，不论在结膜或结膜下蜂窝组织都呈典型的经过。本病的发生经常由化脓性结膜炎所引起，一般发生在化脓性结膜炎之前或者同时发生。许多传染病的经过中（如牛恶性卡他热、血斑病等）具有本病的症候，炎症亦能转移至眼的邻近部位而发生眼眶蜂窝组织炎。

本病特征是没有显著的病理学变化，但结膜及皮下组织肿胀达到很大面积时，病情会波及两侧眼睑。结膜肿胀，露出眼间隙。初期结膜潮红，以后由于瘀血呈暗赤色。露出的结膜表面紧张，干燥而有光泽，压迫该部位则易出血。经常表在性有擦伤及撕裂伤。以后结膜被覆大量黏液性化脓性分泌物，结膜表层可能有坏死，有时干燥，形成暗黄色坚实性的痂皮，在除去痂皮时，实质会大量的出血。眼睑肥厚、肿胀，局部疼痛、显著增温，体温同时升高。

本病初期轻度情况未有显著蜂窝组织炎的特征时，可能迅速被吸收，24 h 内可以治愈。但在重剧时可能发生各种继发症，最终结膜大部分坏死，而形成广大的瘢痕。

蜂窝组织性结膜炎，容易与眼球后蜂窝组织炎，眼眶结缔组织淤血，眼睑脓疡及泪腺炎相混淆。蜂窝组织性结膜炎会沿着眼部广泛的蔓延，而眼睑蜂窝组织炎为局限性。眼睑血肿时仅呈现轻微的炎症症候，并且逐渐消失，一会儿又呈现，结膜呈暗赤色。脓疡时，肿胀经常波及一侧的眼睑，而且结膜没有外翻。

化脓性泪腺炎，常常伴发上眼睑肿胀，最后形成脓疡。

（四）滤泡性结膜炎（Conjunctivitis follicularis）

滤泡性结膜炎为慢性，非传染性的淋巴性滤泡炎，主要表现在第三眼睑内面。

曾有文献报道，滤泡性结膜炎在犬普遍发生。在猫主要见于猫衣原体感染，也可见于其他因素引起的慢性结膜炎。有人认为是由于各种刺激，如灰尘、烟及其他。也有人认为卡他性结膜炎的初期，常为本病发生的原因，然后继之发生淋巴性滤泡炎。常常与眼睑内翻同时发生，而且由于慢性卡他性结膜炎所引起。

犬在发生犬瘟热后常发生结膜淋巴性滤泡炎，其可能是经血液淋巴而发病。

作组织学检查时，结膜淋巴滤泡完全是正常的。淋巴滤泡特别显著的积聚在第三眼睑的内面，犬常见有轻度的肿胀，结膜发生炎症，显著充血，白细胞渗出。滤泡的数目及大小可随年龄而发生变化。并且蔓延至巩膜上的结膜皱襞，很少沿着第三眼睑蔓延，眼睑呈现的结节到最后类似局部的肉芽组织。在重剧病状时用 X 线检查，可在眼睑结膜上发现结节（彩图47）。

在慢性卡他性的初期，症状非常轻微，仅当淋巴滤泡发生变化时才引起注意。开始球结膜水肿，充血和有浆液黏液性分泌物，几天后其分泌物变为黏液脓性。在炎症期，主要表现在第三眼睑内出现大小不等的鲜红色或暗红色颗粒（淋巴滤泡），偶尔在穹隆结膜处见有淋巴滤泡。先是一眼发病，5～7 d后另一眼也发病。猫滤泡性结膜炎发病急，但2～3周后则可康复。不过，亦有猫转为慢性或严重结膜炎，甚或发生睑球粘连。

（五）纤维素性结膜炎 （Conjunctivitis fibrinosa）

纤维素性结合膜炎的特征是形成或多或少的纤维素性薄膜，被覆于整个结膜或一部分，该处可呈现坏死的病程。格鲁布性结膜炎时其纤维素性薄膜比较薄，在结膜上皮有坏死的情形。当坏死的变化蔓延至深部时，则侵害结膜的实质，并形成很厚的膜，成为白喉性炎症的症状。

1. 格鲁布性结膜炎 （Conjunctivitis crouposa） 系由各种化学物质的烧伤所引起，外伤性发生的很少。当重剧的传染性结膜炎时，可能形成格鲁布性伪膜，在所有的家畜都可以发生。其主要症状为结膜肿胀、充血、伪膜呈黄色、黄赤色或血清样黄色。一般用镊子可以除去，但不能全部去除。除去伪膜后有轻度的出血，但是很少使组织损伤及糜烂，大多数病例的结膜显著肿胀，疼痛及羞明，并由眼内流出琥珀样黄色渗出物。一般经过20～30 d可以治愈，但如转移到角膜则预后不良。

2. 白喉性结膜炎 （Conjunctivitis diphtheroides） 家禽鸡痘白喉性结膜炎发生时，同时并发咽喉头及口腔的病变。其发生的原因，是由于病毒的蔓延，原发的部位在口腔有一层薄膜，在传染病过程中流行。在地方性传染病流行时，幼驹白斑病及牛炭疽病发生白喉性结合膜炎的很少。但在热伤及腐蚀性化学药物的应用时，也能同时发生格鲁布性结合膜炎。

症状为眼结膜肿胀、充血、睑缘经常有黏液性分泌物，在大动物由于结膜水肿，结膜常露出。当眼睑不能完全闭合时，则分泌黄色或浆液性渗出物，而形成纤维素膜或纤维素块。白喉性膜比格鲁布性薄膜大而结实。当强行剥离时，在结膜上易造成出血并遗留溃疡。

全身状态经常被破坏。在家禽的病情发展常转移到眼眶以至角膜，最后可使角膜缺损。

（六）颗粒性结合膜炎 （Conjunctivitis granulosa）

本病以牛及绵羊多发，由于结膜上皮有寄生性立克氏体，所以常常引起急性炎症，有时继发角膜炎。发生后经过2～3 d，最长达30～60 d或更长，一般经过良好，最后可以治愈。其常常以流行性传染为特征，特别在羔羊患病时，若不隔离病畜，则迅速蔓延至整个畜群。

其结膜经治疗之后，变为肥厚，并呈现小的结节为特征。这种结节认为是结膜立克氏体，即使动物痊预后，还有病原体存在。本病无特殊的治疗方法。

（七）水泡性结膜炎（Conjunctivitis vesculosa）

本病较少发生，以在结膜上皮下形成结节为特征，在马、牛（当发生滤泡性口炎时）和犬有发生本病的报告。

主要症状在眼睑结膜及角膜缘附近发生一个或数个帽状针头大的小隆起，常常为透明的淡乳白色，其形状为类圆形的，椭圆的或梨状型的。预后较佳。

（八）衣（有膜）原体性结膜炎（Conjunctivitis chlamidozoae）

本病在牛常为流行性发生，其病原为多形性寄生虫——衣原体性结合膜炎。发病后在结膜炎性肿胀部呈现小的颗粒状。病情能蔓延至角膜引起角膜炎。一般经过 3～10 d 而治愈。

【治疗】

（一）除去原因

应设法除去原因。若是症候性结膜炎，则应以治疗原发病为主；若环境不良，则应设法改善环境。

（二）遮断光线

应将患畜放在暗厩内或装眼绷带。当分泌物量多时，以不装眼绷带为宜。

（三）清洗患眼

用 3％硼酸溶液。

（四）对症疗法

1. 急性卡他性结膜炎　充血显著时，初期冷敷，分泌物变为黏液时，则考为温敷，再用 0.5％～1％硝酸银溶液点眼（每日 1～2 次）。用药后经 30 min 就可将结膜表层的细菌杀灭，同时还能在结膜表面上形成一层很薄的膜，对结膜面起保护作用。但用过本品后 10 min，要用生理盐水冲洗，避免过剩的硝酸银的分解刺激，且可防止银沉着。若分泌物已见减少或趋于吸收过程时，可用收敛药，其中以 0.5％～2％硫酸锌溶液（每日 2～3 次）较好。此外，还可用 2％～5％蛋白银溶液，0.5％～1％明矾溶液或 2％黄降汞眼膏。疼痛显著时，可用下述配方点眼：硫酸锌 0.05％～0.1％，盐酸普鲁卡因 0.05 g，硼酸 0.3 g，0.1％肾上腺素 2 滴，蒸馏水 10.0 ml。也可用 10％～30％板蓝根溶液点眼。

球结膜内注射青霉素和氢化可的松：用 0.5％盐酸普鲁卡因液 2～3 ml 溶解青霉素 5万～10 万单位，再加入氢化可的松 2 ml（10 mg）作球结膜注射，一日或隔日一次。或以 0.5％盐酸普鲁卡因液 2～4 ml 溶解氨苄青霉素 10 万单位再加入地塞米松磷酸钠注射液 1 ml（5 mg）作眼睑皮下注射，上下眼睑皮下各注射 0.5～1 ml。

2. 慢性结膜炎　以刺激温敷为主。局部可用较浓的硫酸锌或硝酸银溶液，或用硫酸铜棒轻擦上下眼睑，擦后立即用硼酸水冲洗，然后再进行温敷。也可用 2％黄降汞眼膏涂于结膜囊内。中药川连 1.5 g，枯矾 6 g，防风 9 g，煎后过滤，洗眼效果良好。

3. 病毒性结膜炎　可用 5％磺胺乙酰胺钠眼膏涂布眼内。凝为病毒感染，可使用疱疹净眼药水或吗啉胍眼药水每日 5～6 次，同时皮下注射聚肌胞注射液，配合使用普鲁碘胺注射液以增加疗效。

4. 化脓性结膜炎 必须仔细检查结膜囊内特别是第三眼睑后面有无异物存在，光以棉球浸以 3％硼酸液或 1％过氧化氢液擦去脓汁，然后以 3％硼酸液，1：5 000 高锰酸钾液，1：2 000 雷伏诺尔液冲洗，每日 2～3 次，最后以 1％～2％硝酸银涂擦结膜，并立即以生理盐水洗涤。此外，也可应用 5％～10％蛋白银，碘仿粉或碘仿软膏，黄降汞软膏等。特别顽固的病变，可应用硝酸银腐蚀结膜，然后以生理盐水洗涤，再应用汞软膏（二氯化汞 0.003 g，白凡士林 10.0 g）一日涂擦二次，如有明显疼痛可添加丁卡因 0.01 g，尚可应用各种抗菌素软膏剂。

5. 滤泡性结膜炎 可用 10％硝酸银液反复腐蚀第三眼睑的滤泡，腐蚀后再以生理盐水洗涤。当慢性结膜炎时，可先以 0.5％～1％硫酸锌点眼，一日 2～3 次，24 h 后再行腐蚀。如有眼睑外翻，必须合理地进行手术治疗。

格鲁布性结膜炎的治疗方法同以上方法。

对牛的结膜炎可用麻醉剂点眼，因患牛的眼睑痉挛症状显著，易引起眼睑内翻，造成睫毛刺激角膜。奶牛由于血镁低，经常见到短暂的，但却是明显的眼睑痉挛症状。

当禽类患有白喉性结膜炎时，首先应治疗其流行病，注意隔离消毒。局部同以上方法进行治疗。初期进行温敷，除去薄膜，同时应用抗菌素治疗。

第三节　其他结膜疾病

一、结膜翳（Pterygium conjunctivae）

【病因及病征】 结膜翳是在角膜靠近球结膜部位间隙形成的三角皱襞。其主要发生在眼内眦，逐渐形成皱襞，表层向角膜生长，最后在结膜缘愈着。在翳生长的同时，大量血管增生。当生长停止时，翳则变为淡白色而发光。当翳蔓延至角膜深部引起变化时，决不可以认为它是角膜上结膜机能性生长的结果。

结膜翳发生于马、牛及犬，其原因可能由于外界刺激（灰尘、氨气及其他）所引起。

在翳发生之前，角膜的前弹力层被破坏，使表层上皮脱落。因此，结膜向角膜表层生长，致上皮下的瘢痕与翳延至结膜。在翳形成后，可能完全停止生长。但在某些情况下，由于翳的增生，使瞳孔闭锁。

本病区分真性翳及假性翳。假性翳发生于角膜瘢痕溃疡缘，而且经常在结膜发生。

【治疗】 当真性翳时，可用镊子夹住角膜缘，轻轻提举并且用小刀或眼科剪切开角膜，然后剥离，再在角膜组织瘢痕处用锐匙除去或以硝酸银棒反复腐蚀，直至增生或瘢痕呈现缺损时为止。当假性翳时，可沿着结合膜皱襞至角膜处切除之。

二、结膜肿瘤（Tumors conjunctivae）

结膜常常发生良性肿瘤及恶性肿瘤。良性瘤有上皮瘤、乳头瘤、脂肪瘤、纤维瘤、血管瘤、腺瘤、结膜皮样囊肿。恶性的有恶性黑色素瘤，上皮癌等。

（一）结膜皮样囊肿

1. 先天性角膜缘囊肿 有时囊肿较大（彩图48）。

2. 外伤性结膜囊肿 大多数为上皮植入性囊肿，上皮长入黏膜下增殖，中央变性而呈空腔，腔中含有清澈透明的液体。附近多少有些炎症反应。

3. 寄生虫性囊肿 较为少见。

4. 上皮囊肿 指非外伤性者，可发生在结膜任何部位，大小不等，有时为多数性发生。病因难以区分。

（1）腺潴留性囊肿。常为小型囊肿，在慢性炎症时 Krause 腺管被附近浸润或疤痕压迫而阻塞，腺体黏液性分泌物积聚，故囊肿内含黏液、浆液、及上皮碎片。此种囊种在上睑以富有弹性的包块出现，大者可引起机械性睑下垂，可以突出于上睑结膜或上穹隆。

（2）上皮长入性囊肿。常有慢性炎症的因素。促使上皮朝内生长，中央的上皮细胞变性而形成囊肿。

（3）黏膜皱襞对合而形成的囊肿，极少见。常与结膜及下方的组织不发生附着，故可移动。

结膜皮样囊肿为一种先天性结膜疾病。又称皮肤脂瘤，具有皮样构造，如表皮、真皮、脂肪、皮脂腺及毛囊等。皮样囊肿呈浅棕黄色或棕色到黑色，大小不等，可经角膜缘向角膜伸展，有时累及眼睑及眼眶。

皮样囊肿增大不常见。小的囊肿对眼无妨碍，一般不易发现。大的囊肿，尤其长出被毛时，则会刺激角膜，引起睑痉挛和泪溢。

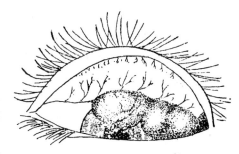

图 4-3-1 结膜上皮囊肿

【治疗】 小的囊肿未引起眼的损害可不予治疗。大的需用手术切除。仅结膜皮样囊肿，连同结膜及结膜下组织一并切除。切除后，分离缺损的周围结膜，使其松动，再用 0/3～0/7 缝线将其闭合起来。如累及角膜，先作结膜切除，并经巩膜外间隙越过角膜缘，作浅层角膜切除术。

5. 淋巴囊肿 发生在球结膜，与淋巴管扩张及淋巴管瘤无法区别。扩张的淋巴管不能排空，故形成囊肿，其中充以透明液体。囊腔壁围有内皮细胞，可逐渐扩大成多数性。小囊肿可部分融合，但决不会成为大囊肿。

（二）结膜上皮肿瘤

上皮瘤是由上皮所形成，各种家畜及家禽均可发生，特别是犬最常发生。上皮瘤不仅在结膜生长，就是在角膜亦有发生，并且引起严重的视力障碍。上皮瘤有单独的或数个同时发生于一眼或两眼的。

【症状】 因部位而不同。睑缘上皮瘤位于睑缘或睑板部，结膜上皮瘤发生于结膜穹隆部或眼球结合膜，角膜上皮瘤生长在巩膜及角膜境界部或在角膜上，但是很少发生，第三眼睑上皮瘤间或有发生。犬的上皮瘤有的发生在结合膜下，有绿豆大，表面光滑，呈黄白色。经常为混合性上皮瘤（在角膜及结膜上）。上皮瘤主要生长在眼外眦，而在眼内眦间或有之。

其预后取决于上皮瘤生长的位置、程度及手术去除是否完全。角膜上皮瘤比其他型预后不良。当上皮瘤生长完全时，经常引起角膜炎及结合膜炎，并可形成兔眼。

【治疗】　以手术疗法为主。动物确实保定，在全身麻醉或局部麻醉下施行手术。用镊子固定睑缘上皮瘤，并沿睑缘切除之。切除时，先以眼睑开张器开张眼睑，再用镊子固定眼球。结膜上皮瘤应用外科刀或外科剪切除去。角膜上皮瘤用外科刀切除时，应特别谨慎，必须注意角膜组织。在角膜表面常常遗留很少的上皮瘤组织，可应用硝酸银棒腐蚀后，用1‰氯化钠液洗涤。该部位多数遗留各种不同程度的瘢痕。当第三眼睑发生上皮瘤时，可以用上法除去。

（三）乳头状瘤

生长迅速，在几个月内即已长成明显的肿瘤。从病原可分成病毒性及肿瘤性两种，但二者在组织学上无法区分。典型的乳头状瘤呈粉红色，软而有蒂，表面如桑甚状，有很多小突起。常发生于眼内眦近泪阜及半月皱襞处。也有见于角膜缘，有向角膜上生长的倾向。乳头状瘤为良性，但可能恶化成为上皮癌（彩图49）。

（四）腺瘤

少见。为较软、粉红色的肿块。有时有蒂，有形成囊肿的倾向。一般为良性。

（五）上皮癌

上皮癌好发于睑缘，泪阜及角膜缘，一般在两种上皮的移行部分是上皮癌的好发部位。发生在角膜缘的，开始有一片灰色斑片，尤如疱疹，不久即成杏仁状，突起，血管丰富，表面作乳头状，但基底有粘连而固定。稳定一个时期后，生长即较迅速，并突出呈菌状，表面有溃疡。生长到角膜以后可并发虹膜炎及角膜溃疡。肿瘤可经淋巴系统转移到耳前及颌下淋巴结。

（六）血管瘤

血管瘤可发生在球结膜或睑结膜。有先天因素。有丛状、毛细血管性及海绵状三种。丛状血管瘤及毛细血管瘤是不隆起的毛细血管扩张。海绵状血管瘤呈青紫色，为圆形肿块，富有弹性。三种血管瘤均有共同特点，在血管瘤上加压，血液可被排空。诊断容易。血管瘤有生长倾向。

（七）淋巴管瘤

较少见，有先天因素。逐渐缓慢长大。为单个或分叶状扁平的小泡，呈现淋巴管的弯曲状态，犹似一串葡萄。壁呈半透明，用裂隙灯可见囊腔中透明的液体。邻近结膜有持久性或间歇性充血。小的淋巴管瘤只有几毫米宽，大的可侵及眼睑及眼眶，肿瘤可突出于眼裂。淋巴管瘤与淋巴管扩张，形态难以区分，但前者自幼即有，逐渐长大，而后者为后天性，一般不会发展。

（八）色素性肿瘤

结膜的色素性肿瘤包括痣及恶性黑色素瘤。痣是一种有胚胎基因的肿瘤，与生俱有或在幼年以后显现出来。多数是含有色素的，约有 30% 不含色素。可发生在结膜的任何部位。大小不定，针尖大小或一大片。含有色素的痣诊断极易，但有些小的痣会被误认为异物，在辨认不清时可用裂隙灯检查。色素痣由颗粒状小色素所组成，与异物不同。不含色素的痣易漏诊。痣在动物成长期也有生长倾向，有些痣细胞虽未生长，但由于不可见的前黑色素（Premelanin）变成可见的黑色素而显得色素增加。有时痣细胞自发性坏死，黑色素也会变成不可见的前黑色素，痣终而缩小或消失。

痣如长大迅速，即有转化为恶性黑色素瘤的可能。恶性者在半年内可长至花生米大，应行病理检查以证实诊断。刺激或不完整的切除手术均可促使恶化。表面有溃烂或易于出血均为恶性的征兆，应予注意。

三、结膜炎性肿 （Inflammatory tumorsin conjunctiva）

结膜炎性肿常发生于犬，猫少见。犬有三种疾病，即结膜下注射肉芽肿性反应，增生性角膜结膜炎和眼球结节性筋膜炎。

（一）结膜下注射肉芽肿反应 （Granulomatous reaction to subconjunctival injection）

一般药物结膜下注射反应是暂时的，并随药物吸收，炎症反应减轻而消退。但某些皮质类固醇如甲强的松龙，注射后出现乳白色样斑块，可保留在结膜下达数月，并出现疼痛性肉芽肿反应。可采取手术切除治疗。

除结膜下注射肉芽肿反应外，还有由于特殊感染引起的肉芽肿性炎症。单纯性肉芽肿也可见于各种情况。

结膜肉芽属于结膜中胚叶肿块，是常见的病变。如在霰粒肿向结膜面溃穿后，或在有些动物装上假眼后，对结膜的刺激均常引起肉芽生长。肉芽作息肉样突起，一个或者大小不等的数个突起群集在一起，表面光滑，血管丰富，轻微的抓揉，擦眼的动作也可引起肉芽出血。当肉芽感染而变成溃疡时，状若恶性肿瘤。当毛发、石屑、其他杂质在结膜囊潴留时，均可导致肉芽生长。

（二）增生性结膜角膜炎 （Proliferative keratoconjunctivitis）

单眼或双眼发生，长毛牧羊犬最常见。确切病因不详，低色素和接触强阳光可能是致病因素。临床特征为球结膜、角膜缘附近或第三眼睑等处出现黄红色肿块。与结膜紧密相连，可随结膜移动，生长快。累及角膜时，可导致角膜浑浊，甚至失明。组织学检查，其肿块类似于人的纤维组织细胞瘤，含有增生的纤维结缔组织、组织细胞、淋巴细胞、浆细胞及多形核白细胞等。皮质类固醇治疗效果较好。可经滴眼，结膜下注射（病变内注射）

或全身性应用等途径给药，但要长期应用。隆起物增大时，可施手术切除。

（三）眼球结节性筋膜炎（Ocular nodular fasciitis）

为一种良性、硬实及肉色的结节，可单眼或双眼发生。其结节分布与增生性角膜结膜炎相似，但其损害眼睑和巩膜。因结节起自巩膜，故与巩膜连接牢固。结节表面一层结膜一般游离可动。这种炎性结节无包膜，含丰富的血管和成纤维细胞，也有淋巴细胞和浆细胞等。皮质类固醇治疗效果差，但手术切除可获满意疗效。

四、结膜囊干酪样物沉积

本病见于爬行动物的龟、鳖类。由于其长期生活在水中，其眼较小，具有眼睑，瞬膜和泪腺，且具有冬眠与夏眠的习性。冬眠期可长达 5 个月左右。由于经常接触水中的杂质、水底的泥沙、腐植物及各种水中的病原体，眼睑、瞬膜及结膜易于发生炎症，杂质及炎性渗出物易于沉积于结膜囊中。在长期的冬眠中沉积物愈积愈多，甚至于占满整个结膜囊以至眼窝。检查可见，眼窝鼓起，瞬膜盖住眼窝，眼球多被挤向眼内眦上方或侧方。翻开瞬膜可见结膜囊内充满白色干酪样沉积物。也有的在眼窝的后方与中耳的鼓膜之间鼓起囊状肿块。

翻开瞬膜，用小眼科镊或小刮匙逐渐清除干酪样沉积物。清除中尽量不损伤眼结膜、瞬膜及眼球，然后用0.1%雷伏诺尔液清洗结膜囊。一般沉积物清理干净后眼球即可恢复到正常位置，然后以氯霉素眼药水连续滴眼 2～3 d，每日 3～4 次。

如为眼窝后方鼓起干酪样囊肿，可以刀尖挑开肿胀处，再清除干净干酪样沉积物。以0.1%雷伏诺尔液冲洗干净，再同样以氯霉素眼药水滴眼及创口（彩图50）。

五、结膜变性

（一）结膜黄斑（Pinguecula）

又名睑裂斑，这是结膜本质的本性疾病。病理学检查结膜有透明样变性及弹力组织增殖，是一种良性病变。它是在稍微隆起的灰白色基础上出现一个三角形或几个不规则形状的淡黄色斑块（约2mm）。三角形基底向角膜缘，其上无血管组织，故结膜充血时黄斑衬得格外明显。结膜黄斑常发生在睑裂部的角膜缘附近，一般不发展。近角膜缘处甚肥厚者可能发展为翼状胬肉。

（二）翼状胬肉（Pterygium）

是一种侵犯到角膜的结膜变性及增殖，呈三角形（图 4-3-2），局部表层巩膜也有变性。原因不明。

病变在起始时不受人注意，往往在不知不觉中发生，有时早期似乎为肥厚的结膜黄斑。病初部位多在鼻侧角膜缘，颞侧较为少见。早期在发病部位角膜缘前弹性层上有灰色混浊，结膜向该处角膜缘牵引，并略有皱褶。以后变性组织攀入角膜，呈三角形，其尖端

为钝圆形，与角膜粘连较紧，向眦部逐渐
变宽，状如昆虫翅膀，故有翼状之称。角
膜缘部称为颈部，巩膜部称为体部。颈及
体部与表层角膜粘连疏松。①胬肉为进行
时头端前方的角膜有一明显的混浊带并可
有浸润，胬肉肥厚血管丰富。②静止的胬
肉头端平坦，体部菲薄而血管少。但胬肉
一旦形成后，是不会自行消退的。

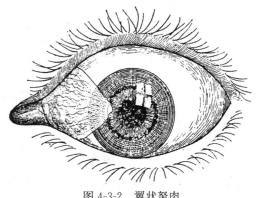

图 4-3-2　翼状胬肉

　　翼状胬肉总是逐渐向角膜中央侵及，
病程可能较长。进行性者生长速度快，静
止性者相对生长缓慢。若鼻侧及颞侧同时
发病，各自向角膜中央生长，而后两胬肉在角膜中央会合。翼状胬肉在角膜缘附近不影响
视力，待长至瞳孔附近，将角膜弯曲度变成扁平，造成散光。若侵入瞳孔则视力发生明显
障碍，巨大的胬肉或经手术后复发的，可因眼球外展受限而发生复视。

　　有时翼状胬肉上出现直径为几毫米的小囊肿，明显球状隆起。光学切面时上皮层可透
光，上皮下为半透明液体。此种囊种变性形成的囊肿是因许多杯状细胞陷入，以及在体部
的柱状细胞以管状形式向下生长而形成腺体。

　　最好的治疗办法是外科手术切除。采用有效的局部麻醉药麻醉该部组织。用镊子钳住
角膜上的组织，在齐角膜处切除之。所作的翼状胬肉的三角形切口是顶端向着内眦，结膜
边缘下挖除一些，边缘加以缝合。

第四节　第三眼睑疾病

一、瞬膜切除术（Removal of the membranae Nictitans）

　　动物的第三眼睑常患有赘生物，瞬膜肥大而引起瞬膜突出，异物和炎症。最常见的侵
害瞬膜的赘生物是癌。

　　对角膜溃疡和裂伤来说，第三眼睑常被用来作为一种防卫性组织"眼罩"。可以移除
小新生物而保留完整的第三眼睑，但更大的新生物通常要完全切除。侵害第三眼睑最频繁
的恶性瘤是鳞状细胞癌、纤维肉瘤和腺癌。柔线虫刺激引起的肉芽组织看上去像一种新生
物。第三眼睑鳞状细胞癌手术切除后常可再发，并可借血液循环途径侵害眼眶。

　　切除方法：先进行全身麻醉，再采用 1% 局部麻醉药注射至结膜下组织进行黏膜麻
醉，或将局部麻醉的药液数次滴入眼窝，用组织钳钳定第三眼睑的游离缘，往外拉并向外
翻。或用拇指及食指抓住瞬膜，使半月状软骨的外形跟着出现。牢固保定动物头部，在第
三眼睑与眼球间的穹隆里，其底部注射约 10 ml 局部麻醉剂（大动物），或将局部麻醉剂
经由下眼睑内侧注射入第三眼睑底部。同时可应用耳睑神经封闭以预防睑痉挛。

　　用钝头微弯剪从软骨切除节三眼睑前半部小的新生物，用直接压迫和用浸以 0.1% 肾
上腺素液的棉球止血。对第三眼睑上大的新生物，应尽可能将该组织前引，再以大弯剪剪

开基部。直接压迫控制出血。

如切除整个瞬膜，可用钝头弯剪沿软骨，完整剪切去全部软骨及黏膜，压迫止血。

术后一般不需要特殊护理，可应用抗生素——皮质类固醇制剂。

二、第三眼睑软骨外翻（Cersion of the cartilage of the third eyelid）

第三眼睑软骨外翻是指第三眼睑玻璃样软骨因缺损或损伤外翻脱出于眼内眦的一种异常现象。常发生于幼年大型品种犬，如德国牧羊犬、大丹犬（Great Danes）及纽芬兰犬（New‐foundlands）等。

【病因】　遗传性疾病。第三眼睑骨生长不均匀或发育期软骨与结膜相连而引起软骨外翻。另外，第三眼睑瓣手术缝合不当，第三眼睑外伤也会引发本病。

【症状】　单眼或双眼发病。在眼内侧软骨外翻，卷曲（一般向外卷曲）。第三眼睑前缘呈卷纸样。有少量泪溢，结膜轻度炎症。由于软骨外翻，影响眼球前泪膜形成而引起角膜炎。

【治疗】　可施部分软骨切除术进行治疗。用两把组织钳夹持第三眼睑，分别向鼻、颞侧牵引，使其外翻，暴露第三眼睑球面。在第三眼睑后面平行于脱出的软骨或在其上方切开结膜。用斜视剪钝性分离球、睑结膜（注意不要穿破睑面），使卷曲的软骨充分显露，然后将其切除。用 6‐0 可吸收缝线闭合黏膜切口，其结应包埋在结膜下，以防刺激角膜。切口也可不缝合。术后，每日应用抗生素眼药膏三次，连用 5～7 d。

三、第三眼睑腺脱出（Protrusion of the gland the third eyelid）

第三眼睑腺（瞬膜腺）脱出，又称樱桃眼（Cherry eye），也有定名为眼结膜腺瘤（林立中，1994），是指因腺体肥大越过第三眼睑（瞬膜）缘而脱出于眼球表面，多发生于犬。少数发生于下眼睑结膜。

【病因】　先天性原因可能因腺体基部与眶周组织间或腺体与软骨间结缔组织附着先天性缺陷或发育不全。一般认为是由于瞬膜血流分布丰富，腺体分泌过剩而致腺体肥大，瞬膜腺管或管口因炎性产物或小异物阻塞而致腺体增大，继而越过瞬膜游离缘而突出于眼角所致。其诱发因素则由于动物饲料多数以高蛋白、高能量为主，如牛肉、牛肝，卤鸭肉、卤鸭肝、猪油渣等。

多见于美国可卡犬（American cocker spaniels）、英国斗牛犬（English bulldogs）、巴塞特猎犬（Basset hounds）、比格犬（Beagles）、波士顿犬（Boston terrier）、北京犬、西施犬（Shih Tzu）、哈叭犬等眼球突出的犬种，也见于沙皮犬及其他品种犬，如罗威纳犬。

当眼睑、结膜、睑板腺、巩膜及角膜等组织有炎症时也可导致第三眼睑腺体的增生和肿大。发病年龄从 2 个月到 2 年不等。

【症状】　散发性，病程短的 1 周左右，长成 0.6～0.8 cm，长的拖延可达一年左右才进行治疗。多数在眼内眦出现小块粉红色椭圆形软组织，逐渐增大，有薄的纤维膜状蒂与第三眼睑相连，少数发生于下眼结膜的正中央，纤维膜状蒂与下眼睑结膜相连（图 4-3-3，彩图 51)。

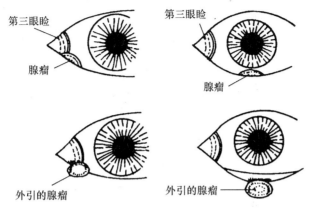

图 4-3-3　第三眼睑腺脱出

该椭圆形肿物，外有包膜，呈游离状，大小为 0.8～1 cm×0.6～0.8 cm，厚度为0.3～0.4 cm，多为单侧性，也有先发生于一侧，间隔 3～7 天，另一侧也同样发生而成为双侧性，有的病侧在一侧手术切除后第 3～5 天，另一侧也同样发生。

下眼睑结膜发生的腺瘤，多为单侧性。

由于肿胀物暴露在外，腺体充血、肿胀、泪溢。患犬不安，常用前爪搔抓患眼，或以眼揉触笼栏或家具。脱出物呈暗红色、破溃，经久不治可引起结膜炎、角膜炎、角膜损伤、溃疡化脓，视力受损。一般无全身症状。手术切除治疗后未见有复发。

【病理】　经病理组织检查，脱出的增生物外有白色的包膜。切片镜检，表现瘤体由结缔组织包裹，结缔组织伸入瘤体分隔成许多大小不一的小叶，小叶内含有许多大小不一的浆液性和黏液性的腺体。腺体上皮排列为单层扁平或立方瘤上皮，其细胞核呈圆形，靠近瘤上皮的基部或近基部，腺体腔内有淡红色液体。小叶间和腺体间结缔组织有丰富的血管和毛细血管。正常眼睑的结膜层其固有膜为疏松结缔组织，内含丰富的纤维细胞、组织细胞、肥大细胞和浆细胞，也含有淋巴小结和腺体（睑板腺、睫毛腺、蔡氏腺和泪腺以及副泪腺）。在对脱出的增生物组织切片检查中可见明显的腺体增生，增生的腺体在构造上、形态、机能上与眼结膜正常腺体细胞相似。脱出的增生物包有被膜，有纤维膜状蒂与结膜相连，符合良性单纯性腺瘤的构造特点。从病理组织学及发生于瞬膜及下眼结膜部位特点，可以定名该脱出的增生物为眼结膜腺瘤。

【治疗】　外科手术切除是主要简便的治疗方法。犬经全身麻醉后，以加有青霉素的注射水冲洗眼结膜，并滴以含有肾上腺素（1∶10 万）局麻药。用组织钳夹住肿物体包膜外引，充分暴露出基部（蒂部）以弯止血钳夹基部数分钟然后以手术刀或小手术剪沿夹钳外侧切除，腺体务必切除干净，尽量不损伤结膜及瞬膜。再以电烙铁（15～20 W）烧烙创缘止血，再以青霉素水溶液冲洗、擦干、去除夹钳，以干棉花球压迫局部止血。一般经电烙止血及干棉球压迫后口很少出血或有少量渗血。也可用沾有 0.1% 肾上腺素溶液的棉球压迫止血。一般创口不需另行处理。如创口出血不止或切除时损伤黏膜引起出血，可以0/3 肠线缝合切口止血。术后以青霉素肌注抗感染。术后以氯霉素眼药水点眼 2～3 d（图4-3-4）。如无电烙铁时，也可以酒精灯烧热手术刀柄尾端以烧烙切口止血。

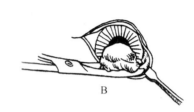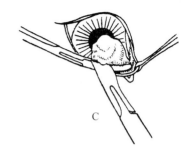

图 4-3-4　第三眼睑腺脱出全切除术

A. 第三眼睑腺脱出于眼内眦　B. 用剪剪除脱出物

C. 止血钳夹住脱出物基部，手术刀在止血钳上缘将腺体切除

附：第三眼睑瓣遮盖术

适用于经药物治疗无效的某些暴露性角膜炎和特异性角膜溃疡，防止角膜干燥和暴露，促进其愈合。也可用于因面神经损伤、眼轮匝肌功能减退、兔眼、睑撕裂、严重睑球结膜水肿及眼后肿胀继发的眼球不全脱位等病征，起到"绷带"的支持作用。

动物应镇静和局部麻醉，包括第三眼睑和结膜表面麻醉和上眼睑浸润麻醉。患眼冲洗干净。术者用无齿镊夹持第三眼睑，并将其轻轻提起，在第三眼睑一端作钮孔状缝合。先由内向外（图 4-3-5A），再由外向内穿透第三眼睑（其缝线尽量远离第三眼睑缘，防止收紧撕裂）。两线末端再分别从上眼睑外侧结膜穹隆穿出（图 4-3-5B）。套上一乳胶管，暂不打结（图 4-3-5C）。然后，按同样方法作第二道钮孔缝合。最后收紧缝线，打结，使第三眼睑遮盖眼球前部（图 4-3-5D）。

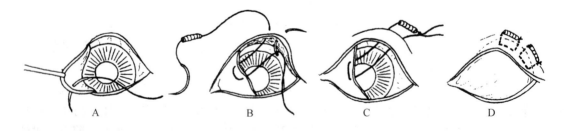

图 4-3-5　第三眼睑瓣遮盖术

A. 第一针从第三眼睑内向外穿出　B. 再从第三眼睑外侧进针，两末端分别由内向外穿出上眼睑

C. 套上乳胶管，暂不打结　D. 第二道钮孔状缝合完成后，两道同时收紧打结

术后，涂布抗生素眼药膏，外用眼绷带和用颈枷，防止自我损伤。每日检查第三眼睑瓣，如发现患眼疼痛，有少量分泌物，应拆除缝线。根据角膜恢复情况，第三眼睑瓣可保留 2～3 周。

第五节　吸吮线虫病

吸吮线虫病（Thelaziasis）主要见于马、牛和犬。牛发生时，常与牛传染性角膜炎呈平行关系。据文献记载，本病曾多发于前苏联南部和欧亚中部，于夏秋季放牧之时大批流行。我国四川、江苏等地区曾发生过，东北地区奶牛场及乡村牛群也有流行。此病在流行期间，严重影响犊牛发育和乳牛的产奶量，给畜牧业带来一定的损失。除大动物外，也发生于犬、猫。

【病因】　马、牛的病原体为罗得西吸吮线虫（Thelazia rhodesii），犬为丽嫩吸吮线虫（Thelazia callipaeda），出于结膜和第三眼睑下，也有的出现于泪管里。马的病原体为泪管吸吮线虫（Thelazia lacrymalis），出现于泪管和结膜囊内。结膜吸吮线虫在结膜囊内时呈淡红色，半透明，离开宿主体后为乳白色。雄虫长 4.5～15 mm，雌虫长 6.2～20 mm，体表角皮除头、尾两端部光滑外，其余部分均皱褶成显著而微细的横纹。横纹边缘锐利呈锯齿形。结膜吸吮线虫需要蝇类作为中间宿主。寄生在泪液和眼分泌物中，被某些蝇类舔食后，在蝇体内经过两次蜕皮发育成为感染性幼虫，并逐渐移行至蝇的口器。当蝇再舔食宿主的眼分泌物时，幼虫穿出蝇的唇瓣进入宿主眼内逐渐发育为成虫。从感染到发育为成虫约需 35 d，在眼内约可寄生 18 个月。本病的发生有季节性，28 ℃左右为虫体活动最适宜的温度，气温 34 ℃以上和 14 ℃以下时，虫体不活动。

【症状】　其致病作用主要表现为机械地损伤结膜，继发细菌感染，以及分泌出毒素使宿主中毒。牛因而抵抗力和生长性能降低。

当眼虫在眼结膜囊内移动时，它的齿状的体表能够损伤结膜和角膜，引起大量流泪并持续 2～3 d。角膜逐渐发生混浊，结膜能因此发炎，肿胀而遮蔽眼睛。

病初患眼羞明、流泪。眼睑浮肿并闭合，结膜潮红肿胀。患眼有痒感。病畜食欲减退，性情变得暴躁。眼内角流出脓性分泌物（化脓性结膜炎）。角膜浑浊，先自角膜中央开始，再向周围扩散，致整个角膜均浑浊。一般呈乳青色或白色，后变为浅黄或淡红色。角膜周围新生血管呈明显的红环瘢，角膜中心呈白色脓疱样向前突出。此时若不治疗，角膜便开始化脓并形成溃疡。某些病例由于溃疡逐渐净化，溃疡面常为角膜翳所覆盖。化脓剧烈时，可发生角膜穿孔。病程 30～50 d。

病犬由急性结膜炎转为慢性结膜炎时，可见黏稠的眼屎。结膜囊和瞬膜下有密集的谷粒状的滤泡肿大和出血。病犬痛痒难忍，不时用趾抓蹭眼面部和反复摩擦头额部。上下眼睑频频启闭，后期眼睑黏合，眼球凹陷。严重的可引起角膜混浊，角膜糜烂和溃疡，甚至角膜穿孔及失明。全身影响为食欲减退，性情暴躁，不安。

检查结膜囊，特别是第三眼睑后间隙和溃疡底部，寻找寄生虫。也可作泪液的蠕虫学检查。有时多次他动地开闭眼睑后，常可在角膜面上发现虫体。天亮前检查患眼，也可在角膜面上发现虫体。检查时可采取盐酸左咪唑注射液 0.1～0.2 ml 点眼，用手轻揉 10～20 s 后，翻开上下眼睑检查是否有透明乳白色，细线头状蛇形活泼运动的虫体。

【治疗】　患眼作表面麻醉，用眼科镊拉开第三眼睑，用浸以硼酸液的小棉棒插入结膜囊腔，第三眼睑后间隙擦去虫体，也可用 0.5％～3％含氯石灰溶液冲洗患眼，以便将虫体冲出然后滴入抗生素。10%敌百虫或 3%己二酸哌嗪点眼，均有杀死虫体的作用。

也可用注射器抽取 5%盐酸左旋咪唑注射液 1～2 ml。由眼角徐徐滴入眼内，用手轻揉 1～2 min。翻开上下眼睑，用镊子夹持灭菌湿纱布或棉球轻轻擦拭黏附其上的虫体，直至全部清除。再用生理盐水反复冲洗患眼，药棉拭干，涂布四环素或红霉素眼膏。

有角膜炎、角膜溃疡的可按有关治疗方法处理。

第四章

泪 器 疾 病

第一节 泪 腺 炎

泪腺炎（Dacryoadenitis）。泪腺病在泪器疾病中很少发生。

【症状】 泪腺炎的病程主要为化脓性炎症。初期上眼睑外侧呈现疼痛、肿胀、增温。当病变还没有显著呈现化脓的特征时，炎症往往自家吸收消散。对泪液分泌过多时，应当与泪道闭塞的流泪区分开。此时在泪腺结合膜处有轻度的充血和水肿。然而大多数的病程，具有化脓的特征。并且下眼睑呈现肿胀，结合膜表面变为肥厚。有时局部形成水肿，触诊泪腺肿大（在正常状态下没有感觉）。不久该部冷却形成脓肿，以后脓肿破溃而治愈或者形成瘘管。

当泪腺炎取慢性经过时，泪腺呈坚实样肿胀，缺乏疼痛。在泪腺肿胀的影响下，眼球运动困难，而且转向内下方。

【诊断】 在化脓性泪腺炎时，上眼睑形成脓疡。此后不仅上眼睑伴发炎症，而且下眼睑亦发生。当泪腺炎时，则无此种继发症，其病程完全局限于上眼睑的外侧方。

【预后】 预后良好，即或形成瘘管，也比较容易医治。

【治疗】 初期在上眼睑及眼弓处涂擦少量的灰色汞软膏，5％鱼石脂软膏，5％樟脑软膏及碘酊。在结合膜囊可以应用氨苯磺胺软膏，蛋白液或蛋白软膏，抗生素或抗生素软膏。假若应用几天后不见炎症消失，则改用温敷法。当形成脓疡时，必须平行于眼睑肌切开。若取慢性经过时，应用碘软膏和透热疗法，以促进炎症吸收。

第二节 鼻泪管阻塞

鼻泪管阻塞（Obstruction of nasolacrimal duct）常见于马和犬，一侧或两侧发病。临床上以溢泪和眼内眦有脓性分泌物附着为特征。

因多种原因所致的泪腺分泌亢进或泪道阻塞时，均会引起泪液过多现象，前者称流泪（Acrimation），后者称泪溢（Epiphora）。临床上常以"流泪"症状表现，故应根据其病因进行分析。因多种原因使泪液不能经鼻腔排出而使其从睑缘溢出者，称为泪道阻塞。

【病因】 可分为先天性和后天性两类。

先天性泪点缺如、狭窄、移位，黏膜皱褶覆盖泪点，泪小管或鼻泪管闭锁及眼睑异常

（睑内翻）（彩图52）。

后天性常与结膜炎、泪道炎及外伤有关。脱落的睫毛、沙尘等异物落入鼻泪管，外伤引起管腔黏膜肿胀或脱落，继发于结膜炎、角膜炎等眼病。上呼吸道感染、组织增生、瘢痕形成，引起泪道狭窄或阻塞。另外，某些小型观赏犬如 Poodles（贵宾犬）、Shih Tzus（西施犬）等头部垂毛也会刺激或阻塞泪道引起泪溢。

【症状】　临床上以泪溢为特征。先天性泪点缺如时，在眼内眦找不到下泪点或上泪点。除上泪点及其泪小管阻塞，其他部位的阻塞均表现出溢泪，内眼眦有脓性分泌物附着。其下方皮肤因受泪液长期浸渍，可发生脱毛和湿疹（彩图53）。

若为泪点异常，一般为幼犬断乳后几周或数月出现泪溢，可单眼或双眼发生，有泪染痕迹，无任何疼痛症状。若为泪道炎症所致的阻塞，除眼内眦有泪溢，也表现疼痛、肿胀、炎性分泌物等。严重者，伴有化脓性结膜炎、眼睑脓肿等。因泪膜缺乏或过度蒸发都会导致干眼、形成干性角膜结膜炎（彩图54）。

【诊断】　①根据临床症状和病史，可作出初步诊断。②仔细寻找患眼内眦睑缘处泪点，尤其下泪点。若无异常，可进一步检查。③荧光素染色试验，将动物头部抬起，将1%荧光素溶液滴满结膜囊内。然后将头放低，观察外鼻孔有无染液排出（4 min 内应明显可见）。染料如不能在鼻孔内出现，说明鼻泪管阻塞；如有染液排出则提示鼻泪管通畅。但这一方法并不十分可靠。因有30%正常动物染料排入咽后部，故有可能得出阴性结果。④鼻泪管冲洗试验。动物患眼滴数滴局麻药后，将4♯～6♯钝头圆针或泪道导管（小动物可用人医鼻泪管冲洗针头）经上泪点插入泪小管，缓慢注入生理盐水（图4-4-1）。如液体从下泪点，鼻腔排出或动物有吞咽、逆呕或喷嚏等动作，证实鼻泪道通畅。若阻力大或完全不能注入，即可诊断为本病。⑤鼻泪管造影。经泪点注入造影剂，进行 X 线摄影，

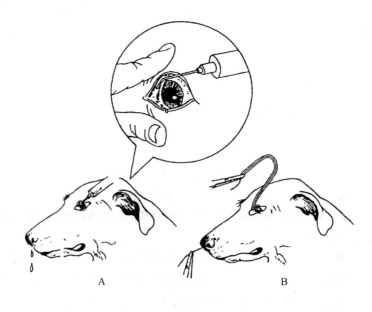

图 4-4-1　鼻泪管冲洗法和插管法
A. 犬鼻泪管冲洗　B. 犬鼻泪管插管

对证实鼻泪管有无阻塞很有价值。

【治疗】　应根据病因采用不同的治疗方法。在炎症早期，多用药物治疗。对于继发于其他眼病者，必须先治疗原发病。

炎症引起的泪点或泪小管阻塞或狭窄，为了排除鼻泪管内可能存在的异物或炎性产物，应进行鼻泪管冲洗术。犬在泪点插入冲洗针头，深度在1 cm左右，接注射器，用普鲁卡因青霉素溶液反复冲洗，以除去阻塞物质，至鼻泪管通畅。如犬骚动剧烈应进行全身麻醉，防止意外损伤。对马可在鼻前庭找到鼻泪管开口，插入针头作逆向冲洗，更为方便。

如泪道已形成器质性阻塞，需施行相应的手术疗法。对先天性下泪点缺如或泪点被结膜褶封闭，可施行泪点重建术（泪点复通术）。在压迫上、下泪小管汇合处远端，于上泪点插入针头，用力注入生理盐水，迫使内眼眦下睑缘内侧接近眼内眦处出现局限性隆起，即为下泪点位置，再用眼科镊提起隆起组织，在最高点切除一小块圆形或卵圆形结膜，即下泪点复通。术后结膜囊内滴用氯霉素和醋酸氢化可的松滴眼液，连用7～10 d，防止人造泪点瘢痕形成而阻塞。

先天性鼻泪管闭锁必须手术造口。动物倒卧保定，浸润麻醉或全身麻醉。在距内眼眦0.6～0.8 cm（马）的下眼睑游离缘找到下泪点，插入25号不锈钢丝，直接朝向内侧0.6～0.8 cm，然后向下向前朝鼻泪管方向推进，直到鼻前庭。用手可触摸到黏膜下的钢丝前端，将黏膜切开2～3 cm，用弯止血钳夹住钢丝前端向外牵拉，直至组织内留下6 cm长的钢丝为止。剪断钢丝，使切口外留下3 cm长，再用肠线将外露的钢丝缝在黏膜组织上，打结固定。当肠线被吸收后，钢丝脱落，从而形成永久性管口。

当泪囊或鼻泪管阻塞或顽固性鼻泪管狭窄，冲洗无效时，可施泪道插管术。即从泪点插入一根2-0尼龙线穿过泪道，从鼻孔出来，再把管径适宜为聚乙烯管套在尼龙线上，由尼龙线将导管引出泪道（图4-4-1B）。除去尼龙线，其导管置留于泪道内。导管两末端分别固定在泪点和鼻孔周围组织，即内眼眦皮肤和鼻孔侧方皮肤上，保留2周，除去异管。如此法无效，可根据泪道阻塞程度，施行泪囊鼻腔造瘘术，结膜鼻腔造瘘术及结膜颊部造瘘术等。

对靠近鼻孔，并且根部较细的肿瘤，可用勒断器勒除之，随后烧烙止血。也可用结扎法使肿瘤自行脱落。肿瘤位置较深在时，可于鼻背部适当位置作圆锯术，摘除肿瘤。有时可作鼻道皮肤"S"形切口，取出肿瘤而不必作圆锯术。为防止术中动物窒息和血液吸入气管，术前可作气管切开术。

第三节　泪　囊　炎

泪囊炎（Dacryocystitis）发生于马、犬和猫。本病大多数取慢性经过。

【病因】　当结膜受到灰尘或其他异物刺激时，或泪管有闭塞时，发生泪囊炎。当结膜、鼻泪管、鼻或附近骨膜发生炎症病程时，泪囊炎可能发生。此外在鼻泪管狭窄、栓塞及鼻腔无孔时，亦能发生。

在泪囊黏液里，经常发现由结膜转来的细菌（葡萄球菌）。但是这些细菌，常常由于泪液冲洗的作用，不可能在这里繁殖。当发炎的初期，鼻泪道发生阻塞，泪液不能由泪点流出，泪液迅速分解，对黏膜呈现刺激作用。同时又因微生物经常繁殖的结果，因此泪囊炎多半具有化脓的性质。

黏液性泪囊炎稍有肿胀，正常分泌物很少，并且脓汁经常与黏液混合存在。

泪囊炎在各种眼病的病理发生过程中，都具有很大的意义。因为任何手术的施行，都与眼球有关，为了避免经此而感染，必须事先检查泪囊的状态。

【症状】　当急性期，可以看到眼内眦流泪，结膜充血及肿胀。在泪囊处稍下方，常常出现大小不定的肿胀，有轻度的弹性及波动性。触诊该部时，从泪点排出十分透明的黏液，好像蛋清或似黏液样脓汁以至纯脓性（卡他性泪点阻塞，蜂窝织性泪点阻塞，化脓性泪点阻塞）。但在另一种情形下，压诊泪囊时，感觉空虚，虽然有知觉，但从泪点不见分泌物排出。这表示鼻泪管并未阻塞，泪囊的内容物，经由鼻泪管而流入鼻腔。假如鼻泪管和泪点均有阻塞时，则分泌物贮积于泪囊，有时使泪囊增加到相当大的容积。因此可能形成泪囊水肿或者经常发生上皮水肿。在后者，脓汁最后向外流出，而形成瘘管。

【诊断】　泪囊炎易与动脉样脓疡、皮下脓疡、柔软纤维样肿胀及其他部位的肿胀混淆。根据触诊作鉴别诊断，即肿胀的程度及有无泪液流出而区别之。

【治疗】　初期采用保守疗法。首先压迫鼻泪管，使分泌物排出。在卡他性泪囊炎，用消毒溶液洗涤有效。假使有必要同时应用探针检查，扩大泪管及泪点，而后再洗涤。为了洗涤可以应用消毒剂及弱收敛剂如 1∶500 硝酸银液，2%～5%蛋白银，1%～2%硫酸锌，1∶3 000 氰化汞，1%～2%硼酸。

在保守疗法没有效果时，采用泪囊切开法。在此手术之后，泪的分泌当然完全停止，但要经过一些时间流泪才减少。这是因为泪囊炎时，经常刺激泪腺的反应消失。为了使泪液完全停止，可以同时除去泪腺。至于角膜湿润的情形，受结膜炎症的影响。当泪囊蓄脓时，可作纵创切开。

对泪囊摘除应沿着凸出部，由眼角中央至睑内侧韧带切开，然后横断该韧带。应用镊子固定泪囊，钝性剥离周围的组织，再用剪刀剪开泪道。为了便于分离泪囊壁，可以先切开，最后缝合创缘及睑内侧韧带。本手术在小动物施行是比较困难的。

附：泪囊摘除术

将动物施行横卧保定，在局部麻醉下进行手术。马泪腺位于眼弓上，上眼睑的中央。手术切开创宽 4～5 cm，长 2 cm（正前面的稍后方）。

直接在眼眶上前缘处，切开皮肤长 4～6 cm。首先自外缘中央，切开皮下组织、肌膜，并深致眼眶之间及上眼睑提肌。开张创缘，剥离泪腺前缘。应用宽的镊子固定，分离泪腺上的皮肤，然后剥离周围组织。当分离泪腺时，应当注意上眼睑提肌。

创腔用灭菌纱布填充并缝合 4 针。次日拆除外侧两针行开放疗法。

第四节　鼻泪管炎

鼻泪管炎（Inflammatio canalis naso - lacrimalis）的经过主要为卡他性。病程多为急性或慢性。

【病因】　鼻泪管炎很少单独发生。一般由于鼻腔黏膜或泪囊发炎的病机转移而来。鼻炎虽然没有转移性，但亦能发生鼻泪管卡他。这是因为鼻腔黏膜肿胀，而阻塞泪管，使泪液停滞变质而刺激黏膜，使其发生炎症的病程。

【症状】　在马发生鼻泪管卡他时，泪液经鼻腔流出，若不伴发上颌腺的肿胀，而鼻腔黏膜正常时，在泪管下部可看见黄褐色黏液样分泌物。当压迫泪管时，有多量的黄褐色黏液样分泌物经鼻腔流出，鼻泪管卡他常常同时伴发结膜及鼻腔卡他。

【诊断】　由于解剖学的特性，不能在家畜（马倒卧）施行鼻泪管检查，因此进行诊断比较困难。特别是小家畜。

【治疗】　经常应用消毒剂及收敛剂洗涤鼻泪管，马每日 1～2 次（参考泪囊炎治疗）。关于检查鼻泪管是否阻塞，可以参考洗涤方法，即灌注 100～150 ml 溶液。此液可能经过泪点流出。当同时并发鼻腔、泪囊及结膜卡他时，更需要进行合理的治疗。

【预后】　当合理治疗时，预后佳良。若为先天性泪管阻塞，则无法治疗。

第五章

角膜及巩膜疾病

正常角膜为一层透明的膜，表面光滑而有亮光。在组织学上角膜分为上皮层、前弹性层、基质层、后弹性层及内皮层（图4-5-1）。

角膜上皮最外层的鳞形细胞表面在低倍镜下是光滑的，然而在电镜扫描中可见许多皱褶，这些皱褶有支撑泪液膜的作用。泪液膜的表面是光滑的。上皮细胞平均寿命为1周。外伤后邻近上皮细胞发生移行及分裂增生，在24h内即可修复如常，不留任何痕迹。

前弹性层是一薄层，无结构组织，电镜下可见不规则排列的胶原纤维，其结构与基质层一样。前弹性层对于外伤及细菌具有一定抵抗力，损伤后不可能再生，代之以纤维组织。

基质层占角膜厚度的9/10，由胶原板片及少量细胞构成。胶原板片像书页那样彼此平行地重叠，但各层胶原纤维相互直角交叉。每一板片由大量纤维构成，各纤维互相平行。纤维的直径为$0.3\sim0.6\ \mu m$。胶原纤维直径一致，对于维持角膜透明度是重要的。损伤后无法再生，代之以纤维组织。

后弹性层疏松地附着于基质层及内皮层，易分离。它具有内皮层基底膜的作用，是一层半透明屏障，破裂后可引起角膜水肿。弹性是造成皱褶的原因。它不被蛋白酶溶解，对机械、外伤、白细胞及细菌有一定抵抗力，新生血管不能直接穿过它。白细胞酶和真菌能毁坏后弹性层致使角膜穿孔。角膜被病毒感染，例如单疱病毒，可在后弹性层附近发生慢性肉芽肿性反应，曾称之为角膜后弹性层炎。

内皮层为一层六角形的内皮细胞。家兔的角膜内皮细胞能良好的再生，而人类内皮无再生能力。内皮缺损处由其四周的内皮细胞通过移动和增大体积来予以弥补，而不易通过

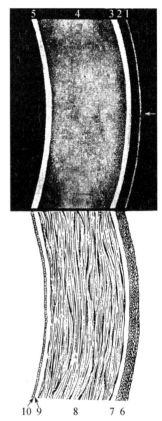

图4-5-1　角膜光学切面（上）与组织学切面（下）

1. 角膜上皮表现泪水黏液膜　2. 上皮层
3. 前弹性层　4. 实质层　5. 后弹性层及内皮层
6. 上皮层　7. 前弹性层　8. 实质层
9. 后弹性层　10. 内皮层

细胞分裂获得再生。

内皮是保持正常含水状态的主要因素，它是防止前房水进入角膜的屏障。从膜功能来说，随着次碳酸离子主动地输送入房水，水被泵出基质而进入前房。这种内皮的代谢性"水泵"作用和基质层黏多糖固有的汲水倾向建立动态平衡，使角膜维持正常的含水状态（76%～78%）。当温度降低至 15 ℃以下时，内皮代谢降低，"水泵"作用也减弱，角膜呈现水肿。单疱病毒感染时内皮受损，屏障及水泵作用减弱，角膜出现水肿。虹膜炎时角膜后沉着物形成阿米巴样伪足，致使内皮细胞间的封闭物质消失，间隙增宽，房水流入基质层而使角膜水肿。眼内手术大多会造成内皮细胞不同程度的丧失，剩余的内皮细胞如不能遮盖创面时，发生愈合储血崩溃，角膜长期水肿而全面混浊。

角膜的重要特性为透明及无血管。基质层胶原纤维大小一致，板片的规则排列都是确保角膜透明的物质基础。其他四层组织，尤其是内皮层，对角膜含水状态的严格调整作用，是维持透明度的生理特性。无血管，神经无髓鞘，这也是从结构上保证透明度。由于角膜为无血管组织，所以病理反应较迟钝，多呈慢性。

角膜的主要功能是屈折光线，所以透明性对于角膜是至关重要的。质地混浊是最常见的异常。混浊的主要原因为炎症，其次是炎症的遗迹——疤痕、角膜水肿、前后弹性层皱褶或破裂、角膜变性及营养不良。角膜炎症除由细菌、病毒及霉菌直接感染引起以外，不少炎症是变态反应所致。

第一节　角膜损伤（corneal trauma）

一、机械性损伤

【病因】

1. 机械性损伤　包括创伤和腐蚀性损伤。常见于家畜，最常见于马、牛、犬和山羊。本病系由侵入眼内的异物（碎石块、断铁丝、钉等）引起。在犬和山羊可以见到被爪和齿所致的损伤。其原因同样可能是钝性物体对眼的强力打击。

2. 表面性损伤　深在性损伤和贯通性损伤的区别。表面性损伤只破坏前面上皮层的一部分，有时只伤及前面的真皮层。深在性损伤则伤及角膜的实质细胞层。贯通性损伤，则伤及角膜全层，并割开前房。此时，眼房液常流出一部分或全部。这对临床上区别无腐创和感染创很为重要。

表面性损伤取良好转归，愈合时不留瘢痕或混浊，甚至在发生感染的情形下，也有最大治愈率。达到实质细胞，特别是达到后真皮的较深在性创伤，随后经常有蔓延的危险以及愈合时的瘢痕形成。贯通创最危险，它为感染侵入眼内部开设了道路。

3. 角膜中央的创伤　按其部位在转归上来说，最不良好，因为以后遗留的瘢痕，能机械性的改变视力。被钝性物体所致的损伤的性质，完全决定于其力量和打击的方向。在多数情形下，当力量居中或沿与眼呈切线的方向打击时，此种作用对角膜可能无特殊伤害。当打击力显著时，它可能不破坏角膜的全层，而引起角膜后弹力膜内皮的伤害。

损伤后，角膜内皮能够被眼房液所浸润，因此出现淡灰色溢出性混浊。此种混浊在应用普通保护性绷带后可以消失。

一般情况多因动物斗殴咬伤、抓伤、枪伤或直接打伤引起。昆虫、植物性细刺也可以引起角膜损伤。

【症状】　患眼结膜充血、泪溢、畏光、羞明、眼睑疼挛等。触诊时疼痛，动物姿势改变。症状突然发生，经过一段时间后，渐次减轻（表在性损伤时）或相反加重（炎症发展时）。仔细观察，角膜缺损，有的角膜上有异物，眼前房出血。如角膜穿孔，则流出血清色液体或虹膜突出于创外。以荧光素滴眼，可见着色环。常因治疗不及时，而引起角膜炎和角膜溃疡。进行角膜检查时，需要预先行可卡因麻醉（2%～5%）。

表在性损伤时，其缺损可能不显著，但亦不可忽略。此时必须应用侧照检查，角膜镜检查或者在角膜上滴加荧光红溶液。无论是损伤局部或其周围的混浊，均可能发现缺损处。为了发现异物，必须这样进行，并要考虑到异物可能滑落到结膜囊的深处。在贯通创时，异物可能落入眼内深处和虹膜处。因此所有病例必须充分检查全眼球。

深在性损伤时，其症状比较明显。角膜上的损伤比较明显。其周围发生反应性炎症（外伤性角膜炎），此种炎症经常为化脓性。角膜血管形成时常发生。在多数情形角膜混浊能达到这种程度，即眼前房和较深处的检视成为不可能。此种症状稀有，并发眼内部的其他变化。

当贯通创和眼房液流出时，眼前房内压消失，因此角膜后弹力膜向前移位，并接近创缘（后弹力膜脱出——虹膜脱出），前房容积减小。在重剧的病例，可见水晶体脱出。脱出的后弹力膜，由于堵闭角膜上的孔隙，阻止眼房液的继续流出，结果使眼房液以后重新蓄积于眼前房（有时角膜中央部创伤未见这一现象）。此外，后弹力膜可能与角膜愈着（前粘连），甚至出现肉芽，此种肉芽以后形成瘢痕，遗留于角膜上，最终在角膜上形成所谓角膜葡萄肿。很少出现后弹力膜以后脱离和回复到原来的位置。

角膜穿孔伤：凡角膜机械性创伤必须鉴别是否为穿孔性创伤（贯通创）。若为穿孔伤必须作预防眼内感染的处理，同时还要考虑眼内是否存在异物，细致的伤痕是否已达内皮层，是否有房水从创口外流（用荧光素检查），眼前房是否比健侧浅，眼内压有否变低，有无晶体或虹膜的损伤或脱出。凡伤口上有虹膜或玻璃体脱出，前房消失，间或虹膜有裂洞，晶体有破口及混浊等情况时，可确定角膜有穿孔性损伤。

无论是深创或贯通创，愈合均遗留瘢痕，凸出于角膜面，并呈不透明不吸收的构造。较复杂的后果是创伤感染和感染向眼深部的蔓延。角膜的化脓性炎症，可以见到脓汁潴流于前房（前房积脓），最后可以成为全眼球炎。

角膜损伤后常引起外伤性角膜炎，除在角膜上可找到伤痕外，角膜透明的表面可变为淡蓝色或蓝褐色。由于致伤物体的种类和力量不同，外伤性角膜炎可出现角膜浅创、深创或贯通创。角膜内如有铁片存留时，其周围可见带铁锈色的晕环。

【预后】　表在性创伤，可以期望其完全恢复正常。即在某些情形时，它可成为感染侵入的门户。深在性创伤，经常要遗留不良的缺损（瘢痕）。贯通创，特别在初期，预后应该慎重。

【治疗】　根据角膜外伤的程度，采用不同的治疗方法。

如果角膜内发现异物，应当除去。最好在麻醉下，用小锐匙、小圆凿或小镊子施行。

为防止感染的发展，术后必须用氰化汞溶液（1∶5 000）洗眼，然后涂布5％碘仿软膏或西洛仿软膏，并装着防腐绷带，直到角膜损伤有上皮被覆为止。同样可以使用少量2％～5％蛋白银。此外应用磺胺制剂和抗生素眼药水或眼膏可收良好效果。处理后，将马匹解开或戴上眼帘。一般5～15 d治愈。

应该避免使用在组织内形成不溶性化合物的药物（醋酸铅可与眼泪中的氯化钠结合，形成氯化铅，其他如锌制剂，硝酸银等），因为会产生不治的角膜翳（所谓白斑）。发生上述粘连时，特别在初期，可以试用阿托品或毒扁豆素注入眼。

对于角膜擦伤、撕裂伤重点防止继发感染。先局部冲洗、清除角膜上的异物，再用抗生素眼药水或眼药膏，每日4～6次。若已继发感染，角膜溃疡形成，应按角膜溃疡治疗。当发生角膜穿孔并伴眼内容物脱出时，应立即进行手术治疗。

如虹膜嵌顿于角膜创口，经抗生素溶液（1∶4 000 U庆大霉素）冲洗后，用虹膜小铲小心地从角膜创缘分离虹膜，使其还纳原位。虹膜部分坏死应予切除。前房出血时，可用温生理盐水清洗前房，然后缝合角膜创口。

脱出的后弹力膜部分和增生的肉芽组织可用眼科剪或眼科刀切除，然后用硝酸银棒将切口部腐蚀之。以后用1％黄色氧化汞软膏涂布眼内。靠近边缘的角膜贯通创，推荐用结膜片闭锁。伴随后弹力膜脱出的长1.5 cm的创伤，可于角膜的上缘和下缘剥离结膜片，除去后弹力膜的脱出部分，并装着结膜片于创口，两天后创伤愈着，一周后，完全治愈，恢复视觉。

角膜的外伤可施行部分结膜遮盖术或全部结膜瓣遮盖术进行治疗（参考第二章、第四节结膜瓣遮盖术）。

二、角膜的热伤

角膜的温热烧伤。其严重程度完全取决于损伤的深度。仅发生上皮坏死的表在性热伤，通常经过数周后即痊愈。损伤部的上皮凝结成白色膜，经一昼夜而剥脱。遗留的溃疡面渐次以上皮被覆之。

对于实质细胞内痂皮的深度，还未形成一种明确的意见。混浊的程度不是主要的标准。由于痂皮的剥脱而形成溃疡，此溃疡由角膜缘的血管伸入后而愈合，并遗留不透明的混浊。若坏死侵及角膜全层，则于烧伤部呈很浓的白灰色，表面变干燥，常皱折，感觉不灵敏。

【治疗】 为避免以后的刺激，治疗热伤时，不可采用在治疗结膜炎时常用的腐蚀性和强收敛性药物。可使用2％～3％硼酸水冷敷，3％硼酸软膏，5％三溴石炭酸铋软膏。疼痛剧烈时，使用2％～5％狄奥宁，但不可使用可卡因，因其对角膜上皮呈有害作用。有溃疡形成时，须加以适当治疗。

三、角膜的化学性热伤

较少见，多发生于犬和马。这种热伤，常常被落入眼内的石灰所引起，少见由于酸和刺激性软膏所致。通常同时并发结膜热伤。

由于化学物质作用，角膜的上皮和深层组织破坏。前者，在给予适当和合理的治疗后，角膜能复原。深在性损伤时，通常出现溃疡。

热伤时，角膜变得混浊，上皮破坏。在较轻的病例中，角膜呈灰色，在重症有坏死时，呈深白色。

【预后】　初期应该慎重，因为有的病程外观上轻微，经过数天，可能形成广大的坏死。坏死部分逐渐剥离，露出溃疡，溃疡愈合后，遗留完全不吸收的混浊。

当结膜同时被损伤时，可能发生愈着（睑球粘连）。

【治疗】　必须立即从结膜囊内除去腐蚀性物质，用冷水充分洗涤整个结膜囊。被酸热伤时用1％苏打液洗涤，被碱热伤时，则用牛乳、醋、5％单宁水溶液洗涤。然后将弱消毒软膏（三溴石炭酸铋软膏，5％碘仿软膏，2％硼酸软膏）注入眼内，并装着绷带。有显著疼痛时，可用2％～3％狄奥宁。如果系被石灰热伤，出现强混浊时，可用10％中性酒石酸氨液，每昼夜1～2次，持续数周。此外还要治疗结膜的热伤。

第二节　角　膜　炎

角膜炎（Keratitis）是指角膜因受微生物、外伤、化学及物理因素影响而发生的炎症，为动物常见眼病。角膜炎可能从局限性过程的形式出现，或与眼其他部分的疾病同时发生。它可能为原发性过程或由邻近部分的蔓延。可分为外伤性、浅表性、深层性、间质性、溃疡性、化脓性角膜炎等。

【病因】　角膜炎可由多种原因引起，有直接作用于角膜上的外在原因和内在原因。如机械性、物理性、化学性、传染性、寄生性等，以及三叉神经直接患病而发生神经营养性角膜炎。外伤性的如鞭鞘的打击、笼头的压迫、尖锐物体的刺激。碎玻璃、碎铁片等异物误入眼内也可引起角膜炎。眼睑内翻、外翻、睫毛异常生长等机械性刺激也可引起。角膜暴露、细菌感染、营养障碍、邻近组织病变的蔓延等也可诱发本病。此外，某些传染病如腺疫、牛恶性卡他热、牛肺疫、马流行性感冒、犬传染性肝炎，以及眼球本身的创伤或手术，巩膜炎、结膜炎、眼肿瘤、眼真菌、浑睛虫病都可并发本病。此外，齿、前列腺、副鼻窦、肾及耳感染等也可引起本病的发生。

【症状及经过】　角膜炎的共同症状是羞明、流泪、疼痛、眼睑闭合、角膜浑浊、角膜缺损或溃疡。轻度的角膜炎常不容易直接发现，只有在阳光斜照下可见到角膜表面粗糙不平。角膜最特殊的临床改变是混浊，角膜周围感染，血管形成，光泽和镜面破坏。

角膜的混浊是由于细胞成分的集积（浸润），以及细胞本身和实质的改变。它可能局限于不同的深度（浅表性及深在性角膜炎），于侧照检查时，可以确定。在非大量浸润时，混浊的颜色呈淡

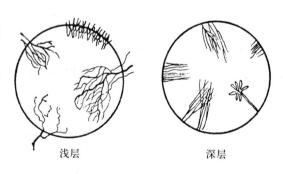

浅层　　　　深层

图 4-5-2　角膜新生血管

灰色或淡灰白色。在大量浸润时，呈纯白色。化脓时，呈淡黄色。混浊的大小不一，由小点状到散蔓性混浊。

大多数情形下，几乎在浸润形成的同时出现角膜血管形成。血管形成可能由结膜血管而来，由较深在的上巩膜血管，或由巩膜血管而来。因此在角膜内可以分为由浅表性角膜炎产生的表面血管和深在性角膜炎产生的深部血管。观察表在血管时，可见其通过角膜缘，而深部血管同样可见其从角膜缘下走出。与原来不同的是它们具有不明显的分支和直线状的方向。

浸润的命运不一。不大的表面浸润，常常吸收无遗。深部浸润，可能吸收或结缔组织化。结缔组织化会遗留不治的瘢痕性混浊。

角膜自上皮至基质层的组织坏死脱落称为角膜溃疡。开始先是浸润，继而上皮脱落，基质坏死、脱落。胶原纤维是角膜基质的主要成分，胶原酶为分解胶原纤维的酶。角膜上皮细胞能产生胶原酶。角膜病变情况下，上皮细胞产生大量胶原酶，基质的胶原纤维被分解，遂形成角膜溃疡。

在浸润的表面破溃以前，轻度的浸润有被吸收的可能，角膜完全恢复正常或留淡薄的云翳而愈。若炎症进展，则浸润部浅表组织坏死脱落，形成角膜溃疡（图4-5-3）。

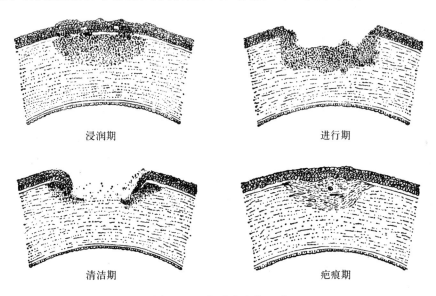

浸润期　　　　　　　　　　　　进行期

清洁期　　　　　　　　　　　　疤痕期

图 4-5-3　角膜溃疡的经过

进行性角膜溃疡的边缘陡峭，溃疡面污秽，表面粗糙，暗淡无光，其周围有浸润水肿，故与健康角膜的境界不清。若溃疡到了退行阶段，边缘钝圆，溃疡面光滑清洁而有光泽。因浸润趋于吸收，故周围的混浊晕缩小或消退。

角膜组织及角膜面破坏所造成的损失部分，首先由上皮替代，然后以结缔组织充满缺损。实质细胞的完全恢复，仅在破坏不严重时见之。当损伤前弹力膜时，只有具有很大再生能力的前弹力膜的下垂部才可恢复。由于引起角膜炎的其他原因作用于后弹力膜和睫状体，眼前房常见白细胞渗出。它们可能沉淀在角膜后面或集积于房水中，其中还可能分出纤维素性渗出物。在结膜方面，经常观察到不同程度的炎症现象（特别是眼球结膜）和角膜周围炎症。其严重程度取决于前睫状血管和由其分出的上巩膜血管的扩张。可观察到羞明，流泪，触之疼痛。后弹力膜，特别是当传染性角膜炎时，出现炎症症状，瞳孔缩小，对光线和阿托品反应迟钝。角膜与结膜，巩膜和脉络膜（后弹力膜和睫状体）接界。依此它可以分为三层：结膜（上皮，前弹力膜），巩膜（角膜基质）和葡萄膜（后弹力膜和内皮）。

所有的角膜炎均可分为浅表性（结合膜性）、深在性（实质性）和后在性（葡萄膜性）角膜炎。

一、浅表性角膜炎（Superficial keratitis）

浅表性角膜炎（表在性角膜炎 Keratitis superficialis S. conjunctivalis）时，角膜前上皮层和前真皮层的部位受害，因此失去光泽和光滑度。角膜无光泽呈不均等性，可用侧照检查或角膜镜检查确诊。常发生或多或少的组织浸润（白细胞浸润）。

浅表性角膜炎常见于各种家畜。主要是因各种外界的刺激和外伤，从外界落到角膜上的微生物，以及机械性损伤如眼睑内翻、眼睑外翻、睫毛异常生长等引起。或继发于结膜炎。

形成的混浊只见于角膜的个别部分也可蔓延到全角膜面。有时有大量血管形成。浅表性角膜炎常常能促进实质炎症的发生，特别是引起化脓性感染。浅表性角膜炎可分为下列几种。

（一）表在性卡他性角膜炎（K. superficialis catarrhalis，S. simplex）

角膜炎中最轻微的一种。它常由外伤所引起，或伴发于各种传染病（犬瘟热，流感，马胸膜肺炎等）。

在上皮层内，发生分解的变性。此种分解，可同时伴随细胞的破坏。

【症状】 角膜前面粗糙不平，但不甚明显，只能在角膜镜或侧照等特殊检查时才能发现。同时角膜混浊，呈现从蓝褐至纯白的色彩。混浊的浓度，若达到上述炎性过程力量所及的程度，则它能遮蔽整个角膜，以致不能进行眼深部的检查。混浊可能为局限性或散蔓性。散蔓性的病例，通常从角膜的周围开始，逐渐蔓延到中央。混浊形成的速度不一，在某些情况时可于 6～12 h 出现。

以后由于结膜血管的伸入，而有血管形成。较重剧经过时，特别是由内在原因引起的角膜炎，上皮分解甚明显，结果形成侵蚀甚至溃疡。此种症状并发于流泪，羞明和角膜炎，特别是角膜侵蚀时。

【经过】 无合并症发生时，通常以痊愈为转归，虽多半遗留有轻微混浊，几乎经常可以用适当疗法除去。血管渐次闭塞，最后，完全消失。混浊由周围开始向中央渐次吸收。

【治疗】 去除病因，如异物，眼睑内、外翻等，应用消毒剂。结膜囊用 2%～3%硼酸水洗涤，极度羞时可用 2%奴佛卡因液。浅在性角膜炎可用皮质类固醇（地塞米松）和环孢菌素每天 2 次。

剧烈的炎症和后弹力膜充血时，可用阿托品奴佛卡因液和温 3%硼酸水，或清洁沸水。洗涤后，向眼注入 1‰～2‰ 黄色氧化汞软膏，西洛仿软膏，5‰ 碘仿软膏，10‰～20‰ 磺胺醋酰软膏。在某些情形，5‰～10‰ 碘化钾液有良好作用。也可涂布 0.2‰ 环孢菌素眼膏配合地塞米松 2 次/d，可改善症状。

此外，当表在性角膜炎时，其他型角膜炎也同样，注射眼组织和皮肤补植浸出物，有良好结果。浸出物的剂量：大动物皮下注射用 10～30 ml，结膜下注射用 3 ml，母山羊和大犬 5～10 ml，而母猫、家兔则用 3 ml 皮下注射。皮下注射可每日或隔日进行，重症则需注射 5～19 次。

硝酸银和锌剂，应避免使用（其沉着的盐类，有形成角膜痂皮的危险）。

（二）表在性血管性角膜炎（K. superficialis vasculosa diffusa，S. K. pannosa）

有的资料定名为慢性浅表性角膜炎（Chronic superficial keratitis）又称变性血管翳（Degenerative pannus）。

以发生血管和紧接上皮和前弹力膜下伴发动弱型结缔组织为特征。前弹力膜与上皮，有局部破坏，而角膜的深层，角膜实质，完全正常。血管由结膜方面发出，并能蔓延全角膜面。上皮增生且混浊，其外面不均等。

血管性角膜炎，往往见于病因持续作用所致之外伤及化脓性炎症。新生的组织，很类似肉芽组织，且系角膜溃烂的填充物，终归形成瘢痕。如果存在有新的炎症现象，此过程称为血管翳（K. pannosa），而缺乏炎症时，则称角膜翳，血管发生不多时，则称薄血管翳（Pannus tenuis）。

在犬，本病有家族史。德国牧羊犬、灵猩（Greyhounds）、德国猎犬（Dachshunds）等品种犬易发生，发病年龄在 1.5 岁以上。角膜和眼色素层抗原的细胞免疫介导，环境因素（如紫外线）也可诱发本病。

【症状】 一般双眼发病，流泪，羞明，视力障碍。开始在角膜缘（也有开始于角膜任何部位）上皮下增生、血管形成，伴有色素沉着，呈"肉色"血管翳，并向中心进展，逐渐遮住整个角膜，最终导致失明。发病时角膜上出现很浓的血管网，从结膜转归的血管，常可见到角膜缘多少展平。角膜面粗糙、混浊、呈红色（当侧照时，可详细地见到此种红色）。发病过程，动物无疼痛现象，第三眼睑有淋巴细胞和浆细胞浸润。

一般转归为瘢痕化，以混浊遗留终身。同时仅沿周围有微弱的吸收（轻微的病例，可能完全吸收）。特别重剧时，可能形成溃疡，病程蔓延到角膜全层，发生虹膜炎和角膜穿孔。

【治疗】 反复用硝酸银棒腐蚀。隔 2～3 d 向眼内吹入甘汞，涂擦黄色或红色氧化汞软膏。针对明显的免疫介导致病因素进行治疗。可用醋酸强的松龙/磺胺眼膏点眼，量要用足，第一周每 4 h 1 次，第 2 周每 6 h 1 次，第 3 周每 8 h 1 次，第 4 周每 10 h 1 次，以后次数逐渐减少，直至病变开始恢复。

也可用浅层角膜切除术，或用烧灼切除法等疗法。多数病例经治疗可控制其发展，但彻底治愈可能性很小。

（三）小泡性及脓疱性角膜炎（K. phlyctaenulosa，S. aphthosa et pustulosa）

唯一报道发生于牛的口蹄疫病，是最稀有的一种合并症，另外也有报道见于羊痘和脓疱型犬瘟热者。

【病因】　是特殊内源性传染病。

【症状】　角膜轻微散蔓性混浊。于角膜的外面。大部分存在有多数细小的、针头样大小的内容透明或微混浊的隆起。有时形成围绕以红色血管带的脓疱。这些形成物于角膜缘附近向中央集中，或沿全角膜面散在。

其经过分急性和亚急性。无论上皮的或上皮下的形成物，均可能迅速吸收而不破溃。但是它们常破溃，形成溃疡面，以后遗留不透明的凹陷部或瘢痕。预后良好。

【治疗】　首先应该消除全身性疾病。局部应用消毒液，如2%～3%硼酸水，0.5%～1%硫酸铜液。

(四) 表在性化脓性角膜炎 (K. superficialis purulenta)

发生在角膜表皮层的完整性破坏时，它是独立发生或由结膜炎转移而来，表在性卡他性角膜炎常是它的前驱症状。此外，它还见于某些传染病。如犬瘟热。

【症状】　具有角膜炎的一般症状。羞明，由眼裂内流出脓性渗出物，角膜周围充血，血管形成最为明显。混浊的角膜变粗糙，呈黄褐色或黄褐绿色，局部温度增高。

病程常常多数遗留有混浊。但病程均以痊愈告终。但往往转为形成溃疡的深在性角膜炎。

【治疗】　与化脓性结膜炎的疗法相类似。用1∶5000氯化汞，1∶3000氰化汞，1∶2000雷佛奴尔液洗眼，一天数次，向结膜囊内注入5%碘仿或西洛仿的粉剂或软膏，或氯化汞软膏（氯化汞0.003 ml，纯凡士林10.0 g）。吸收期用1%～2%黄色氧化汞软膏。使用磺胺制剂和青霉素等抗生素有良好结果。可用青霉素软膏（青霉素5000 U，生理盐水适量，白凡士林、羊毛脂各5.0 g，以及青霉素肌肉注射（可用氨苄青霉素加磷酸地塞米松皮下或肌肉注射）。

二、神经麻痹性、营养性角膜炎 (trophic keratitis, neuroparalytic keratitis)

本病的发生，系由于三叉神经第一枝受刺激和麻痹，引起角膜营养神经纤维障碍，失去神经支配后上皮细胞代谢障碍，泪液分泌减少所致。

【症状】　角膜感觉丧失，无光泽，干燥。有起自中央的上皮性角膜炎，角膜中央，上皮剥脱，形成小溃疡。若合并继发感染则形成溃疡以至全角膜混浊。当存在化脓性细菌时，整个角膜可能被破坏。

【治疗】　装眼绷带。透热疗法：可使用1%阿托品，5%西洛仿软膏或次没食子酸碘铋，秋奥宁，地卡因和司可勃拉明混合软膏（次没食子酸碘铋0.5 g，氢溴酸司可勃拉明0.2 g，狄奥宁，地卡因各0.05 g，凡士林10.0 g。封闭疗法：将1%奴佛卡因注入眼球后间隙和眼窝缘周围皮下（大动物10～30 ml），间隔5～6 d，连续数次。

也可于眼球结膜下注射0.5%奴佛卡因液4 ml，使其呈现角膜周围的半圆形结膜水肿，并以同一的奴佛卡因液6 ml注入眼睑及眼周围皮下。

三、实质性或深在性角膜炎（K. parenchymatosa, S. profunda S. interstitialis）

又称间质性角膜炎（Interstitial keratitis）。

角膜内层及角膜实质的炎症（角膜深层，基质层的炎症）称为实质性角膜炎，伴有慢性或急性前色素层炎。

由轻伤侵入的外在性感染，继发感染是主要原因。常发于各种传染病如周期性眼炎，犬瘟热，牛的恶性卡他热。犬的传染性肝炎系由角膜的较表层转移到深层。其他如眼球创伤或手术，浅表性角膜炎、巩膜炎、眼肿瘤、眼真菌病等，甚至齿、前列腺、副鼻窦、肾及耳感染等都可引起本病的发生。同样也见于温热及化学性烧伤。

根据渗出物的性质、临床症状及经过，实质性角膜炎可以分非化脓性与化脓性两种。

（一）非化脓性实质性角膜炎（K. parenchymatosa profunda）

1. 深在性实质性角膜炎或角膜浸润 与表在性角膜炎一样，可见于家畜。其特征系于角膜的深层或全层，形成白细胞性浸润，并呈散蔓性或局限性（少见）发生。它常具传染性特征，且可能以地方性疫病或流行性疫病而蔓延。

【症状】 首先出现羞明，流泪，触诊眼球疼痛。然后（有时很快）形成从边缘开始的混浊。最后角膜变为完全白色且不透明（散蔓性角膜炎）。也有局灶性混浊。当局限性角膜炎时混浊形成可能极不一致。病初，角膜面尚具光泽和光滑度。以后角膜上皮部分破坏，角膜变粗糙无光泽（侧照检查）。

同时（特别是炎症过程十分发展的时候），角膜周围血管充血，角膜血管形成。侧照检查，不仅可以查知表层血管增生。而且也可见到深部血管增生。血管短，角膜周边形成环状血管带，呈毛刷状。如病变发展，角膜浅层亦出现血管。当深部血管显著增生和实质内出现红细胞时，或当以后从其中游离血液的染色质时，可以见到角膜的血红样浸润，首先见于外伤（实质性出血）。此种现象与结膜炎甚至虹膜炎合并发生。

急性发作时，疼痛剧烈，但因注射疫苗引起的间质性角膜炎，则无疼痛。

本病经过不一致，但比卡他性角膜炎病程长些，只是在轻微的病例，才能恢复正常，血管闭塞，浸润吸收。当不良转归时，则遗留顽固性混浊。如果发生感染，可能发生化脓性角膜炎。本病进一步发展，可导致失明或青光眼。

【治疗】 去除病因。为控制前色素层炎，可用1%硫酸阿托品点眼，也可全身应用或局部应用皮质类固醇类药物。局部可使用硼酸洗涤结膜囊，虹膜炎时可应用阿托品。病情严重时，可使用毒扁豆素。也可应用温敷，温蒸，太阳灯等物理疗法。在慢性吸收期，可涂擦黄色和红色氧化汞软膏，5%～10%碘化钾软膏（碘化钾2.0 g，碳酸氢钠1.0 g，凡士林20.0 g），2%～10%狄奥林。也可用冷藏角膜移植疗法。如继发青光眼，应治疗青光眼。

2. 斑点状角膜炎（角膜斑） 是一种发生于马及犬的稀有疾病。

【病因】 不能确定，可设想它像一种传染病，因为这种角膜炎，在马匹呈流行病样发生。

【症状】　于角膜全层，角膜实质上，多数可发现各种大小的灰色或白色的均质性混浊。其余的角膜组织仍透明或稍混浊，但不损失其光滑面。

局部集积有形状不同的和达到后弹力膜大小的圆形细胞。在角膜边缘，静脉管很发达且首先进入表面。

本病可再发，及转为慢性。预后不良，因为混浊常为永久性。

【治疗】　与实质性角膜炎相同。

3. 传染性乳汁缺乏症时的角膜炎　本病为地方流行病，发生于山脉地带（在高加索地区）。它发病轻微，经 5～6 d 而恢复正常。在混浊的角膜上，出现白色薄层，于薄层下发生溃蚀现象，以后可能引起角膜穿孔，水晶体脱出和眼萎缩。

【治疗】　对症疗法。使用抗生素软膏和水剂能收到满意的效果。

4. 硬化性角膜炎　是很稀有的疾病，可能并发于巩膜炎症，或继发于重剧性血管梗塞。

【症状】　角膜边缘部分，首先变为深褐灰色，经过一个短时间的间隔，呈白褐黄色混浊。病程很少呈散漫性蔓延到整个角膜。混浊呈各种形状，边缘的角膜表面不均等，类似巩膜。角膜似乎减小，角膜上可形成新生血管。

【治疗】　同于实质性角膜炎和角膜翳。

5. 角膜软化（Keratomalacia）　很少的见于体力衰竭和缺少维生素 A 的动物。见于重剧型传染病的犬（同时带有化脓性结膜炎，少数见于败血性脓毒症，化脓性子宫内膜炎）。有时与角膜和结膜干燥症同时产生。

【症状】　大部分角膜，特别是中间，变为不均等地混浊和多皱纹。在角膜的中央及其边缘形成大小不等和深度不同的崩解处，它使角膜穿通而流出水状液。如有化脓性菌侵入，可加速角膜的破坏，可产生全眼球炎。

【治疗】　加强营养，特别是增加富含维生素的饲料，局部地应用鱼肝油、磺胺类、溶菌酶。但在良好转归时也会残留妨碍视线的大片持久性的瘢痕。

（二）化脓性实质性角膜炎（Keratitis parenchymatosa purulenta）

化脓性实质性角膜炎常见于各种家畜。它发生于角膜受到各种损伤（外伤、溃疡）时，或由于表层角膜炎的扩散而直接发生。非化脓型表层和深层角膜炎是易导致其发生的因素。此外，化脓性实质性角膜炎还见于某些传染性疾病，如牛的恶性卡他热。在这种情况下它是由再发性局部化脓性传染所引起。

1. 扩散性、化脓性角膜炎（K. parenchymatosa diffusa）　较常见的化脓性炎症型。它的特点是在角膜的表层以及深层贮集化脓性浸润物，这种浸润物在大多数情况下占有其整个空闲处。此型角膜炎伴发眼睛各邻近部位内的很重剧的炎症症状，并引起较显著的组织崩解。表层上皮破坏，出现以进行性增长为特征的化脓性溃疡。其结果将后弹力层引入病程而进行角膜穿孔。落入眼前房的脓可导致全眼球炎。不常形成角膜层内的脓肿。

【症状】　高度羞明，惧光。由眼内角流出化脓性渗出物，并在触诊时剧痛。肿胀的结膜和巩膜充血，发生化脓性炎症。

由于化脓性渗出物的浸润作用，角膜最初呈现混浊，之后变为淡灰黄色或纯黄色。其表面丧失亮光，并变为不太光滑（侧面检查）。角膜周围显著充血。当病变过程进一步发展时，角膜被以化脓纤维性渗出物薄膜，将其剥去后可看到溃疡。同时形成由角膜边缘走向中央病灶的深在血管。血管的末梢往往呈网状，位于溃疡的周围。

当角膜变薄时，在溃疡处可造成陷凹。在这些情况下，可见到圆锥形角膜。后弹力层陷凹的转归为角膜膨出。

症候性化脓性角膜炎的经过通常比损伤性的重剧。在初期进行适当的治疗时，可在很多情况下使浸润物吸收。但往往留下持久的扩散性角膜混浊或瘢痕（在溃疡愈合下）。因此在最初，预后应谨慎，其后的预后则取决于病程的发展情况。

【治疗】　用消毒溶液，雷佛洛尔（1：2 000）每天冲洗结膜囊和角膜2～3次，然后将碘仿粉吹入眼内，或注入碘仿膏、青霉素制剂等。湿包法不适用，特别在形成溃疡期间，可代之以干温绷带。

在吸收时可使用阿托品。在出现溃疡，前房积脓和有并发症时，可以参考其他治疗方法。

2. 局限性角膜炎—角膜脓肿（K. parenchymatosa circumscripta，S. abscessus corneae）本病单独地产生于不大的损伤或产生于过去的化脓性浸润物。

【症状】　脓肿呈淡黄色，分界明显的各种形状的混浊，有大头针头到不大的豌豆粒大。在其不大时最好用焦点照亮光观察。周围的角膜混浊，并呈淡灰色或白色。往往由角膜的边缘至此出现微细的血管。

眼内总的障碍与扩散性炎症时所见到的情况相同。在很少情况下，脓肿会吸收，它往往向外破开（溃疡）或向前房破开，形成瘢痕组织。

【治疗】　必须尽早将脓肿切开或穿刺。手术前必须先行麻醉。使用消毒液冲洗，同时应用抗生素制剂。

（三）后角膜炎（Keratitis posterior，S. chorioidealis）

即角膜后层——后弹力层的炎症，直接与虹膜有关。后角膜炎多半是由于虹膜的炎症过程转移而产生（周期性眼炎）。脓肿向眼前房破开和其中寄生虫的出现，也可引起后角膜炎。

【症状】　其临床症状往往伴有来自虹膜的病症。由于内皮的破坏，水状液进入角膜内层引起混浊。在大多数情况下其呈淡灰色或灰白色。当后角膜炎轻微，范围不大时，流泪或惧光表现不明显或完全没有。如在眼前房有寄生虫时，可以看到。当伴有虹膜炎时，表现得比较明显。角膜前表层无变化。用侧光（焦点）照检查时，可查知混浊的位置。

在无并发症时预后良好。在虹膜炎情况下它取决于此病的发展情况。

【治疗】　当眼前房蓄脓和有寄生虫时要进行角膜穿刺。其他情况下可用温绷带，用0.5%～1%阿托品点眼和使用抗生素制剂。

在表层卡他性和血管角膜炎、深层实质和化脓性实质性角膜炎、角膜软化、角膜渗透性损伤和后角膜炎（周期性眼炎）等情况时，可以应用奴佛卡因封闭疗法。在3～20 d期间内，依据疾病的轻重程度，对非持久性的角膜混浊有良好的效果。

可用 0.5％～3％的奴佛卡因溶液封闭眶下神经，结合在眼窝周围皮下注射奴佛卡因—青霉素溶液，能很快解除病变过程，可进行 1～3 次。其量：犬 4～10 ml，绵羊、牛犊 10 ml，牛和马 20～80 ml。眼窝周围皮下注射，羊为 15 ml，牛和马为 20～90 ml，每 100 ml 奴佛卡因溶液中可增加两滴肾上腺素。

第三节　其他角膜疾病

一、角膜溃疡（溃疡性角膜炎 Ulcerative keratitis，Ulcus corneae，S. keratitis ulcerosa）

所有伴随着或多或少的角膜物质的丧失而不易愈合的损伤即称为角膜溃疡。只有一个角膜上皮的表层崩解称为糜烂。角膜溃疡有浅表性和深在性之分，见于所有动物。

【病因】 引起溃疡的原因极多，创伤性的，多因机械性损伤所致，如睑内翻，睫毛乱生，倒睫等。化学和热学的影响，均属于外源性的。由于这些经常性刺激，以及被传染的角膜外伤引起脓状感染的侵入，造成进行性化脓性的细胞崩解，或进行性实质性角膜炎症。大多数情况下这些原发性溃疡的特点的局限性，并以单个感染的形式出现。其病程开始于角膜的表层，然后由于崩解而发展到深层。此外，在各种传染病的情况下，角膜溃疡可以再发形式通过内源途径而发生，如犬瘟热、猫鼻气管炎等病毒性疾病也可引起匐行角膜溃疡。马流感、牛的恶性卡他热、马锥虫等均可发生本病。中毒情况下如犬的糖尿病，有角动物的棉花籽中毒，也可发现有角膜溃疡。深在性角膜溃疡多因角膜软化，细菌、真菌感染，蛋白酶和胶原酶作用等引起。暴露性角膜如眼突出的犬种、牛眼和兔眼等也易引起。猫的角膜炎引起的角膜溃疡有 80％由疱疹病毒、支原体感染、嗜酸性角膜炎引起。

【症状】 取决于发生的原因和疾病的阶段。大的溃疡易于观察出，不太大和不深的易于在用侧光（焦点）时诊断出（彩图 55）。患眼流泪、惧光、结膜充血、睑痉挛和有脓性分泌物。角膜呈现各种程度的混浊，而且多半是扩散性的，角膜的中间有深陷、溃疡，表层和深层有不规则为缺损（图 4-5-4）。

在初期，细胞崩解症状占优势时，溃疡呈深陷状态，其底部呈灰色或灰白色，并具有不平滑的边缘。如果它因化脓性浸润作用和脓肿而产生，那么其周围就混浊。当过程进一步扩展和角膜变薄时，溃

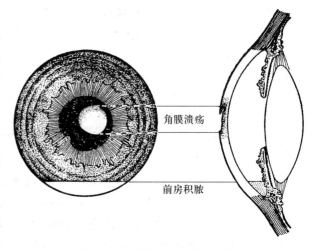

图 4-5-4　前房积脓性角膜溃疡

角膜溃疡

前房积脓

疡的底部可凸出，并形成角膜膨出，最后可形成角膜穿通。眼前房流出水状液、虹膜突出，突出的虹膜常和孔缘结合在一起。

良性经过下开始溃疡的净化期。由角膜边缘开始产生血管，它逐渐达到溃疡的边缘而包围之。坏死的组织逐渐被其分离，浸润作用减少。溃疡变为洼状加深而边缘平滑洁净，底部透明或轻度混浊。此时溃疡的表层不发光，因为组织的缺陷还没被上皮盖住。然后周围的混浊逐渐消失，血管的炎症和充血减小。溃疡被以上皮，并且其表面出现光泽。在上皮下形成新的纤维性组织，此组织充满缺陷并最后呈现持久性的、不透明的、各种程度的混浊。当发展显著时，瘢痕可突出于角膜表层；当增生微弱时，则剩下被以上皮的洼陷。

弥漫性角膜溃疡：当有剧烈刺激的症状时，出现浸润物，而它迅速地崩溃并变为溃疡。其底部盖以污黄色层，周围混浊，一边损伤并受到化脓性浸润，而对边则平滑而洁净。虹膜颜色发生变化，瞳孔缩小，粘连。这种溃疡的特点是它不仅在表层扩展，而且也向深层扩展。浅表的角膜溃疡疼痛明显，深在性则疼痛轻微。伴发前色素层炎，易发生后弹力层和角膜穿孔。荧光色素检验阳性。

其预后取决于一系列条件。首先是病因的排除和一般发展的情况。好的营养和幼龄动物可给良好的转归提供有利条件。如角膜脉管形成则炎症成局限性，边缘溃疡愈合得较快。在进行性溃疡时，由于虹膜可能穿通，脱出及引起全眼球炎，预后不良。溃疡留下的瘢痕不能吸收。

【治疗】　首先要去除机械性刺激源，改进动物的饲养管理条件。为防止感染可使用高浓度广谱抗生素眼膏或药水点眼或结膜下注射，并交替使用阿托品。若为猫鼻气管疱疹病毒性角膜溃疡，可使用0.5％疱疹净（Idoxoridine）眼膏或3％阿糖腺苷（Adenine arabinoside）眼膏，每日6次。也可使用干扰素、聚肌胞或阿昔洛韦、环孢菌素也可用1％三七液点眼每日数次，对角膜创伤的愈合有促进作用，也可用中成药拨云散、明目散、光明子散等。对于因蛋白酶或胶原酶所致深在性角膜溃疡，可应用20％半胱氨酸溶液滴眼，每日4次。如角膜显露或泪腺分泌减少，可滴用人工泪（0.5％～1％甲基纤维素）每日数次，以防止角膜干燥。顽固性角膜溃疡者，可施行结膜瓣，第三眼睑瓣遮盖术，保护角膜2～4周。出现兔眼时，应施永久性内或外侧睑闭合术（彩图55）。

在严重溃疡及遗留瘢痕无法修复时，可施行角膜移植手术。

二、角膜干燥症 （Xerosis，S. keratosis corneae）

【病因】　角膜干燥症（变性性变异）发生于没有充分地冲洗眼睛缝隙的情况下（兔眼、大葡萄肿、眼睑内翻）。很少发生于犬瘟热。常常与结膜干燥症同时发生。

干燥症的主要原因是缺乏维生素A。

【治疗】　首先应排除其主要发病原因。

暂时性的对症疗法是在结膜囊内注入油类物质，如灭菌的甜杏仁油，凡士林油，奶乳。严重时可施行兔眼时采用的手术。

缺乏维生素时，可应用鱼肝油制剂，补充维生素A。

三、慢性角膜混浊（斑点）

慢性角膜混浊（斑点）是角膜透明度遭到各种持久性的难于完全消除的破坏。角膜透明度的破坏是由于损伤部产生结缔组织（瘢痕）的结果，或于角膜组织内淤积某些物质而形成的。在后者情况下无炎症结果（彩图 56）。

根据混浊的性质可分为下列几种。

（一）瘢痕性混浊

其产生是由于急性角膜炎、创伤、溃疡的结果。其形成是由于结缔组织增补了角膜上皮部分或实质部分的缺损。往往呈现的混浊可随急性角膜炎的痊愈而自行消失，然而时常会残留。根据其部位、大小和强度可区分为数种。

其颜色取决于角膜内发生变化的厚度和深度。

1. 角膜翳（Nubecula）（云雾状）　是最轻的混浊，为浅在性雾状淡浅灰色的薄翳，在侧光照射下不显著地转为透明组织。其形成大都是由于表层的角膜炎。

2. 角膜斑点（Macula）（斑点状）　是较强烈的混浊，呈浅灰色或淡白色。各种形状和大小不同，具有显著轮廓或逐渐明显的边缘。有时发现斑点内保有血管。

从解剖方面看，角膜翳和角膜斑点是由纤维性结缔组织较厚的层次所构成。纤维性结缔组织是从角膜小体产生的，它填充了前弹力层和角膜基质的被破坏部分。

在新鲜的斑点内组织较疏松，故斑点看来较明显。

3. 角膜白斑（Leucoma）（白斑）　是瘢痕性的重剧的白斑点。斑点内大部分具有来自角膜边缘的血管。白斑是由纤维性组织和排列不正确的纤维原构成，白斑的呈现是由于患处深部创伤和溃疡时实质性角膜炎的结果。角膜白斑照例是不能透明的，某些好转仅能使炎症性渗出物吸收。

根据这些混浊的肉眼可见形态，可以了解到引起混浊的原因。呈椭圆形、分界明显、被透明组织环绕的瘢痕，一般发生于创伤时。逐渐转化为正常的长圆形瘢痕是发生过溃疡的特征。呈大片斑点状不明显混浊，大部分产生于炎症过程以后。

（二）色素性混浊

是在溢血和角膜的脉管形成（炎症）下，由于虹彩增生色素层而产生的，有时是先天性的。呈黑色或暗棕色，形状多种多样。

（三）白垩性混浊

白垩性斑点的形成是由于在角膜内淤积有某些金属性（铅、锌、银）盐类，斑点呈白色、淡黄色或淡黑色。

慢性角膜混浊的预后应谨慎。其预后不取决于混浊的强度，往往有些较弱的斑点反而不可治愈。混浊的部位和时间长短具有重要的意义。瘢痕性的表面上皮斑点较位于实质内的斑点易于治疗。角膜白斑，色素斑点和白垩斑点不易消除，中央混浊给视力带来极大损失，而且角膜的下半部也可能产生混浊。6 个月以上时间的混浊在大部分情况下不易治疗。

【治疗】　可使用甘汞粉末，或 10％甘汞软膏、抗生素软膏或眼药水。角膜翳、角膜混浊较轻的，眼睑皮下注射氨苄青霉素、地塞米松溶液、效果良好，也可配合使用阿米卡星皮下注射，再使用氯霉素眼药水及可的松眼药水交替滴眼，以及使用角膜炎治疗方法。

也可使用碘离子或氯离子的离子透入疗法，严重病例可采取角膜移植手术（Keratoplasty）。

四、角膜葡萄肿（Staphyloma corneae）

角膜葡萄肿是角膜发生瘢痕性变化的隆起，隆起是在葡萄肿受到顶撞和虹膜脱出后形成的。如果此种瘢痕仅波及部分的角膜，则称为部分性葡萄肿；当完全或几乎完全破坏了角膜时，则称为完全性葡萄肿（St. corneae totale）。

【病因及症状】　角膜葡萄肿一般是在角膜受到创伤和顶撞，角膜溃疡后，由于创伤形成的瘢痕延伸形成的。疤痕大而薄，虹膜粘连范围广泛，经受不住正常眼内压（或继发性青光眼的推力而向前突出隆起）。部分角膜葡萄肿是由于脱出的和受损害的虹膜而形成的，而它被发生于角膜的瘢痕组织以及在脱出后在虹膜上发生的颗粒薄层所敷盖。角膜葡萄肿大都位于角膜的外周，呈圆锥形或球形。完全性葡萄肿是完全脱出的和瘦削的虹膜和瘢痕性组织较厚层所构成。其表面往往呈起伏状。

角膜葡萄肿的颜色可能为多种多样，主要取决于虹膜如何参加其形成。颜色介于浅灰白色到暗蓝色、暗棕色甚至黑色之间。

视力障碍的程度取决于葡萄肿的大小和部位。在患完全性角膜葡萄肿时，视力常完全丧失。

患角膜葡萄肿时，眼内压力一般是增高，这样就更进一步地促进了葡萄肿的巨大伸张和增大。预后一般不良。因为即使在患部分性角膜葡萄肿时，经常可能产生薄瘢痕破裂，感染的侵入及机械性的损伤。

【治疗】　在角膜患贯穿性损伤和虹膜新脱出时，必须割除脱出的部分并用结膜块盖住创口。老的葡萄肿可用电烙烧灼，并用结膜敷盖。完全性葡萄肿则用线形刀靠基底切除，而后除去晶体。玻璃体的裸面单独瘢痕形成需要经过若干星期，在此期间眼睛必须做眼绷带。也可以在切割葡萄肿以前，先在边缘的周围将结合膜剥开并作烟袋状缝合，在葡萄肿除去后将缝线缚紧。由于在结膜上经常出现各种微生物，时常可能感染创伤，故最好给动物作眼球摘除术。

（一）角膜膨出（Keratectasia）

角膜膨出是溃疡部位变薄的角膜不正确的拉长和凸出。在角膜破坏到后弹力层时，后弹力层的凸出亦称为角膜膨出（角膜后弹性层突出 Keratocele）。

这两种状况一般可发展到瘢痕的形成并永远残留，无治疗方法。

（二）圆锥形角膜和球形角膜（Keratoconus et keratoglobus）

圆锥形角膜和球形角膜，是无炎症过程参加而形成的角膜变形。在此情况下，角膜组织通常保持其透明度，仅最后在圆锥形角膜的情况下，在其顶端呈现混浊。不常遇到动物发生此种病变。该病见于马、牛、犬和猫。

无论是圆锥形角膜还是球形角膜，皆可能是先天性的或后天性的。它们发生于一个眼睛或两个眼睛，后者常为先天性的。

【病因】 圆锥形角膜和球形角膜的构成说明后弹力膜层的稳定性不足，角膜先天性薄、不健全。人医眼科学认为与马内分泌系统的障碍，特别是胸腺和甲状腺机能的障碍有关。

【症状】 患圆锥形角膜时呈圆锥体形，且其顶端位于中央部或转移至稍侧方。在用角膜镜检查时，可看出其映象有歪斜度。角膜镜的同心圆呈鸡蛋形，并且蛋的突顶端朝向圆锥体的顶端。圆锥体的顶端有时变细。在很大程度上，由于将呈现的近视和不正确的散光，使视力遭到破坏。前眼层以由前向后的方向增大。

在患球形角膜时，角膜向各方向成球状均等地增大且脱出，前眼房增大。可能无散光，但一般呈现近视。

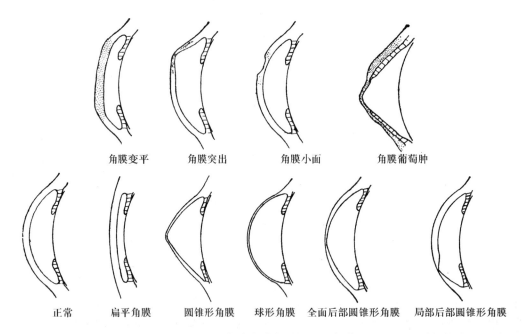

角膜变平　　　　角膜突出　　　　角膜小面　　　　角膜葡萄肿

正常　扁平角膜　圆锥形角膜　球形角膜　全面后部圆锥形角膜　局部后部圆锥形角膜

图 4-5-5　各种角膜变形切面示意图

【预后】 不良，此类病不可治愈。但为减轻眼内压力，可应用毛果芸番碱或毒扁豆碱给予一般增进健康性的治疗。

五、黑色角膜症（猫角膜硬固性坏死 Feline corneal sequestration）

黑色角膜症又称角膜坏疽，角膜硬固性坏死，圆盘状木乃伊变性等，在临床上较少见，文献、资料报道较少。

【病因】　原因不明，但泪液中的黏蛋白在上皮沉着，引起固有层的胶原代谢停滞，部分坏死。在黑色坏死灶的边缘可见到血管侵入等炎性变化。常继发于慢性角膜炎或未愈合的角膜侵蚀。有人认为与猫疱疹病毒感染有关，而物理、化学性的灼伤、烫伤也可能成为病因造成病变。

【症状】　角膜的中央位置出现圆盘状局限性黑色—暗褐色坏死性病变。一部分侵入的血管丛表面层游离，轻度疼痛导致眨眼流泪，伴有瞬膜突出。有时病灶周围可见到角膜出血，有褐色眼分泌物，角膜水肿，并发角膜溃疡（彩图 57）。

病灶角膜擦拭标本活检，可观察到固有层层板的变性坏死，角膜边缘可见明显的单核细胞浸润和巨噬细胞。本病用荧光素不能染色，但用 1‰二碘伊红可染成红色。

【鉴别诊断】　本病在角膜中央部位可见到黑褐色卵圆形局限性病灶，而色素性角膜炎在靠近边缘处可观察到明显的斑块状颜色变化。

【治疗】　可局部应用抗生素及抗病毒制剂。有认为不要用皮质类固醇，因其可活化疱疹病毒。作者曾以氨苄青霉素、地塞米松混合液作眼睑皮下注射，配合阿米卡星、聚肌胞皮下注射，再以贝复苏滴眼液滴眼，经 2 周治疗后黑斑未继续发展，边缘缩小，似有减轻，结膜炎好转。也可用三氟胸苷溶液 2～8 次/d，碘苷溶液 3～8 次/d，阿糖腺苷软膏 3～8次/d 治疗。

保守治疗不能彻底治疗本病，可进行浅层角膜切除或眼角膜病灶部分的角膜全层移植手术。

第四节　角膜结膜炎

一、牛传染性角膜结膜炎

牛传染性角膜结膜炎（Bovine infectious keratoconjunctivitis）是世界范围分布的一种高度接触传染性眼病，它广为流行于青年牛和犊牛中，未曾感染过的成年牛也可感染。通常多侵害一眼，然后再侵及另一眼，两眼同时发病的较少。某些品种牛（如海福特、短角牛、娟姗牛和荷兰牛）似较其他品种的牛（如婆罗门牛和婆罗门杂交牛）易感性强。

本病最常出现于夏季，部分是由于日光（特别是紫外线部分）、灰尘和蝇对眼的刺激作用。实验性将眼暴露于紫外线照射可加强牛对牛莫拉氏菌（Moraxella bovis）的感染并使临床体征加重。夏季牧场上的放牧牛易于发生，特别是天气热和潮湿时。于秋季发病者其症状轻微且病期较短，流行期间发病率可达 50%，非流行期间，仅个别牛发病。

本病是各养牛业国家的一重要的眼病。患犊生长缓慢，肉牛掉膘，奶牛产奶量降低。我国西北地区牛群曾有发病的报道，也曾见绵羊和山羊发病的报道。

【病因】　多数人认为是由于牛莫拉氏菌病所引起，但也有人认为是由立克次氏体（Rickettsia）引起，还有人认为是病毒（牛传染性鼻气管炎病毒）所引起。近来曾从患眼分离到牛眼支原体（Mycoplasma bovoculi）。

业已证明，感染动物的泪液和鼻液常含有大量的牛莫拉氏菌。所以，被该菌所污染的牧草可散布本病。

强紫外线会损伤牛眼并增加对牛莫拉氏菌的易感性。

除年龄、品种和紫外线照射与疾病发生有关外，还有灰尘、维生素 A 不足，高牧草和植物花粉直接刺激眼。面蝇、家蝇和厩蝇可能是牛莫拉氏菌的机械性媒介昆虫。

饲养管理人员或兽医师也是牛莫拉氏菌感染扩散的传播者。

【症状】　羞明、流泪、眼睑痉挛和闭锁、局部增温，出现角膜炎和结膜炎的临床体征。眼分泌物量多，初为浆液性，后为脓性并粘在患眼的睫毛上。发病初期或 48 h 内角膜即出现变化。开始时，角膜中央约 3 mm 宽处出现轻度浑浊，用荧光素点眼，稍能着染。角膜（尤其中央）呈微黄色，角膜周边可见新生的血管。

根据体征的程度可将本病分为以下几种

急性：病变轻微，较轻的结膜炎和角膜炎，患眼受害不严重。

亚急性：角膜面上有溃疡，患眼受害严重。

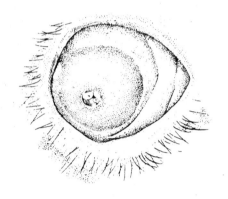

图 4-5-6　牛传染性角膜炎

慢性：角膜溃疡破溃并穿孔，形成葡萄肿（Staphyloma）。暴发为全眼球炎时，因视神经的上行性感染导致脑膜炎而死亡。

带菌性：有些病例持久流泪，但大多数不呈现感染症状。

并非所有的病例都经历上述过程。轻的，经 2～3 周便自然吸收。浑浊由角膜的边缘开始消散，逐渐扩大到中央。多数病例，特别是犊牛，由于角膜实质突出而成圆锥形角膜。圆锥形角膜为本病的特征性病变。在修复过程，急性期症状虽消退，但患畜嫌忌接触患眼。随着新生血管延至角膜中央，浑浊由外向心地逐渐消散。溃疡由肉芽组织填充而愈合，遗留下轻微突出的致密瘢眼。

青年牛的症状比犊牛重。溃疡通常侵及角膜深层组织。出现症状 5 d 内，于角膜中央可见直径 1 cm 或更大的，边缘不整突出的卵圆形溃疡。若病情发展，溃疡可深入，直至后弹力层膨出而形成圆锥形角膜。

病的潜伏期为 3～12 d。患畜均出现体温升高、精神沉郁、食欲不振、产奶量下降等症状。急性感染康复后对再感染有免疫力。

本病在冬季有时呈隐蔽型而于次年夏季才以急性型的症状出现。康复牛为带菌者，且在相当长的时期内（一年或更长）保有牛莫拉氏菌。

【预后】　发病后若进行隔离和治疗，预后往往良好，否则，预后应慎重。某些被忽视的病例，患牛可死于脑膜炎或菌血症。

【治疗】　首先应隔离病畜，消毒厩舍、转移变换牧场，消灭动物体上的壁虱。

对症治疗有一定的疗效。为此，可向患眼滴入硝酸银溶液、蛋白银溶液（5%～10%，羊为 1%），硫酸锌溶液或葡萄糖溶液。也可涂擦 3%甘汞软膏、抗生素眼膏。

向患眼结膜下注射可的松溶液（每毫升含 25 mg）0.25～0.5 ml，效果颇佳。有人主张将可的松注射在角巩缘处，注射前应向患眼滴入 2%盐酸可卡因溶液数滴。

一天 4～6 次用 30％乙酰磺胺钠液点眼，有一定的治疗作用。

据报道，按体重每公斤静脉内注射磺胺二甲嘧啶 100 mg 的效果良好。

用呋喃唑酮向母牛及其犊的眼喷雾（包括眼睑、结膜和角膜），就能杀死眼表面的牛莫拉氏菌。

【预防】 应避免太阳光直射牛的眼睛，并避免尘土、蝇的侵袭。将患牛放在暗的和无风的地方，就可降低畜群发病率。由于牛莫拉氏菌可出现在泪液和鼻液内，应设法避免饲料和饮水遭受泪液和鼻液的污染。

有人建议使用 1.5％硝酸银溶液作预防剂，即向所有的牛和犊的结膜囊内滴入硝酸银液 5～10 滴，隔 4 d 后可重复点眼（每次点眼后应当用生理盐水冲洗患眼）。

二、羊传染性角膜结膜炎

羊传染性角膜结膜炎（Ovine infectious keratoconjunctivitis）发生于绵羊和山羊，能引起眼严重的病理变化，在一些病例，还伴有严重的全身疾病。

【病因】 很多传染性病原体与本病有关。绵羊传染性角膜结膜炎病原微生物包括立克次氏体、衣原体、支原体和需氧性细菌。山羊患眼中最普遍分离到的微生物是支原体。曾有报道认为传染性牛鼻气管炎病毒是山羊本病的病原。

鹦鹉热衣原体是绵羊衣原体结膜炎的病原。本病引起结膜充血、淋巴样滤泡形成和角膜浑浊。所有的品种和不同年龄的绵羊均易感，但以肥育羔的发病率最高。在感染的羊群里，发病率可达 90％。

衣原体结膜炎是高度接触传染的，且通过直接接触、昆虫传播以及与污染的排泄物接触而迅速扩散。微生物藏在眼泪和鼻分泌物里。病原侵入易感动物的结膜时，便进入上皮细胞，发生胞质内复制，形成初期（不成熟的）小体和原基（成熟的）小体。原基小体被排出，且对新细胞有感染性。细胞受损表现为结膜水肿，充血和眼睑痉挛。最初泪液澄清，一两天后便成为黏液脓性。

结膜瘀点出血是衣原体结膜炎的一个早期临床特征。开始感染后 24 h 内便形成直径 1～10 mm 的淋巴样滤泡，且可持续 2～3 周。角膜可经过水肿、嗜中性白细胞浸润、糜烂和新生血管的连续变化。另外感染后 2～4 h 可见到角膜水肿，约在第 5 天首次见到角膜基质浸润。绝大多数病例，角膜新生血管导致角膜愈合，偶尔，因严重的角膜坏死导致发生角膜穿孔。

患衣原体角膜结膜炎羔羊，80％为两侧眼受累，病程 6～10 d。有些羔羊发生关节炎，也有的仅引起结膜炎而无关节受害。然而，几乎所有患关节炎的羔羊均出现两侧性结膜炎。关节炎以腕和跗关节肿胀、跛行、发热和掉膘为特征。继眼症状消退后，衣原体可持续在眼组织里达几个月之久。

衣原体性结膜炎的诊断根据是眼病迅速散布的病史，观察到典型的症状（包括眼病变和跛行）与实验室所见。从患羊（急性病例）采取结膜刮除物，姬姆萨染色后就可见到感染的胞质内包涵体（原基小体），还可见到嗜中性白细胞、淋巴细胞、浆细胞和多核的上皮细胞。因有 50％的患畜见不到包涵体，需要作另外的诊断实验。结膜刮除物的免疫荧光试验具有诊断意义。在 7～10 d 里常可检查补体结合抗体。将从淋巴样滤泡压出的材料放在鸡胚卵黄囊里培养，或作羔胎细胞组织培养。鉴别诊断包括由支原体引起的绵羊传染性角膜结膜炎、立克次氏体样细菌（科尔斯小体 Colesiota 和需氧性细菌）。

绵羊非衣原体性传染性角膜炎的重要原因包括结膜科尔斯小体（结膜立克氏体）、奈瑟氏球菌属、无胆甾支原体属和支原体属。结膜支原体是分离到的最普遍支原体，它是革兰氏阴性的一种细胞外微生物，附着在上皮细胞的细胞膜上。

【症状】 病的发作一般是在产羔季节，且可达到夏季。6～8 周龄的羔羊最易感。传播是通过直接的接触，潜伏期从几天到几周。仅少量的患羔羊出现严重的角膜炎，以后则形成角膜瘢痕。

绵羊非衣原体性传染性角膜结膜炎的临床特征为从轻型结膜炎到较严重的弥散性角膜浑浊伴发角膜溃疡。病变类似牛传染性角膜结膜炎所见，但在绵羊的角膜受害常不太严重。

本病最早的症状是羞明和水样眼泪。结膜潮红、水肿，巩膜充血。在睑结膜和第三眼睑上可见到直径 1～10 mm 的淋巴样滤泡形成。随着疾病的进展，可见到直径达 1 mm 的灶性角膜浑浊（点状角膜炎），眼泪转为黏液脓性。一些病例发生弥散性角膜水肿，继之以化脓性角膜炎伴角膜溃疡以及角膜缘周边新生血管。通常，严重的角膜炎病例，外周角膜变透明而中央角膜有血管形成。角膜变透明通常是戏剧性的，仅遗留最小的角膜瘢痕。角膜脓肿和角膜软化导致葡萄肿和全眼球炎形成，这种病例可出现继发性青光眼。

绵羊和山羊对无乳支原体是易感的。这种病原体经眼结膜或胃肠道进入身体而引起眼、关节、乳腺或妊娠子宫感染。通过眼、鼻分泌物、奶、粪、尿、开放性关节损伤的渗出物或阴道排泄物污染外界环境。眼部病变有点状角膜炎的结膜炎、角膜水肿、间质性角膜炎以及前色素层炎。

【诊断】 诊断支原体的根据有发热、眼、关节和乳腺（或两者之一）受害，从眼泪、血液或乳汁中分离出无乳支原体。

【治疗】 衣原体、支原体和立克氏体对四环素的敏感。肌肉内注射土霉素（5～10 mg/kg）是一种有效的治疗方法。1 d 3 次局部使用四环素眼膏可望缩短病程。注射和局部治疗可结合使用。对角膜严重受损的病例，可利用第三眼睑瓣或行眼睑缝合术，以便达到保护眼球的目的。

0.1%～0.2% 利福平眼药水滴眼，对衣原体有一定的抑菌作用。

邻氯青霉素眼膏的单次局部使用，对绵羊传染性角膜炎是最经济和有效的治疗方法。

三、犬干性角膜结膜炎

犬干性角膜结膜炎（Keratoooonjunctivitis sicca. KCS）是指因泪液减少或丧失而引起角膜结膜干燥性炎症。本病小动物常见，药物治疗常有效（彩图 58）。

【病因】 有多种病因可引起。

医源性：尿道止痛药、磺胺类药和抗胆碱类药（如阿托品）均会使泪腺分泌减少，手术切除第三眼睑腺（樱桃眼），则直接影响角膜泪膜的形成。

全身性疾病：犬瘟热、猫上呼吸道疾病和其他衰竭性疾病均可影响泪腺分泌功能。

慢性结膜疾病：机械性阻塞泪腺分泌导管，引起腺体炎症或改变泪腺的性质和成分。

自身免疫性疾病：如红斑狼疮、风湿性关节炎、甲状腺机械减退及肾小球肾盂炎等也会使泪腺免疫功能下降。

先天性：泪腺和第三眼睑腺发育不全，幼仔眼睑提前张开等，可能与遗传有关。

其他：如眼眶外伤，中枢和眼肿瘤，老年性泪腺萎缩亦可引起本病。

【症状】　临床特征为角膜干燥、无光泽、呈灰暗色。角膜上有黏稠分泌物及结膜充血。急性 KCS 多因泪腺感染，损伤或药物中毒所致。角膜突然干燥、软化和快速渐行性溃疡。动物患眼表现剧烈疼痛、睑痉挛。如不及时治疗，角膜因溃疡而发生穿孔或葡萄肿。

慢性 KCS 除上述症状外，还表现角膜色素浸润、血管增生、角膜浑浊和视力减退等。

【诊断】　除根据病史和临床症状进行诊断外，还可用滤纸试验检测泪腺分泌功能。取 5 mm×35 mm 滤纸一片，距一端 5 mm 处折成直角，将该头置入结膜囊内，5 min 后取下滤纸，自折叠处测量潮湿长度。正常值＞15 mm/min。轻度 KCS 者，10～15 mm/min，中度 KCS，5～10 mm/min，重度 KCS，1～5 mm/min，极严重＜1 mm/min。

【治疗】　局部应用抗生素、皮质类固醇、黏液溶解剂和拟副交感神经药均有效，连用 2～3 周。如仍未改善，可口服 2% 毛果芸香碱，按 1 滴/5 kg 加入饲料中，每日 2 次。以后每隔 3 d 增加 1 滴，当出现流涎、嗳气、腹泻、呕吐等胃肠道症状时，剂量应减少。口服毛果芸香碱最少需 30 d。如泪液分泌功能仍未好转，可采用手术治疗。有下列几种手术方法。

（1）泪点闭合术（Punctal occlusion）　适用于眼未完全干燥，泪腺还能分泌泪液的犬猫。可采取缝合法或电烙法闭合泪点。缺点是术后仍需其他治疗方法。

（2）部分眼睑缝合术（Partial tarsorrhaphy）　手术目的使眼裂变小，减少泪液的蒸发。先切除外眼眦上、下睑缘（等长），沿上睑缘切口分离一三角形眼睑结膜瓣，并在下睑缘相应位置作皮下分离，创造一间隙，将上睑结膜瓣导入下睑皮下间隙内，并与皮肤缝合一起。最后闭合外眼眦上、下睑缘。

（3）腮腺管移位术（Parotid duct transposition）　适用于无泪液分泌，长期药物治疗无效的 KCS。术前，需经口腔腮腺乳头（为腮腺管开口，位于上颌第 3～4 臼齿上方颊黏膜）插入一尼龙线（1～2/0）至腮腺（图 4-5-7A）。以面部尼龙线为标志（可触摸到），切开皮肤 3～5 cm，分离皮下筋膜，显露腮腺管，并向前至腮腺乳头，向后至腮腺，将腮腺管全部分离出来（图 4-5-7B、C）。然后，切开下眼睑结膜（穹隆部），并经此切口插入小止血钳，向下沿皮下伸出面部创口，再将游离的腮腺管引入结膜囊固定起来（图 4-5-7D）。最后拔除尼龙线和缝合面部创口（图 4-5-7）。

术后，全身应用广谱抗生素 4～7 d，局部滴用抗生素和皮质类固醇眼膏（水），每日至少 4 次。每日少量多餐饲喂食物，以促进腮腺分泌。为控制唾液分泌，在舌头上涂布阿托品。术手 7～10 d 拆除皮肤缝线。

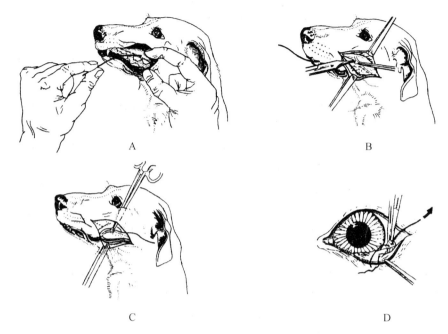

图 4-5-7 腮腺管移位术

A. 尼龙线经腮腺乳头插入腮腺管 B. 在切口前方颊神经和面静脉下方将插有尼龙线的腮腺管分离出来
C. 游离的腮腺管经皮下引入外侧下结膜穹隆部

第五节 角膜霉菌病及角膜肿瘤

一、马角膜霉菌病

马角膜霉菌病（Equine Keratomycosis）也可称之为霉菌性角膜炎，发病率有日渐增加的趋势。患马普遍有角膜外伤和长期使用抗生素—皮质类固醇制剂治疗或正在患眼病的病史。

【症状】 患马均有眼睑痉挛、羞明、流泪和结膜水肿的症状。本病初期症状可分为 3 个类型。

（1）在前弹力膜内有一小的上皮中心糜烂，并向角膜下浸润。巩膜明显充血。临床上所见的线状角膜浸润，是由于沿着角膜板层内间隙扩散的浸润细胞产生。

（2）角膜缘形成新生血管、角膜水肿和浑浊。用 2% 荧光素点眼阴性，用 1% 孟加拉玫瑰红染色为阳性，表明上皮细胞已死亡。

（3）迅速扩散的角膜溃疡可引起严重的间质性角膜炎。

【诊断】

（1）本病类似其他的角膜感染，尤其是由细菌所引起的。若有植物性损伤史或长期局部使用抗生素—皮质类固醇而效果很小或无效的病例，即应怀疑为角膜霉（炎）菌病。

（2）实验室诊断可根据涂片、刮片和培养来诊断本病。采病料时应先行局部表面麻醉，再用预先在酒精灯上灭菌过的铂调刀，刮取角膜病灶的组织，将其涂布于载玻片上，干燥固定，用革兰氏或姬姆萨氏染色或新美蓝液染色。真菌性微生物的特殊染色法——六亚甲四胺银染色是很有价值的。

某些病例是以角膜实质内浸润和真菌生长为特征，在浅表的上皮刮取物内，不能证明任何真菌成分。对此病例须采取一小片角膜实质放在培养基中培养。很大多数分离物在 Saboraund 琼脂平皿和血琼脂平皿以及心脑浸液肉汁中迅速生长。

（3）病理组织学检查。角膜霉（真）菌病的病理学特征表现为角膜上皮细胞丧失，角膜基质里有炎症细胞的介入，严重的角膜水肿和角膜基质丧失。多数角膜基质内有脓肿形成，真菌遍及角膜全层，深层角膜基质里积蓄菌丝成分。

【治疗】　本病尚无特异性疗法，但一旦确定病原体，可取得较好结果。

许多研究人员认为曲霉属是本病最为普遍的病原。

具有良好效应的抗霉药是从各种不同土壤链霉菌分离出的抗生性多烯。它包括有制霉菌素、二性霉素 B 以及游霉素。它们具有抑制真菌或杀真菌作用，但其水溶性很低，且在氧气、光线、热等环境下很不稳定。现已确认咪唑类可作为抑制真菌的抗霉药物。

对角膜真菌病的治疗有药物、手术或两者结合的方法。药物治疗包括局部的制霉素、二性霉素 B、碘化钾、游霉素或游霉素与碘化钾结合使用、硫柳汞眼膏、放线菌酮以及硫柳汞。

二性霉素 B 是一种广谱抗霉药。可稀释作点眼和结膜下注射（125～200 mg）。

将灭菌的 0.5％氯霉素 15 ml 和 1‰硫酸阿托品 5 ml，加入到 1 瓶 5×10⁴ U 制霉素粉内，制备无菌的制霉素—散瞳药—抗生素溶液。该溶液的浓度为每毫升含制霉素 2.5 万单位。可将此溶液混入于睑下冲洗装置内，其流速为每 3 小时 1～2 ml，持续 5～7 d。如若瘢痕组织增殖过多，可用皮质类固醇点眼。

氯克霉唑是与霉可唑有关的一种抗霉咪唑，可局部使用，但可引起眼刺激反应。游霉素是与二性霉素 B 有关的一种多烯，具有良好的抗霉活性。

手术治疗包括角膜切除术，结膜瓣和角膜成形术。

二、牛眼鳞状上皮细胞癌

牛眼鳞状上皮细胞癌（Ocular squamous cell carcinoma）是一种分布地区较广、多发于老龄牛的眼病。有统计 75％发生在球结膜和角膜上（其中 90％在角巩缘上，10％在角膜上），25％病变发生在睑结膜、瞬膜和皮肤。

【病因】　本病与外伤、灰尘刺激、花粉或光过敏无关，也不伴随传染性角膜结膜炎和眼的炎性病变。曾报道牛传染性鼻气管炎与眼癌的关系。业已表明，色素沉着和太阳光的作用或许能解释紫外线可增强病毒转化的原因。肿瘤细胞虽不出现病毒包涵体，但用电镜检查却见它含有病毒微粒。

眼睑色素沉着的缺乏是本病的一重要因素，眼睑色素沉着的降低与在无色素的睑缘上病变的发生有关系。阳光紫外线在本病的地理分布和发生上是一重要因素。

本病或许包括动物遗传、紫外线和病毒感染。

【症状】　开始的病变为斑块，后发展为乳头瘤、非浸润性癌以及浸润性癌。

（1）斑块：眼观斑块是一小片增生的上皮细胞，结膜病变的最多数能看见这种病变。稍为高出，呈圆形、椭圆形或不规则。中等变坚实，或由于角化而坚硬。发现斑块的角膜缘常呈曲线形，与角巩联合的弧形一致。斑块一般为不透明或微灰白色的。

（2）乳头瘤：乳头瘤的发生率为7％。眼观上，它具有硬的、不同大小的棘状突起与一结缔组织核心，并有一小基底，或有带一大基底的许多圆隆突。有的乳头瘤呈蘑菇形并有狭茎。

（3）非浸润性癌：发生率为3％。它继斑块或乳头瘤之后发生，或者直接地来自斑块。眼观上，它类似乳头瘤，不出现浸润。

（4）浸润性癌：发病率为79％。眼观上，一般是大的块状物从睑裂突出，影响眼睑闭合。这种癌有可能侵害眼前房，最终侵及整个眼球。生长于第三眼睑的癌往往取代该组织，但罕见侵害软骨。生长于角膜上的癌，由于角膜基质和后弹力膜的抵抗，很少向内侵害。巩膜最少受侵。继发性变化（例如坏死、溃疡、出血和炎性细胞浸润）似乎出现于40％浸润性癌里。

除了斑块、乳头瘤和癌以外，眼睑皮肤可呈现角化过度，尤其是在细缝或接近细缝的黏膜皮肤结合附近。角化病变为泪液所湿润，积聚碎屑而变为污褐色，并易残留出血溃疡面。偶尔有的癌是由这些角化过度的病变发展而来。

生长和转移：一些癌侵害眶骨、颌骨和额骨的眶部。Monlux等人曾报道在471例眼癌中，侵及眼前房的为67例。较少侵害眼后房，一般发生在晶体周围，而不是在致密的巩膜。

本病晚期往往出现转移。转移的癌细胞在到达胸导管和静脉循环之前，经头部和颈部淋巴结，于寰椎、咽后、颌下与颈淋巴结里出现继发性转移。有些转移还可侵害肺、心、胸膜、肝、肾以及支气管和纵隔淋巴结。明显的转移通常起源于侵及睑结膜、眼睑皮肤和第三眼睑的癌。

【治疗】　包括手术、冷冻、放射、电热疗法，激光疗法以及免疫疗法等。

（1）手术治疗：对生长于睑结膜的瘤体，通常采用的方法是，柱内站立保定。按体重每千克0.5～0.8 mg盐酸氯丙嗪作耳后穴注射。用1％地卡因溶液滴于结膜囊内。根据肿瘤的大小作一根或两根牵引缝线以便提拉固定。顺下睑内侧缘切开并充分分离。术者以食指探查触摸，彻底切除（切勿损伤眼球）。当切到较硬的根缔时，务必使之切到健康组织（通过用温生理盐水洗涤后，眼观即可判明）。一般不用缝合。装眼绷带。术后48 h更换绷带，向结膜囊内滴入0.5％四环素溶液。睑结膜面的手术创通常取第一期愈合。

此外，根据病情，还可进行眼球摘出术和眼内容物剜出术。

眼内容剜出术（Eviseration）是除去眼球和眶内容物（肌肉、脂肪和泪腺）的方法，适于作眼球和眶广泛的肿瘤和感染的治疗。

（2）冷冻治疗（Cryotherapy）：以冷冻方法治疗本病有不少优点。简单快速、经济，镇痛作用持久，术前用药最少，且不需要术后用药，副作用最小，可重复作用。用于疑似癌前病变时，效果更好。

患牛柱栏内保定，行表面麻醉和球后麻醉。为了防止过度破坏正常组织，可在肿瘤周围放以聚乙烯塑料单或浸以凡士林的纱布。

对直径大于 2 cm 的病变，应使用 15 号喷头（冷原为液氮）直对肿瘤中心，距离病变部位 1～2 cm 喷射。应避免波浪形动作，因其能产生温袋（Warm pockets）而延缓肿瘤组织的冷冻。停止快速冷冻的标准是离肿瘤边缘 0.5 cm 的"正常"组织和在肿瘤基部达到 -25 ℃（这要靠微温差电偶针来检测）。让其自融，再立即使肿瘤冷冻到 -25 ℃。两次的冷冻融化循环比单次冷冻的效果更好。

（3）放射治疗（Radiating therapy）：许多肿瘤内都含有耐放射治疗的乏氧细胞（Hypoxic cell）。已发现具有电子亲和性的杂氮环的一组化合物，可以提高这些乏氧细胞对放射治疗的敏感性。在已研究的化合物中，以灭滴灵（Metronidazole）和美索硝唑（Misonidazone）最受重视。许多动物实验显示这些物质既有直接的灭瘤活性，又能增强放射治疗的效应。

（4）免疫治疗（Immunotherapy）：有介绍用同种异体牛眼鳞状上皮细胞癌的石炭酸—盐水抽提物，一次肌肉内注射，能治疗 40 头单眼的和两头双眼的鳞状上皮细胞癌。

（5）电热疗法（Electrothermal therapy）：使眼癌组织的温度上升到高于正常体温，即可成功地治疗眼癌。此法可引起癌细胞坏死，但不杀伤肿瘤内的间质细胞或血管细胞，也不杀伤周围的正常组织。

（6）激光疗法：用 CO_2 激光或 YAG 激光气化或切除。方法简单，止血好。阻止癌细胞的转移，效果良好。

三、牛角膜皮样瘤

角膜的皮样肿瘤较少见。起源一种异位的外胚叶组织，但其内层为真皮，外层为上皮，因此其与皮样囊肿相反。牛的角膜皮样瘤多位于角膜缘，特别是鼻侧角膜缘上多见，也有部分位于角膜，部分位于结膜或第三眼睑游离缘。有的由上眼睑缘下生长至瞳孔中央处，向鼻侧连于第三眼睑。常发生于双眼，但病变不对称，其数量、形态和大小亦不同。病变少至一个，多时可达 2～3 个。病变形态多为扁平隆起状、块状或息肉状，边缘清晰，瘤体表面生有较密的被毛，颜色与面部被毛相似。瘤体皮肤柔嫩，淡红色，有光泽。以针刺之感觉敏锐，原约 2 cm，几乎覆盖眼球的上半部或突出于眼裂之外。也有少数表面仅生长几支稀疏的长毛。

病变一般开始时很小，经年累月后逐渐增大。甚至显著增大。也有的发现时病变就比较大。其发展和蔓延的方式可分为两种类型，一种主要向外发展，在眼球表面或第三眼睑形成块状或息肉状，突出于眼裂之外，而有蒂连于角膜缘、结膜或第三眼睑；另一种是沿角膜、结膜表面蔓延，呈扁平隆起状遮盖部分角膜甚至瞳孔区。

【症状】　由于赘生物及其被毛的刺激，可使患眼并发结膜炎。患眼结膜潮红，角膜表面有部分淡蓝色轻度混浊。患牛羞明流泪，内眼角有少量黏液脓性分泌物，视力极差。当该赘生物增大至一定程度时，会影响眼球的活动。

有的犊牛生下后发现就有，并且日趋增大。

【诊断】　角膜皮样瘤为先天性病变，且发生于角膜缘、结膜及第三眼睑。经病理学切片检查，其组织构造与皮肤相同。因此，其可能属于胎裂闭合过程中迷失的上皮组织（异位的外胚叶组织）。

与皮样囊肿不同，皮样囊肿为皮脂腺分泌物。其起源虽相同，但其最内层为上皮，外层为真皮及皮下组织，而与皮样瘤相反。

【治疗】　以手术治疗为主要疗法。

患牛横卧保定，作基础麻醉结合全身麻醉。

先用生理盐水冲洗结膜囊，再以 2%～3% 普鲁卡因溶液数滴滴于结膜表面，每隔 2～3 min 1 次，连滴三次作表面麻醉。同时进行备皮（应防止消毒药液进入眼内）。也可用 2% 可卡因作表面麻醉。

再以 3% 盐酸普鲁卡因作球后麻醉。以 8 cm 长针头局部消毒后由眶外缘与眶下缘交界处向对侧下颌关节方向刺入，针紧贴眶上突后壁，至深约 4 cm 时，再转向眼球的正后方刺进。回抽注射器活塞无血液时，注入 3% 盐酸普鲁卡因 10 ml。术中可每隔 5 min 用 2% 可卡因滴眼作表面麻醉，以减少手术时的疼痛。

也可在赘生物基部作浸润麻醉以增加麻醉效果。以止血钳夹持瘤体轻轻提起，在其底部周围结膜下注射 2% 普鲁卡因肾上腺素 5 ml 左右。用巾钳或缝线作褥式缝线撑开眼睑。

用 1% 硼酸液反复冲洗后，以灭菌纱布蘸干，以眼科有齿镊从瞳孔缘提起瘤体，在靠近瞳孔部瘤体的边缘，用小圆头手术刀与角膜平行先行瘤体和角膜连接部切一小口，然后慢慢扩大分离，边分离边将赘生物向相反方向牵引，直至角膜缘与球结膜交界处。分离时动作要轻揉稳准，防止切破角膜。角膜表面残留的瘤体组织要用眼科剪小心剪除，或用小圆头刀彻底刮除干净，直至表面光滑为止。然后用小弯剪将瘤体基部两侧球结膜剪开，并分离瘤体与巩膜间的联系。分离时不可过于深入深部组织，以防直肌或斜肌被切断，以及切破巩膜。若赘生物蔓延至第三眼睑或原发于第三眼睑时，可根据其体积大小，将第三眼睑部分切除或从其基部全部切除。结膜切口和第三眼睑切口均不需缝合。术中出血要随时以湿棉签压迫止血，也可用钳夹止血或以烧微红的细探针或烧热的玻璃棒烧烙止血。

术后用生理盐水冲洗眼球表面及结膜囊，滴氯霉素眼药水，擦涂金霉素眼膏或用青霉素油剂点眼。术后三天患眼应装眼绷带。

术后对病畜要加强饲养管理，注意保护术眼，严防擦伤和撞伤。定期消毒和更换眼罩，一般一周左右创面可愈合，二周后角膜可恢复透明，视力可恢复。

治疗上，在早期皮样瘤很小时进行手术切除，操作简单、方便，损伤组织少，术后恢复快。对于球结膜和第三眼睑部位的息肉状、块状赘生物，可试用结扎法或烧烙法治疗。

四、犬角膜缘黑色素瘤（Limbal melanoma）

角膜的肿瘤较少见，多数继发于角膜缘或巩膜的延伸。

角膜缘黑色素瘤长在角膜缘的巩膜一侧，呈现突起的色素块。它以环形向外扩张的形式侵害巩膜和角膜的大片地方。但必须与结膜及睫状体黑色素瘤相区别。德国牧羊犬和金毛猎犬有品种易感性，年轻犬（2～4 岁）比老龄犬更严重。

手术切除加上一个疗程的锶-90(strontium-90) 能取得很好的结果，冷冻外科、光溶解（photoablation）也可使用。早起治疗，预后良好（彩图 59）。

五、犬鳞状上皮细胞癌 （Squamous cell carcinoma）

鳞状上皮细胞癌可能生长在角膜上，但也可能侵害角膜缘，它们呈现突起的多小叶肿块。用角膜切除术的方法切除肿瘤及按角膜缘黑色素瘤的方法进行治疗（彩图 60）。

六、皮样囊肿 （Dermoids）

皮样囊肿侵害角膜的角膜缘处。这种囊肿生长很慢，如果上面不长毛则没有症状。然而由于毛囊可刺激角膜导致囊肿，有时有色素沉着，有时没有。以德国牧羊犬和圣伯纳犬有品种易感性。

可在 12 周龄前后进行角膜切除术（彩图 61，彩图 62）。

七、角膜囊肿 （Corneal cysts）

角膜内囊肿是一种少见的病症，病因不清楚。囊肿可能浅在或深部还有一过性"水泡状"表现。可选用角膜切除术治疗（彩图 63）。

第六节　常用的角膜手术

一、角膜穿刺

角膜穿刺（Paracentesis corneae）在前房蓄积浓液、出血、寄生虫以及眼前房内有异物时可以应用。也应用于虹膜炎和临时降低眼内压力，以及虹膜切除术的第一阶段和白内障手术时的晶状体摘出。

动物先行麻醉，躺卧，犬可在全身麻醉后再加以局部麻醉。术野仔细消毒，放置眼睑开张器，用镊子将眼球固定于穿刺对面的一点上。距离角膜边缘 2～3 mm 的角膜下部或外部作为手术部位。

用线状刀或枪状刀斜向地穿刺角膜，并且将刀以刀平面与虹膜平行地探入前房切口应尽可能小。脓汁一般与含水分的潮气、房水一起流出。用眼科镊将寄生虫和异物取出。斜向切削的伤口边缘迅速黏合并长好。每日以消毒溶液洗眼并用绷带防护，并戴上网罩，动物可自由行动，经 5～7 d 可愈合。

二、角膜创口缝合方法

适用于新鲜角膜深层撕裂或穿孔创

1. 角膜基质层间缝合法　创缘对合后用 7-0 或 8-0 无损伤缝线从创口两端向中央缝合。从一侧角膜创缘外进针至基质下出针，再从对侧创缘基质下进针，穿出创外，针距

1 mm。待全部缝上后打结，其结应偏向创缘一侧。此缝合优点为缝合后，眼内、外无通道形成（缝线未穿透角膜），可避免或减少感染的机会。但是缝合必须达到角膜厚度 2/3，否则创口易哆裂。

缝合完毕，经创缘或角膜注入消毒空气，防止眼内组织与角膜创缘接触，减少粘连。如为角膜缘损伤，并有小块角膜缺损，可施结膜瓣遮盖术。

术后，全身应用广谱抗生素，消炎痛和地塞米松等，并按时滴 1%阿托品。术后第 7 天拆除缝线。

2. 角膜穿透性缝合法　此法简单，手术时间短，避免层间缝合后留有针孔倾斜的浑浊线。但易发生继发感染。同时在拆线时，房水可随缝线抽出而外溢。

三、浅层角膜切除术

是指切除角膜上皮层或部分基质层。适用于切除角膜缘及角膜肿瘤、皮样囊肿、猫嗜酸性肉芽肿、犬慢性浅表性角膜炎（血管翳）等。

1. 角膜圆锯切除法　用于病变位于角膜中央的情况。先调整好圆锯切除的深度（一般为 0.3～0.4 mm），将圆锯垂直于角膜表面，转动圆锯柄，即可作一环形切口。然后用眼科镊提起切口缘，用角膜分离器平行于角膜将浅层病变组织切除干净。术中，要连续滴布生理盐水，使角膜保持湿润。

2. 刀片切除法　若无角膜圆锯器或角膜病变范围小，偏离角膜中间，可先用圆头眼科手术刀切除病变组织。先确定切除范围，用眼科钳钳起欲切除角膜缘。刀片平行于角膜，经其质浅层削除。操作仔细，用力均匀。如病变范围较大，可先作十字形切口，使被切除组织分成 4 个小区。然后分别剥离，切除各区的角膜浅层。

术后全身应用广谱抗生素 7～10 d，每日滴荧光素观察上皮再生情况。一旦有角膜上皮再生，局部使用抗生素和皮质类固醇，以减少角膜瘢痕的形成。

四、角膜巩膜移植术

适用于修补大的角膜缺损。即将邻近的正常角膜或巩膜剥离，制成有蒂的移植片遮盖于缺损的角膜。此法优点是无需异体角膜组织，亦无免疫排斥反应。

先清洗角膜缺损，去除坏死组织，创造一新鲜创，其深度约 0.5 mm。在确定角膜巩膜瓣移植方位及大小（应大于角膜缺损部）之后，作蒂状瓣分离（呈梯形）。先用角膜剥离器或圆头眼科刀剥离浅角膜层（通过角膜基质），再分离角膜缘和巩膜。修平蒂状瓣，将其移向角膜缺损处。最后用无损伤缝线将移植物结节固定在角膜上。另外，在角膜巩膜瓣蒂部作几针结节缝合，将其固定在角膜缘外侧，防止因张力大，蒂部断裂，影响血液供给。

第七节　角膜移植术

角膜移植是器官和组织移植的组成部分。角膜移植术是用健康透明的供体角膜替换病变角膜。临床上常用的手术方式为穿透性移植，包括全层角膜移植术与板层角膜移植术两种。

一、角膜移植的历史沿革

1. 穿透性角膜移植　早在 1796 年英国人 Erasmus Derwin 第一个提出"角膜移植"的设想。1824 年 Reisinger 首先在鸡和兔眼上进行了角膜移植实验。1835 年 Bigger 报道了两只小羚羊同种异体角膜移植成功的病例。同年，Stilling 第一个进行了与瞳孔大小相仿的角膜移植，这是后来穿透性角膜移植的起源。1938 年 Wutzer 第一次用棉羊角膜为人进行了穿透性角膜移植，但终因免疫排斥而失败。这是人类第一次在人眼上进行异种穿透性角膜移植。

20 世纪初，人医角膜移植得到了长足的发展。1906 年德国人 Eduard Konrad Zirm 第一次在人眼上进行了同种异体穿透性角膜移植手术，并获得了成功（Plage）。1912 年，Morax 首次成功地进行了同一眼角膜的移位移植。

2. 板层角膜移植　1840 年 Wather Muhlbauer 首创异种动物板层角膜移植，使用 2/3 厚度角膜和三角形植片，但手术失败。1886 年，Von Hippel 用兔角膜板层做供体，为角膜板层混浊的女孩做了角膜板层移植手术。手术获得成功。

在人医角膜移植发展的同时，广大兽医工作者对角膜移植也进行了一系列的研究与应用。尤其是 20 世纪后期，兽医上关于角膜移植的报道逐渐增多。1968 年 McEntyre 报道了犬穿透性角膜移植实验，同年 Khodedoust 报道了兔的板层角膜移植手术。1973 年 Dice 等报道了犬的自体和同种异体角膜移植实验，同年 Kuhns 等报道了巩膜角膜移植术，并载入教科书。1965 年出版的《CANINE OPHTHALMOLOGY》(william G. Magrane) 一书中已经提及 Kahns 等报道的技术。到了 1985 年此技术已基本完善。

二、角膜组织结构的特点

角膜是眼球纤维膜的一部分，没有血管和淋巴管，完全透明。角膜的营养供应及代谢主要依靠角膜缘的血管和淋巴管以及房水的渗透作用。由于正常角膜是没有血管和淋巴管的，故较大的细胞不能进入甚至连较大的免疫球蛋白 IgM 也不能到达其中心。正常的角膜被认为是免疫赦免区。由于角膜的免疫赦免地位使得角膜移植易于成功。

三、角膜移植手术

因适应证较少，此技术在兽医临床并未广泛应用，手术成功时间很长的报道也较少。本手术对患病动物和手术操作人员的要求都比较高。患病动物一般要两只眼睛均出现视力障碍且角膜未见新生血管，手术操作人员必须训练有素，能够熟练操作手术所需的显微镜且熟悉手术过程。

（一）板层角膜移植术

板层角膜移植术是一种切取部分角膜厚度（角膜上皮层和基质层浅层）的角膜移植手

术。具有并发症少，相对安全等优点。适用于角膜内皮细胞功能正常，病变位于上皮层或基质层者。如角膜溃疡而引起的后弹力膜膨出，角膜陈旧性混浊，角膜皮样囊肿，基质层深部脓肿等。但适合于日后做穿透性角膜移植术或角膜有活动性炎症的病例，不宜做板层角膜移植术。

1. 角膜材料的采取　供体动物除急性传染病，恶性肿瘤，白血症等外均可使用。要求新鲜，采取时间越早越好。采料时应在无菌操作下进行，眼球摘出后先用灭菌生理盐水充分冲洗，浸泡于 0.5％氯霉素液或 2 000 U/ml 庆大霉素液 5 min 后取出置入灭菌容器内。要求摘出的眼球角膜表面光泽透明。

取材的方法：以无菌操作方法取出供体眼球。放置于事先消毒好的广口玻璃瓶内，瓶底预先铺有一卷消毒纱布，注入适量的生理盐水和抗生素液，浸透瓶底的纱布卷。将供体眼球角膜朝上，轻放于纱布卷上，密封瓶盖，使瓶内保持潮湿状态，于 4 ℃贮存。瓶上加以标签，记录采料时间，动物性别、年龄、日期等。这种冷藏短期储存法必须在 24 h 内使用，不宜超过 48 h（图 4-5-8A）。

按无菌操作取出眼球，剪除角膜周围残留的球结膜，术者隔着纱布握持眼球，用加工过的有尖端的剃须刀片在距角膜缘 4～5 mm 处作与角膜缘平行的切口，切穿巩膜，然后用弯剪环绕角膜缘剪下角膜巩膜片（图 4-5-8B）。

将剪下的角膜巩膜片移置于玻璃器皿内，角膜内皮朝上，用灭菌生理盐水冲洗（图 4-5-8C）。

用消毒湿棉签擦净巩膜内面残留的色素膜（图 4-5-8D）。注意勿损伤角膜内皮。

另一种方法是不切穿巩膜，用剃须刀片在距角膜缘 4～5 mm 处作与角膜缘平行的环形划切，深达 3/4 厚度。由此向角膜方向环形剖切巩膜至角膜缘，然后从角膜缘再继续向角膜中央剖切角膜，作成一个厚度约 0.5 mm 的板层角膜巩膜片。此材料适用于需要做大面积的全板层角膜及巩膜移植的病例。其优点是在手术时可以省略剖切角巩膜的手术步骤，依样剪切所需大小的角巩膜移植材料即可（图 4-5-8E）。

用 0.5％氯霉素液或 2 000 U/ml 的庆大霉素液中洗角巩膜片，用棉片吸干水分后，浸于甘油贮存瓶内。加盖后用石蜡密封瓶口，存放于 4 ℃冰箱或室温下。此种方法贮存的角巩膜材料，可保存半年（图 4-5-8F）。

2. 板层角膜移植材料的保存

（1）湿房保存法：全眼球 4 ℃湿房保存，材料必须在 24 h 内使用，最长不宜超过 48 h（图 4-5-8A）。

（2）无水氯化钙干燥保存法：在玻璃干燥瓶内放入新鲜的无水氯化钙约 250 g。将用上述方法取出的角膜巩膜材料置于玻璃皿上，角膜上皮朝上，然后将玻璃皿放在干燥瓶内的有孔板上，盖好干燥瓶盖，与外界隔绝。24 h 后取出角膜巩膜材料，置入经过消毒烘干的青霉素瓶内。青霉素瓶内先放入带有变色指示剂的干燥矽胶，用纱布隔离矽胶。将已干燥的角膜巩膜材料放在纱布上，加盖，用火棉胶或石蜡密封，保存于 4 ℃冰箱内备用。使用时，先检查蓝色矽胶是否变色，如变红色，说明水分进入，此材料不可使用。用此种方法保存的角膜材料，透明度较甘油保存法更佳。

（3）甘油脱水保存法：将 15 ml 的玻璃瓶洗净干燥后，盛入用尼龙纱布包裹的分子筛

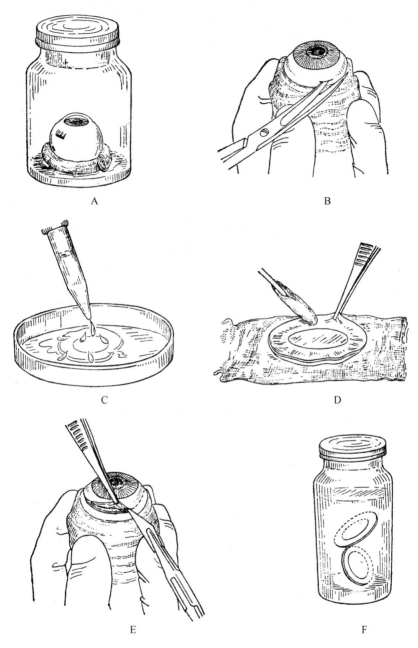

图 4-5-8　角膜的取材及保存

（矽铝化钙或矽铝化钠）5 g。在 180 ℃下干热消毒 1 h，冷却后装入 95％甘油 6～8 ml。加盖密封包扎，进行高压消毒（105 ℃，45 min）备用。

也可以将链霉素空瓶洗净烘干后，装入 95％甘油 5 ml。加盖密封包扎，进行高压消毒备用。

传统观念认为脱水保存的角膜片只能用于极层角膜移植，但近年来也有用甘油脱水保存的角膜做穿透性移植成功的报道。

（4）兽医研究中还有应用 OGS 液（Optisol - GS 液）和 NPG 液（Neomycin - poly-myxin B - gramicidin）液保存犬角膜片的报道。

3. 板层角膜移植手术

（1）术前准备　动物全麻，侧卧保定。头部垫平，用 3% 的硼酸溶液或生理盐水和抗生素冲洗结膜囊及泪道，滴加 2% 的毛果芸香碱眼药水缩瞳，局部 2% 利多卡因做浸润麻醉或神经传导麻醉以及表面麻醉。

角膜缘如有新生血管应行新生血管烧灼术。经表面麻醉后，用烧红的大头针或电热透针在角膜缘烧灼角膜间质的新生血管。

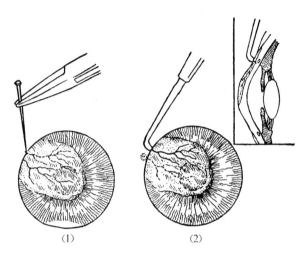

图 4-5-9　角膜缘新生血管烧灼术

（2）术式　所需器械：开睑器，剃须刀片，有齿镊，无齿镊，固定镊，有齿角膜镊，无齿角膜镊，虹膜镊，虹膜剪，直剪，弯剪，角膜环钻，角膜针，4-0、6-0、8-0 锦纶线或无损伤缝合线，量尺，两脚规，玻璃纸，玻璃皿，眼压计，试验台。

① 撑开眼睑，安置上直肌牵引缝线。用固定镊固定眼球，取适当大小的角膜环钻，置于患眼的角膜病变区，向一个方向轻轻旋转，切进角膜内约 0.5 mm 深度，停止转动。

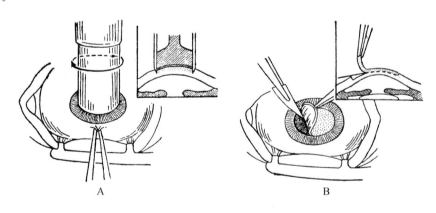

图 4-5-10　角膜缘环切术

一手用有齿角镊，夹住切开的病变角膜片边缘，轻轻提起。另一手用剃须刀片，沿切口底部，向内顺层剖切，分离病变角膜组织，切除环钻区内全部的病变组织，制备植床。

如果病变组织位置不在角膜中央时，不需要用环钻，仅以剃须刀片划界剖切即可。用玻璃纸覆盖切除后的角膜创面取样，然后依样在供眼上切取板层角膜移植片。

② 切取板层角膜移植片

用有齿镊，自广口瓶内取出眼球，将角膜暴露向上，移至玻璃皿内。用含有氯霉素或庆大霉素的生理盐水，充分冲洗眼球（图 4-5-11A）。

用消毒纱布包裹眼球，将角膜暴露朝上，术者隔着纱布握持眼球。如果眼压太低，可取皮内注射针穿刺视神经，向玻璃体腔内注入少许生理盐水（图 4-5-11B）。

术者一手握持眼球并轻轻挤压，使其眼压保持正常。另一手持所需大小的角膜环钻，置角膜上轻轻旋转，切进角膜内约 0.5 mm 深度，即停止转动（图 4-5-11C）。

助手一手握持眼球，术者用剃须刀片沿着环钻切痕，从移植片四周向内分离约 1 mm（图 4-5-11D）。

用有齿角膜镊轻轻夹住移植片缘并略为提起，另一手持剃须刀片，紧贴剖切平面，从移植片缘向角膜中心顺层剖切分离（图 4-5-11E）。

用 6-0 丝线在移植片缘安置一预置缝线。缝针从距移植片内 1 mm 的角膜面进入，自移植片边缘穿出（图 4-5-11F）。

利用预置缝线轻轻提起移植片，用剃须刀片继续顺层剖切，取下全部板层移植片（图 4-5-11G）。

将取下的移植片置于另一个玻璃皿内，滴 2～3 滴抗菌素，备用（图 4-5-11H）。

③ 角膜材料的复水

手术时，将保存于甘油的角膜巩膜材料取出，用灭菌生理盐水洗净甘油，再浸泡于含有抗生素的生理盐水，复水约 20 min。待角膜材料逐渐吸水变成灰白色，呈半透明状态，

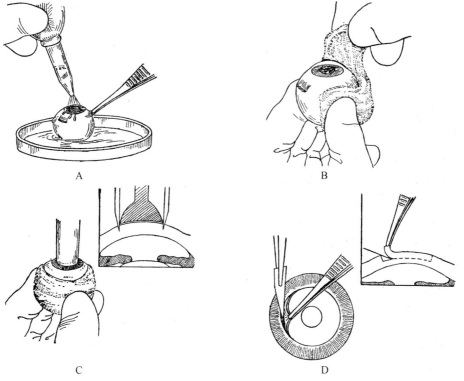

A

B

C

D

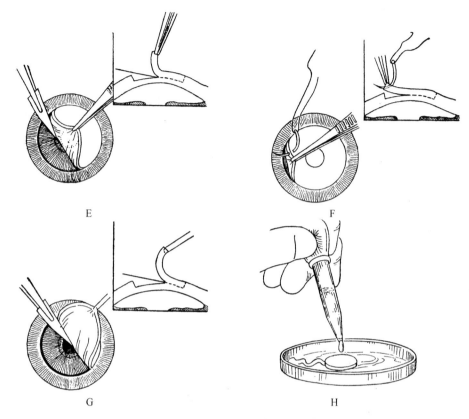

图 4-5-11 切取板层角膜移植片

并恢复到近于新鲜角膜的软度后，即可根据需要，采取适当大小的移植材料。

用无水氯化钙干燥保存的角膜材料，取出后不必用生理盐水冲洗，直接浸泡于含有抗菌素的生理盐水复水约 20 min，其余操作同上。

④ 移植片的直接缝合固定

先将眼压计试验台放在一个纱布垫上，然后将已复水的角巩膜移植片放置在试验台上，用 4－0 丝线，有 3、6、9 和 12 点钟四处穿通移植材料的巩膜缘及其下面的纱布，结扎固定移植片。依照上述方法，用环钻和剃须刀片切取板层角膜移植片（图 4-5-12A）。

取移植片置于患者角膜的受植面上，先将移植片的预置缝线，在 3 或 9 点钟角膜创缘，作边缘对边缘的固定缝合。缝针从角膜创缘穿入，在距创缘处 1 mm 的角膜面穿出，结扎缝线时，线结必须放在靠近角膜缘的一侧。

在第一针缝线的对侧以及 12 和 6 点钟创缘处作相同的直接缝合（图 4-5-12B、C）。

每隔 3 mm 作移植片的间断缝合，进一步固定移植片。一般 6～8 mm 直径的板层角膜移植片，需 8 针缝线即可。也可采用连续缝合，穿针时缝针的方向必须与创口成垂直并与创缘呈放射形，否则缝线结扎后将会使创口对合不齐。

术毕滴 1％阿托品液散瞳，结膜下注射抗生素，双眼轻度压迫包扎（图 4-5-12D）。

⑤ 术后护理

A. 给动物佩带伊丽莎白圈，防止动物术后自我损伤。

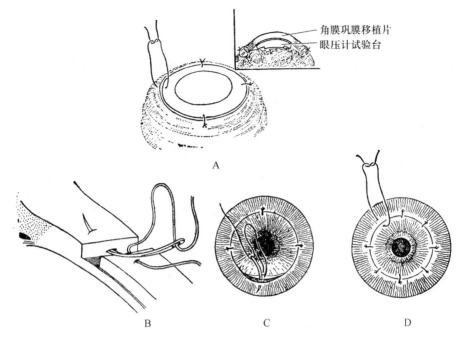

图 4-5-12　角膜移植片的缝合固定

B. 术后 48 h 第一次换药，以后隔日换药 1 次。滴 1％阿托品和抗生素液，滴庆大霉素和氢化可的松眼药水，4 次/d，连用 10 d 后考为 2 次/d，连用 10 d。

C. 术后 7～10 d 再进行一次结膜下抗生素——类固醇合剂注射。

D. 二周后拆线。拆线时，应在缝线切断之后，再在创缘外侧的角膜拉出缝线，切勿在移植片上拉出，防止愈合不久的板层角膜移植片松脱。

换药时应观察，有无感染或炎症。移植片有无水肿，混浊。缝线有无松脱及移植片有无移位。瞳孔是否放大。有无新生血管，层间积液或积血等。

（二）穿透性角膜移植术

穿透性角膜移植术是用健康透明的供体角膜贯穿全层地替代受体的瘢痕性或病变角膜。适应证一般为角膜瘢痕（炎性瘢痕和角膜穿透性瘢痕），角膜混浊，角膜感染，圆锥角膜或角膜穿孔等。但在受体眼患有青光眼，干眼病，眼内炎症，泪器化脓性炎症等情况时禁用。因供体角膜多为异体角膜，故多有免疫排斥反应发生。因此，控制术中并发症，免疫排斥和术后护理是本手术成功的关键。

1. 术前准备

（1）洗眼：术前三天剪除术眼睫毛，结膜囊滴 0.25％氯霉素眼药水，每天 3 次。手术日晨，用 1∶1 000 新洁尔灭液消毒眼睑皮肤及眶周皮肤 3 次，术眼铺无菌巾。

（2）缩瞳：术前 1 h 用 1％硝酸毛果芸香碱滴眼 3 次，每次 2 滴。

（3）麻醉：动物全身麻醉，将速眠新与氯胺酮等量混合按 1～1.5 ml/kg 剂量肌注。术眼表面麻醉应用 1％丁卡因滴眼 2 次。眼睑皮下浸润麻醉，注射 1％普鲁卡因 1～2 ml。

2. 手术

（1）开睑与眼球固定：眼睑作上下牵引或用开睑器开睑。再作上下直肌牵引线固定眼球，以保持施术时眼位居中。

（2）植片制作：用无菌 6.5 mm 环钻在供体犬眼角膜中央刻上印痕，先确定植床的大小及位置。钻取植片时将环钻垂直按在角膜中央，用力均匀，按顺时针方向旋转。如先钻穿一处，则拆除环钻，其余部用角膜剪全周剪开。取出植片后置于灭菌培养皿内，用庆大霉素生理盐水冲洗，清除植片边缘及内面附着的虹膜色素。然后使植片内皮朝上，放在培养皿内的湿润纱布块上备用。

（3）植床制作：用 7.0 mm 环钻作植床。把环钻置于角膜预钻位置轻压一下角膜，观察植床位置是否居中或恰当。在确认恰当后，再将环钻重新置于印痕上进行钻割。同样当钻穿角膜后，用角膜剪全周剪开。除去角膜片之后，仔细检查植床边缘是否整齐，必要时进行修剪，须防止损伤虹膜及晶状体。

（4）移植缝合：将植片放入植床并推移至合适位置，用有齿角膜镊夹住植片相当于时钟 12 点处前半层边缘，缝针紧靠镊子垂直进入。当针尖达角膜 2/3 厚度或后弹力层时，即平行于角膜面出针。然后将有齿角膜镊转夹住相对的植床缘，由后弹力层进针。在距植床边缘 1 mm 左右出针，形成一条"U"字形路线。缝合时，由助手持有齿角膜镊夹住植片 6 点钟处前半层边缘协助稳定植片。缝线打结不要过紧，以切口边缘能互相密接不出现皱纹为度。缝线结打在植床一侧，然后以同样方法缝合植片 6 点、3 点和 9 点钟位置，使植片初步固定于植床。在完成上述 4 针定位结节缝合后再作连续缝合，每个象限 4～5 针，每个缝合均呈放射状排列，在进针深度、进出针距离及位置上对应一致，缝合完成后顺着缝线次序，适当收紧后再行结扎，然后将原来所作的间断缝合拆除。

供体植片的直径一般应较植床的直径稍大，以防植入后皱缩。植片与植床的缝合也可用结节缝合，缝合后不须拆除 4 针固定的缝合线。

（5）重建前房：将 5 号钝弯针头由植床边缘伸入前房，注入生理盐水以形成前房。应确认前房充盈良好，植房边缘不漏水。最后结膜下注射庆大霉素 1 ml，角膜表面涂四环素可的松眼膏，采用瞬膜瓣覆盖角膜，并作部分睑缝合术，维持 7 d。

3. 术后观察与护理　术后肌注或静滴庆大霉素 3 d，每天 2 次，以预防感染。上下眼睑隔天注射地塞米松和庆大霉素各 1 ml，连用 5 次。术后 7～10 d 拆除眼睑与瞬膜瓣缝线，每天观察角膜片生长情况，并改为滴用可的松眼药水和氯霉素眼药水，每次 1～2 滴，每天 4～6 次，持续一个月左右。对角膜水肿浑浊有加重趋势的动物，滴用环孢霉素 A 眼药水，每次 1～2 滴，每天 4～6 次。

在动物穿透性角膜移植术中，植片与植床的良好吻合是保证植片透明和移植成功的重要条件之一。手术需要有确实可靠而且容易控制时间的麻醉。也要求显微操作技术娴熟、精巧，并需选用质量良好的缝线。

穿透性角膜移植术的成功率还与术后感染及免疫排斥反应有关，应通过术前严格的无菌准备和术中细致的无菌操作来有效的预防。

在犬，穿透性角膜的移植片其直径常用 5～4 mm 为佳。较大的移植片，容易引起排斥反应。其原因与角膜郎格罕氏细胞（Langerhan's cell，LCs）在移植免疫反应中的抗原递呈有关。正常情况下，LCs 多分布于角膜缘，而角膜中央部很少。大植片携带的 LCs 多可直接将自身抗原递呈给受体 T 淋巴细胞，使引起急性排斥反应的危险加大。适当直径的移植片和良好的前房恢复，可以有效地避免排斥反应，为角膜恢复透明提供良好的植床环境。

（三）板层角膜兼巩膜移植术

此法应用于角膜和巩膜同时有病变的病例，在清除病变组织后，移植板层角膜巩膜（或板层角膜和全层巩膜），以达到治愈的目的。

1. 适应证　已侵及周围巩膜组织的蚕食性角膜溃疡，复发性翼状胬肉。面积广泛的，特别是各种烧伤后的睑球粘连。

2. 术前准备及麻醉　同于板层角膜移植术。

3. 手术操作

（1）已侵及巩膜组织的蚕食性角膜溃疡（图 4-5-13）。

（2）在溃疡边缘外 1 mm 处，根据溃疡的深度，用剃须刀片切入角膜 1/2～2/3 厚度，作一划界切开（图 4-5-14A）。

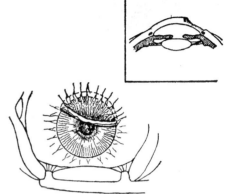

图 4-5-13　蚕蚀性角膜溃疡

（3）用有齿角膜镊夹住角膜切口边缘，用剃须刀片向溃疡面进行剖切，清除病变角膜组织，将溃疡面变成为平整的角膜新创面（图 4-5-14B）。

（4）剪除巩膜溃疡面附近的球结膜约 1 mm 宽，并向周围分离结膜下组织，暴露巩膜。用剃须刀片清除巩膜溃疡面的病变组织（图 4-5-14C）。

（5）在角膜和巩膜的新创面上，用玻璃纸取样（图 4-5-14D）。

（6）用甘油或干燥法保存的全层角膜巩膜的移植材料，按照上述板层角膜移植片取材的方法操作。用剃须刀片依样切取所需大小的板层角膜，厚度与受植区相同。将板层角膜移植片剖切至角膜缘时，在角膜缘之两端安置两根预置缝线，巩膜可不剖切，根据巩膜受植面的大小用直剪剪取与板层角膜移植片相连的全层巩膜，宽 2～3 mm。

如果使用冷藏的新鲜眼球材料，可用剃须刀片依样切取板层巩膜和角膜移植片（图 4-5-14E）。

（7）将切取的板层角膜兼巩膜移植片平铺于受植面上，先在受植面的角膜缘的两端作移植片的固定缝合。如移植片与受植面不合适，可用剪刀修整之。每隔 3 mm，作间断缝合，固定移植片。缝合移植片之巩膜缘时，缝针应穿过患眼巩膜浅层和球结膜边缘，一并结扎之。

4. 复发性翼状胬肉手术　按照翼状胬肉切除术的操作方法，用剃须刀片切除胬肉头部。由于多次手术，角膜很薄，切时应小心，不要穿破（图 4-5-15A）。

用钝头剪在直视下分离结膜下组织，至半月状皱襞，使结膜完全游离，切除瘢痕组织，暴露巩膜创面 3～4 mm 宽。如果巩膜面出血较多，可轻灼止血（图 4-5-15B）。

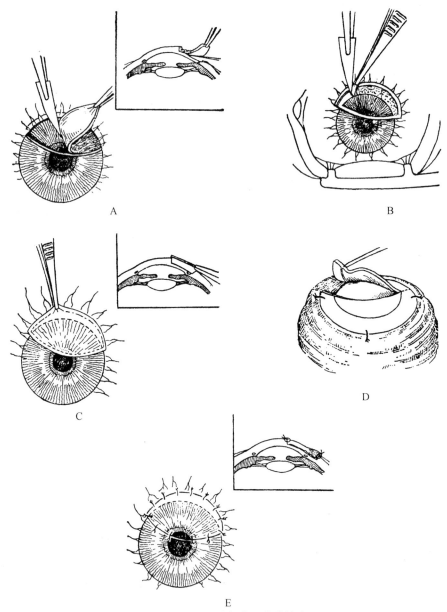

A

B

C

D

E

图 4-5-14 板层角膜巩膜移植术

取玻璃纸在切除区取样。依样切取所需大小的板层角膜兼巩膜移植片，方法同上，巩膜移植片的宽度 3～4 mm。将移植片平铺于受植面上，先在受植面的上、下角膜缘作固定缝合，然后每隔 3 mm 继续固定缝合移植片（图 4-5-15C）。

5. 睑球粘连 按照睑球粘连分离术的操作方法，用剃须刀片在粘连组织头部划界切开，并剖切前半层角膜，继续分离粘连组织，切除巩膜面的瘢痕组织（图 4-5-16A）。

将游离下来的粘连组织修薄，使原来覆盖瘢痕组织的结膜修成一薄的游离瓣。翻转已分离下来的结膜游离瓣，在游离缘安置二根褥式缝线，穿过结膜面，经穹隆部与眼轮匝

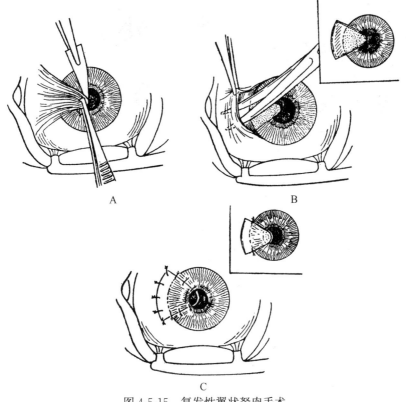

图 4-5-15　复发性翼状胬肉手术

肌，在距睑缘下方 1.5 cm 的皮肤面穿出，安置小棉垫后结扎（图 4-5-16B）。

依角膜、巩膜创面取样，切取所需大小的板层角膜兼巩膜移植片，巩膜移植片的宽度需 4～5 mm。将移植片平铺于受植面上，用上述的操作方法，间断缝合固定（图 4-5-16C）。

术毕，滴 1% 阿托品散瞳，结膜下注射抗生素，双眼轻度压迫包扎。

手术中应注意：

（1）移植手术时，移植片就位于角膜中心。最好不要在瞳孔区作固定缝合，以免影响术后的视力效果。

（2）板层角膜移植片应厚度均匀，手术中应防止穿通前房。

（3）移植片厚度以 0.4 mm 为宜，大小应包括合部病变活动区。移植区应比受植区大 0.5 mm 以利于缝合及愈合。

（4）受植区应以无菌生理盐水清除可能存在之血液及异物，以保持绝对的洁净。

（5）切除角膜溃疡的病变组织时，要在溃疡周围的健康角膜（溃疡边缘外）上 1 mm 处剖切，以保证创口的正常愈合。

（6）手术后的并发症

A. 移植片水肿：术后 10 d 内移植片一般都有轻度水肿，这是手术反应，可以逐渐消退。如水肿加重，可能是前房穿通，一般可自愈。也可用激素、维生素 C、核黄素等加以治疗。

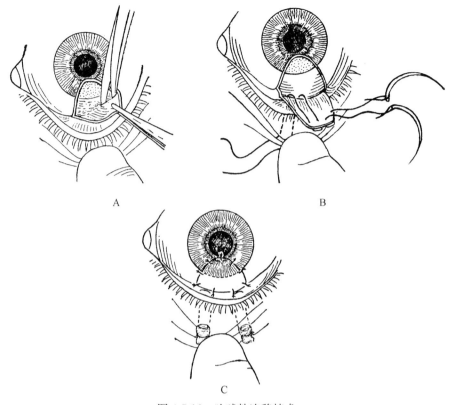

图 4-5-16 睑球粘连移植术

B. 层间出血：大的移植片取代有新生血管的角膜时，容易发生。术中应充分止血，术后加以压迫包扎。角膜新生血管出现时，见于角膜血管翳严重的情况或移植片的变态反应。

C. 移植移位或脱落：缝线不牢。可重缝合。

D. 感染：如出现眼睑及结膜水肿、充血、怕光、流泪、疼痛等早期感染现象，应立即进行全身性的抗生素治疗及局部治疗。

第八节 巩膜疾病

一、巩膜的创伤和破裂

巩膜的创伤和破裂（Vulnua et rupture sclerae）相对发生较少。

由于巩膜的防卫部位和其巨大的坚固性，不常发生巩膜的创伤。其发病原因一般与角膜的损伤相同。除各种异物外，骨折特别是眼眶骨折易引起本病的发生。可分为伸张至血管道的表面创伤和侵入性创伤。后者的危险性较大，可能侵入到眼球内部（全眼球炎），引起玻璃体流出，虹膜或晶状体脱出。

巩膜的破裂是由于剧烈的挫伤。巩膜破裂时常位于赤道部分和边缘区域，因为在这些部位的巩膜较薄。

结膜下破裂是最常发生的病例。结膜是极富弹性的组织，不易破裂，而只是伸张。眼的内部可能通过破口而脱出（虹膜、睫状体、晶状体和玻璃状体）。

【症状】　强烈羞明，创伤周围的结膜充血，且往往被血液浸透，巩膜也是如此。在损伤巩膜的前部时，血液可能积于前眼房内。在穿透性创伤时，这一症状可并发眼内部分的变位。当眼内部脱出时，呈现眼软化甚至体积减小。破裂部位的边缘一般不整齐（彩图64）。

【预后】　巩膜表面的创伤，预后良好。结膜破裂而不伴发内部的脱出和大量溢血时，预后仍可能是良好的。在移位脱出和发生感染时，预后不良。

【治疗】　防腐治疗与在结合膜和角膜创伤时相同。创伤和全部结膜囊用氰化汞（1∶3 000）溶液、过氧化氢（1%）、硼酸溶液（2%～3%）、雷伏诺尔（1∶2 000）冲洗并敷以碘仿、三溴石粉末。在眼上敷以无菌或防腐绷带。使马等自由行动或给其戴上网罩。结合膜下破裂时，结合膜的剖开呈现禁忌征候（彩图60）。

二、巩 膜 炎

巩膜炎（Scleritis）其原发性炎症不常发生。其所以少见是由于其位置深在和巩膜的防御性及其缺少血管。巩膜炎可取各种类型经过：表面型或巩膜表面炎（S. superficialis）和深在型（S. profunda）。可能呈扩散性的（通常发生于化脓性炎症时）或局限性的。时常是再发性巩膜炎和角膜炎血管道炎，同时发生，特别是在全眼球炎时。

【症状】　在患局限性巩膜炎时，呈现稍圆形突出的加厚。通过多少充血的结膜呈现红色或黄红色巩膜。患扩散性和深在性巩膜炎时，巩膜炎呈强烈混浊，角膜周围血管和角膜上部血管充血。结膜和角膜呈各种程度的炎症。扩散性巩膜炎伴发强烈的惧光和疼痛（彩图65）。

【经过】　呈亚急性和慢性经过。

【预后】　患一般性巩膜炎时，预后良好，患扩散性和深在性时预后不良。

【治疗】　局部采用防腐浸湿，温敷法，涂以1%的黄降汞软膏，剧烈疼痛时，可采取盐酸可卡因滴眼，以及可卡因0.2 g、0.1%盐酸肾上腺素1.0 g、蒸馏水10.0 ml，混合液滴眼，每天2～3次。也可内眼碘化钾或钠。全身或局部使用抗生素治疗。

第六章

眼前房及前色素层疾病

第一节　眼前房疾病

一、眼前房溢血

眼前房的溢血主要是由于损伤的结果。如眼受到剧烈挫伤或手术，损伤虹膜血管时。出血性炎症（眼的周期性炎症时）溢血很少，传染性贫血或出血性素质时也是如此。

【症状】　眼前房中有红细胞或血红蛋白分解物。积血呈红色，若为血凝块则暗红色甚至黑色。出血量多寡不一，可为少量红细胞铺盖于虹膜，也可充满整个眼房或留于眼房的底部。出血来自角膜缘伤口，虹膜或睫状体的血管。多见于外伤后。自发性出血者为虹膜血管壁的脆性增加，或有新生血管。富含血管的肿瘤因管壁太薄易破裂而出血（见于血管瘤，淋巴肉瘤等）。凝血机制有缺陷的，老龄动物血压过高、动脉硬化、青光眼或虹睫炎晚期，均可为出血的原因或诱因。

前房出血若为少量，呈红色，则在 $1\sim2$ d 内可迅速从房角及虹膜排出，血液逐渐消散。充满眼房空间的大量溢血经 15 d 左右可以逐渐消失，但往往伴有血凝块，其吸收速度视血凝块多少而定。暗红色血凝块愈多，愈不易吸收。充满前房的出血多伴有高眼压，如持续时间超过数日，则分解的红细胞产物进入角膜形成角膜血染。当后弹性膜破裂时血液浸入角膜层，从而进一步引起形成色素性斑痕。大量出血未及时处理，吸收较慢，时间较长的可在虹膜表面遗留白色机化膜。大量出血往往发生虹睫炎。外伤后因动脉管壁收缩变成松弛，发生延迟出血或继发性出血，常引起严重后果。

眼前房溢血时，动物呈现强烈羞明。瞳孔缩小（彩图 66）。

【预后】　当幼畜的眼患损伤性溢血而其他部分无严重破坏时，预后一般良好。

【治疗】　溢血后的第一昼夜，可采取冷疗。

可用温罨法和用 $2\%\sim3\%$ 狄奥宁滴眼，内服碘化钾。用保藏的眼组织渗出物做皮下注射的组织疗法有很好的效果。

二、眼前房寄生虫（浑睛虫病）

浑睛虫病（Ocular setariasis）是旋尾目、丝状科、丝状属的牛指形丝状线虫（Setaria

digitata)、唇乳突丝状线虫（Setaria labiatepapillosa）、马丝状线虫（Setaria equina）的童虫寄生于马的眼前方引起的寄生虫病。虫体乳白色，长 1～5 cm，形态构造与成虫近似，唯生殖器官尚未成熟。

【症状】 临床上所见的病例多系一侧眼患病，于眼前房液中可看到虫体的游动（多见为一条虫）。虫体若游到眼后房，则不见其游动，但随时都可游出于眼前房内。由于寄生虫的机械性刺激和毒素的作用，患眼羞明、流泪，结膜和巩膜表层血管充血，角膜和眼房液轻度浑浊，瞳孔散大，影响视力。患畜不安，头偏向一侧或试图摩擦患眼。

【治疗】 最好的治疗方法是进行角膜穿刺术除去虫体。理论上，应当用 3% 毛果芸香碱溶液点眼，使瞳孔缩小，防止虫体回游到眼后房。但实践中可不缩瞳，仍能获得成功。

动物一般在柱栏内行站立保定，将头部确实固定。用 1% 盐酸可卡因溶液或 5% 盐酸普鲁卡因溶液点眼两次（接触角膜面无闭眼反应是麻醉确实的状态）。术者右手拿灭菌的尖端稍微磨钝的采血针头（或角膜穿刺针），左手拉住马笼头，注视眼前房。当见有虫体游动时，于瞳孔缘的下方靠眼内角，迅速刺入采血针头，针间进入眼前房后，即有无抵抗的感觉，拔出针头后，虫体即随眼房液流至穿刺口并作挣扎。术者立即用眼科镊夹取虫体（有时虫体可随房水流出）。也有人用注射器接穿刺针反复吸出虫体。术后装眼绷带。由于致病的虫体被取除，角膜的浑浊就将逐渐地消散，穿刺点附近的白斑约经 3 周左右便可吸收。

猪的囊尾蚴病。其病原体是寄生在人体内的有钩条虫或称猪带条虫（Taenia solium）的幼虫——猪囊尾蚴（Cysticercus cellulosae）。猪囊尾蚴主要寄生在猪（中间宿主）的肌肉组织中，其他实质器官中比较少见。但在猪的眼前房有时偶为纤维素囊虫的幼虫型寄居。该虫在眼球及眼肌寄生时，通常猪呈重剧的刺激症状。

第二节 前色素层疾病

眼球壁中间层为色素层，又称血管膜或葡萄膜。按其部位可分为虹膜，睫状体和脉络膜。色素膜血管丰富，血流缓慢，有害物质或病原体易停留在此处而引起炎症。动物常发生前色素层疾病（Diseases of anterior uvea）。

虹膜位于前后房之间，睫状体前部。质地柔软，富有弹性，含有色素和血管。虹膜为一扁平的环形组织，其周边附着巩膜（通过虹膜梳状韧带）和睫状体，中央开放部分为瞳孔。虹膜括约肌接近瞳孔缘，瞳孔开张肌纤维呈放射状排列，构成清晰的瞳孔纹理。瞳孔的大小决定了光线进入视网膜的多少，受虹膜括约肌和开张肌调节。

虹膜由三层组织构成：①前上皮层。该层经虹膜角膜角与后角膜上皮连接。②中层。为结缔组织基质层，含两层平滑肌。③后层。为色素上皮层，由视网膜色素层向前延伸所致，故又称作视网膜的虹膜部，与瞳孔开张肌紧密衔接。

虹膜最薄部位为虹膜根部，附着于睫状体前面部分，虹膜切除时容易被撕断。最厚部分为瞳孔括约肌处，虹膜切除时需夹住该处的虹膜。虹膜血管来自后长睫状动脉和睫状前动脉的分支，在虹膜9和3点处入虹膜，并沿虹膜睫状区半周向上、下环行形成大动脉环，再从动脉环分出细小分支，形如放射状。由于虹膜血管极其丰富，虹膜切除时易出血。

虹膜内瞳孔括约肌和开张肌受植物神经支配，可使瞳孔缩小和扩张。虹膜有三叉神经纤维分布，炎症时常引起明显的疼痛。

一、虹膜的外伤性损伤

当眼挫伤、被异物创伤，或在眼部手术时，大多数病例都伴有眼前房及眼后房内的出血。

虹膜创伤后往往发生外伤性炎症，受到感染可发展成全眼球脓性炎，而且能发生其他并发症。

（1）瞳孔边缘破裂，导致瞳孔形态改变，瞳孔散大。此时括约肌的完整性一般也遭受破坏。

（2）由于虹膜松解（Iridodialysis），虹膜由睫状体裂开，并在离开的虹膜内缘与角膜缘之间形成裂隙。

（3）虹膜后翻。

虹膜创伤的预后取决于并发症。虹膜移位在临床病例中治疗不易。

二、虹膜先天性异常

1. 瞳孔残膜（Menrbrana pupillaris perseverans）　胚胎的瞳孔的残余。马、有角兽、猪及家兔的残膜可能遮盖整个瞳孔或一部分。它由灰色或淡褐色的线组成。该线开始于虹膜的前表面，在血管环区或其外面，以及进至虹膜的反面或晶状体。瞳孔边缘的运动没有被损害。不同于瞳孔遮蔽（Occlusio pupillae），任何时候也不可使膜固定于瞳孔缘。

2. 完全无虹膜（Aniridia）**与部分无虹膜**（虹膜缺损 Coloboma inidis）　前者虹膜保有狭窄纹的外观，同时有其他的眼部发育上的缺陷（如睫状体、晶状体等部位）。瞳孔呈现过大，色彩是淡灰色（白内障），轻易地出现眼底的反射，视力锐利减低。

部分的缺损，可能是先天性或后天性的，见于一眼或两眼。曾有报道见于马、牛、猪。也见于母鸡，缺损朝向后眼角方向。典型的缺损上端朝向下方或下内方，非典型的缺损朝向上方、外方或内方。后天性的缺损在虹膜切除术时可以存在（图 4-6-1，图4-6-2）。

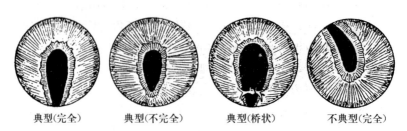

典型(完全)　　典型(不完全)　　典型(桥状)　　不典型(完全)

图 4-6-1　先天性虹膜缺损

白内障术后虹膜缺损　　　角膜白斑者行光学虹膜切除　　　角膜穿孔伤者行虹膜切除

图 4-6-2　手术后虹膜缺损

3. 瞳孔异位（Corectopia）　瞳孔离心性位置表现出部分异常或同时缺损。

（1）因虹膜前粘连或后粘连而造成梨形或不规则形瞳孔。梨形瞳孔尖端都指着粘连的方向，后粘连的瞳孔变形将是多种多样的。

（2）虹膜脱出而发生瞳孔变形（图 4-6-3），常见于角膜或巩膜的穿孔性外伤。虹膜嵌顿术时要求虹膜嵌置于角膜缘，白内障手术后如见瞳孔呈梨形，提示有虹膜脱出或嵌于伤口。

角膜前粘性白斑　　　虹膜脱出　　　虹膜嵌顿术后　　白内障术后瞳孔变形　　白内障术后瞳孔变形

图 4-6-3　瞳孔变形

（3）由于虹膜根部断离而形成"D"字形瞳孔，近断离方向的瞳孔缘变平直。

（4）虹膜括约肌破裂。

（5）虹膜内卷，严重的挫伤可使虹膜向内翻卷（图 4-6-4），状如部分虹膜缺损。

（6）虹膜缺损。有先天性和手术后两种（图 4-6-1，图 4-6-2）。

图 4-6-4　虹膜内卷

（7）无虹膜。有先天性与外伤性两种虹膜全部缺失，或在其根部有少量残余，用活体显微镜可直接看到睫状体。

（8）瞳孔移位。瞳孔不在正中，有明显的偏中心（图4-6-5）。

白内障术后，右一为虹膜嵌顿术后

先天性瞳孔移位

图 4-6-5　瞳孔移位

4. 多瞳病（Polycoria）　在虹膜内具有几个被括约肌包围的呈辐射状圆形的裂隙瞳孔。先天性的多发瞳孔，有它独立的括约肌，其对药物及光刺激能同时引起反应。该病在动物临床上较罕见。另一种可能只是虹膜上的裂孔而已，称为假性多瞳症（图4-6-6）。

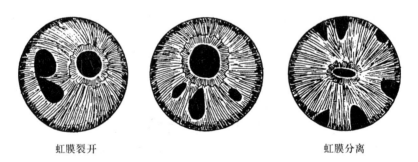

虹膜裂开　　　　　　　　　　　　　　　虹膜分离

图 4-6-6　假性多瞳症

5. 色素过多症　虹膜呈现不均一的颜色。各种不同的颜色也许是在两眼内或在一侧虹膜的两半边上（彩图67）。

三、虹膜与瞳孔的后天性异常

1. 瞳孔散大（Mydriasis）　瞳孔散大的出现如同生理现象。当动物留于暗处，则出现瞳孔散大。如视神经与视网膜或动眼神经麻痹，颈部的交感神经受刺激也可引起瞳孔散大。也见于中毒时，大脑有疾患时，传染病时。眼科药品中的阿托品、东莨菪碱、后马托品等均可散大瞳孔。

2. 瞳孔缩小（Myosis） 色素层和其他眼的炎症过程（视网膜炎、角膜炎等）可以引起瞳孔缩小。使用某些缩瞳的药物如依色林、槟榔素、毛果芸香碱等也可使瞳孔缩小。在鲜明的光照射时，瞳孔会痉挛缩小，如同正常生理现象。

3. 虹膜脱出 当角膜有贯通创时，房水溢出，虹膜可脱出。虹膜偏向前方，特别边缘的创伤位置，虹膜可从创缘脱出，与创缘粘连（前粘连）或向外脱出。以后该脱出的部分会被瘢痕所被覆（虹膜脱出与角膜葡萄肿 Prolapsus iridis e staphyloma corneae）。

【治疗】 初期可使用阿托品，完全粘连时，治疗是无望的。

4. 后粘连 虹膜后移而发生粘连。虹膜全部后移见于无晶体或残余的扁平晶体，虹膜因失去晶体的支撑，而能看到虹膜震颤。虹膜的瞳孔缘粘在晶体前囊，称为虹膜后粘连。主要是沿瞳孔缘与晶体囊的前表面粘连在一起。主要原因是虹膜的炎症（后虹膜炎）。粘连处之虹膜在对光反应时不能运动。仔细观察或可见到粘连处瞳孔缘不规则，该处虹膜紧贴于晶体上。在扩大瞳孔时，即便细小的后粘连也能观察到虹膜瞳孔缘有尖尖的突起（图 4-6-7）。

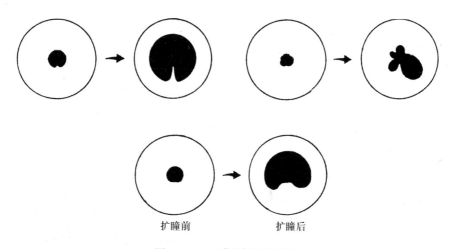

扩瞳前　　　　　　扩瞳后

图 4-6-7　虹膜后粘连的瞳孔

后粘连多处的，扩瞳后呈花瓣状瞳孔，有的可呈肾形。

若整个虹膜后层与晶体粘连，称为完全性虹膜后粘连，它是严重的成形性虹膜睫状体炎的后果（环状粘连与瞳孔闭锁 Synechia circularis，S. seculsio pupillae）。当完全粘连时，房水由后房至前房的流通停止，因之后房伸延，虹膜边缘部突出，与虹膜角间隙关闭。下半部的虹膜比上半部更易发生完全性粘连，因为成形性纤维蛋白多沉积于下半部的虹膜与晶体之间的缘故。部分后粘连尚不引起前后房的循环障碍，即使绝大部分虹膜瞳孔缘业已后粘连，只要尚有一个小洞能通房水，就不发生虹膜膨隆及继发性青光眼（图 4-6-8）。

虹膜瞳孔缘全部粘连称环状后粘连或称瞳孔关闭。此时后房水不能排到前房，前后房交通完全阻塞。积潴在后房的房水迫使虹膜向前作球状隆起，状似一环形油炸饼状，称为虹膜膨隆，前继发青光眼。

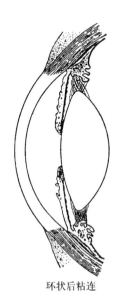  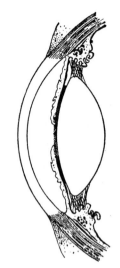

环状后粘连　　　　　虹膜膨隆(兼有瞳孔膜闭)　　　虹膜完全后粘连(兼有瞳孔膜闭)

图 4-6-8　虹膜后粘连

5. 前粘连　凡虹膜向前移位而粘于角膜或前房角的滤帘时，称虹膜前粘连。根据粘连部位分为：虹膜前粘连、周边前粘连、房角粘连（图 4-6-9）。

虹膜前粘连多见于角膜破裂后（外伤、溃疡穿孔、角膜移植术），虹膜粘连于角膜。虹膜膨隆显著的周边部虹膜粘于角膜。青光眼及白内障等角膜缘切开手术后前房延迟形成，周边部虹膜常可与角膜相粘称周边前粘连。炎症渗出物沉聚于滤帘上、或虹膜根部膨隆或角膜缘切开之手术后。在房角处的虹膜根部可与滤帘相粘，称房角粘连（又称周边前粘连）。

6. 瞳孔闭合（Occlusio pupillae）　当虹膜炎时瞳孔膜呈关闭状态。新的病例状态，瞳孔膜常由纤维素构成。在纤维素未能吸收而局限于结缔组织下时，常形成瞳孔闭合。

纤维素性薄膜可用阿托品作扩瞳治疗，已处在结缔组织性质时，可行虹膜切除术。

7. 虹膜震颤（Ividodonesis）　在瞳孔移位，晶状体摘除手术后，虹膜丧失与晶状体方面的支柱，眼球在运动时可发生虹膜痉挛。

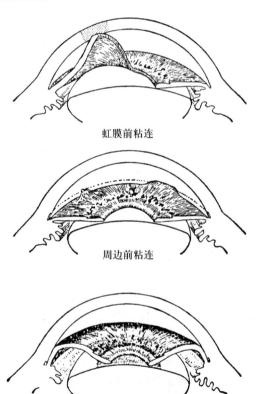

虹膜前粘连

周边前粘连

房角粘连

图 4-6-9　虹膜向前粘连

四、持久性瞳孔膜（Persistent pupillary membrane）

为一种血管网遗留于瞳孔内的先天性疾病。常发生于犬如阿富汗猎犬（Afghan hounds）、比格犬（Beagles）、松狮犬（Chow Chows）、英国斗牛犬（English bulldogs）等。个别品种犬如巴仙吉猎犬（Basenjises）与遗传有关，但遗传方式不清楚。

【症状】　明显可见残留的瞳孔膜，从睫状区呈放射状排列。若连接到晶体，则引起白内障。瞳孔加桥与对侧睫状体相连，也可伸至角膜内皮细胞，出现不同程度的角膜混浊。有些品种犬晶状体前囊中央有成群的星状色素细胞，但不影响视力。所有幼犬和幼猫在出生和眼睁开时均有残留的瞳孔膜，但到成年时可萎缩消失。只要不与其他组织粘连，就不会出现病理变化。

【治疗】　无需治疗。如已形成白内障和角膜浑浊，则预后严重。患病动物尤其巴仙吉猎犬（Basenjises）不可作种犬。

五、前色素层炎

前色素层炎（Anterior uveitis）又称虹膜睫状体炎，一般称为虹膜炎（Iritis）。

动物的虹膜炎主要为急性。由于虹膜的血管系统显著的发达，炎症时其渗出性及出血较明显。

【分类】

1. 按发病原因分为原发性（外源性）、继发性（内源性）。

（1）原发性（外源性）　各种外伤性虹膜炎，包括眼外伤、眼穿透伤、眼手术或房水穿刺等。症状多种多样，伴随着附近组织如角膜炎、结膜炎、异物、肿瘤或眼的热损伤等的炎症对色素层的波及。在临床上多伴发生浆液纤维素性、纤维素性、化脓性或出血性过程。

（2）继发性（内源性）　又称血源性。病原体及有毒物质经血液循环进入前色素层，诱发本病。前色素层炎是多种全身性疾病的重要症候，包括周期性眼炎，流行性感冒，腺疫，血斑病，恶性卡他性热，犬瘟热，口蹄疫，脓毒症，结核病，鼻疽，犬钩端螺旋体，链球菌感染，犬传染性肝炎，猫传染性腹膜炎，猫白血病毒感染，组织浆虫病，球孢子菌病，芽生菌病，隐球菌病，弓形虫病，犬埃利希氏体病，介导和迟发性过敏反应及自身免疫性疾病等。

2. 按炎性过程的性质，虹膜炎分为浆液性、浆液纤维素性、化脓性、出血性与结核性。

（1）浆液性虹膜炎　发生轻微的一般的炎性现象。其特征是虹膜的色彩与闪光的变化，纹理不清。在马其虹膜由褐色着染的色彩变为锈褐色或黄褐色（落叶的颜色）。由于被渗出物浸润，虹膜变为浮肿，瞳孔收缩，调节不良，前房减小。当虹膜染色淡时，血管充血。当光的焦点照射时，由于细胞成分渗出少，房水透明或微浑浊。有时可见到单个的纤维素丝或是由白细胞组成的囊状，飘浮在房水液体内或黏着于角膜后表面引起浑浊。

（2）纤维素性虹膜炎　特征是眼房内出现由线状、絮状，灰黄或灰色的纤维素薄片渗出物。因为混合血液，它有蔷薇色的着染。渗出物常漂浮于液体内，固着于虹膜面上或沉降于眼房底。当蓄积于后房时，它将虹膜稍挺向前，在瞳孔部分可以见到。主要见于马的周期性眼炎，发生比浆液性虹膜炎更剧烈一些的炎性现象。

（3）化脓性虹膜炎　化脓性虹膜炎多半由外伤或脓毒而发生。可蔓延引起全眼球化脓性炎症。位于眼前房的底部有黄或淡绿黄色的脓性渗出物，称为前房蓄脓 hypopyon。有时由于混合血液而着染为蔷薇色。这种虹膜炎通常伴随着周围部位严重的炎性症状。虹膜的前表面变成不洁黄灰色，高度充血甚至出血。

3. 按弥散情况可区分为局限性单纯性虹膜炎（单纯性虹膜炎 Iritis simplex）、虹膜睫状体炎（Irido - cyclitis）以及虹膜睫状体脉络膜炎（Irido - cyclo - chorioiditis）。在虹膜内的炎性过程通常侵害全部组织，但有的情况可能较前表面或后表面更为剧烈。

4. 按病的经过区分为急性与慢性虹膜炎。

（1）急性虹膜炎　眼关闭。开始时由眼内眦看见大量的落泪，以后有浆液黏液性渗出物的分泌。当外伤性虹膜炎时，它可能带有化脓的性质。触诊可确定眼温度增高，有疼痛感。开始时眼的硬度可能无变化，以后变得柔软。沿角膜缘因为巩膜表面血管的充盈而迅速地发生角膜周围充血、角膜浑浊与结合膜炎。

虹膜的变化是急性虹膜炎的主要症状。其色彩由褐色变成砖褐色或锈褐色，淡绿与淡蓝的成为淡黄或淡黄绿的。化脓性虹膜炎时成为不洁的黄灰色，肿胀与血管充血常常出现。虹膜上或前房内发现不同类型的渗出物。瞳孔收缩呈现裂隙状大小（马、有角兽）或点状（犬）。使用散瞳药时可能散大，若发生晶状体粘连则受到影响。

（2）慢性虹膜炎　症状各有不同，与不同的并发症有关。出现羞明，角膜周围血管充血，自眼内的溢出消失。当急性型视力障碍时主要取决于水样液及渗出物的浑浊情况与瞳孔的收缩状态，恢复达不到全部的范围。

当炎症轻度时（浆液性虹膜炎）虹膜的着色与样式能恢复，否则则出现萎缩。急性过程时，若存在松弛程度则瞳孔散大，若存在与晶状体粘连则瞳孔仍然是收缩状态，若粘连不大，在瞳孔散大的影响下可能自己撕破，而晶状体上通常仍然呈现暗斑，即增殖的虹膜色素层的残余物。

当局部的粘连时，瞳孔带有不正的形状与曲折的边缘。

【主要症状】　可单眼或双眼发生，有急性和慢性两类。

急性：羞明、泪溢、睑痉挛、畏光、视力减退、角膜水肿、浑浊、血管增生、球结膜水肿和充血、疼痛剧烈、眼裂变小。眼球凹陷，第三眼睑脱出。前房浑浊，有纤维素性渗出物，呈半透明絮状，严重时前房积脓。虹膜由于血管扩张和炎性渗出而致肿胀变形，纹理不清，并失去其固有的色彩和光泽。由于炎性细胞浸润，虹膜呈暗褐色，纹理不清。

慢性：虹膜萎缩、变薄、呈透明样。由于瞳孔括约肌痉挛和虹膜肿胀，瞳孔常缩小，对光反应迟钝，对散瞳药反应迟钝。由于瞳孔缩小和调节不良易并发虹膜前后粘连，青光眼和白内障。

【治疗】　患畜应系于暗厩内，装眼绷带。

一发现本病应立即局部应用散瞳药，防止虹膜粘连和恢复血管的通透性，减少渗出，解痉止痛。常用 1% 阿托品滴眼，开始 4 h/次，每天点眼 6 次。以后可减少用药次数，维持瞳孔散大。对急性病例可用 0.05% 肾上腺素溶液及配合皮质类固醇消炎药。如 0.5% 醋酸氢化可的松眼药水滴眼，2～4 h/次。或球结膜下注射地塞米松，每日 1～2 mg。此外，可结合应用非皮质类固醇消炎药，如阿斯匹林、保泰松或前列腺素拮抗剂等。也可应用任何一种抗生素溶液。为促进渗出物的吸收和消炎，常用热湿敷疗法，每日 4 次。疼痛显著时可行温敷。如能查明病因，应按病因进行治疗，对缩短病程，减少复发尤为重要。

当化脓性虹膜炎时，为了脓液的排除，可采取穿刺，放出脓液（尤其对一些伴有眼内压增高的病例）。

六、虹膜结核（结核性虹膜炎）

结核性虹膜炎（Iritis tuberculosa）是全身性结核症的继发性过程。它与细菌毒力及数量，动物的抵抗力与过敏状况都有关系，能产生多种临床类型不同的病变。主要见于牛，较少见于猪、猫与鸟。

【症状】　具有虹膜炎的一般症状，同时也有特征性的局部变化。虹膜的外面不均整，其上面可见各种不同大小的黄色或淡绿色结节，常常崩坏。有时虹膜的色彩同样改变为淡绿黄色的，其表面也许被覆以薄的纤维素性斑点。晶状体囊往往有浑浊，好像不洁灰黄色的，被纤维素性物质被覆。角膜结核可能同时出现，成为慢性经过。

可以通过细菌学检查进行诊断。

预后不良。

七、虹膜新生物

虹膜新生物在动物较少发现。

（一）囊状小体囊肿

曾出现于马与犬。它们具有稍圆的、平滑的、肿胀的凸出，大小是各种各样的，常位于瞳孔缘的上面，带有同一的色彩或较淡一些的色彩。

（二）虹膜囊肿（iris cyst）

发生于虹膜的上面，虹膜上皮、犬、猫均可发生。可自然发生或见于眼外伤或炎症之后。也可能与遗传有关。多见于巴西特猎犬（Basset hounds）、波士顿犬（Boston terriers）、比格犬（Beagles）、金毛寻猎犬（Golden retrievers）、英国斗牛犬（English bulldogs）、布列塔尼猎犬（Brittany spaniels）等品种。

虹膜囊肿可区分为外伤植入性囊肿、先天性虹膜囊肿、特发性虹膜囊肿、缩瞳剂性虹膜囊肿。

【症状】　一眼或两眼发生。可见到不同大小的球形物体漂浮于眼房液内或附着在瞳孔缘。囊肿呈半透明状，一般不影响视力。若囊肿破溃，其色素沉淀于角膜下方内皮上或晶体前囊。外伤植入性囊肿系穿孔外伤或手术过程中将眼前段的上皮植入虹膜发展而成。结膜、角膜、眼睑皮肤或毛囊等处的上皮均可被植入。潜伏期数周至十年不等。囊肿多起始自虹膜周边基质，被植入的上皮细胞逐渐在基质层中扩展生长，基质浅层作为囊肿的前表层向前房内膨隆，基质的深层作为囊肿的基底。囊肿壁的内层由上皮细胞组成（图 4-6-10，彩图 68，彩图 69）。

图 4-6-10　虹膜浆液性囊肿

囊肿渐行萎缩者少，一般都是缓慢发展。早期无刺激症状，待囊肿扩大后，可半发虹膜睫状体炎，有明显刺激症状。扩大的囊肿可阻塞房角，形成继发性青光眼。囊肿多见于前房，但也有发生于后房者。

先天性虹膜囊肿为体表外胚层引起，在虹膜基质发生皮样性状的植入囊肿。若囊肿起源于虹膜神经上皮层，则囊肿发生在虹膜后表面色素上皮层。

特发性虹膜囊肿为排除其他病因后原因不明的虹膜囊肿。

缩瞳剂性虹膜囊肿为应用缩瞳剂后发生。囊肿发生在括约肌后面色素上皮层的内缘，突入于瞳孔内。囊肿开始为一群有色素的小结，停用缩瞳剂后囊肿可完全消失。囊肿常见于滴用强力刺激副交感神经的药物（如碘磷灵）后。滴用毛果芸香碱而发生囊肿者少见。

其色素沉着应与黑色素瘤和睫状体腺瘤区别。

【治疗】　如囊肿增大或接触角膜内皮，可施囊肿抽吸治疗。在角膜 4 时和 8 时位置，距角膜 2～3 mm 各切一小口，将粗注射针头经一切口刺入前房用于抽吸。再取一细注射针头（其前部弯成 90°），从另一切口插入用于剥离囊肿。一边抽吸一边分离囊肿基部，一旦囊肿脱离其附着部，即可将其吸出眼外。此抽吸法也可用于活组织检查。

（三）囊状小体的增殖（黑体）

【病因及病状】　由小体的细胞成分的再生所引起。在大多数病例时出现于瞳孔缘的表面。增殖的小体较之囊肿形态各种各样，也有如同黑体一样的色彩。有时小体经整个瞳孔向下下垂而能妨害视力。肉瘤曾见于恶性新生物内。它们带有褐色或黑褐色的肿胀形式，逐渐地充满于前房，虹膜形成结节。

【预后】　囊肿与小体增殖时预后佳良，形成肉瘤时则预后不良。

【治疗】　囊肿与小体增殖时可以手术治疗。在全身麻醉下切开前房，切除增生的囊状小体。囊肿时可在囊肿位置处进行虹膜切除术。

当恶性肿瘤病时，可以实行眼摘除术。

八、虹膜萎缩

虹膜萎缩（Iris atrophy）多见于老年性动物，老年犬猫均可发生。原发性虹膜萎缩（老年性虹膜萎缩）的病因不详，多见于暹罗猫（Siameses）、贵宾犬（Poo-dles）、小型雪纳瑞狾（Miniature schnauzers）和芝娃娃犬（Chihuahuas）等品种犬猫。

继发性虹膜萎缩多因前色素层炎，慢性青光眼和眼外伤所致。

【症状】 虹膜有明显的隐窝和小孔，光照射可见虹膜缺损、瞳孔逐渐变小。但视力未受影响。如系老年犬猫，上述症状会逐渐加重。

【治疗】 原发性虹膜萎缩者无需治疗。继发性应根据病因进行治疗。

第三节 虹膜手术

一、虹膜切除术（Iridectomy）

虹膜切除术切除虹膜的一小片。当浑浊在角膜中央，瞳孔遮蔽（Occluio pupillae）时，当出现后粘连瞳孔闭锁（Seclusio pupillae）出现虹膜异物和囊肿时，当瞳孔膜闭合并虹膜膨隆时，眼压增高，作切除术可减低眼内压，增进视力。禁忌症：眼与附属部分有急性炎症，结膜有慢性病变。

（一）增进视力之虹膜切除术（造瞳术、光学虹膜切除术）

适应于遮盖全部瞳孔区或大部分瞳孔区的角膜白斑或粘连性角膜白斑，周边部尚有3 mm以上角膜透明区，眼压及光定位均正常。以及有先天性核性绕核性白内障，散瞳后视力有明显增进。

动物全身麻醉，横卧保定，局部表面麻醉，球后麻醉，球结膜下浸润麻醉。

1. 尖形虹膜切除 适用于面积略大的角膜中央部白斑。

在下侧角膜缘3～4 mm处，作一长8～10 mm，宽约4 mm的结膜瓣（图4-6-11A）。

翻转结膜瓣，用棉签压住结膜瓣底部，并向角膜方向推开。在角膜缘后界处，用刀片垂直切开巩膜至2/3厚度，切口长6～8 mm（图4-6-11B）。

安置一根角巩膜预置缝线，并将切口前唇之缝线穿出结膜面，继续划切巩膜，切开前房。若切口太小，可利用角膜剪扩大之（图4-6-11C）。

另一种方法是用三角刀作巩膜切口。先将三角刀尖在角膜缘后界垂直刺入前房（1）。刀尖进入前房后，立即将刀放平，刀尖与虹膜平行前进（2）。抽出时刀尖略向上翘，防止损伤晶状体（3）。并在三角刀退出之前，将刀刃偏向切口之一侧，以便在抽出刀之同时将切口略为扩大（图4-6-11D）。

将闭合的虹膜镊尖凹面朝上，自切口伸入前房至距瞳孔缘1～1.5 mm处，张开约2 mm，轻轻夹住虹膜，并将虹膜拉出切口外（图4-6-11E）。

虹膜剪与切口成垂直的方向，剪尖朝向巩膜并略向上翘，贴近切口剪除虹膜。虹膜切除不宜太大，否则术后将出现羞明，影响视力（图4-6-11F）。

用虹膜恢复器，在角膜面上自角膜缘向角膜中央区按摩角膜，整复虹膜（图4-6-11G）。

如用上述操作尚不能使虹膜完全复位，可用虹膜恢复器靠近切口一侧稍伸入前房，整复一侧的虹膜柱脚，然后再整复另一侧的虹膜柱脚（图 4-6-11H）。注意勿碰伤晶状体。

将切口后唇之角巩膜缝线穿出结膜面，结扎。结膜瓣连续缝合。术毕，呈尖端局部朝向角膜缘的三角形虹膜缺损。滴 1% 阿托品液，上眼绷带（图 4-6-11I）。

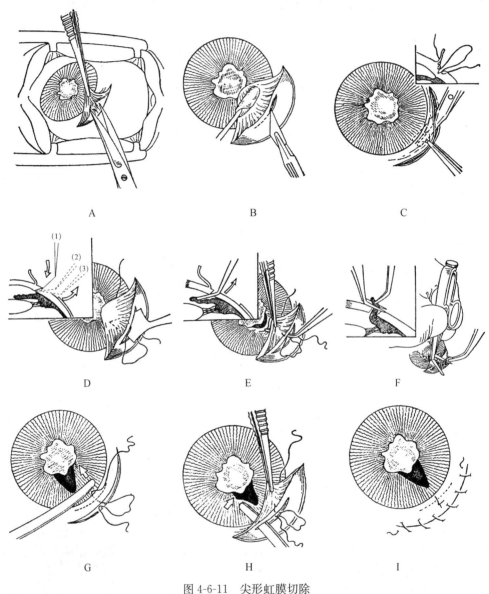

图 4-6-11　尖形虹膜切除

2. 基底较宽的虹膜全切除　适用于中央混浊区面积较大，但周边部约有 3 mm 透明区的角膜白斑。

用虹膜镊夹住距瞳孔缘 2 mm 处的虹膜，将虹膜尽量拉出眼外，虹膜剪与切口成平行的方向，紧贴角膜缘切口剪切虹膜（图 4-6-12A）。

手术毕呈基底较宽的虹膜缺损（图 4-6-12B）。

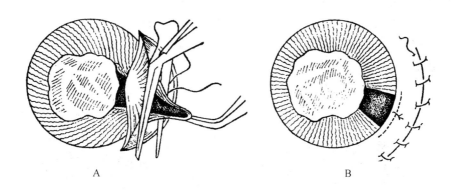

图 4-6-12　基底较宽的虹膜全切除

3. 瞳孔缘虹膜切除　适用于面积较小的角膜中央部白斑。

将闭合的虹膜镊尖凹面朝上，伸至距瞳孔缘 1～1.5 mm 处。张开约 1 mm，夹住窄条虹膜，将它拉出切口处。虹膜剪与切口成平行的方向，紧贴虹膜镊剪切虹膜。其余的操作同上（图 4-6-13A）。

手术毕可以看见瞳孔缘小圆形的虹膜缺损（图 4-6-13B）。

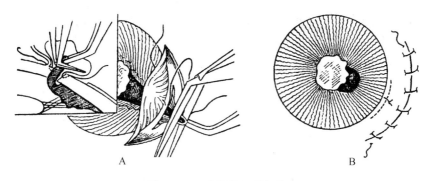

图 4-6-13　瞳孔缘虹膜切除

（二）瞳孔膜闭的虹膜切除术

适用于瞳孔区有较广泛的后粘连及膜闭，虹膜无明显萎缩，眼压及光定位尚正常的可作虹膜切除术，以改善前后房交通及增进视力。如有炎症，应等炎症消退 6 个月以上，方可施行。如果虹膜已有明显萎缩，手术效果不佳。

作上直肌牵行缝线和结膜瓣。在 12 点钟处角膜缘后界作切口，并安置预置缝线。用虹膜镊夹住瞳孔缘附近的虹膜，向左右轻轻摆动，将虹膜拉出眼外（图 4-6-14A）。

持虹膜剪与切口成平行的方向，紧贴切口剪切虹膜，作一个很宽的全虹膜切除，其余操作同前。术毕结膜下注入醋酸可的松液及散瞳合剂（1％阿托品液，2％～4％可卡因液，0.1％肾上腺素液各等量）各 0.3 ml，包眼绷带。

如果剪切虹膜后发现晶状体已混浊，可继续作晶状体摘出术。因此，手术前应同时作好白内障摘出术的准备（图 4-6-14B）。

术毕呈基底较宽的虹膜缺损（1）。如果在瞳孔缘的虹膜后粘连很牢固，只切除能够拉出的虹膜（次全虹膜切除），术毕在瞳孔缘可见到没有完全切除的一窄条残留虹膜（2）（图 4-6-14C、D）。

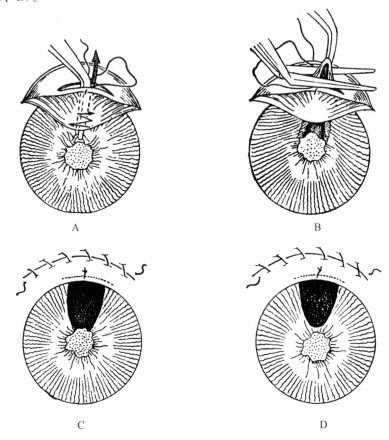

图 4-6-14　瞳孔膜闭的虹膜切除术

（三）治疗虹膜膨隆之虹膜切除术

当瞳孔膜闭合并虹膜膨隆，眼压增高，用降眼压药也不能控制时，应在抗炎治疗的同时及时作虹膜切除术，以恢复前后房交通，降低眼压，增进视力。

作上直肌牵引缝线，在 12 点钟位置作宽约 4 mm，长 8～10 mm 的结膜瓣。在角膜比例后界切开巩膜，切口长 6～8 mm，作角巩膜预置缝线。然后将虹膜镊伸入前房，至虹膜膨隆处，张开虹膜镊，抓住虹膜，拉至眼外，持虹膜剪与切口平行的方向，作虹膜切除。

如果在瞳孔缘的虹膜后粘连很牢固，可作次全虹膜切除，只切除能够拉开的那一大片虹膜，将瞳孔缘的一窄条留下（图 4-6-15A）。

将虹膜柱复位，用无菌生理盐水冲洗前房出血，结扎角巩膜缝线，连续缝合结膜瓣。结膜下注射散瞳合剂及醋酸可的松液各 0.3 ml，包扎眼绷带（图 4-6-15B）。

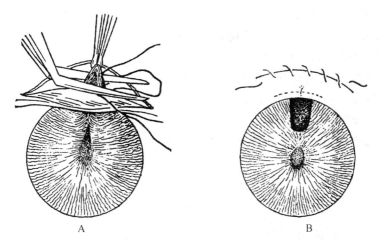

图 4-6-15　虹膜膨隆之虹膜切除术

术后每日换药，滴 1‰阿托品和抗生素液，继续应用激素治疗。术后 5～7 d 拆除结膜缝线，10 d 拆除角膜巩膜缝线。

二、虹膜嵌顿术（Iridencleisis）

虹膜嵌顿术（Iridencleisis）是手术治疗家畜青光眼的方法之一。手术目的是把虹膜柱嵌入巩膜切口两侧，建立新的眼外眼房液引流途径，使眼房液流入球结膜下间隙，从而减少眼内压。对于用药后 48 h 不能降低眼内压，眼房角狭窄或闭塞，因周边后粘连引起的急性虹膜隆起，周边前粘连者可适宜作虹膜嵌顿术。凡巩膜薄、萎缩或有后粘连者，不宜作此手术。

【术前准备】　对于适宜作青光眼手术的动物，术前必须控制眼内压接近正常水平。尽量结合应用缩瞳剂、高渗剂、肾上腺素、碳酸酐酶抑制剂等，降低眼内压。犬类青光眼多伴发虹膜睫状体炎，术前应局部或全身用皮质类固醇以抑制炎症，减少眼房液炎性细胞和蛋白。多数类型的青光眼，手术时希望瞳孔处于缩孔状态，手术时可合并应用 2%毛果芸香碱和 10%新福林。

【麻醉与保定】　动物全身麻醉，侧卧保定，患眼向上。

【手术】

1. 开睑和固定眼球　用开睑器撑开眼睑，作上直肌牵引线，使眼球下转。

2. 作结膜瓣　在眼 12 时方位，距角膜缘 10 mm 处，用弯钝头剪平行于角膜缘剪开球结膜，长 12～18 mm。切除筋膜囊，并沿巩膜面分离至角膜缘（图 4-6-16A）。

3. 切开角膜缘　用尖刀沿角膜缘垂直穿入，作一长 8～10 mm 的切口（图 4-6-16A），并沿其切口后界切除巩膜 1～2 mm，以扩大其切口，有助房水的排出。

4. 取出虹膜　当角膜缘和巩膜被切开后，房水可自行流出，虹膜亦会脱出切口处。如不脱出，可用钝头虹膜钩从切口进入钩住瞳孔背缘，轻轻拉创外（图 4-6-16B）。

5. 虹膜嵌顿　虹膜引出后，用有齿虹膜镊各夹持脱出的虹膜一侧，并将其提起，轻轻作放射形撕开，形成两股虹膜柱（图4-6-16C）。然后，将每股虹膜柱翻转，使色素上皮朝上，分别铺平在切口缘两端。为防止虹膜断端退回前房，可用6-0络制胶原缝线分别将其缝合在巩膜上（图4-6-16C）。

6. 清洗前房　如前房有血液和纤维素，可用平衡生理溶液（一种等渗电解质溶液）冲洗或用止血钳取出。为减少出血和纤维素沉积，冲洗液中加入稀释过的肾上腺素溶液（1∶10 000）和肝素溶液（1～2 μl）。

7. 缝合结膜瓣　用6-0络制胶原缝线连续闭合球结膜瓣（图4-6-16D）。

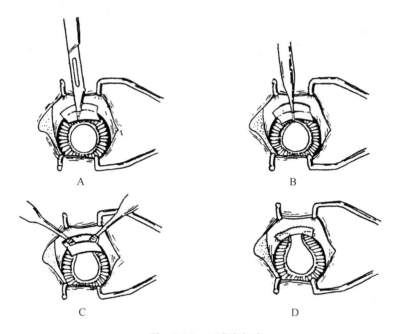

A

B

C

D

图4-6-16　虹膜嵌顿术

术后，局部和全身应用抗生素，连用1～2周，防止感染和发生虹膜睫状体炎。如炎症严重，可配合使用皮质类固醇类药。局部交替滴用10%新福林（Phenylephrine）和毛果芸香碱溶液，保持瞳孔活动，防止发生后粘连。若因炎症瞳孔不能恢复正常状态，可滴1%阿托品溶液散瞳。若用丝线缝合球结膜，术后5～7周拆除缝线。

三、睫状体分离术（Cyclodialysis）

睫状体分离术手术目的是将睫状体与巩膜突分离，在眼前房和结膜下腔间沟成一个通道。通道向前进入虹膜睫状体上腔，再经巩膜上的开口入结膜下腔。眼房液从前房流入脉络膜上腔，经巩膜流入结膜下腔，使眼内压降低。本手术适用于房角狭窄性青光眼，广泛房角周边前粘连性青光眼，前房角发育异常性青光眼及虹膜萎缩性青光眼等。

【麻醉与保定】　麻醉、保定同虹膜嵌顿术。

【手术】

1. 开睑和固定眼球　打开眼睑，眼球向下移位，固定眼球（方法同虹膜嵌顿术）。

2. 作结膜瓣　在眼球 12 点处，用钝头弯剪沿角膜缘后方切开球结膜，作一以结膜穹隆为蒂的 10 mm×10 mm 的结膜瓣。切除结膜囊，暴露巩膜（图 4-6-17A）。

3. 切除巩膜　在距角膜缘后方 4～5 mm，平行于角膜缘切除一块 3 mm×8 mm 的巩膜（图 4-6-17B）并用针尖电烙止血。注意勿损伤睫状体。

4. 剥离睫状体　用睫状体分离自切口伸入眼前房（图 4-6-17B），在睫状体与巩膜间进行分离。向内外转动分离器，使通道扩大 8～10 mm。图 4-6-17C 为眼球纵切面睫状体分离器的位置。睫状体分离针也可代替分离器，其优点是在分离结束时，可直接注入生理盐水冲洗眼房和清除血块及纤维素。

5. 缝合结膜瓣　巩膜创口让其开放，结膜瓣恢复原位，作结节缝合（用 6－0 或 4－0 铬制胶原线）（图 4-6-17D）。

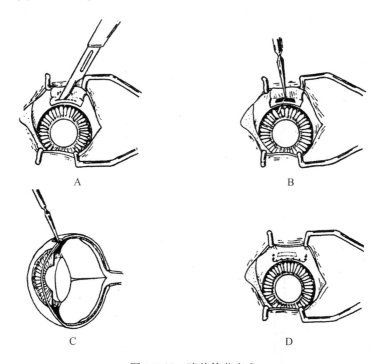

A

B

C

D

图 4-6-17　睫状体分离术

【术后护理】　同巩膜嵌顿术。

第四节　睫状体炎

由于睫状体解剖位置的特殊性，紧密地与色素层的其余部分、虹膜及固有的脉络膜联系，其单独的炎症——睫状体炎（Cyclitis）很少见到。仅在由于巩膜与角膜的交界部的外伤性睫状体炎时可能会单独发生。而且这种病例通常发生周围组织，尤其是色素层的血管系统内的各种的障碍。有时可以看见在这些部位的炎症过程的转移。

　　睫状体与色素层的其他部分的综合性疾病大部分呈现虹膜睫状体炎或者虹膜睫状体脉络膜炎（周期性眼炎）的形式。

　　【病原】　睫状体炎的原因大体上同在虹膜炎时一样。

　　按睫状体炎渗出物的性质可分为浆液性、纤维素性、化脓性与出血性等。

　　【症状】　由于睫状体隐蔽的位置，睫状体炎的诊断十分困难。病畜感到很强剧的疼痛，尤其是当压迫睫状部时。羞明比在虹膜炎时明显剧烈，角膜周围血管充血，瞳孔收缩，沿巩膜缘的角膜混浊。同时可见有渗出现象。

　　纤维素性或化脓性渗出物最初位于眼后房内，但当积蓄相当数量时，可通过瞳孔见到。以后渗出物部分进入前房。浆液性渗出物迅速地与房液混合，形成困难的或者全部停止的前房与后房交通的后粘连，这将导致渗出物集中于后房内与虹膜突向前面。

　　当发生后虹膜炎时，也有相类似的现象，因此在鉴别诊断时必须详细地检查虹膜。单独的睫状体炎时，虹膜的变化不很大，而且并不伴有渗出现象。

　　当渗出物机化并有某种粘连的牵引时，虹膜偏向后，前房增大。对睫状体炎来说其特征的变化是晶状体方面。晶状体发生变性现象并出现浑浊（白内障）。此外，由于渗出物的压迫，睫状韧带往往破裂并发生晶状体移位与脱出。渗出物可能进入玻璃状体内，引起浑浊与逐步的萎缩。

　　【预后】　大多数病例预后应慎重，当有晶状体方面的并发症时，预后不良。

　　【治疗】　阿托品（0.5%～1%）是较好的药品，在引起睫状肌麻痹的同时，它可使器官安静。此外，阿托品可防止病程扩散于其他部位（虹膜），预防其后粘连的形成，并且促使渗出物经过散大的瞳孔进入前房内，能在一定程度上预防后粘连及睫状韧带的破裂与晶状体的脱出。

　　有剧烈疼痛时可用添加可卡因（1%～2%）的阿托品。热敷。推荐反复使用蛋白疗法与组织疗法。

　　外伤性睫状体炎时，除了应用以上药品外还可应用消毒剂等。方法同角膜、虹膜、巩膜创伤的治疗。

第五节　眼色素层肿瘤（Uveal neoplasia）

一、眼色素层黑色素瘤（Uveal melanoma）

　　眼色素层黑色素瘤是最常见的犬眼内肿瘤，多数长在前色素层。犬的脉络膜黑色瘤较罕见。

　　临床上区别虹膜黑色素瘤与睫状体黑色素瘤有困难。毛色深的犬的品种（德国牧羊犬及拳师犬）比其他品种的犬有较高的色素层黑色素瘤发生率，拉布拉多犬家族中存在遗传性虹膜黑色素瘤（彩图70，彩图71，彩图72）。

　　临床上，局灶性或弥散性生长均可见到，有时弥散性蔓延更明显。大块的瘤体可使瞳孔位置发生改变，瞳孔变形（dyscoria），与角膜内皮接触而出现局灶性角膜水肿。色素层黑色素瘤晚期后遗症常可见到前房内缺乏色素的瘤体、前房出血和发炎。多数黑色素瘤的颜色是很深的，但无黑色素的黑色素瘤也有所见（彩图73）。

大多数虹膜黑色素瘤生长缓慢，但累及巩膜及眼球穿孔的瘤体则生长很迅速，可见于前色素层的黑色素瘤。良性黑色素瘤甚至可使眼的其他结构移位而破坏眼睛及妨碍眼房液的排物途径。

色素层黑色素瘤必须与角膜缘黑色素瘤相区别，这两种类型的肿瘤在治疗上有很大的差别。形态学上，前色素层黑色素瘤的范围从分化良好的梭形细胞瘤到未分化的梭形细胞或上皮样细胞瘤，而脉络膜黑色素瘤常常是由良性表现的饱满多角体细胞组成。

色素层黑色素瘤的诊断可以借助眼部的超声学检查，必要时可手术取样行活组织检查。必须注意到用针刺采样行活组织检查的结果或许不能代替整个肿瘤细胞的检查。

眼摘除术仍然是大多数脉络膜黑色素瘤和睫状体黑色素瘤选用的疗法。不过用激光切除局灶性虹膜黑色素瘤的疗法似乎也是可取的。在作眼摘除术之前应该先作组织病理学检查，以证实临床所作的诊断。确定所见细胞类型及组织学指标，包括细胞核与细胞质的比率、细胞有丝分裂指数以及核的多形现象。多数犬的前色素层黑色素瘤是良性的，出现转移的只占已确诊病例的5%以下。

二、上皮睫状体肿瘤（Epithelial ciliary body neoplasms）

上皮睫状体肿瘤是犬第二种最常见的原发性眼内肿瘤。根据其不同的胚胎学起源分为睫状体腺瘤、腺癌及髓上皮瘤。睫状体腺瘤起源于后无色素上皮，偶尔也起源于睫状体的内色素上皮。从组织学上能够区分腺瘤与腺癌的差别。这两种肿瘤可能被看做像平常那些突出进入瞳孔内的无色素肿块（彩图74）。这种肿瘤并发，继发性青光眼的几率很高，也容易形成广泛性的纤维血管膜，从而损害虹膜角膜角。

手术切除睫状体瘤已有成功的例子。有报道腺瘤及腺癌的转移倾向很低。

睫状体的髓上皮瘤是神经上皮瘤，偶见于青年犬。

三、继发性色素层肿瘤（Secondary uveal neoplasia）

眼外的肿瘤通过血源性转移或由邻近组织入侵眼睛。其血源性转移常是双侧性的。转移性眼肿瘤可呈局灶性肿块，或因弥散传播导致弥散性视网膜炎，因而必须仔细观察其原发性肿瘤。母犬应考虑有无乳腺癌。

最常见的继发性色素层肿瘤是眼内淋巴肉瘤。原发性眼内淋巴肉瘤极罕见。严重的前色素层炎伴有由于赘生性白细胞（neoplastic leukocytes）积聚而形成的眼前房积脓（彩图75）。多中心淋巴瘤引起的色素层炎在肿瘤形成的过程中通过赘生性细胞的浸润而直接侵害眼睛的情况并不常见，其发生原因可能与肿瘤有关，如血浆黏滞性过高及出血倾向。眼的淋巴肉瘤很少见到界限分明的肿块，组织学上更多见弥漫性色素层的赘生性淋巴细胞浸润。

临床上全身性淋巴结病时，多数中心性淋巴肉瘤的外观表现明显，但眼的病变可能只是暂时的症状。患有多中心淋巴瘤同时出现色素层炎及视网膜出血的犬，通常骨髓受到了侵害，但已是疾病的后期（彩图76）。

第七章 □□□□□□□□□□□□□□□□□

青 光 眼

青光眼（Glaucoma）是因多种病因引起眼房角阻塞，眼房液排出受阻导致眼压升高，进而损害视网膜和视神经乳头的一种症状。可发生于一眼或两眼。多见于小动物（家兔、犬、猫），但有见于乳牛（1~2岁）和犊头。但有些品种犬的发病率更高。（见下表）

表 4-7-1　青光眼品种因素及其类型

品种	类型
美国可卡犬　American cocker spaniels	闭角型
巴赛特猎犬　Basset hounds	闭角型
萨莫耶德犬　Samoyeds	闭角型
西伯利亚雪橇犬　Siberian huskies	闭角型
挪威猎麋犬　Norwegian elkhounds	闭角型或开角型
布列塔尼猎犬　Brittany spaniels	闭角型
比格犬　Beagles	开角型
小型贵妇犬　Miniature boy poodles	开角型或闭角型
刚毛和短毛猎狐㹴　Wier-and smooth-haired fox terriers	晶体移位±闭角型
西里汉㹴　Sealyhan terriers	晶体移位

正常犬眼压为 2.0~3.6 kPa，同一犬两眼眼压差异不超过 0.667 kPa。影响眼压的因素很多，但眼压的稳定主要是靠房水量保持相对恒定，即房水的产生和排出保持动态平衡，不致眼压过高或过低。房水的产生有主动和被动两种。前者是由睫状突出上皮及其复合酶系统产生，后者则通过滤过、超滤、渗透及扩散作用而产生。房水先进入后房，经瞳孔入前房，再经前房角的小梁网和集液管，最后进入巩膜间静脉丛，入全身循环。若房水通道任何一部分受阻，均会导致眼压升高。

【分类与发病机理】　青光眼一般分为原发性、继发性和先天性三类。又依据滤角的开和闭，可分闭角型和开角型青光眼。

（一）原发性青光眼（单纯性青光眼 Glucoma simplex）

多因眼房角结构发育不良或发育停止，引起房水排泄受阻、眼压升高。犬原发性青光眼与遗传有关，但其遗传类型多数不同，提示可能属多基因遗传，可受环境或多因子的影响。猫罕见，但波斯猫和泰国猫较易发生。晶体增厚、虹膜与晶体相贴、瞳孔散大、内皮增生等使前房变浅，房角窄，妨碍房水排泄，也可引起眼压升高（彩图77）。

多数原发性青光眼两眼发病，但不同时发生。且以闭角型青光眼多见。可突然发作，出现急性青光眼综合症，也可缓慢进行性发生。眼压增高数年，其病情不知不觉加重。少数品种犬如 beagles（比格犬）开始发生开角型青光眼（为单纯的隐性性状遗传），以后转为闭角型。

（二）继发性青光眼（暂进性青光眼、水肿眼 Hydrophthalmus）

多因眼球疾病如前色素层炎、瞳孔闭锁或阻塞、晶体前或后移位、眼肿瘤等，引起房角粘连、堵塞，改变房水循环，使眼压升高而导致青光眼。

（三）先天性青光眼

房角中胚层发育异常或残留胚胎组织，虹膜梳状韧带增宽，阻塞房水排出通道，犬出生时先天性青光眼罕见。

【病因】 青光眼的病因尚未最后肯定。下列因素可发生青光眼。

棉籽饼中毒：旧法榨油的棉籽饼中含有多量的棉酚毒，若长期喂以这种棉酚饼，除可引起成年牛中毒外，还可使怀孕母牛的胎儿中毒。棉酚毒属嗜神经毒，中毒的主要表现为青光眼。犊牛先天性青光眼多系这种原因所引起。

维生素缺乏：维生素 A 缺乏是引起幼畜发生青光眼的主要原因。

近亲繁殖：家畜近亲繁殖的二代，除出现畸形、死胎、发育不良，生长缓慢、抵抗力弱外，也可发生青光眼。

此外，急性失血、性激素代谢紊乱和碘不足，可能与青光眼的发生有一定关系。

【症状】 本病可突然发生，也可逐渐形成。早期症状轻微，表现泪溢、轻度睑痉挛、结膜充血。瞳孔有反射，视力未受影响，眼轻微或无疼痛。初视病眼如好眼一样，但无视觉，检查时不见炎症病状，眼压中度升高（4～5.2 kPa），看上去眼"似乎变硬"。视网膜及视神经乳头无损害（彩图78）。

晚期眼球显著增大突出，眼压明显升高（>5.2 kPa），视力大为减弱，虹膜及晶状体向前突出，指压眼球坚硬。从侧面观察可见到角膜向前突出，眼前房缩小，瞳孔散大固定，失去对光反射能力，散瞳药不敏感。滴入缩瞳剂（如 1%～2% 毛果芸香碱溶液）时，缩瞳药无效，或者收缩缓慢，初期晶状体没有变化。在暗厩或阳光下，常可见患眼表现为绿色或淡青绿色（缘内障）。最初角膜可能是透明的，以后角膜水肿、浑浊，变为毛玻璃状，并比正常的角膜要凸出些。晶状体悬韧带变性或断裂，引起晶状体全脱位或不全脱位。用检眼镜检查时，可见视神经乳头萎缩和凹陷，血管偏向鼻侧。较晚期病例的视神经乳头呈苍白色。视网膜变性，视力完全丧失。指测眼压呈坚实感。当两眼失明时，两耳不停地转向，运步时，患畜高抬头，步态蹒跚，牵行乱走，甚至撞壁冲墙。

【诊断】 青光眼有三个特征的症状：眼内压的增高，视力减弱与视神经乳头的凹陷。因此根据眼压升高、眼球硬实和突出、角膜水肿、瞳孔圆形散大且带绿色外观等症状易于作出诊断。

检测眼压可用两手食指尖（不用拇指）在闭合上眼睑时触压眼球，可粗略估计其硬度。精确的眼压测定是用 Schiotz 氏眼压计测定（彩图 79）。

【治疗】 目前尚无特效的治疗方法，可采用下述措施：

1. 高渗疗法 通过使血液渗透压升高，以减少眼房液，从而降低眼内压。可静脉内缓慢注射 40％～50％葡萄糖溶液 400～500 ml，或静脉内滴注 20％甘露醇（体重每 1～2 g/kg），3～5 min 注完，或静脉滴注。也可口服 50％甘油（1～2 g/kg）。用药后 15～30 min 产生降压作用，维持 4～6 h。必要时 8 h 后重复应用。应限制饮水，并尽可能给以无盐的饲料。

2. 应用碳酸酐酶抑制剂 这类药物可抑制房水的产生和促进房水的排泄，从而降低眼压。常用的这类药物有二氯磺胺（Dichlorphenamide）、乙酰唑胺（Acetazolamide）和甲醋唑胺（Methazolamide）。一般来说，用药后 1 h 眼压开始下降，并可维持 8 h，可任选其中一种，均为口服，每日 2～3 次。剂量：二氯磺胺为 10～30 mg/kg，乙酰唑胺为 2～4 mg/kg，甲醋唑胺为 2～4 mg/kg，症状控制后可逐渐减量。此类药为一种异环式磺胺无消炎作用，可利尿，口服或静注。另有一种长效的乙酰唑胺可延长降压时间达 22～30 h，但长期服用效果可逐渐减低，而停药一阶段后再用则又恢复其效力。内服氯化胺可加强乙酰唑胺的作用。

3. 应用槟榔抗青光眼药水 滴眼，每分钟滴 1 次，共 6 次，再改为每半小时 1 次，共 3 次，然后，再按病情，每 2 h 一次，以控制眼内压。也可用噻吗心安（Tiholol）点眼，20 min 后即可使眼压降低，对青光眼治疗有一定效果。

4. 应用缩瞳剂 针对虹膜根部堵塞前房角致使眼压升高，应用缩瞳剂可开放已闭塞的房角，改善房水循环，使眼压降低，可用 1～2％硝酸毛果芸香碱溶液滴眼，或与 1％肾上腺素溶液混合滴眼。最初每小时 1 次，瞳孔缩小后减到 3～4 次/d。也可用 0.5％毒扁豆碱溶液滴于结膜囊内，10～15 min 开始缩瞳，30～50 min 作用最强，3.5 h 后作用消失。

一般主张先用全身性降压药，再滴缩瞳剂，其缩瞳作用更好。

5. 手术疗法 角膜穿刺排液可作为治疗急性青光眼病例的一种临时性措施。用药后 48 h 如尚不能降下眼内压，就应当考虑作虹膜嵌顿术或睫状体分离手术以便房水得以排泄。

（1）虹膜嵌顿术（见第六章，第三节虹膜手术之二，虹膜嵌顿术）。

（2）睫状体分离术（见第六章，第三节虹膜手术之三，睫状体分离术）。

【预后】 预后不良。

第八章

晶 状 体 疾 病

第一节　白内障（Cataract）

白内障是指晶状体囊或晶状体发生浑浊而使视力发生障碍的一种疾病，各种动物都可发生。

【病因】　临床上分为先天性和后天性两类。

1. 先天性白内障　由于晶状体及其囊在母体内发育异常，先天发育不全，出生后所表现的白内障，常与遗传有关。已知大部分犬白内障属遗传性，并已查明各种品种犬的遗传方式。

2. 外伤性白内障　由于各种机械性损伤致晶状体营养发生障碍时，如，晶状体前囊的损伤，晶状体悬韧带断裂，晶状体移位，角膜穿孔等（彩图80）。

3. 症候性白内障　多继发生睫状体炎和视网膜炎，前色素层炎，青光眼等。马周期性眼炎时经常能见到晶状体浑浊，牛恶性卡他热，马流行性感冒等传染病经过中，常出现所谓症候性白内障。在长期X线照射，及长期使用皮质类固醇等也可引起本病。

4. 中毒性白内障　见于家畜麦角中毒、萘、铊中毒可引发本病。

5. 糖尿病性白内障　如奶牛或犬患糖尿病时，常并发本病。

6. 老年性白内障　主要见于8～12岁的老龄犬。由于眼的退行性变化而引起。

7. 幼年性白内障　见于马和犬，多来自代谢障碍。如维生素缺乏症，佝偻病。

8. 新陈代谢障碍　如甲状旁腺功能不全，严重的营养不良等全身性原因引起的白内障。

【病理】　虽然引起白内障的病因很多，但无论如何，在发病过程中都有使晶体通透性增加，致使晶体失去屏障效应，导致晶体浑浊。其主要病理过程为囊膜增厚，上皮增生，皮质纤维硬化，凝固或坏死。

根据其病程，可将白内障分四个期。

1. 初发期　晶体或囊膜局灶性浑浊，视力不受影响。此期可停止或继续扩展。

2. 未成熟期　晶体浑浊逐步扩散，晶体皮质吸收水分而膨胀。某些晶体皮质仍有透明区，有眼底反射，视力受到某些影响。

3. 成熟期　晶体全部浑浊，所有皮质肿胀，无清晰区可见。眼底反射丧失，视力明显受影响。此期适宜白内障手术（彩图81）。

4. 过熟期　晶体液体消失，导致晶体缩小，囊膜皱缩，皮质液化分解，晶体核下沉（彩图 82）。

白内障有数种分类方法，除以上的分类以外，根据解剖结构可分为膜性、皮质性、核性、极性和赤道性白内障等。

【症状】　因白内障发病时间不同，其临床症状表现不一。初发期和未成熟期，因晶体及其囊膜发生轻度病变，浑浊范围小，不影响视力，故临床上难发现。需用检眼镜或手电筒才能查出。到成熟期，临床上才发现一眼或两眼瞳孔呈灰白色（白瞳症），视力减退，前房变浅，看不见眼底（检眼镜观察），伴有前色素层炎。动物活动减少，行走不稳，在熟悉环境内也碰撞物体。过熟期，除上述症状，患眼失明，前房变深，晶体前囊皱缩。可继发青光眼。更严重的，悬韧带断裂，晶体不全脱位或全脱位。

浑浊明显时，肉眼检查即可确诊，否则需要作烛光成相检查或检眼镜检查。当晶状体全浑浊时，烛光成相看不见第三影象，第二影象反而比正常时更清楚。检眼镜检查时，浑浊部位呈黑色斑点。

马的白内障，根据晶体浑浊的部位，可分为囊性、囊下性、皮质性、板层或核性白内障。白内障若与色素层炎有关时，囊下白内障常伴随皮质性白内障。涉及不是前囊就是后囊附近最外层纤维的皮质性白内障是马白内障最普遍的类型。开始的晶体改变或许是间质液蓄积，继之以晶体纤维裂解。

板层白内障位于核和皮质外之间的核周围。此型通常不是进行性的。绕核性白内障是先天性白内障，由晶体发育期间和生长期间一过性损伤引起。受损的晶体纤维随后被正常的纤维所包围。

囊性白内障与外伤性损害有关，若浑浊为灶性，该白内障可为非进行性的。囊的改变普遍地发生后粘连（马再生性色素层炎的后遗症之一），这种白内障则是进行性的。马后天性白内障往往与房水改变和玻璃体改变有关，它与再发性色素层的炎症发作有关。马核性白内障与老龄有关。

先天性和软性白内障：若为两侧性且完全成熟的白内障而失明的驹是适于进行手术的。

牛所有的白内障不是与晶体蛋白质水分作用有关，就是与晶体蛋白质变性有关。牛的白内障可分为先天性、炎症性、与眼异常有关以及原因不明的白内障。

先天性白内障：发生在若干品种的牛，包括娟姗，海福特和荷兰 Friesian 牛。纯种娟姗牛和荷兰 Friesian 牛的先天性白内障是作为单纯的常染色体隐性特征而遗传。4～11 个月龄犊牛的白内障即已成熟。

炎症性白内障：原发病例可以与继发性白内障（如虹膜睫状体炎）区别开来，后者可出现后粘连、虹膜和黑体萎缩，以及晶体前囊上有色素沉积。虹膜睫状体炎经常发生于牛传染性角膜炎，牛传染性鼻气管炎、牛恶性卡他热和其他的全身性疾病。伴随虹膜睫状体炎的白内障可发生在于 8 周龄的犊牛。

与眼异常有关的白内障：常发生在荷兰 Friesian 牛、娟姗牛和短角牛。荷兰 Friesian 牛的眼缺陷为晶体脱位，牛眼的视网膜分离，偶尔晶体破裂。娟姗犊牛可发生缺虹膜、小晶体、晶体脱位。

原因不明的白内障：发生在较老的牛，曾见到遍及前、后晶体皮质的两性晶体点状浑浊。晶体核和晶体囊均正常，但皮质却是半透明的（彩图 83）。

【治疗】　在白内障的早期就应控制病变的发生和发展，针对原因进行对症治疗，晶状体一旦浑浊就不能被吸收，只能行手术治疗。

（一）药物治疗

1. 谷胱甘肽（glutathione GSH）　谷胱甘肽是由谷氨酸、胱氨酸和甘氨酸组成的三肽，国产药名为乃奇安，属于氧化作用类药物。本品水溶液不稳定，宜新鲜配制。

在正常晶状体中因谷胱甘肽在晶状体代谢过程中能合成，故含量非常高，且以晶状体上皮细胞中含量最高，绝大部分以还原态存在。当晶状体混浊时，GSH 含量下降，且随混浊程度加重而剧减。因此，维持 GSH 的正常水平对维持晶状体透明性方面起着重要作用。

治疗初、中期老年性白内障。用 2% 滴眼液（100 mg 片剂/5 ml 溶剂），每天 4～5 次，每次 1～2 滴。

2. 牛磺酸（Taurine）　牛磺酸即 2-氨基乙烷磺酸（$HO_3SCH_2CH_2-NH)_3$ 因首先在牛胆汁中发现而得名。

主要作用：牛磺酸是抗氧化剂，能清除体外系统中的羧基自由基和超氧阴离子。动物实验证明经牛磺酸治疗能明显抑制或延缓不同类型白内障发生和发展其作用机制与其提高了晶状体和房水中牛磺酸含量，增加了抗氧化特性，保护了巯基免受氧化。抑制了晶状体上皮细胞凋亡和脂质过氧化等有重要关系。

临床治疗初、中期老年性白内障用 4% 牛磺酸滴眼液，1～2 滴/次，3～6 次/d。

3. 苄吲酸-赖氨酸（Bndazac-Lysine BND）　苄吲酸-赖氨酸是一种最有希望的抗白内障药。它是口服剂，胃肠道可完全吸收。体外实验证明口服或静脉注射后能达到晶状体。

主要作用：BND 能保护晶状体和血清蛋白免受热力和紫外线、酸或碱作用所引起的变性。它清除自由基的能力弱，但可以保护晶状体蛋白拮抗自由基损伤，也可使治疗组的 GSH 缓慢下降从而拮抗氧化作用，在临床上用它来治疗白内障患者，能明显考善视力，甚至可逆转混浊至透明。

临床应用：口服 500 ml/次（人用剂量），3 次/d，适用于早期老年性皮质混浊，皮质——核混浊和后囊混浊。

4. 巯基丙酰甘氨酸（硫拉，A-Mercaptopropionyl glycine，Thiola）　硫拉是与谷胱甘肽（GSH）结构相似的含-SH 基团化合物。

主要作用：因 Thiola 分子中有-SH 基团而且有很强的还原作用，它可促使氧化型谷胱甘肽，使去氢抗坏血酸还原为 Vitc。因而能维持晶状体的透明度，阻止和逆转晶状体混浊的病理过程。为此，具有广泛的解毒和抗过敏作用。

临床应用：用于老年性白内障。滴眼：0.1% 滴液，每次 1～2 滴，每日 3～6 次。口服：每次 50～100 mg（人用剂量），3 次/d。

5. 维生素 C（抗坏血酸 Vitaminc，C）　主要作用：抗氧化，能清除晶状体内自由基。

通过抗氧化作用可升高血清中维生素 C 含量，从而延缓白内障发生、发展。

临床应用：饭后口服，每日一次，剂量为 144～290 mg（人用剂量）。

6. 维生素 B$_2$（核黄素 Vitamin B$_2$）　核黄素具有很强的抗氧化作用，最新研究指出，它能拮抗白内障。

7. 维生素 E（醋酸生育酚 Vitamin E）　有很好的抗氧化作用，服用维生素 E 能提高血清中维生素 E 水平减少核性或皮质性白内障发生发展。长期服用可减少白内障发病率。

8. 利明眼药水　主要作用：增加眼的局部代谢，补充金属离子及维生素。

处方：碘化钾 0.3 g，碘化钠 0.05 g，氯化钾 0.6 g，维生素 C 0.3 g，维生素 B$_1$ 0.1 g，硼酸 1.1 g，硼砂 0.19 g，羧甲基纤维素钠 0.15 g，硫代硫酸钠 0.05 g，尼泊金 0.3 g 蒸馏水加至 1 000 ml。

点眼，2～3 滴/次，3～4 次/d，用于早期白内障。

9. 仙诺林特、仙诺林（Samolent）　是一种复合制剂，主要成分为从牛眼晶状体中提取的晶体蛋白等与抗坏血酸，核黄素和碘化钾复合制剂。有人认为白内障成因之一，是由特殊的代谢产物细胞毒素所致，利用晶状体蛋白具有组织特异性，应用本品后，可在毒素尚未进入眼内时，先将其灭活，从而达到防治白内障。

临床应用：片剂，饭后舌下含化，1 片/次，3 次/d（人用剂量）用于治疗各种白内障。

10. Sorbinil　作用：Sorbinil 是较强的醛糖还原酶抑制剂，可抑制晶状体醛糖还原酶的全部活性，考善晶状体纤维细胞内的启渗状况，防止晶状体蛋白聚合物增加。

应用：1% 滴眼液 1～2 滴/次，3～4 次/d，用于糖尿病性白内障。

11. Sulindac　作用：Sulindac 是一种非激素类抗炎药，已发现它对醛糖还原酶具有很强的抑制作用，它能使老年糖尿病性白内障的视力上升。

应用：1% Sulindac 滴眼（将 Sulindac 溶解在 pH 8.0 的 0.05 mol/L 磷酸缓冲液中），4 次/d，1～2 滴/次。

12. 卡他林（Catalin 白内停）　属于抗氧化类药物。对糖尿病性白内障有效。应用：滴眼剂（0.7～1 mg/15 ml）；1～2 滴/次，5～6 次/d。此液宜新鲜配置。

13. 法可林，法可立辛（Phaxolin, phacolysin）　能抑制醛糖还原酶活性，阻止糖尿病性白内障发生。

作用：用于治疗糖尿病性、老年性外伤性白内障等。滴眼剂：0.75～1 mg/15 ml，3～5 次/d，1～2 滴/次。

14. 阿司匹林（Aspirin），**乙酰水杨酸**（Acetylsalincylic acid）　阿司匹林是抗炎症药物，借助乙酰化作用能保护晶状体蛋白拮抗氰酸盐诱发的晶状体混浊，拮抗因其他因素（葡萄糖、半乳糖、氨基葡糖等）所致晶状体蛋白的聚合作用，降低晶状体蛋白糖基化作用。英国、美国、德国和印度认为阿司匹林有拮抗白内障作用。

可用口服治疗。

15. 口服中成药制剂　石斛夜光丸：用于老年性白内障。增光片：用于老年性白内障。障明明：用于老年性白内障早、中期。明目清障片：老年初、中期白内障。

16. 滴眼类中药制剂　珍珠明目滴眼液：具有清肝、明目、止痛作用。用于早期老年性白内障、慢性结膜炎、视力疲劳等。能近期提高早期老年性白内障的视力，考善眼胀、眼痛等。滴眼 1～2 滴/次，3～5 次/d。

视明露（雪莲叶汁 Cineraria），可促进眼内组织血液循环、增强晶状体新陈代谢及促晶状体混浊吸收。用于外伤性白内障，老年性白内障早、中期及后发生性白内障。用于点眼，1～2 滴/次，2～3 次/d。

昆布眼液：具有软坚散结，促进晶状体混浊吸收及维持晶状体透明度的作用。用于滴眼，1～2 滴/次，3～4 次/d，用于白内障治疗。

（二）手术治疗

我国唐代即创造了白内障针拨术，它是最古老的白内障囊内摘除术。Daveil(1753 年)首先应用囊外摘除的方法，采用这种手术方法治疗白内障已有二百多年，直至本世纪 20年代才开始应用囊内摘除术，并通过 Smith、Barraguen 等人的努力，使囊内摘除术得以推广。但随着时间的推移，传统的白内障囊内摘出术缺点逐渐显露出来，加之手术显微器械的考进与技术提高，当前已经采用更为科学的囊内、囊外白内障摘除术及白内障超声乳化摘除术及晶状体植入术来治疗人的白内障。动物方面，国外已经开始应用于动物实验手术及临床应用。国内于 2004 年对福州熊猫中心高龄熊猫"巴斯"进行了成功的白内障摘除人工晶状体植入手术。目前已进展为白内障超声乳化摘除术和人工晶状体植入手术。以及最新的激光乳化白内障手术。

1. 白内障囊外摘除术（Extracapsular lens extraction） 为治疗动物白内障最常用手术。

动物选择：术前应详细检查患眼，观察阿托品点眼前、后瞳孔的变化，因瞳孔对光反应正常不能排除视网膜疾病。对光反射慢或不完全可能是视网膜变性（尤其玩具犬和微型犬）的症候。使用散瞳药后，瞳孔散大不良或不全，常是前色素层炎的指征。只要有前色素层炎症状，应禁用常规白内障手术。眼底检查对手术的选择很重要。应用散瞳药后检查眼底，有些动物可通过小的透明晶体看到眼底。任何有视网膜变性或进行性视网膜萎缩者，禁施白内障摘除术。

检查眼压和视力，对决定是否手术也很重要。眼压低提示患前色素层炎，眼压高禁止手术。视力丧失才可做白内障摘除术，但并非视力丧失均由白内障引起，故多数兽医眼科医生只有证实视力丧失不能代偿时方予以手术治疗。一般来说，白内障必须达到成熟期是手术的最佳时期。

术前用药：术前 1～2 d，滴用 1％阿托品，每日 3～4 次，使瞳孔充分散大，有助于白内障摘除，术前 24 h 全身应用皮质类固醇（如强的松龙 2 mg/kg），可明显减少术后炎症的发生，术前（或术中）应用阿斯匹林（10～25 mg/kg）可钲痛消炎。

手术方法：动物全身麻醉，仰卧或侧卧保定，患眼在上，确实保定头部。清洗并以消毒液消毒患眼，再用 3％盐酸普鲁卡因溶液点眼。

（1）开睑 用开睑器撑开眼睑，或在离上眼睑缘 3 mm 处用缝针自外三分之一中央处刺入皮肤，中三分之一处穿出，再穿入，于内三分之一区中央处穿出，将缝线中央剪断，使缝线成炎两股，再交叉拉紧缝线，用止血钳固定于创布上而将眼睑张开。

（2）作上直肌牵引线　用纱布压迫 b 点钟处球结膜，则眼球下转，暴露上方近穹隆部的球结膜。术者用外科镊沿 12 点钟止上方结膜紧贴眼球壁向上推进，至距角膜缘 2～2.5 cm 处竖起外科镊，使之与眼球壁垂直，再张开 3～4 mm，同时向下压迫，夹住上直肌腱，向前提起外科镊使眼球下转，用带 3 号缝线的缝针于外科镊的后方约 3 mm 处结膜面穿入，通过上直肌约 0.5 mm，再穿出结膜面，移去缝针和外科镊，拉紧缝线，则眼球下转，用止血钳将缝线固定于眼上方的创布上。

（3）作一以角膜缘为蒂的结膜瓣　为便于保护创口和防止感染机会，在距 12 点钟角膜缘上方 1.5 cm 处，用外科镊夹住球结膜，剪一小口，再提起切口边缘，用眼科剪伸入筋膜下作潜行分离至 3 点钟处，同样作另一侧的潜行分离至 9 点钟处，在距角膜缘 5～6 mm 处的弧形剪开结膜，向角膜缘翻转结膜，并将结膜瓣分离至角膜缘（见到蓝色带即可），充分暴露角膜缘（图 4-8-1A）。

（4）切开眼球壁　在角膜与巩膜之间的分界线上，或靠近角膜缘（无结膜瓣），用眼科刀作一与角膜平行的弧行（半周，160°～190°）切口，（图 4-8-1B），先作一小的切口，深达巩膜厚度的一半，于 10、12 和 2 点钟处作予置缝线，将缝线拉成线圈，放置于切口两旁。然后在 12 点钟切口底部继续划开，用手术刀尖（或剪）与虹膜平行刺入。如能顺利进入眼前房，当见有眼房液外流时，即停止划切，考为向外运刀，用刀尖轻轻挑开切口底部，再用剪刀扩大切口，切至 3～9 点钟处为止。用棉棒轻轻压迫出血处。在晶体匙协助轻压下挤出晶体皮及核（图 4-8-1C）。

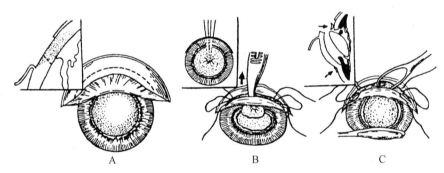

图 4-8-1　白内障囊外摘除术

A. 作一以角膜缘为蒂的结膜瓣（虚线表示眼球壁切口线）　B. 取出晶体前囊膜　C. 挤出晶体皮及核

（5）为了沟通前、后房，保持前、后房的压力均等，应行虹膜周边切除。为此，术者用虹膜镊自角巩膜切口处伸入前房，夹住 12 点钟处的虹膜，将其引至切口外，用虹膜剪剪去镊出的虹膜。将虹膜复位后，于 12 点钟方位处的虹膜周边，可见一小三角形的缺损。对虹膜出血点用棉棒压迫止血，最后进行本手术。

（6）摘除晶体囊　用有齿晶状体囊镊经前房掀开角膜瓣伸入前房，至晶状体前囊中央，紧贴晶状体前囊膜，将镊子张开 5～6 mm，达到散大了的瞳孔两侧边缘，轻压晶状体表面，然后将镊子闭合，抓住晶状体前囊（图 4-8-2A）。将抓住晶状体前囊的囊镊轻轻向左侧牵引，撕破右侧前囊（图 4-8-2B）。镊子再向右侧牵引，撕破左侧前囊（图 4-8-2C）。将闭合的有齿囊镊夹住已撕破的前囊，轻轻旋摆，撕断赤道处的囊膜，将晶状体胶囊大部分取出（图 4-8-2D）。

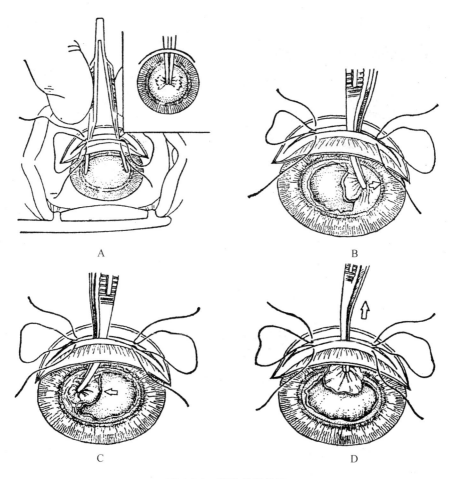

图 4-8-2 摘除晶状体囊

（7）挽出晶状体 先将上直肌牵引缝线稍放松。用一个晶状体匙按住 12 点钟角膜缘切口后唇，使切口轻度张开，另一个晶状体匙放在下方角膜缘，向眼球中心方向轻压，使晶状体核的上端向前翘起，随即进入切口（图 4-8-3A）。

下方角膜缘晶状体匙的用力方向随之改为向上，托住晶状体核下端，在角膜面逐渐向切口方向滑行，使晶状体核经上方晶状体匙而挽出。晶状体核和部分皮质挽出后，助手立即拉紧缝线，暂不结扎（图 4-8-3B）。

一个晶状体匙仍轻压切口后唇，另一晶状体匙再自下向上按摩角膜表面，继续挽出前房内的皮质（图 4-8-3C）。

（8）冲洗前房 用 5 ml 注射器接上前房冲洗针，用新开封的灭菌生理盐水冲洗前房。将针头自切口一侧伸入前房，置于虹膜面上，不要进入瞳孔区，以免刺破晶状体后囊。在切口的另一侧，将虹膜恢复器伸入前房，置于虹膜上轻压切口后唇，缓慢冲洗前房。皮质被冲出后瞳孔即呈黑色，如果皮质残留不多，可不必冲洗（图 4-8-4）。

（9）闭合创口 拉紧角巩膜予置缝线，将虹膜恢复器伸入前房，轻轻向内推开虹膜，使之复位。检查切口，确认无任何皮质或囊膜嵌顿后结扎缝线（图 4-8-5A）。

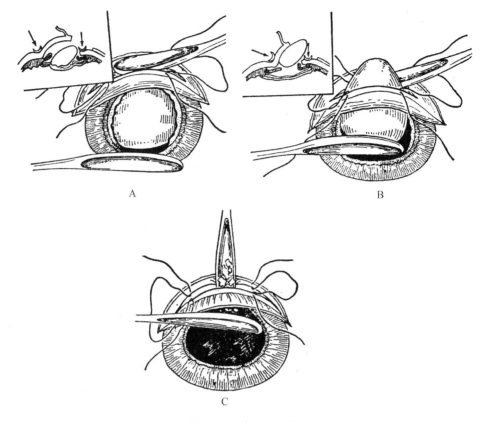

图 4-8-3　挽出晶状体

用生理盐水或抗菌素液滴眼，消除结膜囊内的凝血和残留皮质。以 5－0 可吸收线结节缝合创口，针距 1.5 mm 左右，缝线需包埋在结膜下。经一端切口注入灭菌空气或生理盐水，恢复眼房。最后连续缝合结膜瓣。除去上直肌牵引缝线，滴 1％阿托品液，结膜下注射抗菌素及激素。双眼包扎，装眼绷带（图 4-8-5B）。

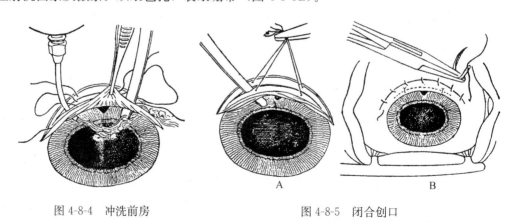

图 4-8-4　冲洗前房　　　　　　　　图 4-8-5　闭合创口

2. 超声乳化白内障摘除

（1）现代白内障囊内、囊外摘除术　现代白内障囊内摘除术与传统的囊内摘除术不同。手术是在显微镜下，使用显微手术器械和冷冻技术，球后麻醉后运用多种软化眼球方法，术中使用药物控制瞳孔和使用粘弹性物质，还有玻璃体切割器的运用。对术中并发症的处理等。现代的技术已使白内障囊内摘除术具有手术时间短及眼内组织损伤少等优点。

传统的白内障囊外摘除术是把晶状体前囊截开，并将中央部分前囊切除，然后摘出混浊的晶状体核及皮质，保留完整的晶状体后囊。现代的白内障囊外摘除术是在手术显微镜下用前房闭合性抽吸灌注方法进行白内障囊外摘除术。由于保留了完整的晶状体后囊，与囊内摘除术比较显示出不少优越性，如减少了玻璃体丧失的机会，从而使视网膜裂孔、视网膜脱离等并发症少。而且术中应用灌注抽吸系统，能使手术操作的主要步骤在正常前房深度的状态下完成，具有充分吸出皮质及减少术中组织损伤的优点，还为后房型人工晶状体植入术创造了条件。

（2）白内障超声乳化摘除术　晶状体超声乳化摘除术属于一种改良的白内障囊外摘除术。20 世纪 60 年代 Kelman 在美国首先发明了适用于白内障摘除的冷冻头并应用于白内障的晶状体冷冻摘除手术，70 年代流行全世界。其缺点是切口太大，这种冷冻摘除属于囊内摘除手术，需要等到白内障完全成熟才能进行手术。手术后护理有一定难度。1966 年第一个有效的超声乳化探头试制成功，1967 年第 1 台超声乳化仪器试用于临床，经过不断的改进，成为今天有各种功能的超声乳化仪。

随着折叠人工晶状体的研制，现代的白内障手术已经是比较小的切口（弦长 3 mm），不但减轻手术对角膜的损伤，降低切口对角膜表面弯曲度影响所致的手术源性角膜散光，加快术后视力的恢复，而且可减少诸如术后切口裂开、房水渗漏、滤过泡形成、虹膜脱出和上皮植入等一系列切口并发症。同时可减少白内障囊外摘除术中娩出晶状体核时虹膜脱出、虹膜括约肌损伤、瞳孔缩小等不利情况而影响晶状体皮质抽吸和人工晶状体植入等缺点。

由于不用缝合，手术时间短，手术后恢复快，受到医生和患者的欢迎。我国 1976 年开始开展超声乳化白内障摘除手术，并且研制出国产的超声乳化仪器。现今超声乳化手术已经在全世界广泛推广，成为白内障首选的手术方式。相信在不久的将来也会在动物的临床治疗事业上广泛的应用。

目前激光乳化白内障手术近年来已经兴起，与以前任何白内障手术方法相比，其切口更小、速度更快、视力恢复好、安全又高效，同时为注入式人工晶状体的研究打下了基础。

（3）超声乳化仪　白内障超声乳化仪的关键技术涉及众多的学科领域，如近代超声学、机械学、弹性力学、材料科学、电子技术、控制技术、超声剂量学、眼科手术学，属于综合学科，近年来其研究在国内外有了很大进展。

该类设备的基本原理是利用电致伸缩效应或磁致伸缩效应，将超声电信号转换为机械振动，通过变幅器的放大和耦合作用，推动手术刀具工作并向人体组织辐射能量，从而进行手术治疗。系统各部分经优化设计，保证各级间的最佳匹配。另外，系统还是一个包括功率控制、自动频率跟踪、泵循环的多环控制系统，由计算机集中控制。

其原理如图 4-8-6。

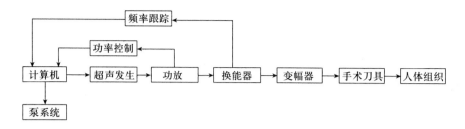

图 4-8-6　超声乳化仪原理框图

几款超声乳化机型：

A. 美国爱尔康（Alcon）公司生产的高档机 Legacy 2000，采用蠕动泵，高级软件界面，中低档机 Universal－Ⅱ，采用普通蠕动泵（彩图 84）。

B. 美国博士伦（Storz）公司生产的高档机（Millennium，采用文丘里泵，高级用户界面，并兼有后节玻璃体手术功能。中低档机 Protege，采用文丘里泵（彩图 85）。

C. 美国 AMO 公司生产的高档机 Sovereign，采用蠕动泵，高级软件界面。中低档机 Dipolmax，采用普通蠕动泵（彩图 86）。

D. 中国清华大学博达（Beyonder）公司生产的高档机 BiSH Advanced 采用蠕动泵，高级软件界面，BiSH Portable，高级软件界面，中低档机华人Ⅱ型，采用普通蠕动泵（彩图 87）。

3. 人工晶状体

（1）人工晶状体的研究和进展　人工晶状体是应用人工合成材料（如硅胶、聚甲基丙烯酸甲酯、玻璃等）制成的一种特殊透镜。它的形状、屈光力和功能都类似人眼的晶状体，白内障摘除后将此透镜放入眼内来代替晶状体，使物象能够聚焦在视网膜上，也就能够清晰地看清周围的物体。

人工晶状体置入技术起始于 1940 年，Ridley 第一次在人的眼睛里安放了后房型人工晶体。经过 50 年的临床探索，人工晶状体已发展成 3 种基本类型（前房型、后房型和虹膜夹型）及 10 多种设计形状（蜘蛛腿样、三环式、四环式和"C"或"J"型样等），同时有单焦点、多焦点和软性人工晶体，大大提高了手术疗效，减少了手术并发症。随着手术技术和人工晶状体制造机术的发展，近几年来人工晶状体材料和手术置入方法均有较大的考进已使人工晶状体进入更加完善、更加成熟的时代，已使更多的白内障病人重见光明。随着科学技术的发展，相信人工晶状体的置入手术将会在适当的时期普遍的在动物的眼科手术中得到广泛的应用。

表 4-8-1　人工晶状体的进展

进展	年代	发　　展
第一代	1949—1954	原始的 Ridley 后房型人工晶状体
第二代	1952—1962	早期前房型人工晶状体
第三代	1953—1973	白内障囊内摘除术后使用的包括虹膜囊膜的虹膜支持型人工晶状体
第四代	1963—1992	从早期前房型人工晶状体过渡到新型前房型人工晶状体
第五代	1977—1992	后房型人工晶状体的过渡和成熟阶段
第六代	1992—2000	新型人工晶状体

（2）人工晶状体的材料　经过数十年的不断研究、提高和发展，人工晶状体的材料有了很大的发展。作为理想的人工晶状体材料应具备以下特性。

A. 光学性能高，B. 质量轻，C. 生物相容性好，D. 性能稳定，无生物降能作用。E. 无刺激性，无致癌性。

人工晶状体的制作从原来广泛应用的硬性发展为现在的软性，而用做人工晶状体的材料也从原来的聚甲丙烯酸酯（PMMA），发展到以后的硅胶（Silicone）、水凝胶（Hydrogel）、丙烯酸酯（Acrylic）等。

（3）人工晶状体的形态及制作　对人工晶状体的要求：A. 良好的分辨率，在空气中测量应不低于100Ip/mm。B. 光谱透射特性应与自然晶体一致。C. 无球面象差。D. 当晶状体偏心或倾斜时，引起的屈光改变及球面差变化应很小。E. 人工晶状体设计应有足够大的光学直径，以使在发生偏心时不致发生边缘外露于瞳孔缘。F. 人工晶状体应使用惰性材料，以防止因紫外线照射等化学因素而发生生物降解。G. 表面光滑，无粗糙或锐利边缘。H. 比重小，以减少质量及运动惯性。I. 厚度应在不影响质量的前提下尽量薄。人工晶状体总长度为12～14 mm，人工晶状体分为三件式和一片式，三件式的光学部材料为PMMA、硅胶或丙烯酸酯，袢为PMMA材料，一片式的光学部材料与袢材料相同，两种均有硬性和折叠性（图4-8-7，图4-8-8，图4-8-9，彩图88）。

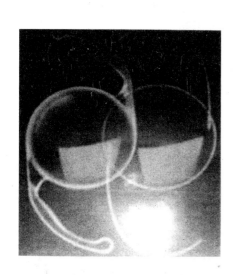

图 4-8-7　一片或三片式人工晶状体

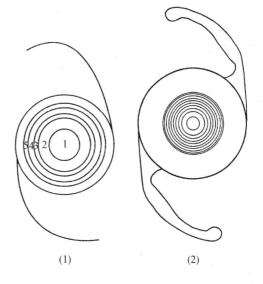

(1)　　　　　　　　(2)

图 4-8-8　多焦点人工晶状体
1、3、5. 光学区为远程视觉优势
2、4. 光学区为近程视觉优势

（4）人工晶状体的植入　白内障摘除后，患眼就变成无晶状体眼，术后患者面临无晶状体眼的屈光矫正问题，人类可以使用矫正眼镜，而动物则无法解决矫正眼镜的固定问题，因此今后植入人工晶状体以恢复动物的视力将是一个发展的方向。

目前应用较多的是 20 世纪 80 年代的逐渐兴起的后房型人工晶状体植入，一般采用囊袋内固定方法。

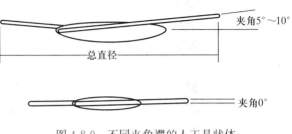

图 4-8-9　不同夹角襻的人工晶状体

硬性人工晶状体植入：先做与人工晶状体光学部分直径相应大小的巩膜隧道切口或角巩膜缘切口，如采用白内障囊外摘除术或超声乳化术时，可利用原切口向前房和囊袋内注入黏弹剂。

用前房穿刺刀打开前房后，眼房水流出前房萎缩，此时注入黏弹剂可以重建前房、加深前房，黏弹剂可以保护角膜内皮、充盈囊袋，保护眼内组织免于受手术器械的机械性损伤，起到填塞性止血作用。黏弹剂应具备无菌、无毒、无热源、无免疫源性特性及液体和固体双重特性。常用黏弹剂主要成分为透明质酸钠、羟丙基甲基纤维素，硫酸软骨素（CDS）、聚丙烯酰胺等。根据其黏滞度可分为扩散型（低黏度/小分子量）和内聚型（高黏度/大分子量）。内聚型黏弹剂可以更好的重建前房，而扩散型黏弹剂可以更好的黏附于手术器械和角膜内皮上起保护角膜内皮细胞作用。在角膜侧注入 CDS，虹膜侧注入透明质酸钠，有虹膜轻度后粘连者，利用黏弹剂可钝性分离虹膜后粘连，并在虹膜面进行止血。

打开切口，注入黏弹剂，充盈囊袋后，分开前后囊膜。植入人工晶状体的下襻、光学部及上襻，然后调整好人工晶状体位置，以冲洗液挽出黏弹剂。

软性可折叠人工晶状体植入：可用专用的折叠式人工晶状体植入器（人工晶状体已卷曲成柱状予先安置在植入器中）植入，也可用折叠镊纵折或横折人工晶状体的光学面，或用注射式推助器安置好人工晶状体，然后植入囊内（彩图 89）。

第二节　晶状体异位（Ectopia）

区分为先天性移位即异位（Ectopia），与后天性移位即晶状体脱位（Lens luxation）。

先天性移位：比较少见，取决于眼胚胎性发育时不正常，晶状体呈现不同程度的浑浊，移位主要发生在玻璃体，很少见于眼前房。

晶状体脱位：根据晶状体移位的程度分为完全脱位和部分移位（不全脱位）及半脱位（晶状体半脱位 Subluxatio lentis）。临床检查时鉴别比较困难。

【病因】　晶状体脱位的频繁的原因是悬韧带上的睫状带先天性发育不全、松弛无力，或因眼球钝性上伤引起睫状小带破裂。脉络膜，特别是圆柱状体的炎性过程时脱位发生得较缓慢，在渗出物的压迫下同样发生睫状小带的破裂。除外，由于眼球的伸张，例如当巩膜葡萄肿、水肿眼、肿瘤的压迫等也可引起机械性脱位。

脱位屡次地出现于各种家畜的单眼或双眼。在犬则所有品种均可发生，但更常见于狻类（Terriers）品种犬，如凯安狻（Cairn terriers）、曼彻斯特狻（Manchesters）、雪纳瑞狻（Miniature schnauzer terriers）、硬毛猎狐狻（Wire - haired terriers）等，可能与遗传缺陷有关。本病也可继发于眼肿大症（牛眼）。

【病理解剖】 极少数病例由于仅玻璃状体变化与睫状小带破裂（半脱位）的结果导致晶状体移位，可能无损伤的发生。脱位时晶状体进入于玻璃体内或眼前房内，当巩膜完全损伤时，则落到结合膜下。此时因为变性它可出现不同程度或多或少的浑浊。

【症状】 晶状体全后脱位，脱入玻璃体内，眼房变深，晶状体大部分是与瞳孔直接的邻近。在已浑浊的病例内它易于发现，特别是当瞳孔散大时。而当经过一些时间开始萎缩时，则不能发现，仅在检眼镜检查晶状体时才能清楚地看见。在大多数病例，瞳孔散大，它常带不正确的形态，特别是若晶状体尚有个别的部位与睫状体联接，在虹膜的游离缘往往看见震颤。一般全后脱位时无临床症状或伴发眼炎症。

晶状体全前脱位（脱入眼房），眼房变浅它容易地看见（角膜不浑浊时），在与它带有微黄色或者珍珠母的颜色。在病的初期诊断很困难，由于出现的肿胀与郁血，使我们不能在结合膜下摸到凸出的晶状体。这些现象消失以后它比较容易地能被发现。症状明显，常伴发青光眼、角膜炎及前色素层炎。

晶状体不全脱位时，可见瞳孔内晶体赤道部，呈半月形，且虹膜震颤。

一切形式的移位时，视力受到各种不同程度的障碍。

所有的晶状体脱位病例予后均不良。

【治疗】 晶状体前脱位或不全脱位时需行晶状体摘出手术。晶状体后脱位一般不需手术治疗。

第九章

玻璃状体疾病

第一节 玻璃状体内出血

眼在受到外伤（挫伤、创伤）性作用时会出现继发性的玻璃状体内出血，这是由于血管、色素层与视网膜的损伤而致。除外，视网膜的炎症，新生物与动脉硬化时它也可能发生。已进入玻璃状体内的血液的量，由少量的出血到完全渗透血液的眼内出血，同时在眼前房内往往也发生出血（彩图91）。

【症状】 小的出血当透过光线时可见到不大的暗的浮游于玻璃状体内的混浊形式。视网膜的出血通常位于深处。而脉络膜与圆柱状体的出血是在玻璃状体的前层、晶状体后面。大多数情况多量的出血泛发地贯穿于玻璃状体，因之不可能进行眼底检查。在这种情况时，当散大瞳孔与用斜映光照射时，有时可看见位于晶状体后面的血液，根据出血的时间变动，血液的色泽在红至黑一褐色之间，当光线通过时大的出血似乎呈暗的几乎是黑色的（彩图90）。

【经过与预后】 根据病因，大小与出血的时间，不大的出血可能在8～12日内吸收，对较广大的，泛发性的，这些病例需要20～30日左右吸收。当大出血时血液的部位可能局限于结缔组织内。

【治疗】 首先应该确定出血的基本原因。局部应用温暖的绷带、温敷、热水袋外敷。滴入狄奥宁，结膜下注射3％～5％氯化钠，使用碘化钾与碘化钠。蛋白疗法与组织疗法。

第二节 玻璃状体混浊 (Opacitas corporis vitrei)

【病因】 玻璃状体混浊是渗出物的沉淀，或是视网膜与血管体的炎症时由视网膜与脉络膜渗出的出血，或者是在玻璃状体退行性变形的固有物质的产物。在后者情况时混浊由于皱缩或纤维素的连接在单独的小块内，或分泌的胆固醇的结晶的营养障碍而形成，这发生在周围的视网膜与脉络膜内炎性过程的结果。

【症状】 玻璃状体混浊具有各种各样的形态，絮状线的、薄膜状的或者是细小灰尘状的。以检眼镜观察眼底时，可以观察到。在光线照射下它们呈暗的或黑色的斑状、点状、小线条的形式，同时在玻璃状体液化之际，向各种不同的方向移动或者当转动每只眼时可见开始沉淀的形式。

胆固醇结晶产生动摇的小体（放辉液化 Synchysis scintillans）的大量运动，很细的混浊在较弱的光照时常更易于观察到。

与眼前房的可动性混浊不同，玻璃状体的混浊向眼运动的反对方向转移（因为它闪位于晶状体后面）。区别晶状体混浊与玻璃体混浊是依其可动性。已剥离的视网膜部分仅只有固有的不定的运动。

视力的障碍与混浊的数量及混浊的性质有关。轻微的不多的混浊能完全不影响视力，相反较厚与广大的混浊会较大的防害视力。

【治疗】　内服碘化钾或碘化钙可有助于混浊的吸收，也可使用缓泻剂与发汗药。在眼上放热水袋温敷，采用电离子透入疗法。也可采取结合膜下注射3％～5％氯化钠液。

也可于结膜下、皮下注射胎盘浸液，曾经获得优良的结果。

【预后】　由于渗出物进入玻璃状体内的结果，新鲜、不大的混浊或者不大的出血能全部或部分被吸收，陈旧的通常不消失。

第三节　玻璃状体液化（Synchysis，S. scintillatio corporis vitrei）

玻璃状体液化特征是纤维素的破坏，并于其中大量的含有水。

【病因】　液化的原因多半发生于视网膜与色素层的各种各样的炎症，导致营养失调与变性过程的发生。如此发生的玻璃状体液化常伴随有混浊并使眼球大部分地遭受萎缩（与周期性眼炎）。有时液化当出生时早已形成（幼驹），或者不引起视力障碍的同时，发生在一些由于老年变性的老龄动物的病例内。

往往在玻璃状体液化时出现各种不同的结晶（胆固醇的、脂肪的、其他的）。

【症状】　玻璃状体液化的主要症状是触按时可发现眼球软化。当肉眼观察或者斜映光照射时在眼轻微运动之际可察知虹膜震颤，晶状体和玻璃体方面没有固定的现象。有时后者带有微黄的颜色。通常眼有些萎缩并下陷于眼眶内。

【预后】　恢复到正常状态是不良的。当老年性液化并没有混浊时视力可能不受损害。当由于周围的膜的炎性过程导致发生液化时，在大多数病例过程以眼球萎缩与视力消失而告终。

本病无治疗价值。

第四节　玻璃状体脱出与移位（Prolapsus et protrusio corporis vitrei）

玻璃状体由眼球经巩膜或角膜的贯通创而脱出称为玻璃状体脱出，当无晶状体或晶状体移位时发生玻璃状体侵入于前房内，称为玻璃状体移位。通常脱出于创伤后立刻发生，而移位则缓慢地发生。

【症状】　当脱出时，有或大或小的玻璃体部分经巩膜创伤或角膜创伤走出，当角膜创伤时往往联合虹膜脱出。当玻璃体移位时进入到前房内并常与角膜胶着，因而角膜出现混浊（玻璃状体与角膜粘连 Synechia corporis vitrei cum cornca）。脱出时视力消失，移位时它同样在或大或小的程度上受障碍。

就恢复正常来说，脱出或移位的予后均不良。治疗：脱出时应治疗巩膜的创伤，控制发生在眼球内的感染，防止发生脓性全眼球炎。除去玻璃状体的脱出部分。

玻璃体移位时治疗无效。

第五节　玻璃状体其他异常

一、胚胎的玻璃状体动脉残余（A. hyaloihea persistens）

见于马、牛、犬与猫的先天性异常，通常在胚胎初期发生。在检查玻璃状体时发现带有或大或小的厚线形的灰色或者灰一黄色的混浊，移动的线是由视神经乳头向晶状体的后端。一般这不影响视力，在动物生下和最初一个月的时间内，经内胚胎形成的动脉残余会完全的吸收。无法治疗（彩图 92）。

二、玻璃状体内的寄生虫

发生在眼前房的丝状线虫同样也在玻璃体内发现过，也发现过肝片形吸虫与线虫，在猪也发现过囊尾蚴（*Cysticercus cellulosae*）

三、囊肿（Cysts）

色素层囊肿有时在检查玻璃体时可能见到，囊肿含或多或少的色素，呈现半透明的球形结构漂浮在玻璃体内，囊肿或大或小而且常常不影响视力（彩图 93，彩图 94）。

第十章 □□□□□□□□□□□□□□□□

脉络膜的疾病

由于脉络膜的位置深在，炎症时其外部现象缺乏固定的特征，动物临床上发生脉络膜炎（Chorioiditis）较稀少，报道最详细是马的周期性眼炎，在其他家畜的某些传染病（牛恶性卡他热、犬瘟热等）时可出现本病。

脉络膜炎是一个复杂的病理过程，发病时脉络膜作为炎症起始点会影响解剖位置与其相连部分构造的正常状态。如出现视力减低，消失，眼球萎缩。尤其是化脓性脉络膜炎可引起较大的损害。

【病原与分类】 按病因来区分可分为外伤性（贯通创、震荡性原因），症候性（各种传染病时：马周期性眼炎、流行性感冒、接触性胸膜肺炎，牛恶性卡他热、犬瘟热），转移性（脓毒病、腺疫），特殊性，即由于一定的传染病引起并呈现特殊的临床症状（结核病），以及中毒性（质量不良的饲料与饮水中毒）。症候性脉络膜炎的发生决定于直接与大脑半球皮层的活动联系的营养障碍。

从病理解剖学观点及病理过程来分，可区分为化脓性与非化脓性脉络膜炎。非化脓性也可分为浆液性与浆液纤维素性。脉络膜炎的非化脓性形式常见于周期性眼炎。化脓性的在外伤与转移时可见。

根据类症过程与扩散于邻近组织的情况可分为局限性、独立的脉络膜炎、睫状体脉络膜炎（Cyclo - choroiditis）、虹膜睫状体脉络膜炎（Iriso - cyclo - chorioiditis）以及脉络膜视网膜炎（Chorio - retinitis）。

【诊断】 准确诊断，仅只可能在眼底的检眼镜检查才可判断，在外部症状无特征时，一些非化脓性病例外观症状完全缺乏。

第一节　非化脓性或渗出性脉络膜炎（Chorioiditis exsudetiva，S. plastica）

马患周期性眼炎时出现急性或慢性型的非化脓性或渗出性脉络膜炎。从临床上区分为弥漫性（弥漫性脉络膜炎 Ch. diffusa）与播散性（播散性脉络膜炎 Ch. disseminata），后者在马常发现。它们两者特征是形成浆液或浆液纤维素性渗出物。

一、弥漫性脉络膜炎

脉络膜炎的特征症状是眼底有不诘的黄染，与绿颤（Tapetum lucidum）有明显的区别，当转为黑颤（Tapetum nigrum）时其着色稍暗。绿颤的蓝色与绿色斑点稍微清晰，有时会全部消失。在渗出物的背景上可清楚地看出网膜的血管，部分可能出现移位。当网膜发生炎症并同样在其内形成渗出时，血管成为不清晰，最终到消失。

在旁边以及在渗出物散布的部位内频繁地发现各种不同的淡白色或者灰色的纹的形状。这些纹横过在不同的方向内，通常色素变化受到限制。当渗出物吸收时，引起脉络膜与网膜的色素在分布上发生变化，这时已属于炎症的较后期。

渗出物同样有可能机化，收缩形成象瘢痕的纹，在症状观察中可以看见各种不同程度的动脉粥样化，微灰的或者白的色彩，表明了脉络膜在萎缩中。而当播散性脉络膜炎时它们类似于动脉粥样化。

急性炎症的初期网膜的血管充血，视神经乳头成粉红色色泽，具有不十分鲜明的被描述过的境界。

慢性期脉络膜炎的固有症状常并有由于邻近部位的变化结果所产生的其他症状，如视网膜剥离、色素变化、动脉粥样化出现，固有的视网膜炎，视网膜与视乳头萎缩。

脉络膜炎常伴发玻璃状体浑浊，这时于眼底上仅看见视神经乳头边缘不清晰，有不诘的红染。除了玻璃状体浑浊外，若发生角膜周围血管充血与刷烈的疼痛，这表明脉络膜炎已散布于前面的部位内并引起了虹膜脉络膜炎，通常证实这是虹膜炎症开始的症状。

脉络膜炎对视力会发生障碍，尤其是发生玻璃状体与晶状体的浑浊时更为明显。

二、播散性脉络膜炎（Chorioiditis disseminata）

在眼底黑颤上看见斑点，在暗紫色的、暗红色的、淡青色的或者是淡黄的脉络膜的背景上鲜明地分出较淡的着色。共形式大小，数目与外形极不相同，通常这分为三组。

白—淡黄或白—淡灰，具有不鲜明的被描述过几乎经常位于乳头下的边缘之不大的动脉粥样化，它们被此间被隔开或者是与边缘邻接，网膜血管顺其表面通过（图 4-10-1）。

第二组由动脉粥样化同样大小或甚至是较小而构成，稍圆的或者椭圆形的形状。其色泽各种各样，白—珍珠母色，灰的，淡青的或淡红的，有时于动脉粥样化的中央存有色素沉着，它像是具有戒指的形式。这些动脉粥样化逐一地被配置或者是连接在组内。

把较大的、不同方向的形状的、白的、青的或者灰色的色泽的动脉粥样化列

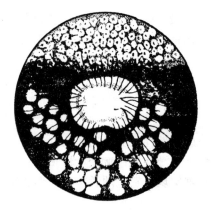

图 4-10-1　播散性脉络膜炎，看见淡灰白色渗出物的斑点（聚光点），其上视网膜的血管通过之。

入第三组。其底面散布有色素小堆。这些动脉粥样化在大多数情形被安置于视乳头侧面，有时在附近的距离上，因此，它的外形不明晰地被局限了。网膜血管顺其表面通过。

第一组动脉粥样化的形成是渗出，第二与第三组是渗出物的吸收，血管膜萎缩与色素解体。

播散性脉络膜炎时的视力障碍，通常意义较小，有时它完全不易认出。

【治疗】　由于部分或全部的视力消失的可能性，预后是慎重的。

对动物提供安静环境，暗的厩舍

药物疗法同于虹膜炎及睫状体炎。可使用阿托品，内服碘化钾、碘化钠，也可用超短波电疗，透热疗法，结膜下注射 3%～4% 氯化钠，使用温罨，组织疗法。

第二节　化脓性脉络膜炎（Chorioiditis purulenta）

【病原】　由于眼球的透创，或以转移的方式而发生。转移常常不是发生在脉络膜，而是在网膜内。这种化脓性脉络膜炎病例常带有继发性特征。

【症状】　化脓性脉络膜炎时的炎性表现很鲜明，出现羞明，眼睑强力地肿胀，结合膜充血与浮肿（结合膜水肿）。发现眼内皆有脓性黏液性—黏液性渗出物溢出，剧烈的角膜周围血管充血，角膜混浊，瞳孔带微黄—淡灰的色彩，开始时玻璃体有混浊。眼底的色彩改变并成为不洁绿色或不洁灰色的色彩。眼有强烈的疼痛，局部甚至全身温度增高。最终大多数病例发展为全眼球脓炎或者眼球的完全萎缩。

【治疗】　外伤性脉络膜炎时，可参照角膜与巩膜透创的治疗。当病程轻微时，或经过缓慢时，渗出物局限与包围，可使用一般化脓感染的治疗方法（如脓性虹膜炎的治疗），不要急于摘除有发展为全眼球炎的眼球。

【预后】　因视力完全地被破坏，预后不良。

第三节　其他有关的脉络膜疾病

一、结核性脉络膜炎（Chorioiditis tuberculosa）

其与结核性视网膜炎（结核性脉络膜视网膜炎，Chorio‐retinitis tuberculosa）常一起发生，当全身性结核症时，有报道发生于有角兽及猪。

用眼底检眼镜检查时，可发现有淡黄—淡白色，具有黍粒大小的结节，有时结核性形成物充满于相当大的部位或者整个的眼球。最终的诊断必须结合细菌学的检查。

二、脉络膜缺损症

它同时与视网膜缺损症（脉络膜与视网膜缺损症，Coloboma choriodeae et retinae）

一起发生，在眼底出现淡白色部分，有报道见于马及犬。当检眼镜检查眼底时出现各种不同大小的与不正形状的淡白色部分，逐渐地沿着边缘与健康的眼底合并。视网膜的血管经其上面通过，缺损症可能引起视力障碍（图 4-10-2）。

图 4-10-2　犬的脉络膜缺损症

三、眼的白化病、白色眼 （Albinismus oculi）

眼白化病是一种先天的状态，它的特征是在色素层与色素上皮内的色素缺乏以及不仅依赖于眼内而且于整个有机体内的色素形成障碍。白化病可能是部分的也许是全部的。在一只或两只眼上的。

白化病常见于淡毛色的犬、家兔，稀见于白色的猫、马、羊。在完全的白化病时纯粹的白色或微淡白色的虹膜透露着淡红的色彩，当部分的白化病时，在正常着色虹内具有白的部分。巩膜是雪白的色彩，瞳孔是淡红色的，尤其在家兔。

当脉络膜的白化病时，眼底具有红的或淡红—金的色彩，其血管明显地被看见。在部分的白化病时，具有正常着色的眼底有部分保持着（图 4-10-3）。

白化病引起视力减弱，与对光线有增高的感觉。

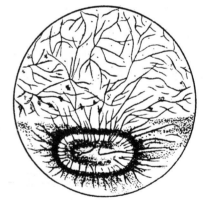

图 4-10-3　马的完全的脉络膜白化病

四、脉络膜出血 （Haemorrhagia chorioidea）

由于外伤、眼压急剧下降，血液病、动脉硬化等可引起脉络膜出血。因手术引起眼压急剧下降的出血可能极猛烈，甚至把眼内容物挤出眼外。通常的脉络膜出血是在眼出现一暗色斑，由暗红色到紫黑色，境界不清，或呈瓣状。视网膜有隆起及水肿，视网膜血管在其上经过不受遮盖。一般深层而有多量的出血都是由脉络膜而来，因为脉络膜的血管远较视网膜深层血管丛丰富。脉络膜出血可使出血区内，视觉丧失，如出血大量，也可使整个眼球破坏。脉络膜出血应与脉络膜色素瘤相区别，如果隆起是暗红色或紫红色，可以确定为出血。色素瘤的色调为灰黑色。但脉络膜出血也可由肿瘤引起，脉络膜肿瘤也可发生出血，其眼底现象和其他原因的大量出血相似。一般出血的变化比较快，单纯的出血，很快失去其隆起的特性，而变为扩散的暗红色斑。

其预后及治疗同于视网膜内出血。

第十一章

视网膜疾病

第一节 视网膜内出血 （Haemorrhagia retinae）

动物常常发现有视网膜出血，位于其前表面或在组织层内与网膜的后面，出血有不同的大小形状，在一只或两只眼上，有时血液流进玻璃状体内与水样液内（出血眼—Haemopht halmus）。

【病因】 由于外伤性作用的原因，伴发血液循环障碍的视网膜内的炎性过程（郁血性视乳头），血液病（贫血、白血病、血友病等），传染病（斑疹热、马传染性贫血），物质代谢的破坏（糖尿病），以及中毒（腐朊毒、绵马浸膏）。

【症状】 用检眼镜作眼底检查时沿视网膜视乳头的侧方与其直接相邻部位可发现明显的局限性斑点，斑点呈线条式，细长的、稍圆的或不正的形状。在新鲜的病例内它们呈红色，可因此而区别于与色素沉着所形成的斑点。陈旧的病例，它们最初带有黄褐色的，然后成淡黄色的最后成灰色的着染，因此可以把它看作陈久性渗出物，纤维性膨胀（彩图95，彩图96）。

倘若血液流入玻璃状体内，玻璃状体开始浑浊。由于不同的出血强度与部位，可能会破坏视力。位置于眼后壁中央的出血特别具有危险性。

【经过】 各种各样，小的出血有时在几天内吸收，大的出血在数周与数月内才有可能吸收。

根据出血的原因，单纯性不大的出血一般比复杂性的出血予后要好。

【治疗】 首先应该指向消除基本的原发疾病。对于由于创伤性原因所导致的出血初期，适用冷压迫绷带。可用碘化钾或碘化钠、水杨酸钠促进吸收，以 2%～3%狄奥宁点眼，应用缓下剂利尿、发汗，使用透热疗法等。

第二节 视网膜炎 （Retinitis）

视网膜炎的基本表现为视网膜组织水肿、渗出和出血等变化，从而引起不同程度的视力减退。多继发于脉络膜炎，引起脉络膜视网膜炎。

【病因】 外源性：细菌、病毒、化学毒素伴随异物进入眼内或通过角膜、巩膜的伤口侵入，或眼房内寄生虫的刺激均可引起脉络膜炎及脉络膜视网膜炎，渗出性视网膜炎。

内源性：继发于各种传染病，如流感、犬传染性肝炎、犬瘟热、钩端螺旋体病等，在患菌血症或败血症时微生物可经血行转移散布到视网膜血管，导致眼组织发生脓毒病灶而引起转移性视网膜炎。或见于体内感染性病灶引起的过敏性反应，发生转移性视网膜炎。

【症状】 一般眼症状不明显，仅视力逐渐减退，直至失明。急性和亚急性期瞳孔缩小、转为慢性时、瞳孔反而散大。

眼底检查：视网膜水肿，失去固有的透明性。初期视网膜血管下出现大量黄白色或青灰色的渗出性病灶，引起该部视网膜不同程度的隆起或脱离。渗出部位的静脉常有出血，静脉小分支扩张变成弯曲状。视神经乳头充血、增大，轮廓不清，边界模糊，后期出现萎缩。随病变发展玻璃体可因血液的侵入而变为浑浊。后期由于渗出物的压力和血管自身收缩。闭塞而看不见血管。病灶表面有灰白色、淡黄色或淡黄红色小丘。陈旧者常伴有黄白色的胆固醇结晶沉着（彩图97）。

视网膜炎的后期，可继发视网膜剥脱、萎缩和白内障、青光眼等（彩图98）。

【治疗】 病畜放于暗室，装眼绷带，保持安静。

采用全身性抗生素疗法。眼结膜下注射青霉素、地塞米松、普鲁卡因溶液以控制炎症发展。消除原发性病因。病情严重的可采用眼球摘除术（enucleation）

第三节 视网膜色素变性、色素性视网膜炎（Degeneratio pigmentosa retinae，S. retinitis pigmentosa）

病的特征是网膜萎缩与色素沉淀在一起，并缓慢地出现进行性变性过程。仅报道发生于犬。

【病因】 迄今为止尚未明确，有认为是由于间脑在胚胎时发育不全，与遗传因素的关系。

【病理解剖变化】 表现视网膜强剧的萎缩与神经上皮的原发性损伤。杆体与锥体溶解萎缩，而神经胶质与视网膜色素上皮增殖。后者固着于网膜组织内并游离于血管周围的间隙内。最终视网膜全层的萎缩。

【症状】 网膜内变化的地方表明其中在各种不同的部分，不正常地出现多数的，着色不均匀的呈黑的或黑—褐色形式的主要的沿着血管布置的动脉粥样化，然后发生视网膜血管与视神经乳头萎缩，而视神经乳头带有淡黄色的色彩。动物发生夜盲，在白天则看得很好（彩图99）。

【治疗】 本病具有慢性性质并且不易治疗。最终可达到完全失明。应给予可以增强机体的富有维生素 A 的食物。使用土的宁注射，眼作电疗。也有使用组织疗法，鱼肝油、皮肤浸出液等的皮下注射。

第四节 视网膜剥离（视网膜脱离与视网膜分离症 Ablatio retinae，S. Amotio retinae）

由于视网膜和色素上皮的失调，视网膜本身的神经组织层与色素上皮之间的层间的分离即为视网膜脱离（Detachment of retina）。视网膜压进于玻璃状体内，而所形成的玻璃状体腔被液体所充满时，称为是视网膜剥离。

色素上皮构成网膜的最外层，与脉络膜联系着。视网膜本身的基础特性在一定程度上易导致剥离。与视网膜牢固地结合的仅只在乳头部和齿状缘部，在其他方面在间隙上被玻璃状体的压力，被色素上皮的湿润表面的毛细血管性，吸力以及被色素上皮的原生质所固着于小结节的突起与睫状小带之间所维持着。

视网膜剥离多见于马（周期性眼炎）和犬，少见于羊和猪，偶有报道少见于猫。

【分类和病原】　按散布情况分为全部的与局部的剥离。按发生的原因分为独立发生的原发性剥离，与由于任何其他眼病结果所引起的继发性剥离。

引起继发性剥离的原因有几点。

① 伴有浸透性出血或者眼的创伤，伴有玻璃状体内形成瘢痕性的外伤性的作用（挫伤，破裂）。②色素层的肿瘤，囊尾蚴虫。③当脉络膜炎和网膜炎时的渗出物。④高度的近视，当网膜周围眼的张力消失时，在其内因神经成分的消失而出现腔洞。

在网膜剥离的发展上的病原性因素是视网膜的变性和玻璃状体的变化。

在剥离时往往发生视网膜的破裂。公认剥离出现的最重要原因是视网膜破裂，经过破裂处玻璃状体的液体流向视网膜的下间隙内。

【症状】　以检眼镜检查时，临床的情形以剥离的形式和程度为转移。玻璃状体的浑浊能造成检查的困难。

马和犬的不很大的邻近于乳头的局部的剥离时，可以发现被光线放射的不大的隆起状暗灰色和长度不一致的突出部。在这个部位的乳头的境界因为玻璃体的浑浊而展平，这些突出部无游动性而有别于玻璃状体的浑浊。

当程度强的局部的剥离时，在玻璃状体部位内出现灰色的，银灰色或者灰—淡蓝色球状形式的浑浊，像帘子或者船帆一样，在头活动时，浑浊会移动。在剥离的进行期能形成一些这样的浑浊。在剥离的表面上，看见红色区——网膜的血管。直径小的血管在马或许不易看出（彩图100）。

眼底的其他部分很快的改变，绿颤具有污黄色的阴影（脉络膜炎）。

当全部剥离时，不可以直照眼底，当侧光照射时，如果只有晶状体允许光线通过，则在晶状体后面出现白色的帘子。

视力大大地减弱，而最后完全消失。瞳孔广为开张，少或者完全不能调节光线。重要的症状是眼内压的减低，最终玻璃状体萎缩。

一般取慢性经过，预后不良。只有在由于外伤性出血引起的不大的剥离才能部分地治好。

【治疗】　完全的治疗和使已剥离部与基础部达到正常的联合是不可能的。应该尽力引起结缔组织的联合及网膜与色素层间腔洞的消失。为此，在不大的剥离时应当使用缓泻剂、发汗剂、吸收剂（碘的制剂），结膜下注射氯化钠液或1％～2％狄奥宁。

目前人医有应用电凝法手术治疗关闭破裂口与停止液体的通过。应用于轻度的视网膜剥离。

第五节　柯里牧羊犬眼异常（CEA）

该病1953年首次报道于美国，由于4只患犬中的三只来自同一窝，曾假定本病是遗传的。

本病侵及巩膜、脉络膜、视网膜血管系统以及视神经盘。1968年确定CEA为一种常染色体隐性遗传为特征的疾病。有报道发生率为79％～87％之间，有高达97％的，它为两侧性，无性别因素。

检眼镜检查：视网膜血管过度扭弯、颞侧到上颞侧脉络膜发育不良、缺视神经盘以及视网膜分离。眼其他异常包括：眼球陷没、小眼球、眼内出血以及角膜基质的矿化。

主要的视网膜血管过度扭弯是恒定的，且与脉络膜发育不良和缺视神经盘同时发生（彩图 101）。

本病普遍见到脉络膜发育不良，通常在毯眼底和非毯眼底的结合处呈现一病灶区，以色素沉着减少、毯折射力降低、脉络膜血管减少以及出现下面的巩膜为特征，视网膜发育不良的范围很不同，有时可达到视神经盘直径的数倍大。

患 CEA 的柯里犬有 5％～10％出现视网膜分离，其最大多数见于一岁的柯里犬。视网膜分离的主要因素是视网膜下液体的积聚。最初检出的许多视网膜分离是靠近视神经盘，最后就朝锯齿缘伸延。可出现视网膜下、视盘内和视网膜前出血。视网膜前出血可能广泛，并渗入玻璃状，向前血液可进入后房，越过瞳孔进入前房（前房积血）。

本病属于视网膜和脉络膜的先天性疾病（彩图 102）。

第六节　视网膜发育异常

它是一种先天性异常，可自发或诱发。曾报道犬、马、猪、鹿、大鼠和小白鼠的白发的先天性视网膜发育异常。在自然和实验条件下，猫白血病病毒、兰舌病病毒、牛病毒性腹泻——黏膜病、淋巴细胞性脉络丛脑膜炎病毒、犬疱疹病毒、犬腺病毒、辐射、阿糖胞苷、5-碘苷、维生素 A 缺乏以及子宫内创伤在未成熟的视网膜里能发生视网膜发育异常。

视网膜发育异常以视网膜异常分化和光感器增生形成玫瑰花结，或神经胶质细胞增殖产生神经胶质增生为特征。组织学上，根据所累及的视网膜层可将视网膜发育异常分为：A. 三层玫瑰花结，B. 两层玫瑰花结，C. 一层玫瑰花结，D. 最初的单层玫瑰花结（彩图 103，彩图 104）。

特发性视网膜发育异常：它的症状各种各样，包括白瞳症、小眼球、视网膜分离（部分或全部）或不分离、眼球震颤、大的白色的晶体后皱、白内障和眼别的缺陷、视力损害乃至失明。

遗传性视网膜发育异常：见于某些品种犬，例如西里汗狨、拉布拉多猎犬、美国短腿长毛大耳下垂的小猎犬、澳大利亚牧羊犬、英国长毛垂耳小猎犬以及百灵通狨。

百灵通狨的症状是内斜视、白瞳症、失明、易变的瞳孔反应、轻度小眼球以及眼内出血。澳大利亚牧羊犬的视网膜发育异常伴有眼异常。患眼出现小眼球（往往不对称）、小角膜和虹膜异色（最常为蓝色）。60％患犬发生白内障，54％患犬发生葡萄肿，50％患犬发生视网膜分离。

第七节　视网膜萎缩

1949 年曾有报道爱尔兰长毛猎犬的进行性视网膜萎缩（PRA）。临床上可分为 3 个阶段：第 1 阶段，毯眼底出现反映性增强和颗粒串珠状丢失，非毯眼底成为灰白色。第 2 阶段，毯眼底出现反映性和"旋动"增强。非毯眼底成为进行性色素沉着，视网膜血管出现数目和直径减少，以及视神经盘变成苍白色。最后阶段，视网膜提前萎缩，视网膜血管数目不多且直径减少，毯眼底呈现明显的反映性。

自 1953 年以来，在许多犬的品种里发现 PRA。对挪威猎犬、小型狮子犬和爱尔兰长毛猎犬作了电镜和视网膜电图检查。应用来自患该病的三个品种的患犬交配的幼犬，研究人员描述了第一 PRA 不同的发病机理，挪威猎犬的杆体发育不良，小型狮子犬的杆——锥体变性以及爱尔兰长毛猎犬和柯里猎犬的杆——锥体发育异常。PRA 是作为一种单纯的常染色体隐性特征遗传的。临床上最初的症状为夜盲，继之以白天视力的逐渐丧失。检眼镜上，毯眼底有高反映性，视网膜血管变细，最后视神经萎缩。

1. 爱尔兰长毛猎犬杆——锥体发育异常　1949 年在英格兰首次描述了爱尔兰长毛猎犬的进行性视网膜萎缩，它是由单纯的常染色体隐性特征遗传的。开始的体征是夜盲，继之以进行性丧失白天的视觉直到患眼失明。发作的年龄往往是 3～12 个月龄的犬。

近来研究已表示本病具有环鸟苷酸（C - GMP）代谢的缺陷。

2. 柯利犬杆——锥体发育异常　临床体征与别的 PRA 犬相似，患犬早在 6 周龄时就出现夜盲，一岁时几乎完全失明。发生在 14～16 周龄的柯里犬的检眼镜异常是在中心毯眼底的颗粒状。有轻度高反映性毯颗粒性增强以及色素改变。视神经盘轻度苍白与视网血管变细出现在 5～6 个月龄的柯里患犬。晚期患犬出现神经盘苍白、毯眼底高反映性以及视网膜丧失血管分布（彩图 105）。

3. 小型犬和纤小的狮子犬的杆——锥体变性　在纤小的狮子犬的 PRA 是一种杆——锥体变性，病的进行是以杆体成分变性，同时锥体以更慢的速度变质为特征，遗传的方式是常染色体隐性为特征。几乎一半的患犬同时有白内障。夜盲是首先早到的症状，爬楼困难。检眼镜检查可见视网膜血管变细，毯眼底周边的高反映性，非毯眼底的周边出现斑点，最后视神经萎缩。

4. 中心进行性视网膜萎缩（CPRA）　1954 年 Parry 首先报道"中年犬的中心视力丧失，到老年还保留周边的视力"。检眼镜下可在毯眼底发现不规则的色素沉着小灶（彩图 106）。

CPRA 开始侵患视网膜中心区，以后发展到侵患周边的视网膜。白天视力受损而在夜晚则改善。犬的视觉对移动和远的物体看来是正常的，而对静止的和近的特体是受损的。检眼镜的变化是眼底色素改变。在毯眼底到视神经乳头上主和颞侧呈现小的数量多的色素沉着灶。毯眼底的反映性中心地增强。非毯眼底或为斑点状。视网膜血管变细、视神经萎缩。近来将本病例列为视网膜色素上皮细胞发育异常。

第八节　视网膜肿瘤

一、视网膜囊肿

视网膜的肿瘤在动物少有，多数是囊肿，尤其在老龄动物（马、有角动物、犬）它们是靠睫状体层内的与层外的细胞发育的反常的过程而形成，最终形成腔体，其容积借合并而扩大。囊肿可能扩大到相当大的容积，并引起视网膜剥离，其主要发生于齿状缘联接的带内。

【症状】 囊肿是灰色的或白色的小囊，稍圆的或卵圆的，强制地清晰的形状，具有鲜明被描述过的模糊不清的圆的囊状外形。它们与视网膜剥离的区别，就是透明性，缺乏振动，视网膜色素的变化，脉络膜的完整以及显明的界限。

【治疗】 唯一的治疗方法是摘除眼球。

二、视网膜母细胞瘤

在人的视网膜肿瘤中较为常见，其生长较快，恶性度高，对放射比较敏感，病理组织上特征为围绕血管密集细胞团组成假性菊状排列坏死较多。此外还有神经上皮瘤与星状细胞瘤均较为少见。

视网膜母细胞瘤常见于眼底后部，尤其下半部为多，即使在早期它也可增生多个，但通常总有一处较大而明显，其他几处成群地在其附近，或成小块散布于整个眼底。这些小的肿瘤可能为继发于大的肿瘤，或也可能为独立的原发肿瘤。其他的眼球组织也可同时发生相似的肿瘤，这可能由直接扩展或肿瘤碎片经眼内液运输转植于该组织而引起。肿瘤碎片可使房水浑浊，同时也可沉着于角膜后方或沉于前房底部，有如前房积脓。虹膜上可出现无数圆形小肿瘤，形态犹如结核结节，或也可均匀的被肿瘤组织侵入，以致全部虹膜几乎被肿瘤组织所代替。

肿瘤长大后，因房角关闭引起眼内压增高而眼球被迫胀大。不但整个眼球由膨胀而增大，角膜也依其比例而扩大，结果引起牛眼症。以后肿瘤向眼外蔓延，穿过巩膜筛板，循视神经而达脑部而致死亡。此外较少见的现象为经赤道部前房巩膜薄弱处穿破眼球而在眼眶不受限制地增殖，可呈眼球突出，最后呈菌状肿物突出于眼裂。病的早期即可由于视网膜神经纤维的破坏而产生视乳头萎缩。

本病常见的临床症状现象即所谓黑蒙性猫眼，这种特殊的病象即失明眼球瞳孔有显著黄色反光。

【治疗】 无效，只能进行眼球摘除。

第十二章

视神经的疾病

第一节　视神经炎（Neuritis nerri optici）

一、球后视神经炎（Neuritis retrobulbaris）

是指由交叉到进入眼球内的视神经的全部炎性过程。若邻眼球的神经被损伤，则炎症轻易地转移于视乳头与网膜。而当炎症的转移时，也可影响到脑髓。

视神经稍与广阔的淋巴间隙有利于炎性过程的散布。

球后视神经炎出现于马，少见于羊与犬。

【病原】　外伤性与机械性作用：挫伤、颅骨骨折、眼球脱位时的神经牵张、眶内新生物等。

眶内及附近窦内炎症作用：眶蜂窝织炎、软脑膜炎、硬脑膜炎、脑炎、上颌骨的颌窦的炎症等。

【中毒性原因】　汞、铅、水杨酸、麦角、尼古丁及其他中毒引起。

传染病原因：流行性感冒、马接触性胸膜肺炎、脑脊髓膜炎、结核症、犬瘟热、败血症与脓毒症等。

其他原因：出现于某些病例内，如风湿性疾病与物质代谢疾病如糖尿病等。

【病理变化】　急性神经炎时圆细胞于组织间隙内发生浸润，组织肿胀、充血、出血与渗出物蓄积于神经稍腔内。慢性过程时发生或大或小的相当多的结缔组织的增殖，充满于神经稍并形成粘连。在形成结痂的同时，组织压迫血管与引起神经纤维萎缩。

【症状】　球后视神经炎初期的诊断较困难（彩图107）。

检眼镜检查时仅见某些部位的充血及视乳头轮廓不明，视乳头没有发现任何明显变化。自我感觉与一定的视力障碍在人医实践上有较大的意义，而在动物无法查知。因此在许多病例中只能根据眼底继发的变化，分析来建立诊断。

最初可见视网膜与视乳头的剧烈充血。视乳头肿胀，因境界不明显而形状不显明。单纯性郁血性视乳头有别于在视网膜与视乳头本身的无炎性的浑浊及出血。后期视乳头与视网膜出现萎缩现象。瞳孔开始收缩，以后散大并成为对光线无反应，根据病程发展，视力逐渐消失，最终失明。

经过呈慢性，病情拖延数周至数月，还可以从一只眼转移到另一只眼。

预后与发病原因及强度有关，轻的病例可能恢复。在 25～30 d 内可发生神经萎缩。

【治疗】　将动物放于暗的厩舍，保持安静，使用碘化钾与碘化钠，使用缓泻与发汗剂。使用磺胺类与抗生素，组织疗法。当视神经完全萎缩时，治疗无效。

二、球内神经炎、视神经乳头炎（Neuritis intrabulbari，S. papillitis）

视神经乳头炎的临床诊断较球后神经炎容易些，其发生多由于与眼球邻近部分病变过程的蔓延，特别是与网膜邻近部分，因此也可将本病视作视神经网膜炎（Neuroretinitis）。此外乳头炎能由球后神经炎发生。

本病主要见于马，有时在犬和猫的一只眼或两只眼同时发生。

【病因】　一般的原因同球后神经炎和网膜炎相同。

【病理变化】　视乳头本身带有和视神经固有的炎症时同样的特征，视乳头肿胀和潮红的程度与炎症的程度有关。出现多数的郁血和细胞浸润，而分开成单独的纤维和束。视网膜的联结部的炎性过程或者郁血性过程蔓延时，在某些病例可以在视乳头的周围发现大小不一的结晶。

【症状】　检眼镜检查单纯的非复杂的视乳头炎时，可见视乳头的充血与不大的出血。视乳头的境界不明，它在或大或小的程度上向玻璃状体内突出并呈现菌状（郁血性视乳头炎），视乳头静脉强力地扩张，而动脉很小。当血管经过稍为高的隆凸状的乳头边缘通过时，其较其他血管清楚。血管很弯曲，如在单纯性郁血性视乳头及照视乳头的凸形形成的弧线。视网膜血管部分地扩张，部分地收缩，同时呈现在视网膜炎时。往往在视网膜内有出血。蓄积在视网膜下或在视乳头周围的渗出物或淋巴形成具有圆形，烧并状或者不平的闪光的，白色、白—灰色，有时强烈的金色的隆起的结晶。视网膜的血管在这隆起之间通过。

病理现象在单纯的乳头炎时是局限的，随后病理现象消失或者转为萎缩。在其他病理现象进行着时则出现郁血性乳头。本病的发展往往伴发突然的失明和瞳孔的最大限度的散大。

一般预后不良。只有在轻微的炎症时才能有治疗的可能。

【治疗】　同于球后神经炎。

第二节　单纯性视乳头郁血（视神经乳头水肿 Oedema papillae N. optici）

由于淋巴与静脉血液还流障碍，以显著的浮肿性肿胀为特征的独特的病理状态称为单性郁血性视乳头（视神经乳头水肿），曾报道发生于马、牛、羊、犬与猫。

【病因】　郁血性视乳头的发生首先取决于当许多脑病时出现的颅内压的增高，在这些病例均可形成郁血性视乳头，曾报道过脑炎、硬脑膜炎、脑水肿、脑肿瘤、脑脊髓膜炎及某些寄生虫（脑包虫 Coenurus cerebralis 的脑多头蚴）此外，郁血性视乳头能够由颅管外过程所引起，因视神经与其被膜上的更历害的压迫，如出血、肿瘤、骨折等，通常发生一侧性水肿，在视乳头炎时（球内视神经炎）它能发生。

液体经常由眼经视神经流向颅腔，视乳头在正常状态下保持着较高的压力，而当颅内压增高时，液体不可能由视乳头自由地流出，因而发生郁血性视乳头。

【症状】　郁血性视乳头时的局部变化与疾病发展的程度有关，在动物当损伤较轻时诊断较困难，因为通常没有视力障碍，临床症状不明显，在人类出现的机能变化也是依靠患者的主观感觉（彩图108）。

当发生郁血性乳头时，可发现视乳头或多或少的增大，及有某些外形的变化。横切面上它呈菌状形式并伸入于玻璃状体内，视乳头的边缘良好并具有隆凸状形式，或大或小的突出于基底上。视乳头的中央被压缩一些，因此好似稍微黑暗与浑浊。全部视乳头充血。在马正常的淡白黄色边缘带有淡红色彩。由视乳头出来的血管常常成为清楚的，看得见。当强烈的水肿时，由于被压迫而变为不很清晰。这时静脉较强烈的被充盈，于羊、犬与猫可较清楚地看见。强烈曲折的视乳头血管走入随同凸起的边缘的方向内，当他们转移于视网膜时好似被截断般。视网膜血管同样显著被充盈，而其他方面则正常（图4-12-1）。

若这些现象带有长期的性质，不论在视乳头上或在视网膜上常常发生郁血。

在玻璃状体内视乳头附近，通常看见一些浑浊。瞳孔散大与对光线的调节不良。视力显著的减弱或完全丧失。病的经过取决于其病因。常常是慢性的。预后也决定于病因，若神经压迫是暂时的现象则郁血性视乳头通常会停止，若压迫较重，则治疗较困难，最终以视神经萎缩而告终。

【治疗】　如能解除原发性病因，则有缓解的可能。如经手术治疗，去除牛脑中的多头蚴，解除脑中不正常的颅压，病牛可以停止症状而复愈，视神经水肿症状很快得到缓解。

对病因的治疗，可使用促进吸收的药剂，使用缓泻剂，发汗剂，碘与水杨酸制剂。必要时采取手术治疗。

图4-12-1　马的单纯性视乳头郁血

第三节　视神经萎缩（Atrophia N. optici）

视神经萎缩作为一种继发性疾病，见于各种家畜，多见于马（周期性眼炎）。

【病因】　视神经萎缩开始于视网膜方面（视网膜萎缩 A. retinalis），神经干原因（视神经萎缩 A. neuritica），或带有大脑因素（大脑萎缩 A. cerebralis）。

在这些因素里首先由于各种不同的网膜疾病（炎症，剥离的肿瘤）而发生，其次是在神经干的炎症时（球后神经炎、视乳头炎、创伤、断裂、神经率张、郁血性视乳头），第三是当硬膜下的与蛛网膜下的接近视交叉的间隙内郁血、肿瘤及其他。除外，青光眼性萎缩时有典型的视乳头凹陷。在视网膜中心动脉栓塞后动脉极细，也可出现血管性萎缩，而眶内、颅内肿瘤压迫视神经及某些中毒性弱视也可引起原发性视神经萎缩。此外，视神经萎缩有时出现于大失血与去势手术后（彩图 109）。

【病理】　视神经纤维发生变性，纤维消失自己的髓素膜与分离为细长的纤维。

结缔组织性神经中隔变粗，胶性组织增大，后期神经变成结缔组织性腱并渐渐变薄。

视神经萎缩可能是局部的，或许是全部的。

【症状】　疾病往往看不见其发展，很难确定病程的开始，仅在视乳头萎缩的情况下才有可能发现。只有当出现视力障碍，而且逐渐地减弱其原有的紧张度，直到完全失明时才常常注意到本病发生。

根据视力消失的情况瞳孔有不同程度的散大，但在某些病例它还保持固有的正常的形状。首先在视乳头的色彩内看见特征性变化。其原来的蔷薇色的色彩退色成为白色的、灰白色的或者淡黄色的色彩。其形状发生改变并缩小一些。萎缩的另一特征是血管容量减小并褪色，最终可能完全消失，有时仍然成为单个的很短的细的分支。若萎缩取决于郁血性视头，则视乳头既具有褪色又出现凹陷，而且比较明显。

若萎缩是球后神经炎引起，当其是大脑性因素引起时，视乳头的边缘清楚的并甚至比在正常时更鲜明。若它是由于郁血性视乳头而出现，轮廓经常不清楚，此时萎缩经常散布于视乳头周围的各部位。若视神经萎缩开始在球内部，而在中央部份则视力首先减低，在视乳头内的变化出现以前仅仅在阳性形式内才能被确诊（图 4-12-2）。若为程度不大的由于单方面的压迫或者中毒的作用所发生的萎缩，若原因不长期存在，则有时予后佳良，大多数情形本病予后不良。

图 4-12-2　马的视乳头萎缩

【治疗】　消除引起萎缩的原因，当已完全的发生萎缩时，治疗无作用。

保持动物安静，黑暗的厩舍，好的饲料。使用碘化钾或碘化钠。氯化钙（15～25 g/d，犬 1.0～1.5 g/d），也可应用砷剂治疗。注射士的宁，采用直流电疗法。

在马的视神经萎缩时，也有采用长期的组织疗法，对某些病例有视力的部分好转。

第十三章

侵害全眼的疾病

第一节 马的周期性眼炎

周期性眼炎（Periodic ophthalmia）或称再发性色素层炎（Recurrent uveitis），常发生于马、骡，是马、骡失明的主要原因。有时在一个地区一个马群中呈流行性发生，夏、秋季多发，春季次之，冬季较少。病的发作呈周期性，很早以前就有人描述过本病。当时误认为与月亮的盈缺有关，故有月盲症（Moon blindness）之称。现已知本病初发时是虹膜、睫状体和血管膜的一种周期再发性炎症（故又称周期性虹膜、睫状体、脉络膜炎，（Irido‐cyclo‐chorioiolitis periodica，再发性色素层炎），其后侵害整个眼球组织，故又有再发性非化脓性全眼球炎之称。其特征是开始常突然发作，以后呈周期性反复发作，最后失明，以致眼球萎缩。

本病见于世界各国，我国大多数省市自治区的马骡均有发生，也发现过骆驼的周期性眼炎。

【病因】 确切的病因尚未肯定，有各种假说、如传染性、寄生虫性、中毒性、过敏性和外因等假说。根据研究，有人认为钩端螺旋体是本病的病原。主要是由钩端螺旋体感染（急性发作的病马血清凝集价可达1：1 000，亚急性时至少也有1：400，血清补体结合反应阳性率86.8％，凝集溶解试验阳性率92％，眼前房水抗体凝溶试验为阳性，有人并从玻璃体中分离出病原体）引起的，与健马比较，差异非常显著。对钩端螺旋体在本病中的病理作用，其一认为钩端螺旋体可为局限并永存于眼组织内的一种微生物。本病的再发也许是由于该微生物在色素层里移行的关系。其二认为在钩端螺旋体菌血症期间，眼组织变得敏感，随后敏感加剧，导致迟发性超敏型反应。

国内外从事本病研究的人员试图从钩端螺旋体人工诱发本病，均未成功。

也有认为是由病毒引起。有人认为本病也许是自身免疫反应的关系。

地势低洼潮湿、环境卫生不良、饮水不足或水源质量不佳、饲料中缺乏核黄素、饲喂霉败的饲料以及过劳等，对本病的发生均有一定的影响。总之，本病的原因应是多种病因的联合。

【症状】 可人为的区分为三期：急性期（疾病初发期）、间歇期（慢性变化期）与再发期。

急性期：突然发病，即于夜间饲喂时尚不见任何异常，次晨突然出现症状。羞明、流泪甚至眼睑肿胀闭锁。指压眼球，除感局部温度增高外，患畜出现疼痛及反应。若强行张开患眼，即由眼内角流出多量的黏液性泪液。结膜轻度充血，有时被覆有分泌物（黏液性，间或为黏液脓性）。角膜变得无光泽，同时有红褐色的纤维蛋白小块覆盖。发病的同时或者经过 3～5 d，角膜轻度浑浊。角膜面上出现新生血管。角膜周围血管呈刷状充血（图 4-13-1）。由于角膜向前突出，眼前房就显得较小，一般病后 5～6 d 角膜完全浑浊，以致不能观察到眼内部变化。巩膜表面血管充血。在发病的前 2～3 d，眼前房内有纤微素性或纤维素出血性渗出物蓄积。虹膜失去其固有的色彩而呈暗褐色。表面粗糙，其固有放射状细沟变得不明显。瞳孔缩小，且对散瞳药的反应缓慢甚或不显反应。当仔细检视瞳孔时，往往在眼后房发现小片状的纤维素渗出物，这是睫状体炎的特征。晶状体呈局限性或泛发性浑浊（白内障）严重病例玻璃体也浑浊。

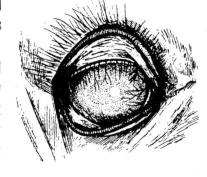

图 4-13-1　急性期周期性眼炎

眼底不清，视神经乳头呈黄色或淡红黄色，视神经乳头周围变暗。

发病后经数天（4～12 d），眼内变化达最高潮，以后则逐渐减轻。急性期持续约12～20 d，极个别病例可达 45 d 之久。渗出物被吸收后，急性炎症现象消失。外观类似已康复，但在绝大多数病例的眼内仍有不同的病理变化。如仔细检查仍可见到由于炎症的结果而遗留各种痕迹，如虹膜粘连、撕裂、瞳孔边缘不整，晶体上常附有大小不等的虹膜色素斑点，玻璃体内有时可看到絮状或线状的浑浊。

间歇期：一般是 1～2 周，长的经数月甚至 1 年以上，多数病例经 1～6 个月再发。

急性炎症现象消失，眼球或多或少表现萎缩。间或在眼内角见到有少量的黏液脓性眼漏，特别是在早晨更为明显。角膜浑浊。虹膜因与晶状体前囊粘连（即后粘连）致使眼前房容积扩大，有时也发生前粘连致使眼前房缩小。

虹膜萎缩变色而呈淡黄色、灰白色或为枯叶状。瞳孔边缘不整并撕裂。晶状体前囊上有色素片遗留。向眼内滴入硫酸阿托品溶液不易或不能使瞳孔散大。晶状体发生点状浑浊或泛发性浑浊。特别是在粘连部的周围更为明显。在玻璃体上可见到漂浮的色素斑点。视神经乳头萎缩。视网膜萎缩，有的发生视网膜脱离。眼球容积逐渐缩小并深陷于眶内，从而在上眼睑上出现皱襞（即第三眼角）（图 4-13-2）。

再发期：通常经过 4～6 周后或更长时间，又出现急性期的临床症状，但与第 1 次初发时比较要轻微得多。如此反复发作，致晶状体完全浑浊或脱位，玻璃体浑浊与视网膜脱离。最终使患眼失明。根据多数病例的观察证实，每再发一次，眼的受害必加重。

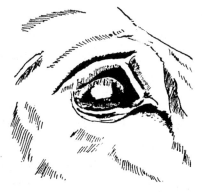

图 4-13-2　间歇期患眼，已出现第三眼角和晶状体完全混浊

【诊断】　应深入调查有无周期性发作的病史，并结合首次发作的第一周的临床症状来诊断。企图单靠检眼镜来确诊本病是有困难的。

有人介绍用荧光素试验检查间歇期的患马。为此，可用 10% 荧光素 30 ml 在无阳光的厩舍内给可疑病马静脉内注射，注完后立即在阳光下或紫外线灯下检查，观察眼前房内有无色素出现。在严重病例，于注射后 1 min 内即出现色素，轻度病例则需经数分钟之后。眼前房的色素在阳光下呈绿色，在紫外线灯下发荧光并呈黄色。

一般预后不良。改变动物的饲养管理条件，有可能减少本病的复发。

【治疗】　首先应针对饲养管理与卫生条件方面存在的问题采取相应的措施。隔离急性期的病畜并将其放在暗厩内。停食半天或一天，但不限制饮水。减少或停止给精料，仅在急性期消退后才可逐渐地恢复饲料标准。尽量给以富有维生素 A、B、B₂ 与矿物质的饲料。

对急性期的病马，应向眼内滴入 1%～2% 硫酸阿托品溶液（每天 4～6 次），待瞳孔散大后，再考用 0.5% 硫酸阿托品溶液（每天 1～2 次）点眼。也可每天一次地使用 1% 硫酸阿托品软膏，以维持瞳孔的散大。疼痛和充血剧烈时，可在阿托品内添加盐酸可卡因和肾上腺素溶液。

我国临床动物医学者的经验认为：链霉素（每日 3～5 g，肌肉内注射，连用 1～2 周）有使间歇期延长的作用。胃肠外、局部和结膜下使用皮质激素，对急性期病例有一定的效果。可用链霉素、可的松、普鲁卡因（每毫升 0.5% 普鲁卡因溶液中加入链霉素 0.1～0.2 g，可的松 2 mg）作眼球结膜下注射，或眼底封闭（总量 40 ml 左右，内含可的松 10 mg，链霉素 0.5 g），每周 2 次。

早期胃肠外使用胰蛋白酶，也有一定的疗效，因胰蛋白酶能选择性地分解蛋白质中由赖氨酸或精氨酸的羧基所构成的肽链，从而溶解脓性分泌物，并消除炎平过程所引起的纤维素沉着。对健康组织却无分解作用，这是因为健康组织能分泌一种抑制和抵抗胰蛋白酶水解作用的物质。

静脉内注射 10% 氯化钙溶液 100 ml（每天 1 次，连用 1 周）不但可使血管壁变致密，而且还有解毒作用。

有人推荐用 1% 台盼蓝溶液 100 ml 静脉内注射。

急性期，每天静脉内注射维生素 C 400 mg（连用 1 周），据说可能有防止疾病的再发作用。

碘离子透入疗法对加速渗出物的吸收有明显的效果。

【预防】　推荐采取以下综合措施。①隔离病马。②及时地进行钩端螺旋体病的血清学检查，严格隔离阳性马。③尽量避免饲料的急变。除去劣质的或发霉的饲料。每匹马每天给以核黄素 40 mg 并补充矿物质。如条件许可，应将马匹转移到较高的干燥牧场。④进行马匹的驱虫工作。⑤驱虫后应将马厩清扫干净并消毒。对所有的粪便均应进行无害化处理，挖去厩床上的泥土（约挖 20 cm 深），重新更换泥土并撒上漂白粉。⑥注意牧场上的排水工作。不用来自沼泽地的牧草，尽量用井水饮马。⑦避免过劳。⑧定期检查马匹，以便早期发现。⑨加强防鼠和灭鼠工作。⑩连续三周，每天在饲料里添加酚噻嗪 0.45 g 与核黄素 40 mg。停药 1 周后，再单喂核黄素 1 年（每天混合在饲料里给予）。

第二节　牛传染性色素层炎（牛传染性虹膜睫状体脉络膜炎 Irido‐cyclo‐chorioiditis infectiosa bovam）

本病主要侵害牛，可能带有地方性传染性疾病性质。病的过程是色素层的纤维素性——化脓性炎。而且出现一定的再发的趋向。

【病因】　本病与传染性角膜炎无共同之处，但个别病例在角膜上也形成溃疡（是传染性角膜炎的特征），有的人认为这两种疾病可能具有同一的病原。本病的确实病因不明。

内源性感染较之外原性的因素影响更大。某些寄生虫（丝状虫或微丝蚴）在本病的发生上有特别的意义。

本病有可能传播于另一动物。当有传染性角膜炎时或角膜有较强剧的损伤时。

【症状】　疾病频烦地同时侵害两眼，而羊的虹膜睫状体脉络膜炎时的临床症状，与马的周期性眼炎相符合。

病状与纤维素性与化脓性虹膜睫状体脉络膜炎时相同，与炎症的程度及炎症的散布有关，除羞明与疼痛外出现落泪、角膜周围血管充血，结合膜炎，频烦地较轻的及较稀少的较重的实质性角膜炎，复杂的化脓性溃疡性过程。虹膜无光泽，瞳孔粘连，纤维素性与部分的脓性渗出物出现于前房内。此外，可见玻璃状体，视网膜，以及晶状体出现混浊，因之眼底的检眼镜检查无法进行。

【经过】　呈急性过程。轻度的损伤时能在 8～14 d 内结束。在严重的病例及再发时的病情带有长久的特性，并形成粘连、白内障、玻璃状体混浊及液化，使视网膜、视神经萎缩、最终使眼球萎缩。有时发生继发性青光眼。

【治疗】　与虹膜炎、睫状体炎以及脉络膜炎同样治疗方法。对病畜进行隔离，保持良好的饲养管理条件。

第三节　全眼球脓炎（Panophthalmitis）

眼球全部组织的化脓性炎症称为全眼球脓炎，可现出现于各种动物及家畜。

【病因】　眼受到感染性贯通创，穿刺性化脓性角膜溃疡，周围组织的化脓性炎症的蔓延（例如球后蜂窝织炎）或转移，均可成为化脓性眼球炎的原因。在转移性病例如化脓性脉络膜炎或视网膜炎，腺疫、脓毒症、复杂性骨折、蜂窝织炎与其他的化脓性外科过程时均可出现转移性全眼球脓炎。

全眼球脓炎能发生于一眼内（外来传染）或者两眼内（内源性传染）。

【病理】　当角膜贯通创时，化脓的过程从角膜与虹膜开始，然后散布于玻璃状体，色素层的其余部分与视网膜上。当转移性型时视网膜与脉络膜的剧烈的化脓性浸润最初出现，脓性渗出物自脉络膜渗透于视网膜上，而由此与后者的渗出物一同进抵玻璃状体，在哪儿形成脓的蓄积（脓肿）。虹膜与睫状体同样以脓液浸润，然后脓液落于眼房内。由于在巩膜的任何部位的溶解，渗出物向外能获得出口或者局限与起跛。终于脉络膜。睫状体自巩膜而剥离与发生眼萎缩（眼球皱缩 Phthisis bulbi）。

【症状】　急性及严重的病例有较严重的全身症状及全身障碍，动物精神沉郁，体温升高。眼眶组织水肿，眼球突出，眼睑特别是结合膜肿胀、显著地充血，结合膜由眼裂处凸出（结合膜肿胀 Chemosi）。角膜成为不明的混浊。当有创伤时，由后者流出脓性或胶质的纤维素性化脓性渗出物。由于有脓液混杂成为混浊的水样液（前房蓄脓 Hypopyon）（彩图110）。虹膜改变自己的色彩，其血管强烈充血。在晶状体部位发现玻璃状体混浊，晶状体移位，检眼镜检查时，在玻璃状体内发现化脓性渗出物。触渗时动物出现强烈的疼痛。视力很快消失，最终眼内部呈溶解状态，仅余角膜与巩膜，经一段时间角膜与巩膜发生穿孔，脓汁外流，炎性现象渐渐平熄。眼球其他部分下陷，强力的皱缩至眼眶内，眼睑常向内卷缩（眼球皱缩 Phthisis bulbi）。

在轻微的病例，当弱毒性感染时，外部的炎性现象表现较轻微，经过瞳孔可观察到在玻璃体内的化脓性渗出物。化脓性块状物质不向外破溃，局限于玻璃状体内，炎性现象渐渐地停止，眼皱缩、萎缩。全眼球脓炎的转移常见如此的转归。

【预后】　化脓性眼球炎是很危险的疾病，可能导致动物的死亡，可经视神经鞘传播至大脑及另一侧眼，其与病程的严重性有关，最终是以眼的萎缩而结束。预后不良。

【治疗】　轻微的病例，为减少疼痛与外部消毒可使用0.1％雷佛诺尔，10％～30％磺胺噻唑钠作结膜灌洗，使用碘仿粉、磺胺制剂、青霉素。静注酒精、磺胺制剂。肌注青霉素。

严重的病例，可作角膜切开挑脓。必要时可作全眼球摘除术，但应控制感染防止其转移于大脑。

第四节　眼球缩小（萎缩与眼球皱缩 Atrophia，S. phthisis bulbi）

由于炎性过程的发展，眼球容积缓慢的缩小，眼球逐渐萎缩。

若眼球迅速萎缩，眼组织受到严重的破坏，其病程称为眼球皱缩。萎缩逐渐地发生，肉眼及镜检均可观察到眼的容积或多或少的在减小，硬度较为柔软并深陷于眼眶内。

由于眼组织被破坏，在硬化过程眼表面成为不平整的，其表面残余部分可能变为结实的。

第十四章

眼视觉装置的机能障碍

第一节　眼视觉的机能障碍

一、弱视与黑内障（Amblyopia E. amaurosis）

弱视为视力的减弱，而黑内障为视力的完全消失。

【病因】　弱视与黑内障的发生与视网膜、视神经或中枢神经系统的眼病有关。它们有先天性但多为后天性，暂时性或永久性。

各种器械性因素引起在视网膜、视神经、或大脑内的震荡、挫伤、损伤或郁血的作用直接地属于作用的主要原因。在大出血时（如去势手术后）可以看到出现弱视或黑内障。

在视网膜炎、视乳头炎、球后视神经炎、软脑膜炎与硬脑膜炎等疾病时，视网膜、视神经与大脑内的炎性过程是视力消失与减弱的最常见的原因。

当某些传染性与非传染性疾病时（如脓毒症、腺疫、流行性感冒、脑脊髓膜炎、犬瘟热、产后不全麻痹、肾炎及其他），弱视及黑内障可能发生。中毒时也可能发生本病，如饲料及化学制剂：三叶草、草藤属、铅、山道年、烟叶、水杨酸等的中毒也可以促发本病。

此外，大脑、球后眼眶与视网膜的间隙的新生物、肿瘤等也是一种病因。

【预后与治疗】　主要是各种不同病因的疗治。

二、夜盲症（Hemeralopia）

本病是弱视的一种类型。弱视的特征是在弱的光线时（晚上、夜间）视力减低。（又称鸡眼病）。夜盲症见于马和犬。

【病因】　可能是眼的透明组织的表层部分的混浊、视网膜炎症（色素性视网膜炎），脉络膜炎。

【症状】　检眼镜检查时往往发现眼底是正常的，瞳孔通常散大。

人的夜盲症由于眼在发育上的遗传性异常结果导致先天性夜盲症，以及由于食物内维生素 A 不足导致的夜盲症。先天性的夜盲症不能治疗，而后天性的在给予脂肪、蛋白质与维生素 A（鱼肝油、新鲜的蔬菜、水果、肝）后，可以很快的消失。

三、书盲症、日盲（Nyctalopia）

也是弱视的一种形式。动物在弱光线时比在明亮光线时看得较好。间或见于马，是因为眼的透明环境的中央部的浑浊与视网膜的知觉过敏。瞳孔在平常光线时收缩。而当更明亮的光线时更加收缩。而检眼镜检查时没有发现与正常情况有所不同。

四、偏盲症（Henuiopia）

本病是视野部分的下落。根据失明区的地点分为某些种类的偏盲。常发生在双眼，在每一眼内侵害同个部分。

第二节　眼球的不正常位置与运动

一、眼球突出与脱出（脱位）

眼球移位于眼眶的前部称为眼球突出。若它自眼眶范围出来并位于眼睑前方则为脱出，它不同于水肿眼，眼球并不增大。

【病因】　①外伤性作用（打击、咬伤、创伤、眼眶骨折、下颚脱臼、眼眶内出血）。②眼眶内新生物，尤其在球后间隙内。③在眼眶内的炎性过程，特别是球后蜂窝织炎、结核症、骨膜炎。④某些机体的全身性疾病（巴西多氏病、白血病），往往发生是双侧性的。⑤由于一些生理构造的因素，如短头宽头品种的犬如北京犬、西施犬、哈巴犬等相对眼眶较大，眼窝深度较轻，眼窝前部由韧带形成，眼窝突起较短，在稍加压力下眼球极易突出而致脱出（Proptosis of the globe）。

在犬可能在下凳骨脱臼时，下凳骨的冠状突起压于眼球后壁上而引起。

在马多半在眼眶骨骨折时发生突出与脱出。

由球后间隙内的新生物所致的移位出现较少，其发生很慢。当巴士多病时移位开始也缓慢，同时发于两眼，并伴发心动过速与甲状腺肿。曾报道发生于马、有角家畜及犬。原因大概是由于眶平滑肌的血管舒缩的障碍与痉挛性收缩而致液体蓄积于眼眶蜂窝组织内。

【症状】　突出时眼睑无法关闭，眼球运动受限制。脱出时出现结合膜炎、角膜干燥、浑浊，眼内有炎性过程，或干燥症。突出严重时，眼突向眼睑前缘，损伤前裂，剧烈充血，眼球披有血样外皮形式的渗出物。眼结膜因箍闭与炎症的强烈充血并常覆盖有血样黑红色或褐红色的外皮。多数病例可迅速出现化脓性结膜炎与角膜炎。

脱出时，眼球完全地由眼眶出来并于扯破的肌肉与强力牵张的神经上悬垂于睑裂的前方（彩图111）。

当外伤性脱出时，眼球的初期损伤也许不很大，但易引起二次损伤，巩膜、角膜均易因摩擦、抓挠而受伤出血，形成创伤，由于感染而化生化脓性炎症——全球性脓炎。发生全身性症状，抑郁、拒食、不安。

眼球脱位会出现一些严重的病理变化，因涡静脉和睫状静脉被眼睑闭塞，引起静脉瘀滞和充血性青光眼，严重的暴露性角膜炎和角膜坏死，引起虹膜炎、脉络膜视网膜炎、视网膜脱离、晶体脱位及视神经撕脱等。

【治疗】　依照病因进行相应的治疗。

当外伤性脱出时可采取简单的眼整复术。

动物应全身麻醉，或先以 0.1％雷伏诺尔液或 2％～3％硼酸液清洗脱出、变位的眼球及结膜，去除异物，然后用 1％的卡因点眼麻醉，用湿的灭菌纱布轻轻压迫眼球使其退回至眼眶内，如脱出较多，整复困难，可在上下眼睑距边缘 2～3 mm 处上下各作 2～3 处水平扭扣状牵引线，交由助手提持，以便扩开眼睑裂，再用湿灭菌纱布轻压眼球，即可将其复位，如脱出时间长，眼结合膜肿胀，复位困难，也可从眼外眦至眶韧带作外眦切开术，以扩大睑裂，便于眼球复位，复位后，可用原作的上下眼睑提举的缝线水平扭扣状假缝合眼睑 3～5 d，打结前，为防缝线压迫睑缘，也可将外露的缝线穿上细乳胶管。最后闭合眼外眦切口。

术后，全身应用抗生素，局部滴阿托品、皮质类固醇类药和抗生素眼药水或眼膏。术后一般可恢复正常，但假缝合缝线不可过早拆除防止炎症未消除，眼球再度脱出。

但在眼球脱出过久，眼内容物已挤出或内容物严重破坏、晶体脱位、视神经撕脱、眼球有严重创伤、创伤已感染时，不宜作手术复位。只能行眼球摘除手术。

【预后】　当眼球的变化不大，并迅速的予以救治处理时，可以达到完全的恢复。但当大的创伤尤其贯通创时，以及化脓性炎症过程时，眼球可发生萎缩。

当球后瘀血与蜂窝织炎时，相应的治疗可以争取康复。

二、眼球摘除手术

眼球摘除术（Enucleation）适用于严重眼穿孔，严重眼突出，眼内肿瘤，难以治愈的青光眼，眼内炎及全眼球类，眼球严重创伤等。

保定：温顺大动物可在柱栏内站立保定，烈性家畜进行侧卧保字。小动物采用侧卧保定。

麻醉：大动物作全身麻醉或球后麻醉或眼底封闭。当眼球后麻醉时，注射针头于眶外缘与下缘交界处，经外眼角结膜，向对侧下颌关节方向刺入，针贴住眶上突后壁，沿眼球伸向球后方，注入 2％盐酸普鲁卡因 20 ml。也可经额骨颧弓下缘经皮肤刺入眼底作眼底封闭。

小动物多用全身麻醉也可结合眼球周围浸润麻醉或眼底封闭。

手术：

（一）经眼睑眼球摘除术

在全眼球化脓和眶内肿瘤已蔓延到眼睑时较为适用。

手术时，先作眼睑的连续缝合，将上、下眼睑缝合在一起（图 4-14-1A）。环绕眼睑缘作一椭圆形切口可远离眼睑缘，马因皮肤紧贴其深层骨组织，切口应紧靠眼睑缘，否则皮肤切口难以对合缝合。

切开皮肤、眼轮匝肌至睑结膜（不要切开睑结膜）（图 4-14-1B）后，一边牵拉眼球，一边分离球后组织，并紧贴眼球壁切断眼外肌，以显露眼缩肌（图 4-14-1C）。用弯止血钳伸入眼窝底连同眼缩肌及其周围的动、静脉和神经一起钳住，再用手术刀或者弯剪沿止血钳上缘将其切断，取出眼球（图 4-14-1D）。于止血钳下面结扎动、静脉，控制出血（图 4-14-1E）。移走止血钳，再将球后组织连同眼外肌一并结扎，堵塞眶内死腔。此法既可止血，又可替代纱布填塞死腔（图 4-14-1F）。最后结节缝合皮肤切口，并作结系绷带或装置眼绷带经保护创口（图 4-14-1G）。

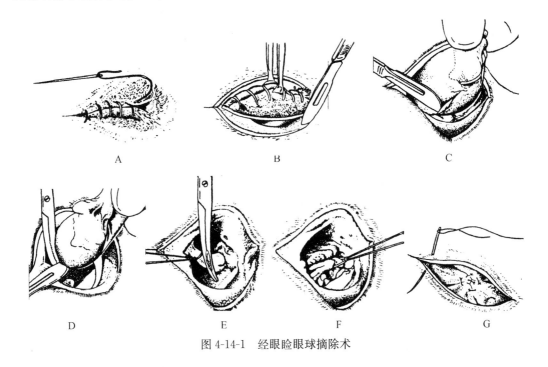

图 4-14-1　经眼睑眼球摘除术

（二）经结膜眼球摘除术（Transcojunctival enucleation）

用开睑器开张眼睑。为扩大眼裂，先在眼外眦切开皮肤 1～2 cm（图 4-14-2A）。用组织镊夹持角膜缘，并在其外侧的球结膜上作环形切开（图 4-14-2B）。用弯剪顺巩膜面向眼球赤道方向分离筋膜囊暴露 4 条直肌和上、下斜肌的止端。再用手术剪挑起，尽可能靠近巩膜将其剪断（图 4-14-2C）。眼外肌剪断后，术者一手用止血钳夹持眼球直肌残端，一手持弯剪紧贴巩膜，利用其开闭向深处分离眼球周围组织至眼球后部。用止血钳夹持眼球壁作旋转运动，眼球可随意转动，证明各眼肌已断离，仅遗留退缩肌及视神经束。将眼球继续前提，先以 4 号丝线结扎视神经束及血管，然后弯剪继续深入球后剪断退缩肌和视神经束（图 4-14-2D）。

眼球摘除后，立即用温生理盐水纱布填塞眼眶，压迫止血。出血停止，取出纱布块，再以生理盐水清洗创腔。将各条眼外肌和眶筋膜对应靠拢缝合。也可先在眶内放置硅酮假眼（Silicone prosthesis），再将眼外肌覆盖其上面缝合，可减少眼眶内腔隙。将球结膜和筋膜创缘作间断缝合（图 4-14-2E），最后闭合上下眼睑。

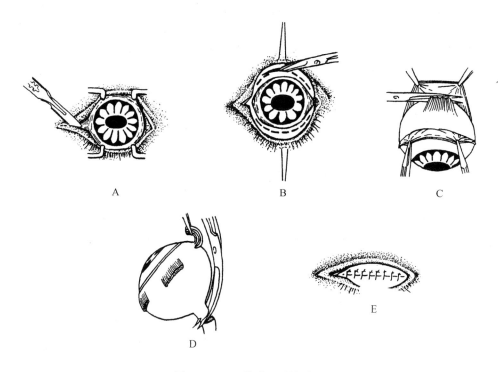

图 4-14-2　经结膜眼球摘除术

　　为防止术后眶内形成囊肿、瘘管，影响创缘愈合，也可作第三眼睑和眼睑切除术。切除第二眼睑，并剪除上、下部分眼睑。再相对应闭合直肌及眶筋膜，结合膜和筋膜囊及上、下眼睑。

　　术后，开始因眶内出血、肿胀，切口及鼻孔可流出血清样液体，3～4 d 后则减少。局部温敷可减轻肿胀和疼痛。全身应用抗生素和皮质类固醇类药 3～5 d。术后 7～10 d 拆除眼睑上的缝线。

三、眼球陷没（Enophthalmus）

　　眼球向后移位于眼眶的深部称为眼球陷没。有先天性与后天性，持久性与暂时性。

　　【病因】　先天性异常时，眼球的小面积（小眼球），睑结合膜与球结合膜的粘连（眼球粘连 Symble‐pharon），结合膜与角膜皮样囊肿，眼肌短缩。大多数的发生带有双侧性。

　　后天性眼球陷没可以由于各种不同的疾病而引起，其中特别是导致眼球的缩小（眼球萎缩与眼球皱缩 Atrophiaet phthisis bulbi）。眼睑、结合膜、第三眼睑与眼眶前部的肿瘤能挤压眼球向深处。当颜面神经的中枢性麻痹时发生上眼睑下垂（Ptosis）与眼肌萎缩，而同样导致眼球陷没，后者出现于当破伤风时由于牵眼肌的痉挛情形时。在球后间隙的肿瘤及该部的大脓肿的摘除，于痊预后同样能引起眼球陷没。

慢性的内科病与导致全身的衰竭（脑炎、结核症、癌病、甲状腺缺乏性恶病质及其他）时发生暂时性眼球陷没。

【症状】 患眼位于眼眶深部，仿佛缩小了的。眼睑遮盖眼的前上部的大部分，往往有眼睑内翻。在马于上眼睑上形成第三眼角。大多数发生第三眼睑或多或少的脱出。有结合膜炎。自眼内眦溢出浆液粘液性渗出物。

当先天性眼球陷没时予后不良。后天性时它依靠于去除病因后的情况（彩图112）。

【治疗】 治疗的目的是去除病因。当肿瘤时必须手术。当第三眼睑脱出显著时，须摘除它。

四、斜视（Strabismus）

动物的斜视是指动物的一或两只眼球的纵轴由原来的正常位置发生偏斜。可发生于马、牛、犬、猫与家兔。犬常发生，牛较少见，但水牛偶有发生双侧性内斜视（见图4-14-3）。

斜视有单侧性、双侧性或变换性斜视。有痉挛性斜视及由于某种眼球肌的麻痹而发生的麻痹性斜视。斜视或许是先天性与后天性内部的（眼球内部的偏差——集合性共同斜视Str. convergens）与外部的（分开性斜视Str. divergens），内斜视（指向内偏斜）、外斜视、以及向上（上斜视 Str. sursum vergens）与向下（下斜视 Str. deorsum vergens），但上、下斜视较为少见。

图4-14-3 水牛眼内斜视

【病因】 眼肌活动性障碍，如眼球肌麻痹、破裂、短缩、过度牵张，脑炎，神经炎以及眼眶内占位性变化继发的，如眼球后淋巴样组织中的鳞状细胞癌及淋巴肉瘤是最常见的占位性变化。

双侧性斜视并发眼球突出曾有报告是娟姗牛遗传性缺陷。也有人认为斜视可能是破伤风的后遗症。

【症状】 轻度斜视不易识别。一般正常两眼应该在正面，对牛应离牛头 40～60 cm 处能清楚见到其角膜和瞳孔，由眼到两鼻孔的连线应对称，且在头前交叉。但斜视眼则向前或向后偏斜，不能交叉或在面部交叉，瞳孔向后或向前偏斜，眼球活动受到一定影响，严重时只见到巩膜（眼白），见不到角膜和瞳孔，失去视力。

【治疗】 有人试用维生素 B_1 和维生素 C 连续注射十几次曾治愈 2 头斜视病牛。

手术疗法适用于单纯眼肌麻痹、损伤等所引起的斜视。

1. 保定和麻醉 为观察斜视的矫正情况，最好采取站立保定，眼神经传导麻醉，并牢固保定好头部，限制其活动范围。有时为了避免骚动，也可用横卧保定及全身性浅麻醉。

2. 术式 用镊子按瞳孔水平位拎起眼球结膜，用剪刀剪开内侧球结膜，并钝性分离结膜下结缔组织。以内斜视为例，分离出眼内直肌，加以切断，如果眼球能自然恢复，则缝合球结膜即可，如眼球仍退回斜视位置，则应该用剪刀剪开外侧球结膜，并分离出眼外直肌，加以切断，再将眼外直肌两个断端重迭起来进行缝合（使之缩短的程度决定于需要向外矫正的范围），有时还需要将眼外直肌断端缝合在外眦的皮肤上。

3. 注意事项　首先不能伤及角膜，术中用生理盐水常滴眼，保持眼球的湿润。缝线要粗些，至少 7 号或用 10 号缝线，以免眼球转动时拉断。如果麻醉不确实，更要注意保护眼球，不能误伤眼球。

4. 术后　装眼绷带，每日清洗眼内不洁分泌物，滴抗菌眼药水，保持患畜安静，7 天左右拆线。

斜视与眼球突出是牛眼发育畸形之一，在某些品种牛发生较多，小动物中犬是常见的。眼球突出可与斜视同时出现，或者单独发生。斜视对一般动物并无有害的后果，但有的动物因而成为胆小、惧怕的。有时动物会将头与颈倾斜来观察（斜颈与斜视 torticollis e strabismo）。

如由于球后新生物引起，可以手术方法除去肿瘤。若由于神经的刺激或大脑的炎症而发生斜视，则推荐使用镇静剂。当麻痹性斜视时则可行未麻痹的拮抗肌的肌切开术。

五、眼球震颤（Nystagmus）

具有阵挛性痉挛特征与由于眼肌的神经的不正常刺激发生的眼的无意义的两只眼相继发生的迅速的运动，叫做眼球震颤。

眼球震颤在动物常见，可发生于马、牛、犬与猫。从运动的特点来观察眼球震颤具有两方面同样快的振子状振动，与在一方运动时实现比在相反的一方较快的振动状较少见的旋转的运动（旋转性眼球震颤 N. rotatorius），垂直的运动（垂直性震颤 N. verticalis），或者是对角的运动（对角性眼球震颤 N. diagonalis）。最后，眼的运动或许是不正的与不均的（混合性眼球震颤 N. mixtus）。

眼球震颤经常发生在两眼，很少发生于一眼，它也许是先天性与后天性的。先天性眼球震颤仅仅发生在有白内障的小眼时及在同时伴有先天性黑内障时才有发生。

【病因】　当脑病（软脑膜炎、脑脊髓膜炎、脑炎），癫痫，惊厥时。当传染病（犬瘟热）时。当先天性眼球异常时，中毒（马应用氯仿，猪食盐中毒）时。眼球震颤出现。可能在伴随着兴奋状态的一种暂时性的疾病出现。颅骨基础部骨折时的外伤性作用，与迷路的疾患时也可能引起眼球震颤。有时也见于健康的乳牛。

【症状与诊断】　必需将眼球震颤与个别的不正常的眼球运动加以区别，有节律的重复的运动为眼球震颤所固有。

眼振动的数量不经常是固定的。在高度兴奋时增加，在安静时则减少。在成年动物 1 min 内达到 40～50 次，而在小动物则达到 70～95 次。

【治疗】　当动物神经兴奋时可给予镇静剂。给家畜以暗的安静的厩舍，隔离病畜。发生中毒的推荐给予缓下剂，发汗剂。

异常的眼球的先天性震颤是无法治疗的。

【预后】　与发生原因有关。先天性眼球震颤时预后不良。

第十五章

各种全身性疾病所表现的眼科症状

第一节　细菌性感染（Bacteyial infections）

一、支原体

【病因】　猫支原体是各种猫结膜炎的病原之一，尤其在猫场和实验用猫，其与应激有关。

【病理生理学】　结膜细胞学检查显示主要是嗜中性粒细胞反应。支原体在细胞膜表面形成球状或球杆状嗜碱性团块。

【症状】　初期，发生单侧结膜炎，7～14 d 后，对侧眼发病。发病早期眼的分泌物为浆液性，并伴有球结膜水肿，前房积血，眼睑痉挛等症状。随病程发展分泌物增多，变为黏液脓性，结膜水肿更加严重。黏稠的分泌物会粘到结膜上，形成伪膜。瞬膜充血、肿胀且突出，结膜可发生乳头状增生。

【鉴别诊断】　结膜炎是多种类型眼病的症状，可以是传染性的（疱疹病毒、杯状病毒、支原体或猫衣原体）或非传染性的。可以是原发性的，也可继发于溃疡性角膜炎、外层巩膜炎、青光眼、前葡萄膜炎、眼睑疾病（眼睑内、外翻，睫毛外翻，睑炎）、眶蜂窝织炎、鼻泪管堵塞、干眼症（KCS）、弛缓症、环境刺激和肿瘤（淋巴癌）等。

【诊断】　眼结膜发红是诊断结膜炎的基础。

【治疗】　可使用抗生素眼药膏 3～6 次/d，或滴以抗生素眼药水 4～12 次/d，连用 3 周，配合使用四环素、氯霉素等抗生素。

二、鹦鹉衣原体

衣原体都是较不稳定的病原体。鹦鹉衣原体——猫肺炎病原，在猫可产生较严重的结膜炎。与猫疱疹病毒一起，是猫最常见的传染性病原体。

【病因】　鹦鹉衣原体（猫变异株）是一种专性细胞内杆菌，含有 DNA 和 RNA。

【病理生理学】　随病程的进展，眼分泌物变为黏液性，黏液脓性，球结膜水肿减轻，结膜充血、增厚。在慢性未治疗病例发生滤泡性结膜炎。发病时取结膜细胞刮取物镜检，可见上皮细胞内出现包涵体和中性粒细胞。

【症状】　起初单侧发病，7～14 d 内变为双侧。疾病早期球结膜水肿，有光泽，灰粉红色。眼分泌物为浆液性，打喷嚏，有严重的眼睑痉挛，并导致痉挛性眼睑内翻。

【鉴别诊断】 很多类型眼病都可见到结膜炎，应区别为传染性或非传染性，原发或继发的以及各种不同类型的眼病。

【诊断】 可对结膜刮取物进行 IFA（免疫荧光抗体）试验而确诊。

【治疗】 使用四环素眼药膏 3 次/d，连用 4 周。临床症状消失后仍要积极治疗 1～3 周。

对滤泡性结膜炎，要先将猫麻醉，用纱布摩擦或手术刀片刮破滤泡。若无角膜上皮损伤，可局部使用皮质类固醇药物。

由于猫对衣原体的免疫期较短，造成此病在猫场或实验猫群中常反复发作。因衣原体能引起人发病，医生和主人在处理患猫对应严格遵守卫生要求。

三、结核性疾病

当动物（牛、猪、猫与鸟）在结核性疾病泛发性发生的过程，由于大脑皮层的内、外受纳器的影响下机体的状态发生改变，结核杆菌进入眼球并以慢性过程出现固有的病变。

【症状】 在巩膜结合膜上可形成针头至芝麻大小的结节，角膜不经常发现变化，曾有报道角膜可发生浑浊，其色素层会发生一些变化。

某些病例在结核性虹膜炎的初期没有显著的炎性现象。初期多为流泪与羞明，虹膜色彩成为灰色、黄或淡绿黄色，色彩不均匀，有如被黄或灰黄色的结节所遮盖。瞳孔明显收缩，虹膜本身有时向眼前房内突出。有时在虹膜表面有薄的纤维素性斑。晶状体囊可出现浑浊，有渗出物沉淀于其上。

结核性脉络膜炎通常伴随网膜炎，用检眼镜检查，可于眼底发现淡黄白色小米粒大小的结节。视神经乳头也可发生一定的病理变化。

猪在发病过程可发生角膜泛发性浑浊，眼前房充满浮游的渗出物，眼后部同时有损伤，在眼底可发现结节，视乳头出现瘀血，视力减弱到完全消失。最终眼球突出。

在相应的神经经过部位发生结核性肉芽时可出现眼斜视病例。

在充血性化脓性结合膜炎时由眼内眦可流出脓性、黏液性渗出物。

用结核菌素侧定阳性眼反应 6 h 左右，极少经过 9～24 h 可引起以上变化。

四、马腺疫（Adenitis eguorum，Coryza contagiosa eguorum）

马腺疫为马属动物的急性传染病，是马腺疫链球菌（Streptococcus egui）感染引起。

其对眼的损害局限于眼的外部与呈现卡他性或化脓性结合膜炎以及眼睑炎的形式，这种过程也可能转移到眼球内部，在色素层与视网膜上。可发生化脓性虹膜炎、脉络膜炎与进行性脉络膜网膜炎，当周围部位有炎性现象（化脓性结合膜炎、结合膜肿胀、角膜周围充血），虹膜的前表面成为不洁黄的色彩，其血管充盈，有时出血。眼前房底蓄积脓性或脓性出血性渗出物（前房蓄脓）。瞳孔显著的收缩，对阿托品反应不良。当化脓性脉络膜炎时眼底具有不洁淡绿的或淡灰的色彩以及丧失正常的图样。当化脓性渗出物侵入于玻璃体内时，瞳孔带有微黄色彩。之后出现白内障。在限局性化脓性虹膜炎的病例内渗出物的吸收是可能的，若全部色素层都受到侵害时，可发生全眼球脓炎及全身性败血现象。

第二节 病毒感染（Viral infections）

一、犬瘟病毒（Canine distemper virus，CDV）

犬瘟是由一种疱疹病毒引起，急性犬瘟有眼科症状。

【临床症状】 犬瘟病毒引起的全身症状从轻咳到连续剧咳、呼吸困难、嗜睡、无食欲、呕吐、腹泻及中枢神经（CNS）症状。其眼的症状包括：双眼有浆液性到黏液脓性分泌物、神经炎（突然失明）、脉络膜视网膜炎、视网膜脱落、持续4～8周的干眼症或永久性角膜溃疡及皮质盲。当毡区反光增强和毡区、非毡区色素沉着改变时，会出现慢性视网膜脉络膜病变。

【鉴别诊断】 见下表

表 4-15-1 视神经炎病因

分 类	病 因
血 管	血管窘迫、缺血
特发性	犬瘟、网状细胞增多症
真菌性	隐球菌、芽生菌
弓形虫	弓形虫病
肿 瘤	鳞状细胞癌、淋巴肉瘤、鼻肿瘤、脑脊膜肿瘤
毒 物	铅、砷、铊、甲醇、乙醇、氯化碳氢化合物
败血症	维生素 A 缺乏症，传染性腹膜炎（FIP），败血症
眼眶炎症	损伤、眼球突出、眼眶炎症

表 4-15-2 干眼症的病因

病 因
泪组织丧失：先天性、品种性、特发性萎缩、泪腺切除
慢性结膜炎或眼睑炎的继发反应
全身性疾病的继发反应：犬瘟、猫疱疹病毒、利什曼原虫病
药物：阿托品、几种磺胺类药物、局部麻醉药
丧失神经支配：损伤、传染病、医源性、肿瘤等
特发性，免疫介导性、放射性

表 4-15-3 脉络膜视网膜炎的病因

病因	犬	猫
病毒性	犬瘟	猫白血病（Felv）
		猫免疫缺陷病毒感染（FIV）

（续）

病因	犬	猫
		猫传染性腹膜炎（FIP）
细菌性	败血症、菌血症、钩端螺旋体症 布氏杆菌症	各种败血症
立克次氏体	埃利克氏体病、落基山斑点热 疏螺旋体病	
真菌性	曲霉菌病、芽生菌病、隐球菌病 组织孢浆菌病、球孢子菌病	隐球菌病，组织孢浆菌病
藻类	地丝菌病、原壁菌病	
寄生虫性	眼内幼虫移行、弓形虫病 利什曼原虫病、新孢子虫病	弓形虫病，眼蝇蛆病 眼内幼虫移形

二、犬传染性肝炎（Infectious canine hepatitis，ICH）

犬腺病毒 1(CAV‐1) 可使自然感染犬和接种弱毒苗犬出现眼科症状。

因腺病毒 1 的此种反应，现在新疫苗中都含有腺病毒 2 以降低此种反应的发生率。

【病因】　犬腺病毒 1 是一种 DNA 病毒

【病理生理学】　角膜水肿是因为内皮层的亚瑟型过敏反应，而非直接由病毒复制引起。一般在接种疫苗 7～21 d 后，受侵害眼会出现严重的、多为单侧性的前葡萄膜炎及角膜水肿（蓝眼），（彩图 113）虽然可发生持续性的角膜水肿，前葡萄膜炎一般在 2～3 周内痊愈。

【临床症状】　眼球并发症包括：水泡性角膜病变、圆锥角膜/球形角膜，眼球痨和继发性青光眼。阿富汗猎犬最多发。犬腺病毒可引起一过性结膜炎，泛葡萄膜炎、角膜炎、白内障、视神经炎和视神经萎缩。在新生犬也可发现视网膜萎缩。

【鉴别诊断】　见表 4-15-4。

表 4-15-4　葡萄膜炎的病因

分　类	病　因
外源性	损伤、穿孔性创伤或外源性感染浸入、眼内手术
内源性	角膜或巩膜疾病扩散、溃疡性角膜炎、间质性角膜炎
传染性	犬肝炎、全身性真菌病——芽生菌病、FeLV、FIP、FIV、弓形虫病、利什曼原虫病、全身性 败血症、钩端螺旋体病
寄生虫性	犬恶丝虫病——嗜酸性肉芽肿、犬弓蛔虫病
过敏性	晶状体诱发的葡萄膜炎、对未知抗原的反应、肝炎疫苗反应、眼内肿瘤（特别是淋巴癌）
特发性	
免疫介导性	

【诊断】　可根据病史和症状及两份血清中抗体滴度增加进行诊断。

【治疗】　可局部使用皮质类固醇类药物，阿托品和非类固醇抗炎药物。

三、猫疱疹病毒（Feline herpes virus，FHV）、鼻气管炎病毒

猫病毒性呼吸道疾病常伴发结膜炎。

【病因】　FHV、杯状病毒、呼肠孤病毒及黏病毒感染都可引起猫的结膜炎。FHV 是呼吸道疾病时猫结膜炎的主要病原。多达 80% 的猫隐性感染。患慢性结膜炎猫也可能 FIV 抗体检测阳性。

【病理生理学】　通常淋巴细胞占主导，大单核细胞并不少见。在慢性继发性感染可见中性粒细胞和巨上皮细胞。在临床病例可见到细胞内包涵体，但极少。

【临床症状】　FHV 性结膜炎的早期症状包括：双眼有浆液性分泌物，并随病程发展变为黏液性（彩图 114）。

继发细菌感染会促进黏液脓性分泌物的发生。

【鉴别诊断】　很多类型的眼病都可见到结膜炎。它可以是传染性的（疱疹病毒、支原体或衣原体）或非传染性的。可以是原发的，也可以继发于溃疡性角膜炎、外层巩膜炎、青光眼、前葡萄膜炎、眼睑疾病（眼睑内、外翻，睫毛外翻，眼睑炎）、眶蜂窝织炎、鼻泪管堵塞、干眼症、（眼睑）弛缓症、环境刺激及肿瘤（淋巴癌）（彩图 115）。

【诊断】　很多实验室可以用结膜或角膜刮取物进行 FHV 和衣原体的免疫荧光抗体（IFA）试验。若先前进行过荧光素点眼试验，就可能出现假阳性反应，因此应在荧光素点眼前采样。在病程的早期，阴性结果更常见，聚合酶链反应（PCR）试验比 IFA 试验更准确。

随感染时间的长短和是否存在其他病原，结膜的细胞检查结果差异很大。临床上，角膜结膜炎并伴有树枝状角膜溃疡即可诊断为 FHV 感染（彩图 116）。

FHV 性角膜炎可由上呼吸道病引起，也可能不是。

【治疗】　FHV 性结膜炎的治疗包括：局部使用抗病毒药物和广谱抗生素以控制继发性细菌感染。抗病毒药物控制结膜炎（无角膜病变）的效力各不相同。已有 FHV 疫苗用于猫；然而，仍有接种过疫苗的发病。反复感染 FHV 可能与感染 FIV/FeLV 有关。初期治疗包括：1% 三氟胸苷点入患眼，5 次/d，阿昔洛韦 200 mg，口服 3 次/d，同时使用干扰素。对其他治疗无效的病例可注射干扰素，α_2 干扰素（猫 3 U/ml，1 次/d，可终生使用；或 30 U/ml，连用 7 d，停 7 d，再用 7 d）。口服赖氨酸（400 mg/d）可降低隐性感染猫的排毒。

对主人进行指导也很重要。FHV 感染可能是慢性的和反复发作的，尤其是在应激时，可引起全身性的免疫抑制。因此，应对猫进行 FeLV/FIV 检测。

四、猫传染性腹膜炎（Feline infectious peritonitis，FIP）

FIP 病毒是一种冠状病毒，干性（非渗出性或实质性）FIP 引起眼的病变最多（占干

性 FIP 的 32%）。

【病理生理学】　病毒在口咽腔组织和肠绒毛顶端（细胞）内复制。病毒由巨噬细胞传播引起各种组织的肉芽性病变；在干性 FIP，肉芽性病变通常比湿性更大，周围的纤维化更严重，并多发现于胸、腹腔外，尤其是 CNS 和眼。

【临床症状】　出现眼症状时，可无全身症状伴发，或是全身症状的前兆。但也有几例只是在恢复期出现眼的症状和高滴度抗体。临床症状包括：累及眼球前后段的前后葡萄膜炎（彩图 117，彩图 118）、房水闪辉、角膜沉淀、眼房积脓、粘连、视网膜脱落、脉络膜炎、视网膜出血和血管炎、继发性青光眼、视网膜血管管鞘化及视神经炎。

【鉴别诊断】　见表 4-15-3，表 4-15-4。

【诊断】　主要根据临床症状和病理变化诊断，血清总蛋白高于 78 g/L，多克隆 r-球蛋白病及血清纤维蛋白原升高。眼房穿刺液可见蛋白、纤维蛋白、嗜中性粒细胞、红细胞和单核细胞。

【治疗】　可用环磷酰胺、泼尼松和抗生素。

五、猫白血病（Feline leukemia）

猫白血病毒（FeLV）可引起前葡萄膜炎（单眼或双眼）、视网膜炎、白内障、瞳孔不规则或不对称和继发性青光眼。

【病因】　FeLV 是一种反转录病毒，它的遗传物质以 RNA 形式从一个寄主转移给另一寄主。在淋巴肉瘤病例，眼前房或玻璃体穿刺可发现肿瘤细胞，通常这是对病原的非特异性反应。

【病理生理学】　视网膜变化包括出血，视网膜血管颜色变淡（贫血），白细胞浸润表现为多点状灰色浑浊，视网膜脱落。

【临床症状】　角膜变化少见，但有角膜炎、水肿及角膜病变，表现为由肿瘤间质淋巴细胞形成一宽的浑浊带。伴有淋巴滤泡增生的结膜炎可能出现。在胸腺型淋巴肉瘤且猫白血病病毒阳性猫，已见到霍纳氏综合征。也可单独发生虹膜肿瘤。在猫白血病病毒感染猫也会出现瞳孔对光反射异常。

【鉴别诊断】　见表 4-15-3，表 4-15-4。

【诊断】　ELISA 试验用于诊断具有高敏感性的病毒。确诊性 IFA 试验需使用 ELISA 试验阳性猫的外周血涂片。近来聚合酶链反应（PCR）试验已用于 FeLV 的抗原检测。

【治疗】　FeLV 的治疗包括控制条件性感染和支持疗法。免疫调节药物如干扰素可减轻临床症状。

六、猫泛白细胞减少症病毒（Feline panleucopenia virus，FPV）

猫泛白细胞减少症病毒感染可引起视网膜发育不良及视网膜玫瑰花环形成，正常视网膜层状结构丧失及幼猫视网膜神经层变薄。点状视网膜发育不良，表现为在毡区和非毡区眼底的无色素区出现边界明显的过度反光区。也可见视神经发育不良。

【鉴别诊断】　见表 4-15-3，表 4-15-4。

【诊断】　主要根据临床症状和病理变化诊断，血清总蛋白高于 78 g/L，多克隆 r -球蛋白病及血清纤维蛋白原升高。眼房穿刺液可见蛋白、纤维蛋白、中性粒细胞、红细胞和单核细胞。

【治疗】　可用环磷酰胺、泼尼松和抗生素。

七、羊痘（Variola ouina）

当绵羊痘发生时一般在眼的四周，眼以卡他性结合膜炎形式进行。病情严重时，眼的受侵害较重，眼睑被淡灰色的粘液性或脓性渗出物胶着，有时可见结合膜肿胀，出现不大的泡与色稍微暗的水疱状内容物，破溃或经治疗后变为小脓泡，此时，结合膜炎严重甚至有化脓性质。

角膜表面有针头大小的水泡，转为脓泡时角膜有血管形成，脓泡的外围有血管分支围绕。水泡数量较多时，可发生实质性角膜炎。

继发性化脓性感染的侵入可引起角膜溃疡与角膜坏死，最终形成全眼球脓炎，眼球被破坏。实质性角膜炎与溃疡以后，一般可遗留瘢痕性斑。

八、马传染性贫血（Anemia infectiosa eguorum）

马传染性贫血是马属动物的病毒性传染病，其在眼内的变化多种多样，有的病例发生大量的落泪，结合膜的炎症，呈现玻璃样肿胀，具有无光泽的斑点的红的着色，第三眼睑被复以斑点，某些病例结合膜发黄。

有报道，传染性贫血时网膜内郁血是最初的症状。有的马一只眼内有纤维素性出血性虹膜炎、睫状体炎，白内障，而另一只眼则有脉络膜炎。

九、狂犬病（Rabies）

狂犬病是由狂犬病毒（Rabies virus，RV）引起的人和动物共患的急性直接接触传染病，在其前驱期出现精神抑郁，喜藏暗处、举动反常、瞳孔散大，反射机能亢进，进入麻痹期则有分散的斜视与第三眼睑突出，角膜丧失光亮，浑浊并发炎，瞳孔收缩或散大，或是两眼出现不同状态（双眼视差）。泪液内含有狂犬病病毒。

十、牛恶性卡他热（Coryza gangraenosa bovum）

恶性卡他热为牛及绵羊、山羊的急性非接触传染性发热病，由病毒引起。

该病对眼的损伤是典型的症状，发病的第一到第二日，眼结膜即呈炎性变化，羞明，结膜炎带有化脓性质。眼睑肿胀，眼前房积有浆液性纤维性渗出，角膜呈黄色，呈现泛发性浑浊，病势剧烈的上皮凸起，成为水泡，内含清液，不久破裂而成溃疡，最终引起角膜穿孔与虹膜脱出，或引起全眼球脓炎。

化脓过程侵及色素层，脓性纤维素性渗出物蓄积在前房内。由于睫状体炎发生白内障与后粘连。

十一、口蹄疫（Aphthae epizooticae）

口蹄疫为偶蹄兽的一种急性、发热、高度接触性的传染病。

口蹄疫时眼的损伤较少，主要表现在水泡性结合膜炎与角膜炎的发生。水泡可能吸收或是当溶解时成为浅表性溃疡，较少变为脓泡。当脓泡痊愈时，其局部可成为瘢痕。

很少发生虹膜炎与睫状体炎。

第三节　原虫感染（Protozoal infections）

一、弓形虫病（Toxoplasmosis）

又称弓形体病、弓浆虫病，是一种以猫为终宿主的人畜共患寄生虫病，主要损害呼吸及神经系统。猫弓形虫病可单独出现眼的症状，也可以与肝、肺、脑膜等全身性弓形虫病伴发。猫眼的症状比犬更常见。

【病因】　猫弓形虫病是由专性细胞内球虫样寄生虫——龚地弓形虫感染引起。

【病理生理学】　食入卵囊或组织囊导致弓形虫经血液或淋巴扩散至肠以外器官。弓形虫在那里增殖引起心、眼、脑等的点状坏死。

【临床症状】　猫出现不同程度的前葡萄膜炎和多点状视网膜炎或视网膜脉络膜炎（彩图119）。在犬出现脉络膜视网膜炎或视神经炎、少见前葡萄膜炎，也出现眼外肌群炎症。

【鉴别诊断】　见表4-15-3，表4-15-4。

【诊断】　虽然猫弓形虫病不能使抗体滴度明显升高，但有葡萄膜炎和血清抗体试验阳性猫，可初步诊断为猫弓形虫病。现在已有检测 IgM 抗体的 ELISA 试验和弓形虫抗原用于弓形虫病的诊断。若猫正在排出卵囊，会对其他动物和人造成隐性感染，这时检组粪便可确诊。

【治疗】　应告诉主人加强卫生措施，防止弓形虫病，治疗包括使用抗菌药物（磺胺嘧啶，乙胺嘧啶、林可霉素）及支持疗法。对病变局限于眼的病例，常规治疗葡萄膜炎的方法也适用。

二、其他寄生虫病与眼的关系

寄生虫对眼可造成一定的损害但不一定是主要症状。

羊的绦虫病时，由于颅内压的增高与附近脑区的受压迫，可发生眼的侧的单纯性视乳头郁血。视神经网膜炎与黑内障。有时可见结合膜红染。

焦虫病时，往往出现鲜黄色或蔷薇色着染的结合膜，其炎症表现在上、下眼睑结膜和第三眼睑的郁血。此外，许多病例发生角膜炎，色素层炎症与视网膜内的郁血，并可引起视神经萎缩。

当纳塔属（Nuttallia）焦虫病时，可见眼睑水肿，结合膜着色由乳白的黄疸改变至淡蔷薇色。有时于上、下与第三眼睑的结合膜发生郁血。

当蠕虫病时，也可能引起眼的损害。如马与牛眼丝虫可出现水样液与玻璃状体浑浊、实质性角膜炎、虹膜炎、白内障与视网膜炎。在许多病例这些变化可导致动物失明或眼萎缩。

第四节　真菌性疾病（Fungal diseases）

一、隐球菌病

【病因】　隐球菌病是由腐生性酵母样真菌——新型隐球菌引起。此菌是一种常见的，从环境中吸入机体的真菌。

隐球菌病是一种全身机会性真菌感染。不是接触性传染病。猫比犬易感。

【病理生理学】　隐球菌可经血液或由鼻、CNS 扩散至眼引起感染，可在眼组织和玻璃体中找到隐球菌。

【临床症状】　猫有呼吸道、CNS 和皮肤病变，而犬只有 CNS 和眼病变。隐球菌时眼的症状：瞳孔扩散、渗出性视网膜脱落，肉芽性脉络膜视网膜炎（彩图 120）、视神经炎和前葡萄膜炎。犬可表现为渗出性肉芽样神经炎和瞳孔扩大

【鉴别诊断】　见表 4-15-3，表 4-15-4。

【诊断】　依据对病原菌的细胞学、组织学鉴定做出诊断。可在视网膜下或玻璃体抽取物中找到真菌。也有一种针对真菌膜抗原的试剂用于临床。

【治疗】　猫隐球菌病可用酮康唑（10 mg/kg，1 次/d，连用 60 d），联合使用两性霉素 B 和 5-氟胞嘧啶治疗或单独使用 5-氟胞嘧啶（250 mg/3.1 kg，1 次/d，连用 4 周）。有人建议联合使用两性霉素 B 和 5-氧胞嘧啶治疗犬隐球菌病。也可使用伊曲康唑（犬 5～10 mg/kg，1～2 次/d；猫 5～13 mg/kg，2 次/d）。

二、球孢子菌病

【病因】　由双相型真菌——粗球孢子菌引起，通过吸入环境中的关节孢子感染，是一种全身性真菌病。犬多发，猫少见，它不是接触性传染病。表现为眼球后段发病，并可扩展至眼球前段。

【病理生理学】　内生孢子经血液和淋巴液转移引起播散性疾病。眼是几种最常被侵害的器官之一。单眼或双眼的肉芽性葡萄膜炎最多见。眼房角、睫状体、视网膜和脉络膜亦可发病。单侧或双侧眼的症状可能最早出现。这些症状包括：肉芽性泛葡萄膜炎、继发性青光眼、眶蜂窝织炎、角膜炎、视网膜炎、视网膜脱落。

【鉴别诊断】　见表 4-15-3，表 4-15-4。

【诊断】　玻璃体抽取物可发现内生孢子，在流行地区可用血清学试验。

【治疗】　口服酮康唑（5 mg/kg，2 次/d）是目前常用治疗方法。

三、组织胞浆菌病

【病因】　组织胞浆菌是由双相型真菌——荚膜组织胞浆菌病引起的一种全身性真菌感染。感染性分生孢子经呼吸道、消化道进入体内。它是一种原发于呼吸系统的疾病，后扩散到肝、脾、肠、淋巴结、CNS 和骨。

【病理生理学】　真菌可散播到任何器官并导致肉芽样炎症反应。较典型的是散播到肺、消化道、肝、骨髓和眼等器官。脉络膜是眼内病变的主要区域。

【临床症状】　在犬和猫，眼的症状包括：肉芽性脉络膜视网膜炎（彩图 121）、视神经炎、视网膜脱落及一些前葡萄膜炎的症状。

【鉴别诊断】　见表 4-15-3，表 4-15-4。

【诊断】　可在流行地区分离到真菌。正红细胞性、正常血色素性、非再生性贫血是最常见的血液异常。偶尔可在循环血中的单核细胞和嗜配性细胞内发现核菌。需根据细胞学、活组织采样检验和培养等鉴定结果诊断，也可用血液学试验诊断。

【治疗】　早期或混合型病例可单独使用酮康唑或伊曲康唑。严重的或暴发性病例可联合使用两性霉素 B 和酮康唑或伊曲康唑。

四、芽生菌病

【病因】　芽生菌病是由双相型真菌——皮炎芽生菌引起的。从环境中吸入感染性分生孢子感染。起源于肺，后又散播到其他器官的全身性真菌感染。机体的所有系统都可能发生感染。水在此病的散播中起重要作用。犬比猫多发。

【病理生理学】　肺泡中的巨噬细胞吞噬分生孢子。这些含有真菌的吞噬细胞进入肺间质，获得进入血液循环和淋巴管的通道。血源性和淋巴源性散播导致化脓性肉芽性病变。犬和猫的眼球常会受到伤害。

【临床症状】　眼的症状包括：结膜炎（彩图 122）、角膜水肿、角膜血管增生、瞳孔不均、前葡萄膜炎（彩图 123）、继发性青光眼、眼球突出（球后炎症）、肉芽性脉络膜视网膜炎、视网膜脱落、视神经炎（彩图 124）。

【鉴别诊断】　见表 4-15-1，表 4-15-3，表 4-15-4。

【诊断】　根据对病变组织内酵母菌的特征，尤其是被感染的淋巴结、皮肤、眼内酵母菌特征的鉴定诊断。在流行地区可用血清学试验诊断。

【治疗】　伊曲康唑、酮康唑和两性霉素 B 对犬芽生菌病的大部分病例都有效。伊曲康唑还可用于猫的芽生菌病。

第五节　原壁菌病（藻病）（Algal disease）

原壁菌病由两种绿藻引起：佐普夫原壁菌和原壁菌属，这两种绿藻存在于动物排泄物及污水中，经食入污染的食物、土壤或水传播。是犬、猫的一种少见致命的藻病，散播性疾病在柯利犬最常见。

【临床症状】　犬的全身症状包括：间歇性或迁延性血样腹泻、CNS 症状、皮肤病变、淋巴结肿大、呼吸道及肾的症状。据报道猫只有皮肤病变。在报道的犬病例中，超过 50％的犬出现严重的眼症状，包括：点状、弥漫性肉芽样脉络膜视网膜炎、玻璃体渗出、视网膜脱离和退化，视网膜出血，泛葡萄膜炎。眼的症状常为双侧性。

【鉴别诊断】　见表 4-15-3，表 4-15-4，表 4-15-6。

【诊断】　根据临床症状，组织抽取物，组织学和细胞学检查及培养做出诊断。

【治疗】　具有 CNS 和眼症状的病例予后不良，氟康唑可用于这些系统发病的病例。

第六节　立克次氏体病（Rickettslal diseases）

一、犬埃立克体病

【病因】　犬埃立克体病是一种小的多形体立克次氏病原体，它可感染循环血液中的单核细胞。立克次氏体病是一种蜱传播的由埃立克体属的几种立克次氏体引发的全身性疾病。棕色感谢啤——血红扇头蜱是传播本病的媒介。

虽然犬埃立克体是犬最常见的病原，其他几种也都可使犬发病。犬埃立克体引起犬的急性、亚临床和慢性疾病过程。

【病理生理学】　血小板缺乏或血管炎可单独或共同引起眼的病变。慢性疾病过程见于不能对病原体建立起有效免疫反应的犬。伴有神经症状的脑膜脑炎是慢性感染犬的典型症状。

【临床症状】　全身症状包括：淋巴结肿大、发热、流涕、血小板减少及泛白血细胞减少症，并伴有隐性血管炎。眼的症状有：早期视网膜血管扭曲及视网膜血管周围有灰色圆点；晚期脉络膜视网膜炎和视网膜血管炎（在毡区眼底暗灰色圆点周围有过度反光区）、视网膜下出血、视网膜脱离、视神经炎、乳头水肿等，亦可见前葡萄膜炎。还可见虹膜瘀点、前房积血和角膜后沉淀物。

【鉴别诊断】　见表 4-15-4，表 4-15-6，表 4-15-7，表 4-15-8。

【诊断】　通常根据临床症状，血液学检查和血清学试验诊断，非再生性贫血和血小板减少症是血液学的主要变化。

【治疗】　用四环素作全身治疗。可局部使用皮质类固醇和阿托品治疗前葡萄膜炎。

二、落基山斑点热（RMSF）

【病因】　RMSF 是由立克次氏体引起的脊椎动物的立克次氏体病，由一种革蜱属（Dermacentor）蜱传播。

【病理生理】　进入血液循环后，立克次氏体在毛细血管和小血管内皮细胞内复制，直接损伤内皮细胞并导致血管炎症、坏死。增加血管通透性，引起血管内液体和血细胞外渗进入血管外组织。

【临床症状】　RMSF 的眼症状有：巩膜水肿、前葡萄膜炎、点状视网膜瘀点，以及黏液脓性眼鼻分泌物、咳嗽、淋巴结肿大、肌肉/关节痛、血管炎、脾肿大、血小板减少、发热和脑机能障碍。

【鉴别诊断】　见表 4-15-4，表 4-15-6，表 4-15-7，表 4-15-8。

【诊断】　根据直接 IFA 试验寻找病原，血清学试验，PCR 试验，立克次氏体 DNA 扩增或立克次氏体培养。

【治疗】　用四环素进行全身治疗。用皮质类固醇和阿托品治疗前葡萄膜炎。

表 4-15-5　突盲的鉴别诊断

症　状	病　因
双侧瞳孔散大和无对光反应	视神经炎/GME，视网膜脱落
	急性青光眼，中风后，突发获得性视网膜退化
瞳孔和对光反射正常（皮质盲）	先天性：脑积水，无脑回，储积性疾病
	代谢性：低血糖，肝性脑病
	中毒性：铅中毒
	营养性：硫胺素 VB_1 缺乏
	损伤性/血管性：栓子
	低氧-中风后，呼吸或心动停止
	传染性：犬瘟，弓蛔虫病，FIP
	肿瘤性：网状细胞增多，脑膜肿瘤
	特发性
瞳孔和对光反射正常	白内障

表 4-15-6　视网膜脱落的病因

与柯利犬眼异常、视网膜发育不良有关

全身性传染病（真菌、FIP，弓形虫病、淋巴肉瘤/FeLV，其他眼内炎症）

肿瘤性疾病引起视网膜硬化脱落

牵拉性视网膜脱落，由脉络膜——视网膜粘连引起

损伤

玻璃体变性

眼内压突然降低

浆液性视网膜脱落（血管炎、尿毒症、血管内高压）

眼外压力

视网膜穿孔

表 4-15-7　眼前房积液的病因

葡萄膜炎与病毒/细菌/真菌/寄生虫/免疫介导性疾病有关
先天性异常
损伤（头或眼的钝性损伤、眼球穿透创）
眼内肿瘤
凝血性疾病
高黏血综合征
高血压
视网膜脱落

表 4-15-8　视网膜出血的病因

损伤
出血性疾病
血液寄生虫
高黏血综合征
视网膜炎症
肿瘤和淋巴网状内皮疾病
先天性视网膜/血管导演
高血压
严重贫血

第七节　其他系统疾病（Miscellaneous systemic diseases）

一、高、低血钙症

由甲状腺功能亢进、肿瘤、肾衰竭和肾上腺皮质机能减退引发高血钙时，眼的症状有：结膜上有白色、沿角巩膜缘有结晶钙颗粒、角膜变性和白内障。由原发性甲状旁腺功能不足、慢性肾衰竭、肠管吸收不良等引起的低血钙，也可诱发白内障。

二、高脂血症

【病因】　高脂血症是指血浆中甘油三酯和/或胆固醇浓度升高。原发和继发性高脂血症都会有眼的症状。犬比猫易感。

迷你型雪纳瑞犬（小髯犬）的高脂血症会以特发性高脂蛋白血症的形式原发，或继发于糖尿病、甲状腺功能不足、胰腺炎、肝和肾病或库兴氏综合征。

【病理生理学】　脂代谢改变导致眼血管脂血症、角膜浑浊、眼球脂质浸润和脂质房水。

【临床症状】 甘油三酯升高可导致大脑机能障碍，急性胰腺炎，脂质房水诱发的前葡萄膜炎和脂血症性视网膜病。血清胆固醇升高可引起脂质角膜病。

【鉴别诊断】 见表4-15-4，应排除引起角膜浑浊的其他病因，包括角膜溃疡、斑痕和炎性细胞浸润。

【诊断】 依据对血清中特异脂蛋白的电泳和超速离心结果诊断。

【治疗】 脂质房水和脂血症性视网膜病会随原发病的痊愈而消失。

三、高黏血症

【病因】 高黏血症是因血液黏稠度增加而导致的几种临床病理异常之一。

血黏滞性过高可由单克隆 r -球蛋白血症引起（多发性骨髓瘤，巨球蛋白血症，淋巴细胞性白血病）、红细胞增多症、肾病、肝肿瘤和极端白细胞增多症（>100 000/μl）。

【病理生理学】 可因小血管中血液停滞、凝血异常、血液输送氧和营养的能力不足，导致视网膜血管扭曲、变粗、视网膜出血和脱落。

【临床症状】 黏滞性过高导致血小板栓塞、出血、CNS症状和眼功能紊乱。此病早期即可见眼的变化，包括：视网膜出血、静脉扩张和分段、血管扭曲、小血管瘤、视网膜上出血、脱落、血管周围的视网膜成褶和乳头水肿。也可出现前葡萄膜炎和继发性青光眼。

【鉴别诊断】 见表4-15-3，表4-15-4，表4-15-8。

【诊断】 应做凝血评价试验（血小板计数、部分激活凝血激酶时间、激活凝血酶原时间），血清蛋白电泳，血清黏性测定等来确诊。应做全面眼底检查。

【治疗】 可用血浆去除法治疗高黏血症。针对潜在性疾病的特异性抗肿瘤法也适用。

四、全身性血管病

老年猫常见慢性肾衰竭导致的高血压引起视网膜脱落，犬也可发生（彩图125）。若药物和食物调整对高血压有效，此种视网膜脱落所致的失明，视力可以恢复。

五、动脉高压

【病因】 收缩压超过180 mmHg 称为动脉高压。会引起动物失明。犬、猫动脉高压见于肾病、甲状腺机能亢进/不足、老龄、血胆固醇增高症、脂肪变性/动脉硬化、嗜铬细胞瘤、库兴氏病、糖尿病、肥胖病和特发性病因等。特发型又称为自发性高血压。

【病理生理学】 当去甲肾上腺素水平升高引起外周血管收缩时，激活了肾素——血管紧张素——醛固酮的活性，使血压升高。回流血压升高导致体液、血浆或血液外渗，使末端器官受损。小动脉损伤和痉挛增加致使毛细血管网缺氧，渗透性增加或血栓形成。

【临床症状】 眼部症状包括：视网膜小动脉扭曲、前出血、水肿，血管周围炎，前葡萄膜炎，玻璃体和前房出血，视网膜脱落和萎缩（彩图 126 至彩图 128）。在严重病例，发生不可逆失明。

【鉴别诊断】　见表 4-15-3，表 4-15-4，表 4-15-5，表 4-15-8。

【诊断】　根据持续血压测定诊断，应对所有病例进行全血细胞计数（CBCs），尿分析和血清生化检查。

【治疗】　包括限制日粮中的盐分，给予利尿剂，钙通道阻断剂如阿洛地平（氨氯地平苄磺酸盐 0.125 mg/kg，1 次/d）。

六、出血性视网膜病变

【病因】　出血引起的视网膜病变可表现为：在玻璃体内的浅在性线性出血、位于视网膜深层的小圆点状出血和大片发暗的视网膜下出血。

此病见于贫血、高血压、凝血病和全身感染等。猫由各种原因（如免疫介导性血小板减少症）引起严重贫血时，视网膜前、内皆易发生独特的多点状出血。其他引起猫发生贫血和视网膜病变的原因有：淋巴瘤、网状内皮细胞增生、血小板减少症、十二指肠溃疡引起的慢性出血、FIP 和血巴尔通氏体病。

【病理生理学】　因血压升高使视网膜小动脉反应性收缩，导致血管闭塞和缺血性坏死，这又造成视网膜血管渗透性增加。脉络膜内血管收缩使得视网膜下液体蓄积和视网膜脱落。

【临床症状】　多数猫眼底可见双侧视网膜和玻璃体出血，此时血红蛋白值低于 5 g/dl（彩图 129，彩图 130）。

【鉴别诊断】　对任何不明原因的眼内出血和视网膜脱落，都应检查是否有高血压，见表 4-15-5，表 4-15-6，表 4-15-8。

【诊断】　高血压的指征是，反复测得的收缩压都高于 160～180 mmHg（21.3～24 kPa）。

【治疗】　轻症猫，视力一般不受影响。通常针对原发病性贫血、高血压进行治疗。大量玻璃体内出血常导致不可逆的失明。抗高血压药物有 β-肾上腺素能神经阻断剂，利尿剂，血管紧张素转化酶抑制剂，血管扩张剂和钙道阻断剂，如阿洛地平（0.125 mg/kg，口服，1 次/d）。

七、霍纳氏综合征

犬、猫霍纳氏综合征（去交感神经）的特点是单侧或双侧瞬膜脱出、眼睑下垂、瞳孔不均和缩瞳。

【病因】　最常见的病因包括：纵隔前肿瘤、臂神经丛损伤、中耳炎和颈部损伤。

【病理生理】　因失去交感神经支配，引起眶内平滑肌张力缺乏，眼球有稍后退成眼球内陷。上眼睑平滑肌（穆勒氏肌）和下眼睑组织失去交感神经支配导致眼裂变小，上眼睑提举水全或眼睑下垂。交感神经性张力降低和眼球内陷又导致瞬膜脱出，瞳孔开大肌的交感神经性张力减小又引起瞳孔大小不一和患眼缩瞳（彩图 131）。

【临床症状】　病猫在室内光线下瞳孔缩小并不明显，在暗光下缩瞳和散瞳作用仍可发生，但不如正常瞳孔大（不超过虹膜括约肌松弛时瞳孔的开张程度）。致病性损伤可发生于交感神经径路的任何部位。

【鉴别诊断】　葡萄膜炎有瞬膜脱出和伴有房水闪辉的缩瞳、结膜炎和眼睑痉挛。

【诊断】　依据彻底的物理检查及神经、耳内和眼科检查诊断。

【治疗】　有些病例的眼科症状能很快消失。

八、淋巴肉瘤

【病因】　淋巴肉瘤是犬、猫眼内最常见的肿瘤。且多为继发性、双侧性发生。这是一种转移到眼及其附件的肿瘤。被侵害猫可能 FeLV 阳性。

【病理生理学】　全身性肿瘤早于或与眼淋巴肉瘤同时发生。

【临床症状】　犬、猫淋巴肉瘤（彩图 132 至彩图 134）可见角膜水肿，中央有肿瘤细胞移行形成的白带；基质出血、角膜血管增生、伴有前房积血的前葡萄膜炎前房积脓、角膜后沉淀物和继发性青光眼；视网膜血管扭曲、视网膜出血、血管周围成鞘、视网膜脱落或视网膜组织被肿瘤细胞浸润。

【鉴别诊断】　结膜炎、前房积血、前葡萄膜炎、视网膜脱落和青光眼等，皆可由淋巴肉瘤引起。见表 4-15-3，表 4-15-4，表 4-15-5，表 4-15-6，表 4-15-8。

【诊断】　淋巴结肿大并伴有前房积血、前葡萄膜炎，或眼内出血都应怀疑是淋巴肉瘤。

【治病】　前葡萄膜炎和前房积血应局部使用皮质类固醇和阿托品治疗。应建立治疗淋巴肉瘤的病历。

九、糖　尿　病

【病因】　糖尿病犬有很高的白内障发生率，很多犬在几天到几周内快速发生白内障。多数糖尿病犬在确诊后两年半内出现白内障。

犬糖尿病的致病因素包括：肥胖、免疫介导性胰岛炎、胰腺炎、感染、基因易感性及胰岛素拮抗性疾病等。在猫，由肥胖诱发的不耐受碳水化合物和淀粉类物质沉积于胰岛细胞内都是潜在性因素。

【病理生理学】　白内障形成于高血糖期，当葡萄糖进入晶状体被醛糖还原酶（AR），转化为山梨醇，而此时已糖激酶已饱和，山梨醇脱氢酶（SD）活性也已降低，这就造成山梨醇的蓄积。山梨醇吸收水分进入晶状体，使得晶状体纤维肿胀、破裂导致白内障。猫晶状体内两种酶（AR，SD）的活性低于犬，但猫 AR/SD 的比率高于犬。山梨醇在猫晶状体内蓄积的速度高于犬，但实际上猫糖尿病引起的白内障发生率低于犬。

【临床症状】　小动物糖尿病时，最常见的眼部症状是急性白内障形成，常导致突然失明。

【鉴别诊断】 白内障在一些特殊品种犬是一种遗传病，也可以由糖尿病、老龄、视网膜高度变性、前葡萄膜炎、低血钙引起的疾病，放射治疗和幼犬、幼猫食用代乳品等引起。特异性反应也与人的白内障形成有关，并且在亚热带生活犬的白内障形成中能起重要作用。

【诊断】 患糖尿病犬、猫的早期白内障变化是在赤道部皮质下出现液胞，并逐渐增大，肿大的白内障晶状体有明显的丫形沟。在有些糖尿病犬亦可见前葡萄膜炎。糖尿病犬、猫的视网膜病变发展缓慢。

【治疗】 分为紧急治疗糖尿病酮配中毒和隐定糖尿病本身两部分。只要患犬开始正常采食，单纯糖尿病犬的酮配中毒病情即可稳定。必须手术摘除白内障。

十、干眼症（KCS，急性和慢性角膜结膜干燥症）

【病因】 干眼症是一种与泪腺的眼泪分泌减少有关的疾病。多数犬的慢性结膜炎病例都由干眼症引起。干眼症可由犬瘟、损伤、放射和药物中毒引起。也可由免疫介导性泪腺炎所致。犬免疫介导性干眼症也见于迟缓症、甲状腺功能不足、肾上腺功能亢进、SLE、风湿性关节炎、糖尿病、慢性活动性肝炎、类天疱疮样疾病等。猫疱疹病毒感染也可引起干眼症。

【病理生理学】 角膜前的三层泪膜对维持角膜的透光性和营养角膜至关重要。缺乏眼泪会导致角膜和结膜退化。

【临床症状】 眼睑痉挛、结膜炎、球结膜水肿、有黏液性到黏液脓性分泌物、角膜色素沉着和血管增生、角膜溃疡等都可见到。与犬比，眼泪过少对猫的影响较轻。

【鉴别诊断】 见表 4-15-2，干眼症常易与细菌性结膜炎混淆。

【诊断】 希尔默试验值降低（湿润区＞10 mm/min）就可确诊。必须确定是否并发角膜溃疡。

【治疗】 局部使用环孢霉素 A、人工泪液、抗生素对很多犬的干眼症有效。

十一、前葡萄膜炎症

【病因】 前葡萄膜炎症（虹膜和睫状体）是指葡萄膜炎或虹膜睫状体炎。后葡萄膜或脉络膜炎症称作脉络膜炎。把前葡萄膜的炎症作为一个独立的病与脉络膜区分开是有益的，但一个区域的炎症通常会导致其他区域某种程度的炎症。

泛葡萄膜炎是指整个葡萄膜层的炎症，也包括眼内炎和累及眼前房和玻璃体的炎症。

传染性和非传染性肿瘤，免疫介导性及全身代谢性疾病都可引起葡萄膜炎。猫的全身性疾病如 FIP、FeLV 相关疾病、FIV、弓形虫病、全身性真菌感染等都可引起前葡萄膜炎。其他如细菌（结核病）和过敏反应也可引起。犬的前葡萄膜炎可由藻类、细菌、真菌、免疫介导性疾病、代谢病、寄生虫、肿瘤、病毒和立克次氏体引起。

【病理生理学】 当血——眼屏障破裂释放出炎性介导因子，引起瞳孔括约肌和睫状体肌收缩。

【临床症状】　缩瞳、结膜充血、角膜水肿、眼压降低、前房积血、前房积脓、虹膜色彩改变、肛膜肿胀、角膜后沉淀物（单核细胞团附着于角膜内皮细胞层）以及疼痛等，在前葡萄膜炎时都可见到。还可出现白内障、深层角膜基质血管增生、眼内炎、晶状体脱位、虹膜发红、虹膜叶胀、继发性青光眼等后续症状。脉络膜炎可导致视力下降、脉络膜渗出和肉芽肿、视神经炎、视网脱落、出血和玻璃体浑浊（彩图 135）等。

【鉴别诊断】　见表 4-15-4，表 4-15-7。

【诊断】　全面检查全身和眼睛非常重要，这可为寻找病因提供有价值的线索。其他检查包括：全血细胞计数、血液化学、血清学试验和房水分析、房水和玻璃体抽取物的细胞学检验和细菌培养可帮助确定病因的性质。在全身多系统疾病时，葡萄膜炎可单侧或双侧发生。

【治疗】　急性单侧葡萄膜炎可根据经验采取治疗措施。双侧或慢性葡萄膜炎通常是由感染引起，因此应做相应治疗。

十二、眼睑病变（Eyelid manigestations）

慢性睑炎可由全身性内分泌不平衡（如甲状腺功能低下）引起，细菌、真菌、寄生虫、过敏以及肿瘤性疾病都能影响眼睑（彩图 136）。据报道，弛缓症、暴露于接触性过敏原和自体免疫病等，也可以引起眼睑病变。幼犬的乳头状增生物可能与口腔乳头状瘤有关。

十三、脉络膜视网膜炎

【病因】　临床上不能把累及脉络膜的后葡萄膜炎与视网膜炎分开。因此，常称作脉络膜视网膜炎。

猫脉络膜视网膜炎通常由弓形虫病、FIP、隐球菌病、组织胞浆菌病和芽生菌病引起。虽然前后葡萄膜炎都会发生，但弓形虫病和隐球菌病通常只波及眼球后段。犬脉络膜视网膜炎可由细菌、病毒、真菌感染、寄生虫、原发或继发性肿瘤引起。

【临床症状】　视网膜或脉络膜视网膜炎的症状包括：水肿、炎性细胞浸润和形成肉芽肿、出血及存在渗出性视网膜脱落的可能（彩图 137）。犬视网膜渗出、出血、脱落是本病的后续症状（彩图 138）。

【鉴别诊断】　见表 4-15-3。

【诊断】　毡区脉络膜视网膜疤痕，反光增强可见于正常健康猫，也是先前发生亚临床炎症过程的指征（彩图 139）

【治疗】　针对发病原因进行治疗。对视网膜病必须采取全身治疗措施。

十四、视网膜脱落

【病因】　视网膜脱落（RD）是指视网膜神经感觉层与色素上皮层分离。

双侧 RD 多见于全身性疾病。视神经缺损，严重的视网膜肿瘤，肾、心衰竭引起的全身高血压，眼内肿瘤和脉络膜视网膜炎都可引起 RD。

【病理生理学】 视网膜神经感觉层（NSR）被积聚于它和色素上皮层（RPE）之间视网膜下腔的炎性或肿瘤性渗出物分开（渗出性 RD），或因玻璃体炎症和出血引起的玻璃体收缩而撕裂分离（裂源性 RD）。

【临床症状】 若视网膜彻底脱落，瞳孔固定，扩大。小片 RD，不会引起失明。在多数病例，视网膜完全脱落是一个严重的问题，视力会因此变得极差。

【鉴别诊断】 见表 4-15-3，表 4-15-5，表 4-15-6。

【诊断】 眼科检查见瞳孔散大（双侧 RD 时），晶状体后出现血管、瞳孔泛白、玻璃体变性和/或出血、视网膜不透明、皱褶。白内障的患眼可用超声波诊断 RD。

【治疗】 短期渗出性 RD 采用全身疗法可以治愈，如猫高血压引起的 RD。裂源性 RD 需做高级显微手术。应找出引起 RD 的全身性病因并予以治疗。

十五、猫营养性视网膜变性或牛磺酸性视网膜病

【病因】 多年来已知猫粮中缺乏牛磺酸会导致视网膜变性和肥大性心肌病。

猫营养性视网膜变性发生于给猫喂犬粮和特殊配方的犬粮。

【病理生理学】 牛磺酸是猫的一种必需氨基酸，缺乏时会引起严重的视网膜病变。为维持视网膜正常的结构和功能，牛磺酸的摄入量应为 110 mg/kg. d。

【临床症状】 在眼底中央区，早期病变表现为双侧、点状过度反光区。若日粮中仍缺乏牛磺酸，在视盘背侧，视网膜病变发展成对称、水平的带状过度反光区（彩图 140），在病程末期，表现为广泛性视网膜萎缩和彻底失明。

【鉴别诊断】 见表 4-15-3，表 4-15-5，表 4-15-6。

【诊断】 必须测定血浆中牛磺酸的水平，以确定牛磺酸是否缺乏（<20 nmol/ml）。

【治疗】 补充牛磺酸后，视力的恢复取决于视网膜的受损程度。若在日粮中添加适量牛磺酸，早期病例可以恢复。然而，添加牛磺酸对严重视网膜变性和失明的病例已无意义。

附录 1 物理、化学因素对眼的作用

一、皮肤作用的毒剂——芥子气与路易士气

所有军用毒剂对眼都具有有害作用。引起眼严重的障碍。战争期间使用的或是战后遗留的有毒气体的弹头或容器，虽历经几十年，一经爆炸逸出，依然会对动物的眼产生危害。

1. 芥子气 是一种呈油质的液体，可以很缓慢地蒸发与长久地保存于受它污染的物品上。其是在沾染在动物身体后经过数小时（1～4 h）便表现出作用。

眼开始的现象是烧灼、羞明、落泪。以后发生眼睑水肿，结合膜炎，特别是临近其边缘。睑角内蓄积脓性分泌物，边缘被以外皮，溃破。角膜混浊，角膜周围血管充血。炎症扩大于虹膜与晶状体上。瞳孔收缩，虹膜颜色改变。

炎症逐步发展，病程大约在 4 d 左右。若进入眼内的芥子气是气体状态，则经过7～21 d 开始恢复。若是液状的芥子气起作用，则引起结合膜、角膜的损伤最终眼球坏死。

2. 路易士气 是无色油质的液体，具有天竺葵气味，其作用比芥子气强，可很快的导致组织的坏死。

【治疗】 首先须从结合膜囊内除去残余的毒气。应张开眼睑用硼酸液或生理盐水洗眼（当液状芥子气进入眼内时必须用 0.5％氯亚明水洗涤），然后用下列处方软膏涂于眼睑下。

【处方】 细硼砂粉末 1.0，炭酸氢钠 2.0，蒸馏水 10.0，无水羊毛脂 10.0，白凡士林加至 100.0，作成软膏。

早期使用软膏可使病程减轻，同时应配合其他治疗，应用 1％可卡因液或奴佛卡因液，1％阿托品与 3～5 赛洛仿软膏。

患畜饲养于暗厩内。仍然浑浊时，使用逐渐增加浓度的 1％～3％点眼软膏形式的狄奥宁。有强烈水肿疼痛时，可用温硼酸水洗眼。

二、窒息性毒剂

氯气、氯甲酸——氯甲酸与氯甲酸三氯甲酸，氯蚁酸、氯化苦。这些物质于已经弱的浓度内尚可引起结合膜炎、眼睑痉挛、落泪等刺激现象。严重的病例时有急性卡他性结合膜炎与多量的分泌以及非化脓性的角膜表层性炎症。在这些病例经常出现虹膜与睫状体的刺激性症状，发生色泽的改变，瞳孔的收缩，有时在眼前房内有渗出物。在眼的深部常见于视网膜与玻璃状体内常可见到郁血，视神经网膜炎。视力减弱常为暂时性的，少数病有视乳头萎缩。

【治疗】 首先应全身治疗以对抗机体的中毒现象，用生理盐水或 2％苏打洗眼，当虹膜刺激时使用 1％可卡因液、1％阿托品点眼，当角膜损伤时使用 3～5％赛洛仿软膏。视

网膜与视神经损伤用通常方法治疗。

三、催泪性毒剂

如溴丙铅溴苯甲塞氰溴甲苯，氯苯乙铜等，在不大的浓度内引起结缔组织膜的刺激，落泪，眼睑痉挛。当浓度较大时其作用的程度与持续性增加。损伤严重时角膜发生浑浊、甚至坏死。

结合膜的刺激可经过数天，角膜浑浊可维持久一些。

【治疗】　轻微病例可用生理盐水或 1％～2％ 苏打液一日数次充分的洗眼。

强烈的结合膜炎时，一日数次滴入 1％ 可卡因或奴佛卡因。使用硼砂与苏打软膏。

有强烈的疼痛与眼睑痉挛时，可使用下列软膏：灰白水银软膏 9.0。颠茄浸膏 1.0。动物应饲于暗厩舍内，不必装绷带。

四、引起喷嚏的毒剂

如芳香性砒素与脂肪族（砷）的有机化合物，二苯氯砷、二苯氰砷及其他。它们可引起结合膜炎与角膜浑浊，有时导致角膜坏死。

其作用较短暂。全身性中毒现象较为危险。

【治疗】　用洗涤剂冲洗结膜囊，用收敛剂（0.5％硫酸锌）滴于结合膜上。

对一切毒剂均应采用保护眼的防毒措施。

五、X 线与镭射线对眼的作用

X 线对眼的作用不是立即出现，潜伏期大约 14 d 出现。伴有被毛与睫毛脱落的眼睑炎、结合膜炎、角膜炎与虹膜炎出现。眼睑上皮，角膜、结合膜上皮有特殊的损伤，睑结合膜与虹膜血管充血，虹膜色素细胞发生吸收与溶解。

晶状体仍然是透明的，而当射线长久的作用下如未采取充分的保护措施，可发生白内障。

经过数天后，检眼镜检查时显示视乳头萎缩，而病理解剖时可见视网膜细胞胶样变性，形成空泡，染色质微细颗粒、与细胞的分解，细胞核皱缩，视神经内发生神经成分的分解。

【预防】　使用铅玻璃的防护镜以保护眼。

六、强日光与紫外线对眼的作用（电光性眼炎 Ophthalmia electrica）

当强烈，鲜耀的日光或强力的电光，丰富的紫外线的长期的或反复的作用，经过 5～6 h 发现结合膜的刺激伴发其充血，以及眼睑皮肤的刺激，带有多量的渗出物的分泌，强剧的羞明。在角膜上形成小的浅表的泡状及浸润物。也可发生经过 4～5 d 才消失的夜盲特征的一时性弱视。

眼底的检眼镜检查，除了视乳头与视网膜不大的充血外，未查明其他偏差。

病因去除后疾病能迅速经过，不需要特殊的治疗，仅需要保持眼的清洁。

【预防】　配戴暗蓝色眼镜以保护眼。

附录 2　全身性疾病的眼部表现

眼部检查可为全身性疾病的诊断提供重要线索。本章给出了一系列表格，但决不意味着他们包括了所有有眼部表现的全身性疾病（下表引自《小动物临床手册》）。

附表 1　代谢的先天性缺陷

疾病	缺乏的酶	患病动物	临床症状
切达克-东综合症	未确定	猫、貂、小鼠、牛	部分眼皮肤白化病、畏光、淡色虹膜、低色素眼底
脑回状萎缩	鸟氨酸 δ 转氨酶	家养短毛猫	变性性视网膜萎缩
酪氨酸血症	酪氨酸氨基转移酶	犬	持续性角膜侵蚀和血管化，结膜炎、白内障
α-甘露糖苷贮积病	α-苷露糖苷酶	波斯猫	角膜混浊、后下囊白内障、视网膜中央部变灰、颗粒状脱色
黏多糖贮积病 I	α-L-艾杜糖醛酸酶	普罗特猎犬，猫	颗粒状角膜混浊，面部变形
黏多糖贮积病 VI	芳基硫酸脂酶 B	暹罗猫	角膜混浊，面部变形
黏多糖贮积病 VII	β-葡萄糖苷酸酶	犬	角膜混浊，面部变形
GM₁ 神经节苷脂贮积病	β-半乳糖苷酶	猫、犬	后部角膜细小的颗粒状混浊（猫）；多灶性视网膜内白色至灰色斑点
GM₂ 神经节苷脂贮积病	α-和 β-氨基己糖苷酶	猫、犬	角膜混浊，弥漫性分散的灰-白色视网膜病灶
岩藻糖苷贮积病	α-L-岩藻糖苷酶	英国史宾格犬	面部变形，瞳孔反应下降

附表 2　传染病的眼部表现

病原	传染途径	眼部表现
全身性霉菌 芽生菌	吸入	极少为亚临床性、严重的角膜炎、角膜水肿、前色素层炎、全眼球炎、脉络膜视网膜炎、青光眼、眼眶蜂窝织炎、全色素层炎、眼内炎、浅层巩膜炎、巩膜浅层肉芽肿
荚膜组织胞浆菌	吸入，可能食入	结膜炎、眼睑肉芽肿、肉芽肿性脉络膜视网膜炎、视网膜脱离、视神经炎、眼内炎、全眼球炎
粗球孢子菌	吸入，皮肤接种	结膜炎、角膜炎、虹膜炎、眼前房积血、玻璃体炎、脉络膜视网膜炎、视网膜脱离、继发性青光眼、眼眶蜂窝织炎
新型隐球酵母	未确定，可能吸入	失明、视网膜脱离、虹膜炎（罕见）、视神经炎、肉芽肿性脉络膜视网膜炎

（续）

病原	传染途径	眼部表现
细菌性感染		
犬布氏杆菌	口腔，阴道，结膜接触	角膜混浊，非肉芽肿性前色素层炎
波蒙纳型钩端螺旋体，黄疸出血群钩端螺旋体	黏膜，擦伤的皮肤	结膜炎，虹膜黄疸，眼内出血，色素层炎
破伤风杆菌	皮肤伤口	眼球陷没，睑裂变小，第三眼睑突出，不一致的瞳孔缩小，痉笑眼肉芽肿
牛结核分枝杆菌	吸入	
败血病	从各种器官	结膜充血，色素层炎，虹膜和视网膜出血
疏螺旋体	蜱	结膜炎，前色素层炎，脉络膜视网膜炎，视网膜出血及脱离
病毒性感染		
犬瘟热	吸入，尿液，其他分泌物	化脓性结膜炎，温和的前色素层炎，多灶性至弥漫性脉络膜视网膜炎，尤其是在非毯部眼底，视神经炎和失明，干性角膜结膜炎（KCS）
犬传染性肝炎	尿和其他分泌物，污染物	角膜内皮发炎，伴有"蓝眼"的角膜水肿，严重的前色素层炎，继发性青光眼
狂犬病	咬伤	瞳孔不等，瞳孔散大，无瞳孔反射，脉络膜视网膜炎，视神经炎
犬疱疹病毒	口鼻接触	新生幼仔：角膜炎，全色素层炎，白内障，视网膜坏死，萎缩及发育不良，神经炎成年动物：视温和性结膜炎
		幼猫：严重地常为溃疡性角膜结膜炎，形成睑球粘连
猫疱疹病毒	口鼻，结膜接触	年轻的成年猫：慢性结膜炎，KCS，分枝状角膜溃疡，角膜基质层血管化，增生性/嗜酸性粒细胞性角膜炎，角膜死骨形成，视神经炎
猫白血病	唾液及其他分泌物	慢性前色素层炎，继发性白内障，晶状体脱位，青光眼，瞳孔变形，瞳孔不等，视网膜发育不良（幼猫），眼球和眼眶淋巴瘤
猫免疫缺陷病毒	可能为咬伤	慢性前色素层炎，继发性青光眼，睫状体平坦部炎，白内障，晶状体脱位
猫泛白细胞减少症	子宫内接触	局限性至多灶性视网膜发育不良
猫传染性腹膜炎	可能食入或吸入	早期发生结膜炎，慢性前色素层炎伴有角膜沉淀物，脉络膜视网膜炎伴有血管套，视网膜出血和脱离
立克次氏体感染		
立氏立克次氏体	蜱（革蜱）	眼球震颤，结膜、虹膜出血，前色素层炎，视网膜炎，视网膜出血及血管炎
犬埃利希氏体	蜱（扇头蜱）	急性期：结膜炎，结膜出血，前色素层炎，玻璃体炎，脉络膜视网膜炎，视网膜出血，视神经炎
		亚急性和慢性期：多灶性视网膜血管周围病变

（续）

病原	传染途径	眼部表现
扁埃利希氏体	蜱（扁头蜱）	色素层炎
野猫（属）血巴尔通体	吸血的节肢动物，咬伤	巩膜黄疸，局限性视网膜出血
原虫感染		
龚地弓形虫	子宫内，食入	猫：慢性前色素层炎，急性脉络膜视网膜炎 犬：前色素层炎，局限性视网膜炎，视神经炎，眼外肌肌炎
犬新孢子虫	经胎盘	幼犬：温和型虹膜晶状体炎和脉络膜炎，局限性视网膜炎，眼球外部肌肉炎症传染
利什曼原虫	白蛉	结膜炎、角膜炎、玻璃体炎、全色素层炎、脉络膜视网膜炎
家兔脑包内原虫	不详	多灶性角膜浅层混浊
其他感染		
鹦鹉衣原体	眼鼻分泌物	复发性结膜炎伴有结膜水肿及小水疱形成
佐氏原壁菌 魏氏原壁菌	接触污染的食物，水，土壤（犬）	全色素层炎，失明，由于玻璃体渗出和/或视网膜脱离，引起瞳孔泛白
寄生虫侵袭		
犬心丝虫	眼部幼虫移行	在眼前房或眼后房内有第五期幼虫，色素层炎
犬弓首蛔虫或钩虫	眼部幼虫移行	视网膜内出血，幼虫行迹，视网膜坏死，萎缩和脱离
黄蝇	内、外眼蛆病	色素层炎，弯弯曲曲的视网膜瘢痕，在眼前房，玻璃体，视网膜下腔或脉络膜可见到虫体，视网膜萎缩

附表 3　代谢和内分泌疾病的眼部表现

疾病	发病动物	眼部表现
糖尿病	犬	白内障，视网膜微血管病
遗传性高乳糜血症	猫	视网膜脂血症，霍纳氏综合症，面神经麻痹
高脂血症	犬	角膜类脂环，视网膜脂血症，伴有色素层炎的乳状房液
甲状腺功能减退	犬	面神经轻瘫，睑炎，干性角膜结膜炎，角膜类脂环，其他脂类角膜病，视网膜脂血症
肾上腺皮质机能亢进	犬	持续性角膜侵蚀，钙（带状）角膜病
低钙血症	犬	多灶性点状至线状皮质性晶状体混浊

附表 4　与某些药物或毒物有关的眼部症状

药物	发病动物	眼部症状
皮质类固醇类	犬、猫	脂类角膜病、白内障、隐性感染复发
二硝基苯酚	犬	白内障
双硫腙和二乙基硫代氨甲酸盐	犬	视网膜水肿和脱离
环戊丙酸雌二醇	犬	各类血细胞减少导致的视网膜出血

（续）

药物	发病动物	眼部症状
乙胺丁醇	犬	一过性绒毡层脱色
乙二醇	犬	色素层炎，视网膜水肿和脱离
氯胺酮与亚硝基甲基脲	猫	失明，视网膜变性
雷复特尼	犬	视盘水肿
士的宁	犬	面部痉挛
磺胺	犬	干性角膜结膜炎，视网膜下大疱
血管舒张药	犬	视盘背侧的毡部线状脱色

附表 5 免疫介导性疾病的眼部表现

疾病	发病动物	眼部表现
色素层炎/白发/白斑综合征（伏-小柳-原田氏样综合征）	犬	角膜水肿，眼睑和皮肤脱色素，前-全色素层炎，继发性青光眼，色素膜和视网膜脱色素，视网膜水肿、脱离，失明
自身免疫性溶血性贫血	犬、猫	巩膜黄疸，结膜苍白，眼周围结痂，局限性视网膜出血，视网膜血管网变白
免疫性血小板减少症	犬、猫	结膜和巩膜点状出血，视网膜内、下和前出血，视网膜水肿和脱离，失明
全身性红斑狼疮	犬、猫	面部和眼睑结痂和溃疡，可能发生干性角膜结膜炎，色素层炎
天疱疮综合征	犬、猫	早期：睑缘丘疹，脓疱性病变；晚期：溃疡，患部结痂
斯耶格伦综合征	犬	干性角膜结膜炎
过敏反应	犬、猫	寻麻疹，眼睑水肿，结膜水肿，由于搔痒引起眼睑外伤
幼年性蜂窝织炎	犬	伴有脱毛，红斑，小脓肿形成及结痂的眼睑炎症，有脓性分泌物

附表 6 血管病和血凝病引起的眼部表现

疾病	类型	眼部表现
血凝病	遗传性凝血因子缺乏，弥散性血管内凝血，血小板异常，与维生素 K 有关的疾病	眼眶，结膜，眼内出血，前色素层炎，浆液性或出血性视网膜脱离
高血压	原发性，继发性，特发性	眼前房积血，前色素层炎，视网膜和玻璃体出血，视网膜脱离，失明，继发性青光眼
高黏度综合征	单克隆丙种球蛋白病，多细胞系丙种球蛋白病	视网膜血管充血，弯曲，视网膜出血，水肿和脱离，视盘水肿，失明

（续）

疾病	类型	眼部表现
红细胞显著增多	绝对增多 相对增多	结膜红斑 视网膜血管充血，弯曲，出血；视网膜脱离，失明；视网膜非绒毡层出现皱襞
贫血	前-后-输注性视网膜病	多灶性视网膜出血

附表 7　与营养性疾病有关的眼部疾病表现

疾病	发病动物	眼部表现
牛磺酸缺乏	猫	早期：中央部呈颗粒状，中央部视网膜变性；晚期：视网膜的变性发展到整个视网膜
维生素 A 缺乏	犬、猫	干眼病（KCS）、角膜软化、夜盲症
核黄素缺乏	犬	角膜血管增生、斑点状角膜炎、脓性眼分泌物
核黄素缺乏（高脂食物）	猫	皮质性和核性白内障
维生素 E 缺乏（实验性）	犬	视网膜变性

参 考 文 献

北京农业大学，东北农学院．1991.家畜外科学［M］.北京：农业出版社．

北京农业大学．1984.家畜组织学与胚胎学［M］.北京：农业出版社．

东北农学院．1980.兽医临床诊断学［M］.北京：农业出版社．

何英，叶俊华．2003.宠物医生手册［M］.沈阳：辽宁科技出版社．

侯知法．1996.小动物外科学：全国高等农业院校教材［M］.北京：农业出版社．

林德贵，译．2004.犬猫临床疾病图谱［M］.沈阳：辽宁科学技术出版社．

林立中，金颜辉．2000.宠物的饲养与玩赏［M］.福州：福建科学技术出版社．

林立中．1995.犬眼结膜腺瘤［J］.福建农业大学学报：24（1）．

林立中．2010.小动物外科手术病例图谱［M］.沈阳：辽宁科学技术出版社．

罗克．1983.家禽解剖学与组织学［M］.福州：福建科技出版社．

马翀，齐长明．2002.犬角膜移植术［C］.//全国第11次兽医外科暨第7次小动物疾病学术讨论会论文集．［出版地不详］：［出版者不详］．

内蒙古农牧学院，安徽农学院．1981.家畜解剖学及组织胚胎学［M］.北京：农业出版社．

秦鹏春，聂其灼，译．1989.兽医组织学［M］.北京：农业出版社．

沈和湘．1997.禽系统解剖学［M］.合肥：安徽科技出版社．

施殿雄，林利人．1983.眼科检查与诊断［M］.上海：上海科技出版社．

施玉英．2006.现代白内障治疗［M］.北京：人民卫生出版社．

汪世昌，陈家璞．1997.家畜外科学：全国高等农业院校教材［M］.第3版.北京：农业出版社．

汪世昌．1990.兽医临床治疗学［M］.哈尔滨：黑龙江科学技术出版社．

吴炳樵，译．2008.犬眼科学彩色图谱［M］.沈阳：辽宁科学技术出版社．

吴炳樵．1983.牛眼底观察及其临床应用［C］.//中国第2次动物外科学术讨论会论文．［出版地不详］：［出版者不详］．

吴炳樵．1987.大家畜眼底观察及眼底照相技术［C］.//中国第4次动物外科学术讨论会论文．［出版地不详］：［出版者不详］．

吴炳樵．1996.犬眼色素层炎．//全国第三次犬猫疾病研讨会论文［C］.［出版地不详］：［出版者不详］．

向垮．1990.家畜生理学原理［M］.北京：农业出版社．

杨维周．1982.眼的解剖生理和临床检查［M］.北京：科学技术文献出版社．

姚小萍．2005.白内障［M］.北京：中国医药出版社．

张幼成，朱祖德．1982.实用家畜外科学［M］.上海：上海科技出版社．

张幼成．1983.兽医外科学［M］.南京：江苏科技出版社．

中国畜牧兽医学会兽医外科研究会．1992.兽医外科学［M］.北京：农业出版社．

中国农业大学．1999.家畜外科手术学：全国高等农业院校教材［M］.第3版.北京：农业出版社．

中国人民解放军兽医大学生理教研室．1986.家畜生理学［M］.长春：吉林科技出版社．

周庆国．2002.犬穿透性角膜移植术实验效果观察［C］.//全国第11次兽医外科暨第7次小动物疾病学术讨论会论文集．［出版地不详］：［出版者不详］．

邹万荣 . 1990. 犬的眼病〔C〕.//全国第一次犬猫疾病研讨会论文 . 〔出版地不详〕：〔出版者不详〕.

遵义医学院，第四军医大学，等 . 1977. 眼科手术图解〔M〕. 北京：人民卫生出版社 .

A. B. 马卡少夫 . 1957. 家畜眼科学〔M〕. 长春：长春兽医大学 .

F. W 依姆，J. E 普雷尔 . 1984. 大动物手术学〔M〕. 北京：农业出版社 .

IM. J，斯文林 . 1990. 家畜生理学〔M〕. 北京：科学出版社 .

彩图2　头戴式间接检眼镜

彩图3　单目手握式间接检眼镜

彩图1　2.5V笔式便携检眼镜

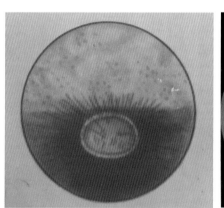

彩图4　马的正常眼底
（马卡少夫，家畜眼科学）

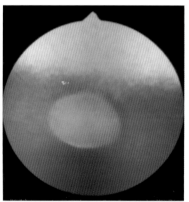

彩图5　马的正常眼底
（吴炳樵供稿）

彩图6　牛的眼底
（马卡少夫，家畜眼科学）

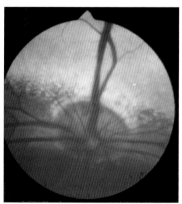

彩图7　牛的正常眼底
（吴炳樵供稿）

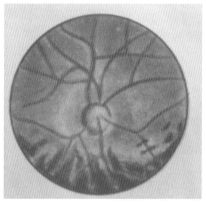

彩图8　山羊的眼底
（马卡少夫，家畜眼科学）

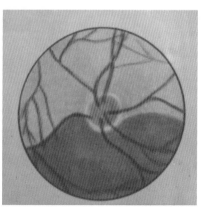

彩图9　骆驼的眼底
（马卡少夫，家畜眼科学）

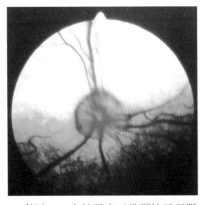
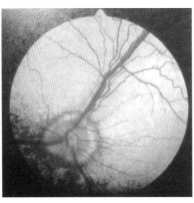
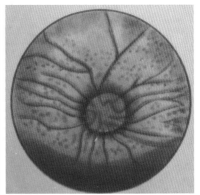

彩图10　犬的眼底（带斑纹灵猩眼
底黄－绿－蓝色毯部）
（林德贵译，犬猫临床疾病图谱）

彩图11　主要为黄色毯部的犬的
眼底
（林德贵译，犬猫临床疾病图谱）

彩图12　猫的眼底
（马卡少夫，家畜眼科学）

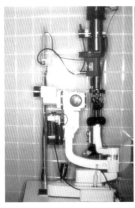
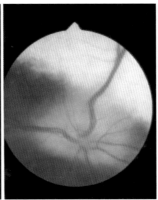
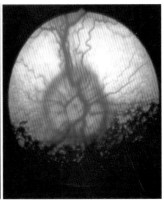

彩图13　带有拍照附
件的台式裂隙灯活组织
显微镜

彩图14　手提式裂隙灯
活组织显微镜

彩图15　牛视神经乳头水肿
（吴炳樵供稿）

彩图16　2岁半金毛猎犬患
额部肿瘤时视神经乳头水肿
（林德贵译，犬猫临床疾病图谱）

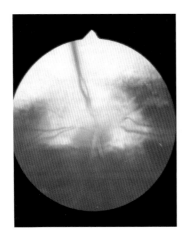
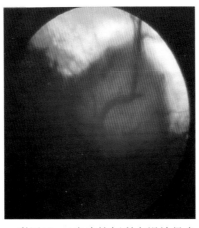
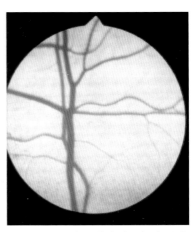

彩图17　牛视神经炎
（吴炳樵供稿）

彩图18　4岁边境柯利犬视神经炎
（患有肉芽肿性脑膜脑类）
（林德贵译，犬猫临床疾病图谱）

彩图19　缺乏维生素A的牛眼底
动脉呈波浪状迂曲
（吴炳樵供稿）

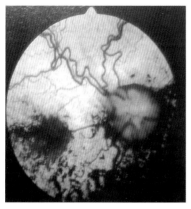

彩图20 犬的视网膜血管过度迂曲
(林德贵译，犬猫临床疾病图谱)

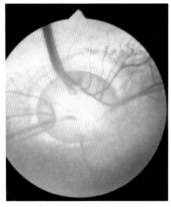

彩图21 牛眼底血管痉挛
(吴炳樵供稿)

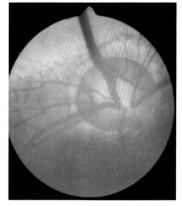

彩图22 痉挛的眼底血管已恢复
(彩图21和彩图22为同一头牛的照片)
(吴炳樵供稿)

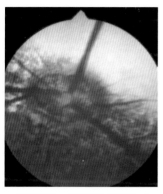

彩图23 棉籽饼中毒的牛
视乳头周围视网膜严重脱落
(吴炳樵供稿)

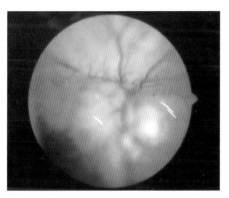

彩图24 犬视网膜完全脱离
(林德贵译，犬猫临床疾病图谱)

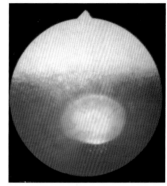

彩图25 马轻度周期性眼炎
(视神经乳头直下方点状视网
膜脱落) (吴炳樵供稿)

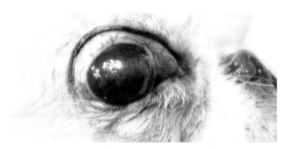

彩图26 北京犬眼眶肉瘤压迫眼球突出

彩图27 摘除眼球后显示框内肿瘤组织

彩图28 小型贵宾犬幼犬明显的无眼
(吴炳樵译，犬眼科学彩色图谱)

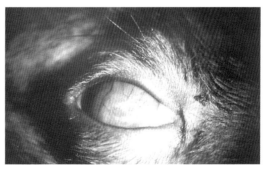

彩图29 灵猩幼犬的先天性青光眼（牛眼）
(吴炳樵译，犬眼科学彩色图谱)

彩图30　先天性脑积水患犬眼外下方斜视
（林德贵译，犬猫临床疾病图谱）

彩图31　哈巴犬先天性白内障

彩图32　腊肠幼犬上下眼睑先天性粘连
（吴炳樵译，犬眼科学彩色图谱）

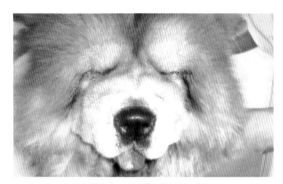

彩图33　松狮犬眼睑内翻

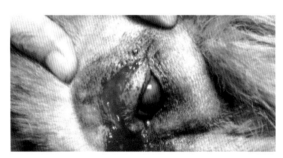

彩图34　松狮犬眼睑内翻手术皮肤切口

彩图35　松狮犬眼睑内翻手术中矫正好的上下眼睑

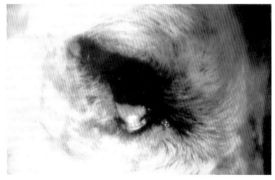

彩图36　贵宾犬外翻的眼睑结膜

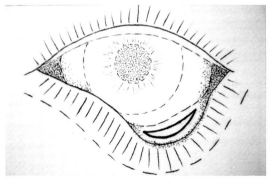

彩图37　外翻的下眼睑内结膜切口（林氏睑结膜
切口成形术）

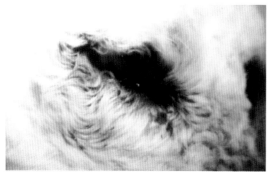

彩图38 术后恢复正常的眼睑

彩图39 京巴犬眼睑乳头状瘤

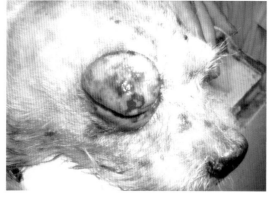

彩图40 西施犬眼睑肥大细胞瘤

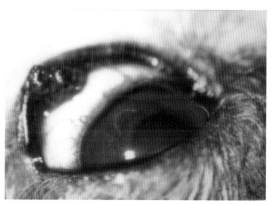

彩图41 犬上眼睑黑色素瘤
（吴炳樵译，犬眼科学彩色图谱）

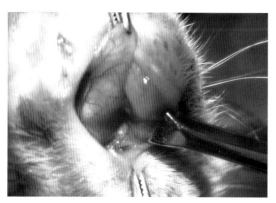

彩图42 京巴犬眼结膜囊创伤

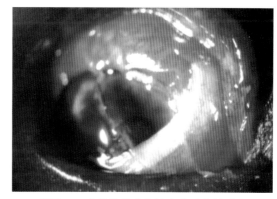

彩图43 克伦伯猎犬急性变态反应结膜炎
（吴炳樵译，犬眼科学彩色图谱）

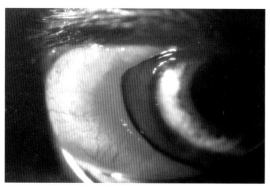

彩图44 拉布拉多犬眼结膜水肿

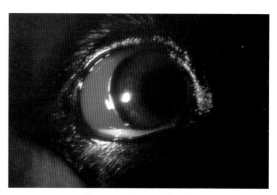

彩图45 犬眼结膜出血
（吴炳樵译，犬眼科学彩色图谱）

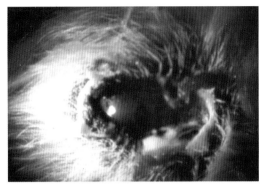

彩图46　高地白㹴犬化脓性结膜炎
（吴炳樵译，犬眼科学彩色图谱）

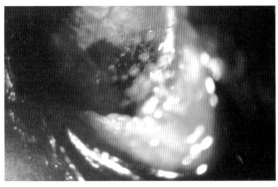

彩图47　贵宾犬滤泡性结膜炎
（吴炳樵译，犬眼科学彩色图谱）

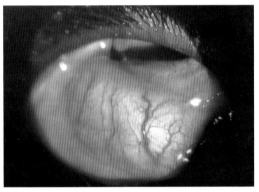

彩图48　英国史宾格猎犬发生侵害第三眼睑的
结膜囊肿
（吴炳樵译，犬眼科学彩色图谱）

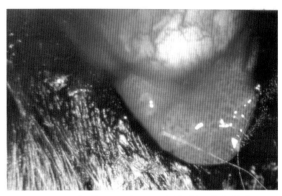

彩图49　拉萨狮子犬下眼睑结膜的乳头状瘤
（吴炳樵译，犬眼科学彩色图谱）

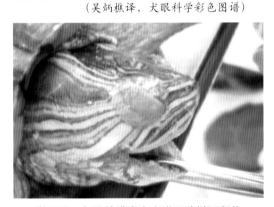

彩图50　龟眼结膜囊内充满干酪样沉积物

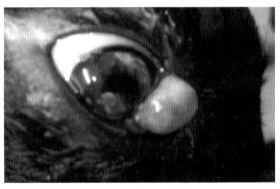

彩图51　罗威纳犬眼瞬膜腺脱出

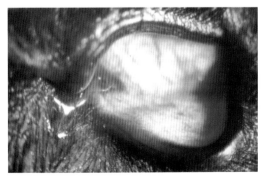

彩图52　先天性泪点缺失（无孔的泪点）
（吴炳樵译，犬眼科学彩色图谱）

彩图53　英国牧羊犬因无孔泪点导致眼内眦有泪痕
伴有泪溢

（吴炳樵译，犬眼科学彩色图谱）

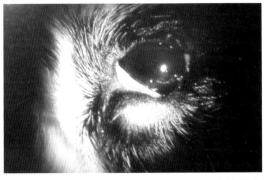

彩图54 英国史宾格猎犬下泪小管的囊性膨胀
和感染
（吴炳樵译，犬眼科学彩色图谱）

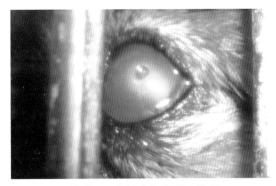

彩图55 京巴犬角膜混浊溃疡

彩图56 西施犬双眼角膜混浊

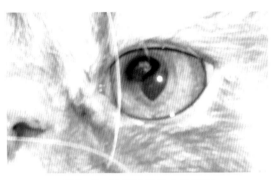

彩图57 波斯猫眼黑色角膜症

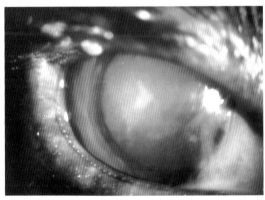

彩图58 英国史宾格猎犬急性干性角膜结膜炎
（吴炳樵译，犬眼科学彩色图谱）

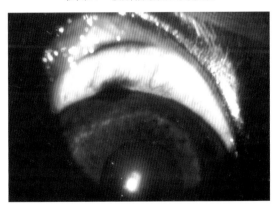

彩图59 金毛猎犬角膜缘黑色素瘤
（吴炳樵译，犬眼科学彩色图谱）

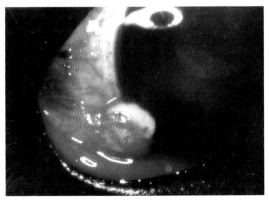

彩图60 角膜缘处的鳞状上皮细胞癌
（吴炳樵译，犬眼科学彩色图谱）

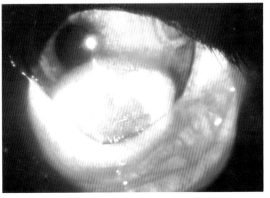

彩图61 犬眼长有白毛无色素沉着的皮样囊肿
（吴炳樵译，犬眼科学彩色图谱）

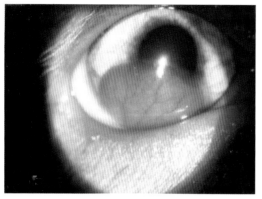

彩图62　魏玛拉纳犬非典型的无毛皮样囊肿
（吴炳樵译，犬眼科学彩色图谱）

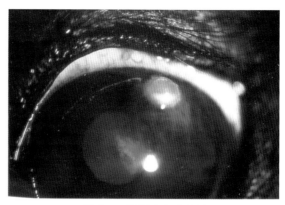

彩图63　拳师犬角膜囊肿
（吴炳樵译，犬眼科学彩色图谱）

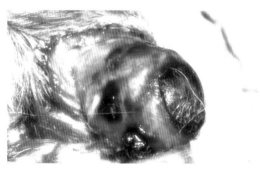

彩图64　西施犬巩膜创伤破裂并伴有眼球脱出

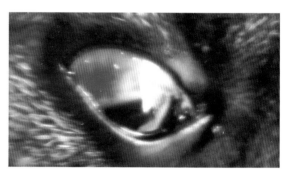

彩图65　狼犬眼巩膜炎
（吴炳樵译，犬眼科学彩色图谱）

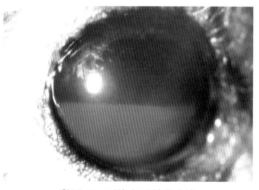

彩图66　西施犬眼前房出血
（林德贵译，犬猫临床疾病图谱）

彩图67　哈巴犬一侧眼蓝色虹膜

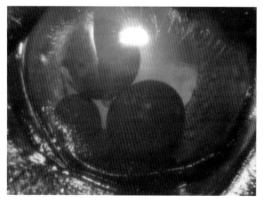

彩图68　拉布拉多犬多个自由浮动的虹膜囊肿
（吴炳樵译，犬眼科学彩色图谱）

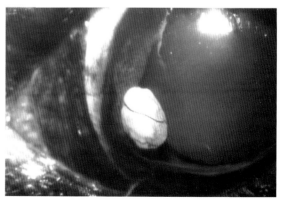

彩图69　形成血管和钙化的犬虹膜囊肿
（吴炳樵译，犬眼科学彩色图谱）

彩图70 拉布拉多犬虹膜黑色素瘤
（吴炳樵译，犬眼科学彩色图谱）

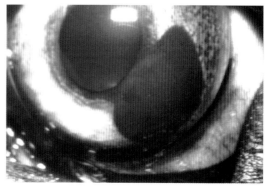

彩图71 那不勒斯獒虹膜黑色素瘤
（吴炳樵译，犬眼科学彩色图谱）

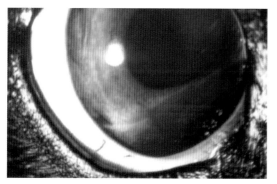

彩图72 拉布拉多杂交犬睫状体黑色素瘤
（吴炳樵译，犬眼科学彩色图谱）

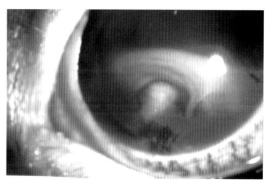

彩图73 拳师犬患无色素的黑色素瘤
（吴炳樵译，犬眼科学彩色图谱）

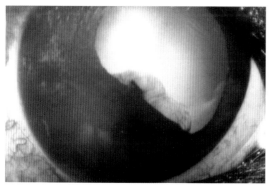

彩图74 边境柯利犬突出于瞳孔后面的无色素睫
状体腺瘤 （吴炳樵译，犬眼科学彩色图谱）

彩图75 拉布拉多犬患色素层炎并发淋巴肉瘤
（吴炳樵译，犬眼科学彩色图谱）

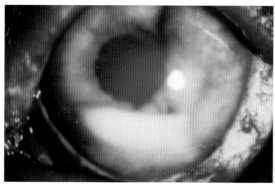

彩图76 顺毛寻猎犬患有中心性淋巴肉瘤
（吴炳樵译，犬眼科学彩色图谱）

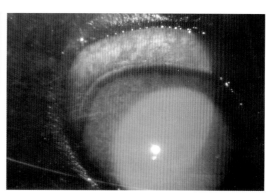

彩图77 威尔士史宾格犬闭角型原发性青光眼
（吴炳樵译，犬眼科学彩色图谱）

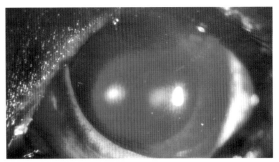

彩图78 犬急性青光眼
（林德贵译，犬猫临床疾病图谱）

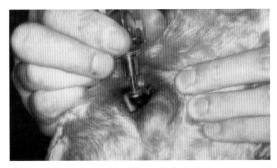

彩图79 用Schiotz眼压计压陷式测定眼压
（吴炳樵译，犬眼科学彩色图谱）

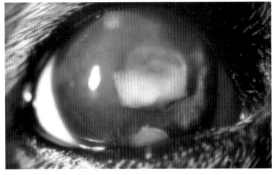

彩图80 犬麦町幼犬外伤性白内障和晶状体破裂的
色素层炎 （吴炳樵译，犬眼科学彩色图谱）

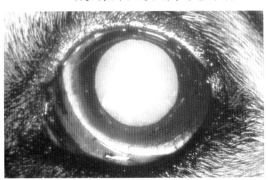

彩图81 拉布拉多犬成熟的白内障
（林德贵译，犬猫临床疾病图谱）

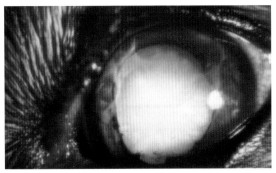

彩图82 犬过熟的白内障
（吴炳樵译，犬眼科学彩色图谱）

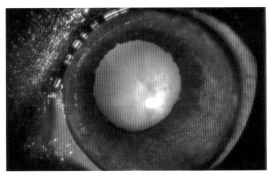

彩图83 原发性肾上旁腺功能减退的史宾格犬的
白内障 （林德贵译，犬猫临床疾病图谱）

彩图84 美国爱尔康公司
（Alcon）超声乳化仪
（施玉英，现代白内障治疗）

彩图85 英国博士伦公司
（Stor2）超声乳化仪
（施玉英，现代白内障治疗）

彩图86 美国AMD公司
超声乳化仪
（施玉英，现代白内障治疗）

彩图87 中国清华大学博
达（Beyonder）公司超声乳
化仪

（施玉英，现代白内障治疗）

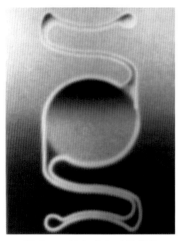

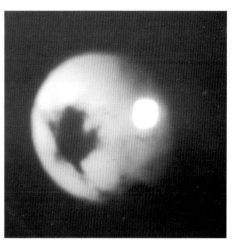

彩图88　前房型人工晶状体
（施玉英，现代白内障治疗）

彩图89　折叠式人工晶状体的
植入
（施玉英，现代白内障治疗）

彩图90　查理士王小猎犬视网膜前出血

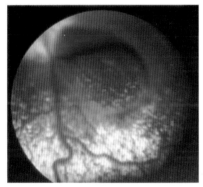

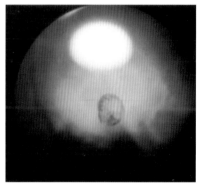

彩图91　芝娃娃犬玻璃体内出血
（吴炳樵译，犬眼科学彩色图谱）

彩图92　永存性玻璃体动脉
（吴炳樵译，犬眼科学彩色图谱）

彩图93　杂种犬小玻璃体囊肿
（吴炳樵译，犬眼科学彩色图谱）

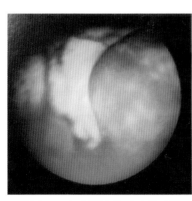
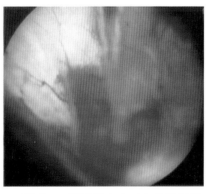
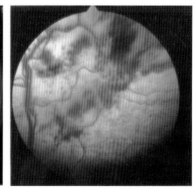

彩图94　杰克狸犬的玻璃体囊肿
（吴炳樵译，犬眼科学彩色图谱）

彩图95　猫弓形虫病时大片视网膜
出血脱落
（林德贵译，犬猫临床疾病图谱）

彩图96　贵妇犬视网膜出血脱落
（林德贵译，犬猫临床疾病图谱）

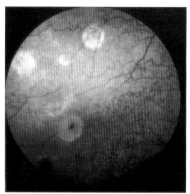

彩图97　金毛猎犬脉络膜视网膜炎
（林德贵译，犬猫临床疾病图谱）

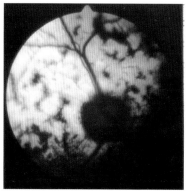

彩图98　柯利犬脉络膜视网膜炎及视神经萎缩
（林德贵译，犬猫临床疾病图谱）

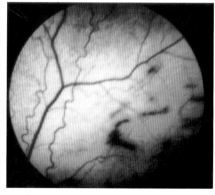

彩图99　蓝卡郡追随犬无活性色素病变的脉络膜视网膜炎
（林德贵译，犬猫临床疾病图谱）

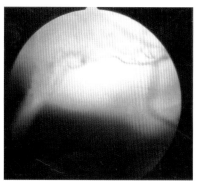

彩图100　视网膜脱离和剥离
（林德贵译，犬猫临床疾病图谱）

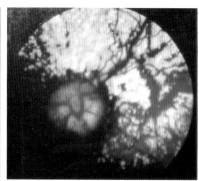

彩图101　柯利犬视盘外侧轻度脉络膜视网膜发育异常
（林德贵译，犬猫临床疾病图谱）

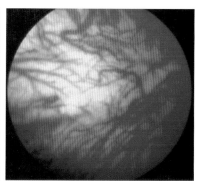

彩图102　柯利犬严重脉络膜视网膜发育异常
（吴炳槌译，犬眼科学彩色图谱）

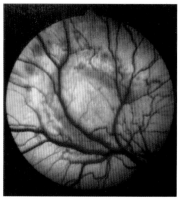

彩图103　拉布拉多犬病灶性视网膜发育异常——地图形
（林德贵译，犬猫临床疾病图谱）

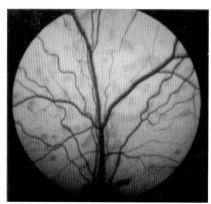

彩图104　拉布拉多与金毛猎犬杂交犬视网膜发育异常
中心毯部视网膜皱褶呈玫瑰花状物
（林德贵译，犬猫临床疾病图谱）

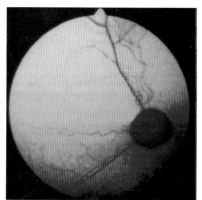

彩图105　爱尔兰赛特犬杆－锥细胞发育异常，血管明显变窄
（吴炳槌译，犬眼科学彩色图谱）

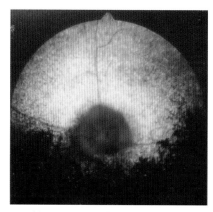

彩图106 西藏獚进行性视网膜萎缩
（吴炳樵译，犬眼科学彩色图谱）

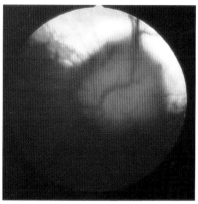

彩图107 柯利犬视神经炎
（林德贵译，犬猫临床疾病图谱）

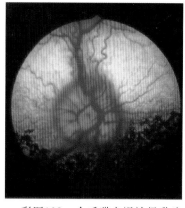

彩图108 金毛猎犬视神经乳头水肿
（林德贵译，犬猫临床疾病图谱）

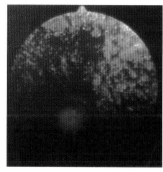

彩图109 拉萨狮子犬视神经萎缩
（林德贵译，犬猫临床疾病图谱）

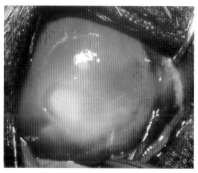

彩图110 西施犬继发子深部角膜溃疡的无菌性眼前房积脓
（吴炳樵译，犬眼科学彩色图谱）

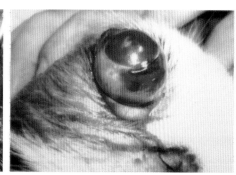

彩图111 京巴犬脱出的眼球

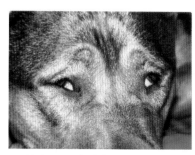

彩图112 杂种犬因破伤风导致双侧眼球内陷第三眼睑突出
（吴炳樵译，犬眼科学彩色图谱）

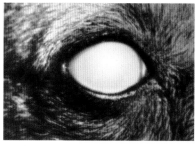

彩图113 犬传染性肝炎引起角膜内皮的免疫介导性损害，角膜水肿或蓝眼
（林德贵译，犬猫临床疾病图谱）

彩图114 猫疱疹病毒感染，双侧性睑结膜、球结膜水肿、充血及少量黏性分泌物
（林德贵译，犬猫临床疾病图谱）

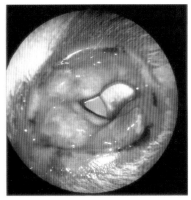

彩图115　猫疱疹病毒感染，球结膜严重水肿，几乎看不见角膜
（林德贵译，犬猫临床疾病图谱）

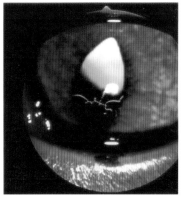

彩图116　线性、树枝状角膜溃疡是猫疱疹病毒感染的特征
（林德贵译，犬猫临床疾病图谱）

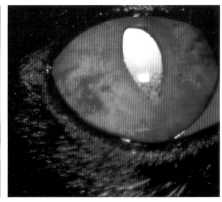

彩图117　猫传染性腹膜炎，虹膜发红或虹膜新生血管化
（林德贵译，犬猫临床疾病图谱）

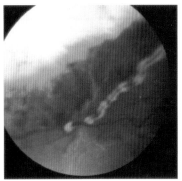

彩图118　猫传染性腹膜炎，血管周围成套（鞘）、视网膜水肿、出血
（林德贵译，犬猫临床疾病图谱）

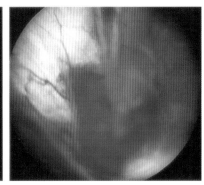

彩图119　猫弓形虫病时大片视网膜出血、脱落
（林德贵译，犬猫临床疾病图谱）

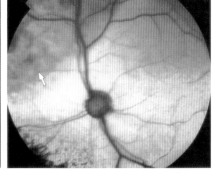

彩图120　猫隐球菌病，色素沉着过度区有一大的点状、肉芽样病变（箭头所指）
（林德贵译，犬猫临床疾病图谱）

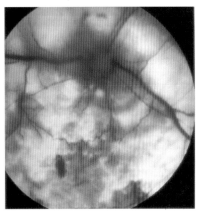

彩图121　猫组织胞浆菌病引起的脉络膜视网膜炎、视网膜出血、血管突起、乳头周围视网膜水肿
（林德贵译，犬猫临床疾病图谱）

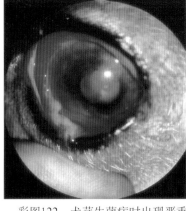

彩图122　犬芽生菌病时出现严重的虹膜睫状体炎和结膜炎
（林德贵译，犬猫临床疾病图谱）

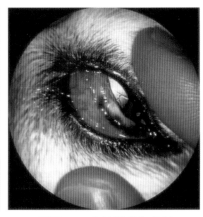

彩图123　犬结膜芽生菌病
（林德贵译，犬猫临床疾病图谱）

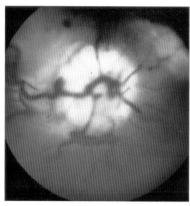

彩图124　犬芽生菌病，出现视神经炎，乳头周围视网膜水肿及视网膜出血
（林德贵译，犬猫临床疾病图谱）

彩图125　犬肾小球综合征时，渗出性视网膜脱落
（林德贵译，犬猫临床疾病图谱）

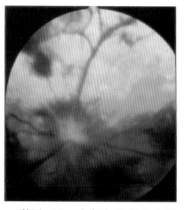

彩图126　犬肾衰竭和高血压时，视网膜出血，玻璃体模糊，视神经炎
（林德贵译，犬猫临床疾病图谱）

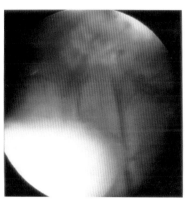

彩图127　犬全身高血压时大面积视网膜成褶、脱落、视网膜前出血
（林德贵译，犬猫临床疾病图谱）

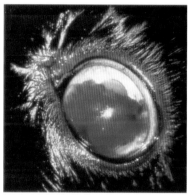

彩图128　猫高血压时前房积血
（林德贵译，犬猫临床疾病图谱）

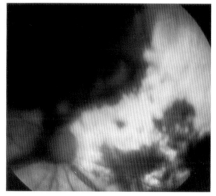

彩图129　猫高血压性视网膜病，表现为玻璃体背侧出血和视网膜内出血
（林德贵译，犬猫临床疾病图谱）

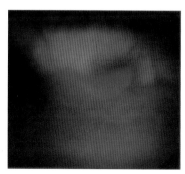

彩图130　猫高血压性视网膜病，视网膜前龙骨船样出血
（林德贵译，犬猫临床疾病图谱）

彩图131　猫霍纳氏综合征。右眼缩瞳、瞬膜突出和上睑下垂，因右中耳肿瘤蔓延引起
（林德贵译，犬猫临床疾病图谱）

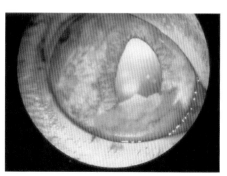

彩图132　猫眼内淋巴瘤，表现为前房积脓
（林德贵译，犬猫临床疾病图谱）

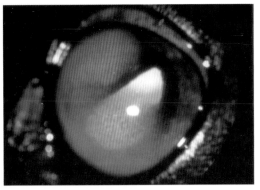

彩图133　犬虹膜淋巴肉瘤和角膜水肿
（林德贵译，犬猫临床疾病图谱）

彩图134　猫右眼伪装成结膜炎的结膜淋巴肉瘤，左眼白内障
（林德贵译，犬猫临床疾病图谱）

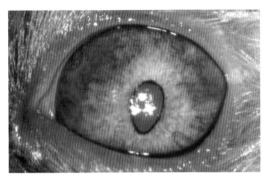

彩图135　猫虹膜血管增生，由血小板减少症引起的极端贫血造成
（林德贵译，犬猫临床疾病图谱）

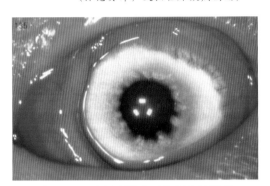

彩图136　犬蠕形螨病时的眼睑结膜炎
（林德贵译，犬猫临床疾病图谱）

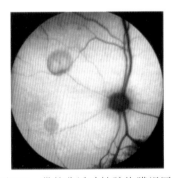

彩图137　猫的非活动性脉络膜视网膜炎，视网膜有点状、分界明显的区域
（林德贵译，犬猫临床疾病图谱）

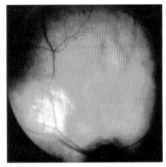

彩图138　犬的非活动性脉络膜视网膜炎，表现为绿毡区中央色素沉着过度和点状黄色区域
（林德贵译，犬猫临床疾病图谱）

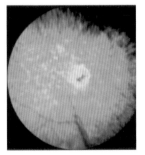

彩图139　猫的非活动性脉络膜视网膜炎，因视网膜萎缩而显现过度反光区
（林德贵译，犬猫临床疾病图谱）

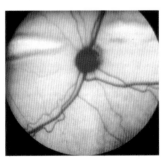

彩图140　猫牛磺酸性视网膜病变早期，视盘背侧出现几乎完全水平的过度反光带
（林德贵译，犬猫临床疾病图谱）